U0273918

新编育儿全科

XINBIAN YUER QUANKE

常壮其　常湘涛　编著

中国中医药出版社

·北　京·

图书在版编目（CIP）数据

新编育儿全科 / 常壮其，常湘涛编著 .—北京：中国中医药出版社，2018.4

ISBN 978 – 7 – 5132 – 4407 – 7

Ⅰ . ①新…　Ⅱ . ①常… ②常…　Ⅲ . ①婴幼儿—哺育—基本知识　Ⅳ . ① TS976.31

中国版本图书馆 CIP 数据核字（2017）第 213068 号

中国中医药出版社出版

北京市朝阳区北三环东路 28 号易亨大厦 16 层

邮政编码　100013

传真　010-64405750

北京市松源印刷有限公司印刷

各地新华书店经销

开本 880 × 1230　1/32　印张 15.25　字数 382 千字

2018 年 4 月第 1 版　2018 年 4 月第 1 次印刷

书号　ISBN 978 – 7 – 5132 – 4407 – 7

定价　68.00 元

网址　www.cptcm.com

社 长 热 线　010-64405720

购 书 热 线　010-89535836

维 权 打 假　010-64405753

微信服务号　zgzyycbs

微商城网址　https://kdt.im/LIdUGr

官 方 微 博　http://e.weibo.com/cptcm

天猫旗舰店网址　https://zgzyycbs.tmall.com

如有印装质量问题请与本社出版部联系（010-64405510）

版权专有　侵权必究

内容提要

本书把育儿过程分为婚孕前期、妊娠期、出生后及幼儿期四个部分，主要介绍了作者行医多年积累的经验与专业理论知识，重点介绍了各个时期的疾病防治相关内容和注意事项。本书对从事妇幼保健医疗工作的专业医护人员有较好的指导作用，适合准备婚孕的广大年轻男女阅读参考。

前　　言

孕育健康聪明的小宝贝，是每个家庭的美好愿望。对此，作者将行医多年积累的经验与各有关专业理论有机融合，向欲婚孕的人士提出，培育好自身的DNA并使之更加优良是孕育新生命前的必备条件。科学的营养摄取是重要的物质保证，维护好生理和心理健康，防止和避免一切影响健康的因素，尽可能治好婚孕前身体的各种疾病，是维护DNA不受损伤的重要措施，从而给未来的小宝贝以健康优良的先天基因。

妊娠期是孕妇内分泌系统调整、变化的渐进过程，会发生各种不适反应和并发症，也会引起各器官系统的功能变化。同时，孕期孕妇免疫系统功能降低，易发生各种疾病，应及时有效治疗，并尽可能避免药物的不良反应。选择更合适的治疗方案，用中西医相互取长补短是最可靠的，也是使胎儿能平安顺利发育的保证。

婴幼儿期是小儿各器官系统快速发育和功能日渐完善的过程，更是大脑皮质与下丘脑快速发育的黄金时期。既要有优质的营养保证，又要有科学的促进其神经内分泌系统良性发育的方法，以利奠定优秀的情商基础，从而有效促进智力的发展。掌握婴幼儿身体一般发育特征，是初步了解小儿发育是否健康、饮食营养是否科学的基本前提。熟悉婴幼儿不同发育阶段护理措施的生理意义，使每项护理都能促进孩子健康聪明发育。由于婴幼儿免疫系统发育尚不完善、不成熟，抗病力弱，小儿又无自我保护能力，因而易患各种疾病而影响发育成长，应及时抓紧预防与治疗，选择有效且无不良反应的药物，中西医有机结合就是相对较好的医疗模式。

本书对从事产科、儿科医疗工作的专业医护人员有较好的参考价值，有助于医学院校的学生学习和扩展临床思维，同时对准备婚孕的广大年轻男女也都有很好的实践指导作用。

常壮其

2017 年 12 月

目　录

婚孕前篇

妊娠篇

出生后篇

幼儿篇

疾病防治篇

◎ 婚孕前篇 ◎

第一章　婚孕前期必需的准备

怎样才能孕育出健康聪明的下一代，这是每个适龄青年男女人士都期盼的，也是每个家庭成员的心愿。要想实现这一美好愿望，每个适龄青年都应了解一些必要的基本知识，以便自己的理想得以顺利实现。这应从恋爱期就开始了解，婚前和孕前认真落实。

第1节　要具备健康的遗传基因

优良的遗传基因是保证每个家庭以及家族后代健康、幸福的第一个关键问题。搞清楚这个根本问题，是所有准备进入恋爱阶段人士认真迈出的第一步。迄今为止，男女青年对这个问题的认识是模糊的，或是不当一回事，更不清楚这是人生组建家庭的大事。虽然国家广泛宣传要“优生优育”，但仍有许多未婚男女青年不重视，他们中的绝大多数不懂得怎样才能培育健康优良的遗传基因，实现优生。特别是在偏远的乡村，情况更加明显。直到双方孕育出了不健康的有遗传病的孩子时，追悔莫及，麻烦和痛苦无法摆脱。所以说，从恋爱开始，男女双方首先就应了解对方及其家庭成员的基因是否健康，有无患遗传病的人员。

一、什么是“基因”

“基因”就是具有遗传效应的DNA片段，也叫“遗传基因”。它是控制人体性状的基本单位，包含个人的性格特质、外表特征、生活习惯及爱好等。每条DNA上含有几百万个基因。每个DNA分子链蕴含在一条染色体内，即染色体是DNA分子链的载体。由此可知，一条染色体上含有几百万个基因。人一生都与基因密切相关，并且只有具备健康的基因，才能遗传给未来下一代以健康的先天基础保证。

二、如何了解对方及其家族成员中有无不正常的基因

（一）一般了解方法

1. 在与对方交往中，有无发现某种特殊的性状和行为：如色盲、多指（趾）症；体型或肢体是否匀称，比例是否协调，性格是否随和不古怪，有无喜怒无常难于结交，行事是否存在与众不协调。

2. 对方家庭成员中有无出生缺陷，死胎，多次自然流产情况（不是过度劳累或意外创伤所引起的）；亲属中有无在年轻时不明原因的死亡，或是已知的遗传病，比如痴呆、聋哑（先天性）、矮小（身高在130cm以下）、体态不匀、头小畸形等。

（二）了解一点简单的有关医学遗传病常识

1. 常见的染色体遗传病：如色盲、白化病——即皮肤、毛发、眉毛全变白，怕阳光照射；先天性聋哑人；血友病——即皮肤黏膜受损伤后血液难止住；多指（趾）症；软骨发育不全症，特征是四肢及手足均短，腰椎后凸畸形；不成比例的身材矮小，成年男子身高低于130cm，女子低于125cm；头大而长，前额突出，手的大拇指呈三节（正常人是两节）；苯丙酮尿症，主要特征有智力低下、皮肤和毛发颜色浅淡，湿疹常见，尿和汗液中有明显鼠尿臭味，行为异常等。此外，还有先天愚型（又叫Down综合征或唐氏综合征），也是染色体异常疾病，常见特征是两眼距离过宽、斜视、鼻根低平、

口半张开、舌伸出但舌的大小正常、流口水等痴呆面容、通贯手。先天愚型的男性不能生育，女性虽可生育，但会遗传给下一代，导致后代智力障碍。可在 35 岁以上或 20 岁以下女士与 50 岁以上男士生育的后代中见到。

2. 常见的基因异常性遗传病：如兔唇、腭裂、哮喘、精神分裂症、各种癌症、α－地中海贫血（此病在我国南方，东南亚各国常见到，是胎儿水肿的病因）。

3. 原发性青光眼、先天性白内障、高度近视伴弱视、玻璃体浑浊、视网膜脱落，患病率达 1%，且黄种人患病率高于白种人。

4. 原发性高血压病、2 型糖尿病都是多基因异常的隐性遗传病，并且和环境因素及饮食关系密切。父母均有高血压者，其子代的遗传率约达 45%。父母一方有高血压病者，子代的遗传概率约为 28%。高血脂，尤其是年轻人士的高血脂，往往有基因缺陷。

家族性遗传病除上述常见的外，还有许多。现今环境污染日益复杂，气候变化明显，食物的各种污染，新的致病微生物及变异，都会引起人体基因损伤。

（三）必要时可以通过医学遗传学检测方法做出准确的判断

我国在人染色体、基因谱的检测领域，已进入了世界先进行列,对许多染色体、基因异常的遗传病同样能做出准确的诊断。正处于热恋中的男女，若发现一方或其直系亲属成员中患有可疑遗传病，或生前曾患有遗传病，那就应当检查其染色体和基因谱是否有异常。这类检测方法在我国正在推广实行。

（四）基因异常的类型

基因异常既有单基因遗传病和多基因遗传病之分，又有显性遗传（即可以代代相传），也有隐性遗传（即体内 DNA 中携带有致病基因，但现在还未发现病症，需要在某种情况下或是某年龄段才发病，也可能其本人不发病，但能将其所携带的异常基因遗传给下一代）。

了解这些常识，有助于热恋中的男女双方冷静地思考个人的长远责任和幸福，既对双方负责，对未来的后代负责，也对自己和双方的家庭负责。而不要一时冲动，跟着感觉走，只图眼前的“一见钟情”。

以上简要介绍的一些相关问题，供适龄男女人士择偶时认真参考。那么有了健康的遗传基因是否就可以万事大吉了呢？回答是：健康的基因还需要细心地维护并使基因的表达更加优良。

第 2 节　健康的基因需要细心维护并使之更优良

一、只有健康的身体才能培育出健康的基因

健康包含生理健康和心理健康两个层面，二者相互影响，相互促进，缺一不能保证健康，也难保证基因健康，更谈不上使基因更加优良表达。

二、生理健康是优良基因的表现，需要有优良的必需营养成分作物质基础

1. DNA 即通常所说的脱氧核糖核酸：其基本组成单位是脱氧核苷酸，包含有碱基、戊糖和磷酸各组分。碱基来自于各种氨基酸，戊糖来源于碳水化合物，DNA 中的戊糖为脱氧核糖，此二者再与来自食物中的磷酸基团结合构成脱氧核糖核苷酸。许多脱氧核糖核苷酸连接聚合而成脱氧核糖核酸的线性大分子，即 DNA 的一级骨架结构。DNA 的二级结构是双螺旋结构；其高级结构是超螺旋结构。

2. DNA 分子中有几百万个基因：DNA 也是细胞内的 DNA 和基因复制的模板，需要各种相应的酶作为催化物。这些相应的酶又包含有各种相关的维生素和微量元素以及矿物质。若缺

乏任一种相应的营养要素，则相关酶的催化或激活作用就不可能实现。因此有关的维生素、微量元素和矿物质也是 DNA 与基因复制和表达得更顺利、更优良所不可或缺的。只有通过饮食才能获得构造和促进生命所需的物质成分，这对基因表达起着相当重要的作用。可以说，只有各种无污染的有机食品提供给人体必需的各种优质的营养要素，才能保证健康基因得到更优良的表达，才会有利于机体各组织器官健康发育生长，功能状态更佳。

3. 基因和基因表达受环境因素的影响

（1）优良的环境因素可以使基因和基因表达产物质优且稳定，并保证组织器官的健康，促进身体发育顺利，使机体更好地适应环境。

（2）不良的环境因素会使基因及基因表达受损伤，基因表达产物被阻遏，引起组织器官的损伤，导致身体发育受阻。

4. 优良的饮食营养要素需要符合科学的摄入，不能缺乏任何一种，否则难以维护身体健康，也不利于 DNA 和基因的复制与表达；若摄入过多又会引起各种不良的反应，有损 DNA 和基因的表达与优化。

5. 外环境中可损伤 DNA 和基因的因素：凡是外环境中可促进自由基增加的因素都能损害基因和 DNA。

（1）空气污染（物理的、化学性的、各种辐射等）。

（2）食物污染（农药、化肥、促生长药剂、高温油烟、煎炸烧烤、储存过长时间、阳光长时间照射的油脂、各种化学添加物等）。

（3）不良的饮食习惯，如进食无规律、挑食、偏食，引起相应的必需维生素和微量元素摄入不全面或缺乏。既引起代谢紊乱，又使体内的自由基清除系统功能受损。

（4）不良的生活方式或习惯，使机体各器官系统活动节律紊乱，引起自由基产生增加，损伤 DNA 和基因。

三、心理健康是促进生理健康的重要因素，也是保证DNA和基因顺利复制与表达优良的需要

1. 心理健康包括大脑皮质功能稳定灵活，反应敏捷；下丘脑－垂体－各内分泌靶腺轴功能运转稳定协调，既能促使各器官系统健康，功能运行有规律；又能促进免疫系统功能，抗御各种疾病的能力明显增强，从而保护DNA和基因不致受到外源性的各种有害因子的侵袭而受损。

2. 情绪稳定乐观：有助于促进大脑皮质和下丘脑区的奖赏系统兴奋优势，使下丘脑－垂体－性腺轴功能协调活跃，睾丸产生的精子基因和卵巢产生的卵子基因自会变得优良且活力强。

四、心理不健康的危害性

1. 长期强烈的负性情绪，如各种压力大、心情苦闷压抑难以消除、经常生气等，使大脑功能和下丘脑功能紊乱，导致身体各器官系统功能不协调，摄食中枢受抑制则食欲不佳，各种必需的营养要素摄入不足，影响DNA和基因的复制与表达。

2. 强烈的负性情绪使大脑皮质和下丘脑区的惩罚系统处于兴奋优势，体内有害自由基产生增多，使机体内源性自由基清除系统的各种酶受损，而引起DNA和基因的损伤。

3. 长期的负性情绪易致下丘脑内分泌系统功能紊乱，尤其是性腺轴功能受抑制，则精子和卵子的基因质量均低下。处在这种状况下的人士，起码暂时不太适宜受孕和生育，否则有可能影响下一代的健康。

五、高质量基因组成成分和良性情绪

有了高质量的基因组成成分和良性情绪，在健康的DNA中遗传密码引导下，是完全可以复制出优良的基因及其表达和

数量，从而促使细胞及各组织器官发育得更健壮。

综上述，了解了基因的组成及使之更优良的因素。影响基因优良的因素主要包括心理健康和生理健康两方面，心理健康可以自我判断和调整，但怎样才能知道自己生理是否健康呢?这就只能通过全面认真的健康体检,以便及时做出明确的判断。健康的人士也需要按照前面所说的各项内容，认真保护自己的健康基因，使之更优良；不健康人士则要搞清楚自己是哪个组织器官有问题，是什么性质的异常变化?以便抓紧对因处理，使恢复健康，培育出优良的DNA，并遗传给下一代。只有双方都懂得了这些基本的生理知识，才能自觉重视和实行健康体检。也只有这样才不会造成日后的遗憾或后悔。

第二章　认真、全面的健康体检

凡是准备谈婚论嫁的年轻男女，都应当详细了解自己是否有培养优良的种子（精子、卵子）的健康身体素质。若有不理想的方面，就应及时治疗调理，直到合格，这就需要进行认真全面的健康体检。

第1节　重视一般体检项目

一、易忽视的项目

1. 体温：这对平时健康的人士来说，确实不是问题，但对平时总感身体不怎么舒服的人来说是不能忽视的。如果体温超过37℃，那自己就要认真连续复测两三天，以免漏掉疾病的早期信号。超过37℃的体温，绝大多数往往提示体内有某种致病菌感染，少数是免疫系统出现问题。

2. 血压：尤其是对于家庭成员中有患高血压的，则更要按正规操作程序检测，必要时也可以自己在家随机测定。

3. 脉搏：正常范围为60 ~ 90次/分钟，一般多在70 ~ 80次/分钟。若少于60次/分钟或超过90次/分钟，那就必须了解心脏情况和内分泌系统状况。

4. 皮肤：颜色、异常瘢痕，有无色素斑或赘生物，有无皮疹和皮屑，皮下静脉有无曲张，皮肤有无水肿等，都不要忽略。

5. 淋巴结：包括颈部、腋下、腹股沟等部位。若有肿大的，那就需重视全身的系统检查和相关的化验，以防漏诊掉疾病的信号。

二、易漏诊的阳性体征

若体检时发现受检人士有多处淋巴结肿大的，一定要询问是否与宠物猫、犬等动物有密切接触？是否从事与各种动物接触的工作等。因为禽畜和野生动物都是弓形虫的宿主（中间宿主或终生宿主），尤其是猫、犬更多见。若受检者的血常规、血沉和（或）免疫学指标也有异常，就应怀疑有弓形虫（体）感染的可能。据报道，养猫者的血清弓形虫抗原、抗体阳性率可达 14% ~ 34%。凡是感染了弓形虫的女士，常可引起生殖器官的各种炎症，如盆腔炎、子宫内膜炎、输卵管炎，从而导致月经不调、功能性子宫出血、不孕症、宫外孕等。若怀孕，孕妇体内的弓形虫可经血液通过胎儿的胎盘屏障传染给胎儿，感染率报道可达 33% ~ 40%。一般孕妇的弓形虫病常会致流产、畸胎、早产或死产。这种母胎的传染，对胎儿叫先天性感染。弓形虫常侵入胎儿的脑内，形成弓形虫脑病，胎儿小头畸形，脑实质损害，中脑导水管堵塞引发脑积水，智力发育障碍等中枢神经系统严重损害的表现；其次，也多见弓形虫眼病、内眼的各种损害表现，还有的会出现精神症状，生出来的可能是残疾儿。

到目前对于感染上弓形虫后，还没有特效且安全的药物治疗，关键是重在预防，那就是从小就别与猫犬接触。这对爱养猫犬等宠物，或与之密切接触的男女人士，严格排查有无弓形虫感染，对婚后想孕育出一个健康、聪明、漂亮而活泼的小宝宝的男女人士，是非常重要的。

上述介绍，对于家有子女尚未长成，或是已长大，将进入谈婚论嫁的男女人士是否有所益处呢？

第2节　全身系统检查重点

一、头部及五官

1. 头形：大小及外形，若与正常人不相称者则有必要查清原因。

2. 眼：视力、瞳孔、角膜、有无色盲（色盲就是一种染色体异常的遗传病），有无斜视（有些斜视是有遗传基因缺陷的）。视网膜有无异常。

3. 耳：听力、鼓膜、咽鼓管等。有咽部腺样体肥大或增生者，常易压迫咽鼓管口使之堵塞，引起耳胀、耳聋、鼓膜内陷。这种病人常有内分泌功能障碍、免疫功能低下等因素。

4. 鼻：嗅觉是否灵敏？通气功能是否正常？鼻咽部有无腺样体增生肥大？这些都与一定的病变有关，也最易忽略。

5. 口腔：牙齿发育状况：牙序排列、氟斑牙、龋齿、牙周病、牙龈炎、冠周炎等都是年轻人易患的常见病，与患者的全身状况，免疫系统功能有关系，有的也与基因缺陷有关。咽扁桃腺明显肿大者，说明免疫系统功能是低下的。

二、颈部

甲状腺：若有肿大或结节，一定要搞清楚其功能是亢进或低下，可验血 T_3、T_4、rT_3 等；有结节的一定要确定是良性还是恶性？并要彻底治愈。若不彻底治愈，这种内分泌病对男女性腺的损害及对功能的影响是十分明显的，既培育不出健康的精子或卵子，也影响夫妻的和谐。

三、心、肺

重点在物理检查，如心电图、胸部X线正位片，必要时做心脏彩超。

四、腹部

一般经B超即可了解肝、胆、脾、双肾、输尿管、膀胱，男士前列腺，女士子宫、卵巢和输卵管，医生即可做出影像学的诊断。

1. 若胃肠功能较弱或较差的，须做纤维胃镜检查，以明确有无胃病。

2. 胃肠道有消化、吸收人体必需的各种营养物质，为机体的新陈代谢源源不断供应营养和能量，有助于身体的发育生长，也为生殖器官提供生产精子和卵子所必需的营养要素。若供应的营养要素是纯天然的、无各种污染、无毒无害的，那么，精子、卵子就有了优良的原料保障。

3. 胃肠道也有重要的内分泌功能。从胃到小肠、大肠的黏膜层内分布着40多种内分泌细胞，其总量远远超过体内其他内分泌器官的细胞总和。因此，整个胃肠道被认为是人体内最大、最复杂的内分泌器官。这些内分泌细胞合成和分泌的20 ~ 40种激素，都被统称为胃肠激素，发挥着多种生理功能。

4. 多种胃肠激素能增强免疫系统的功能，胃肠黏膜中的免疫系统是抵御饮食中的抗原物质，细菌及其毒素侵袭的第一道防线，对保护人体健康发挥着积极的屏障作用。

5. 胃肠激素中的多肽类也存在于中枢神经系统内，而中枢神经中的一些神经肽也在消化道内发挥作用。临床上把这类存在于两个系统中的多肽类物质称之为脑肠肽。通过脑肠肽的影响，常见到有的人胃肠道有病时，会出现大脑神经系统的症状；反之，中枢神经系统病变时，也会引起胃肠系统的不适反应。临床实践中常见到有胃肠疾病的人，一天到晚很少有开心的表现，总是处在负性情绪的压抑中，这些人往往情商较差。

第3节　生殖系统检查

一、男性需认真检查的内容

1. 双睾丸是否降入阴囊：若未降入阴囊，谓之“隐睾症”。这种人士婚后，有一部分人可能引起不育。因为隐睾症可致精子成熟障碍。

2. 睾丸大小：我国正常成年男士每个睾丸约为 4.5cm × 3.0cm × 2.5cm，体积为 33 ~ 34cm^3，两侧大小略有差异，触诊挤压有轻度痛感。若触痛明显或有硬结，是有炎症的表现。应找专科医生明确诊断，尽早治愈，以免影响精子的生成发育与成熟，培育不出足够的健康精子。

3. 有无精索静脉曲张：若有此情况，则可引起睾丸局部温度升高，组织内二氧化碳水平增加，引起缺氧，使睾丸细胞内无氧或缺氧代谢增强，促使乳酸产生与积聚，影响睾丸的正常代谢，不利于精子的正常产生和发育成熟。在男性不育的患者中，由精索静脉曲张症引起的占 9% ~ 41%，比正常人的病发率高 3 倍。

4. 有无前列腺增生肥大：这种病在现今坐着时间长，尤其是经常以车代步，很少行走，且又嗜食辛辣、烟酒不断的人群中，病发率明显增加且年轻化趋势更加显著，引起前列腺炎的案例比较普遍。前列腺炎以慢性多见，其病发率在 4% ~ 25%，对男性性功能和生育功能的影响，主要表现为性功能减退，性交时间短或早泄，不及时治疗往往引发神经精神性勃起障碍，不育症的病发率也明显高于正常人群。因为精液的很大一部分是前列腺液，自睾丸、附睾排出的精子必须经精浆（包括前列腺液）的营养、疏松，才具有与卵子结合的能力。

5. 微量元素锌缺乏，在前列腺炎的发病机制中也起着一定的作用：许多慢性前列腺炎患者的前列腺液中锌含量明显缺乏，使得前列腺液中的强力抗菌因子显著减少。这种强力抗菌因子是一种含锌的化合物，具有直接杀菌和活化提高前列腺组织的抗菌能力，也是局部免疫防御机制的重要因子。有前列腺增生者也应化验。

二、女性须检查和了解的内容

1. 月经是否规律正常，经血的颜色和量，有无痛经？月经周期反映的是整个性腺轴的状况。

2. 外阴发育正常与否？有无分泌物（白带），颜色、有无气味？若有臭气，则应采取标本以供化验，明确是何种致病菌感染，并抓紧在婚前或孕前彻底治愈。

三、男女双方生殖系统有无传染病

1. 常见的有淋病、滴虫、梅毒、支原体衣原体感染。

2. 少见的有尖锐湿疣、生殖器疱疹，艾滋病、巨细胞病毒感染症。

3. 值得重视的支原体、衣原体感染症：

（1）在男性，可引起尿道炎、膀胱炎、附睾炎、前列腺炎，继而引起精子活力明显降低，死精子显著增多，畸形精子大幅上升，精子很难或不能进入女方输卵管，更无力进入卵子内，引发男性不育症。

（2）在女性是常见的引起白带中等量增多，呈脓性或浆液性，稍臭，且会阴部难受。常引发阴道炎、宫颈炎、宫颈糜烂、子宫内膜炎、输卵管炎，导致输卵管水肿、狭窄以致管道堵塞，精子不能进入输卵管与卵子结合，引起女性不孕的恶果或盆腔炎。

（3）若在支原体、衣原体感染的初始阶段无症状期偶尔怀孕，这两种病原体常可透过胎盘屏障进入胚胎或胎儿体内，引起胚胎夭折，自然流产，或死胎，或畸胎。因此，这项检查也列入了优生优育的常规检查。这既是对准备婚孕的男女双方的高度关怀，更是对下一代的负责。一定要认真对待，切不能抱着为省事,不在乎的侥幸态度,最终酿成苦酒一杯,遗憾终生。

第4节　翔实的化验检测

一、一般化验

1. 血常规、尿常规、血沉：这三项可初步筛查出部分潜隐性，尚无临床症状的血液系统、呼吸系统、泌尿生殖系统以及免疫系统的某些病变苗头。

2. 肝功能、乙肝五项、丙肝抗原、弓形虫、支原体、衣原体的血清抗原、抗体测定，梅毒及艾滋病血清学检查：在现今的一些不良生活环境中，对一些较开放浪漫的男女人士是越来越重要和必需的。

3. 血脂全套：因为有的血脂类型是有遗传性的；空腹血糖若结果偏高或是正常高值，家庭成员中又有患糖尿病的人，那就应复查或做简化的口服葡萄糖耐量试验，以排查有无糖尿病前期的糖耐量低减。因为糖尿病也是一种多基因异常的遗传病。

4. 血清免疫球蛋白 G、A、M 测定：这些化验对于了解免疫系统是否健康有一定帮助，尤其是血沉快的人士更有必要。

二、男士精液化验是必不可忽略的

1. 正常精液的指标：正常成年男性一般一次射精总量为 2 ~ 6mL，每毫升精液中有0.2亿至4亿个精子，pH为7.2 ~ 8.0，若 pH $<$ 7.0，多伴有少精症；若 pH $>$ 8.0，提示可能有生殖系统炎症。正常精子中的“一类”精子（即快速直线前进的）

应≥精子总数的25%；与做缓慢直线前进的“二类”精子相加应≥总数的50%才算正常；活精子应>50%；正常形态精子也应≥50%才能称为正常精液。少于这些数量则提示男性生育能力较差，若精子总量每毫升少于0.2亿个，或精子活动力差，则不易使卵子受精。

2. 如何正确采集精液：一般应在节制性生活一周后，最好用手淫方式收集全部精液。开始部分的精液精子密度最大，数量最多。射完精后20分钟内尽快测量精子的活动度，2小时后精子活动度降低，因此，精液的化验应在射精后尽快完成。

3. 精子异常症的几种类型：

（1）少精症：指精子的密度每毫升$<20\times10^6$个；精子活动度<50%，最佳活动力（即最活跃、运动最快）的精子<25%。

（2）死精子症：即全部精子皆为死精子。

（3）无精子症：即精液中全看不到精子。

（4）异常形态精子增多症：即精子头部正常的<30%。还有精子颈段、中段或尾部缺陷的。上述几种精子不正常的类型都是造成男性不育症的主要原因。

三、B超检查

1. 男士须查前列腺、睾丸和附睾：大小、有无结节和其他异常影像。

2. 女士须查子宫，双侧卵巢和输卵管：子宫大小是否正常，卵巢发育情况，包括大小、形状、有无卵泡和卵泡发育情况，有无多囊卵巢或占位性病灶。只有都正常，才能谈到培育出健康的卵子。对月经不正常的，最好要化验血FSH、LH、雌激素和孕酮水平。这些激素与月经的形成和行经有着密切的因果关系。若上述激素不正常时，最好去看妇科内分泌医师，进一步检查下丘脑－垂体－卵巢轴腺的功能，必要时还可查染色体或基因。

四、女性正常月经的指标

1. 两次月经的间隔时间为 21 ～ 35 天，平均为 28 天；每次月经出血持续 3 ～ 7 天，总出血量为 20 ～ 60mL，血呈暗红色。

2. 月经期一般无特殊症状，但也有出现小腹及腰骶部不适者，少数可伴有头痛。

五、需要重视的月经期的不正常情况

1. 月经过多与过少，即一次月经期失血总量＞ 80mL 则称为月经过多；＜ 20mL 谓之月经过少。

2. 痛经指的是月经期出现腹痛和其他某些伴随症，症状程度轻重不一，可分为原发性痛经和继发性痛经两类。

（1）原发性痛经：是由于行经期产生排卵而引起。这种排卵性痛经多在初潮后 6 ～ 12 个月内出现，75% 的女性可发生。如果初潮期即有排卵，则也会出现痛经。对此，年轻女性也可初步判断自己有无排卵。

（2）继发性痛经：是由盆腔内器官病变引起的。如育龄女性的慢性盆腔炎，子宫内膜异位症、宫颈狭窄、子宫过度后倾等，阻碍经血畅流，使子宫加剧收缩而产生疼痛，这种痛经须看妇科医师。

上述的一般体检和全身系统检查，以及翔实的化验检测，看似纷繁复杂，很费时间。但这些内容对判定男女双方是否健康，能否培育出优良的精子、卵子来，对于期盼孕育一个健康、聪明、漂亮、可爱的小宝宝的男女人士达到心中有个大概的了解，也是必不可少的。照此认真做到了，是对自己、对家庭、对后代高度负责的要求，也是构筑好终生幸福的基础。

第三章 有损健康DNA的各种因素

第1节 吸烟对健康和基因的损害

烟草中含有多种有害物质。在吸食烟的过程中，烟草可产生尼古丁、一氧化碳、二氧化碳以及烟焦油等20多种有害成分。

1. 烟中的尼古丁是一种有毒的兴奋麻醉分子，它能兴奋中枢神经细胞，使神经细胞的生理活动规律及功能紊乱，引起血管痉挛，血压升高，肾上腺素分泌增多、心率加快，心脑血管病增多，且病情逐渐加重。久而久之，使神经内分泌系统功能严重紊乱，以至成瘾，损害健康。

2. 烟焦油中的苯并芘、苯并蒽、亚硝胺、氰化物及磷甲酚等有毒化学成分，可导致染色体或基因突变，引发不良恶果。上述有毒物质也可促使某些细胞发生癌变以及加快癌细胞的增殖生长，绝大多数肺癌都和吸烟有密切关系。烟焦油也可损害支气管纤毛和黏膜，以及肺泡组织，引起支气管炎、肺气肿、肺动脉高压、肺心病等。烟焦油还可强烈损伤人体免疫系统及功能，使患其他癌症的危险概率，如口腔癌、喉癌、食管癌、胃癌、膀胱癌等明显高于不吸烟的人士。

3. 烟中一氧化碳含量较高，可达3% ~ 6%。一氧化碳与红细胞中的血红蛋白结合，形成一氧化碳合血红蛋白（又叫碳氧血红蛋白），而且其结合力较强，不易分离，致使血红蛋白的携氧功能大为降低，引起全身各器官组织慢性缺氧，加重了心脏和大脑病变损害，心功能明显减弱，大脑的注意力、记忆力、反应性、功能灵活性均明显降低或迟钝。

4. 烟中的二氧化碳可降低动脉血中的氧含量，使组织细胞的乳酸增多，降低机体的工作效率，使血中二氧化碳增加而致血液电解质紊乱。

5. 烟中各种有害物质对人体的下丘脑－垂体－性腺轴也造成明显损伤。

（1）在男士，表现为性功能减低，精子生成的数量明显减少，精子活力及活动度也降低，畸形精子增多，引发阳痿的发生率比不吸烟者高 50%，生育的后代呈现体重偏低，发育不良，免疫系统功能差，智商不佳以及畸胎率等都比不吸烟者的要多。

（2）女士吸烟的（包括长期吸入二手烟），其月经紊乱的概率明显高于不吸烟者，生殖系统感染的病发率也明显增加，往往是由于免疫系统功能受损引起。吸烟还可导致卵泡发育和成熟差，受精率降低。因为烟草中的有害成分抑制了女性体内类固醇的合成，从而导致雌激素水平降低，使得卵子与精子的结合能力减低，比不吸烟女士的卵子受精能力降低 2/3 左右。因此，其自然生育力也相应降低；吸烟，包括吸二手烟还可致输卵管蠕动收缩紊乱，使受精卵向子宫腔方向活动延缓或困难，从而易发生宫外孕（输卵管妊娠）。对此，适龄女士戒掉吸烟也是预防宫外孕的有效措施之一。此外，吸烟女士易患宫颈癌，烟龄越长，患宫颈癌的危险越高。因为宫颈癌与肺癌同属鳞状上皮癌。子宫颈部的鳞状上皮对吸入体内的致癌物有较强的敏感性和变异性，而易罹患宫颈癌。

第 2 节　婚孕前酗酒对健康和基因的损害

要想了解男女双方有关饮酒和酗酒的害处，首先要知道酒在人体内的简要代谢过程，不然难引起相关人士的重视。尤其是在人们生活条件富裕后，应酬聚会的交往成了日常生活中增进友情的必须后，更有必要了解的基本常识。

一、酒进入人体后的代谢过程

酒的主要成分是乙醇（也叫酒精），饮酒入胃和小肠后，0.5 ~ 3 小时被完全吸收，经血液循环进入体内所有含水组织和体液中，包括大脑和肺泡中。吸收入血的乙醇，90% ~ 95% 在肝内代谢分解，其余少量由肺和肾缓慢排出体外。进入肝内的乙醇，若饮者肝功能健康，经代谢后可释放出热能，但无任何营养成分。若饮者肝功能不健康，则乙醇在肝内产生有毒性的乙醛、乙酸并聚积，对身体产生各种损害。损害的轻重依饮酒的量和习惯而不同。

肝功能正常者，每次能代谢的酒量大约是 50 度的白酒 25 ~ 50mL。

二、乙醇对人体器官组织的损伤

1. 急性损害

（1）中枢神经系统：是先兴奋，继而转为抑制，随血液中乙醇浓度的升高，其毒作用扩散至小脑，出现共济失调、步态不稳。若不停饮则导致昏昏欲睡，意识模糊，甚至昏迷，最后损伤延脑，导致呼吸、循环中枢衰竭，终至死亡。

（2）全身组织细胞代谢紊乱：血中酸性代谢产物乳酸增多，酮体蓄积，引发代谢性酸中毒及糖元异生受阻，出现低血糖，加重大脑细胞损害。

（3）乙醇对消化道黏膜和消化腺的损伤：最易损伤的是食管和胃及胃黏膜，引起急性食道炎、急性胃炎、急性胃黏膜糜烂甚或出血,消化腺的损伤多见急性胰腺炎和急性胆囊炎等。

（4）乙醇在代谢过程中产生的有害自由基增多，导致细胞膜的脂质过氧化，促使肝细胞损伤加重，甚或肝细胞坏死，有害自由基也损伤全身器官组织。

2. 慢性酒精中毒引起多器官系统损害

（1）神经系统损害：大脑功能减退，思维迟钝，理解力受损，反应及功能灵活性迟缓，周围神经变性损害，遗忘综合征等。

（2）长期酗酒可引起营养不良。因为乙醇每克经代谢后可产生 7kcal 热量（29.3kJ，1kJ ≈ 0.2389kcal），但毫无各种别的营养成分，如氨基酸、脂肪酸、维生素、微量元素及矿物质。长期的叶酸缺乏可引起巨幼细胞性贫血，以及周围神经损伤或麻痹。

（3）消化系统损害：食欲减退、消化吸收功能受损、胆囊炎、胰腺炎、营养不良，甚或酒精性肝硬化。

（4）心血管系统损害：动脉硬化、心肌供血不佳、心肌受损、冠心病、心功能减退等。

（5）代谢及各种营养缺乏病症：血糖不稳定、低血钾、低血镁、酸碱平衡失调，维生素 B_1 缺乏甚或脚气病，以及末梢神经炎等。

（6）血液及造血系统损害：易致缺铁性贫血、巨幼细胞贫血、血小板减少，各种出血症。

（7）呼吸系统损害：由于免疫功能受损，易感冒、支气管炎，甚或肺炎等，常年咳嗽痰多。

（8）内分泌功能紊乱：常见下丘脑－垂体－肾上腺轴；下丘脑－垂体－性腺轴功能紊乱，性腺组织受损往往是有害自由基的毒作用引起。

男性：睾丸受损致精子生成受影响，精子活动力差，畸形精子增多，性功能减退、阳痿发病率增加，甚或男性不育症。

女性：卵巢功能受损，卵泡发育不良，受孕率降低甚或不孕症；或受孕、生育的孩子发育都较差。

第3节　不良的饮食习惯和生活方式对健康的影响

一、不良的饮食习惯对身体的不利影响

所谓不良的饮食习惯包括挑食、偏食、无规律进食，高兴就吃，不高兴则该进食时也不吃，或是乱吃零食；或是早餐不吃而午餐胡乱凑合吃，晚餐或夜间开怀大吃大喝，各种饮品无度。这样既打乱和损害了相应器官系统活动的规律，使功能受损伤，同时又极易导致必需营养物质摄入不全面，缺这种少那种，既使有害自由基产生过多，影响DNA的复制与表达，也使得体内细胞的正常新陈代谢难以顺利进行，受损的组织和细胞不能及时修复和新生，也容易影响精子、卵子的正常发育，使得精子质量差，数量减少或活动力减弱；卵子发育不顺利，成熟度差，受孕率减低，孕卵着床能力不强，或是月经紊乱等。

二、不良的生活方式或习惯对健康的影响

人类为适应环境，几千年来形成了相应固定的组织细胞代谢规律，也就是人们通常所说的“生物钟”。这种生物钟的运转规律大多与昼夜周期相对应。人类的生物钟分别控制着“睡眠－觉醒节律”“体温节律”“细胞代谢，酶合成节律”以及“内分泌节律”。人类激素的分泌节律主要由睡眠－觉醒节律决定。人进入青春期后，体内生长激素、催乳素、促卵泡成熟素和促黄体生成素等，都是在睡眠时分泌旺盛些。这些激素为各种组织细胞的合成代谢提供有利的内分泌环境，在女性，上述诸激素分泌的昼夜节律与月经周期有着密切关系。

不良的生活习惯，往往形成不规律的活动和休息方式，打乱了正常生活的昼夜节律，使得各内分泌激素的分泌规律紊乱，使女性的促卵泡成熟素、促黄体生成素、雌激素、孕激素

等的分泌紊乱，卵巢功能和卵泡的发育均受影响，造成月经不规律，不利于受孕；在男性则引起雄激素分泌失调，往往影响精子的生长发育，引起性功能减退，也会影响生育。

三、各种化学物质对健康的影响

常用的一些化学物质有外用的和内服的以及吸入的，如一切美容品、染发烫发品、洗发剂、护肤品，各种化妆品等；化学成分勾兑的饮品、调味剂、防腐剂；所谓的“清洁空气”的香精；新装修房间和新家具的油漆挥发物质、机动车尾气等。所有这一切都含有不同成分，不同浓度的外源性有不良作用的化学成分，或是一些有毒的重金属物质。凡此种种，对人体各器官组织会引起不同的损害，尤其是对皮肤、肺、肝、肾、免疫系统损害较明显。有的是急性损害，有的是慢性的潜隐性损伤，蓄积到一定程度才发生病症。如男女生殖系统的损害，就往往表现为慢性潜隐性，直到女性发生了月经紊乱，男性出现了性功能改变，才有所醒悟，有人还浑然不知。

如何防止各种五花八门的化学物质对自身健康的影响呢？对于想要孕育一个健康、聪明的小宝贝的男女人士，最好尽量少用各种化学性化妆品；少吃或不吃含各种化学成分的食品；外出去机动车多的路段或场所，最好戴口罩。

第4节　有害自由基对人体健康的损害

一、什么叫自由基

自由基是人体细胞在氧化代谢反应过程中产生的物质，在适量范围内是可控制的，对人体无害。因为人体具有平衡和清除自由基的酶系统。但在一些有害因子或因素的作用下可以大量产生并失去控制，这种自由基是有害人体健康的，因为它具有很强很活跃的氧化应激性能，从而损害人体的组织细胞以及细胞中的DNA。

二、引起有害自由基产生的因素

产生人体内有害自由基的因素，在日常生活中是多种多样的。

1. 空气的污染：包括沙尘、扬沙、各种粉尘、各种不良颗粒物及各种微生物等，会加重呼吸道中巨噬细胞的活跃，去吞噬清除上述各种污染因子，从而会产生大量的有害自由基。

2. 吸香烟、酗酒同样可产生大量有害自由基；烟雾中的有氧自由基和有机自由基均能损伤细胞及其中的DNA和基因。

3. 汽车的尾气、车内的油气、工业废气；各种化妆品的挥发气、油漆等使自由基大量产生。

4. 滥用药物：如抗生素、消炎止痛药、类固醇类药、各种杀虫剂等化学合成药；某些中药、乙醇等各种有机溶剂，均可产生大量自由基。

5. 食物的途径：

（1）农药、化肥及各种促生长、催早熟等诸多化学物的污染，摄入后机体产生大量自由基。

（2）高温炒菜产生的油烟，用油越多挥发的油烟也越多，产生自由基的量就大量增加，尤其是富含多不饱和脂肪酸的植物油很易氧化，形成自由基。还有储存过久，受阳光照射的油脂更易产生有害自由基，使机体受损害。

6. 各种烧烤类食物，既可产生大量自由基，又可产生毒性更强的致癌物——多环芳烃。

7. 高温烹煮易使蛋白质和氨基酸分子裂解，产生过多的自由基和胺类衍生物质，也会影响机体细胞的代谢。

8. 各种加工食品，如各种添加剂、化学色素、防腐剂、调味剂、增香的化学香料等均能促进自由基的大量产生，损耗体内自由基清除系统。

9. 各种辐射：包括各种射线，长时间、长期与各种电器的密切接触，尤其是使用手机等均可促进体内产生大量自由基；紫外线以及高温环境中的热辐射、彩色光辐射、强烈光辐射等均可引起有害自由基的产生和堆积，从而造成机体各组织器官系统的结构和功能损伤。

10. 不良的饮食习惯：包括进食无规律、挑食、偏食等；还有的是想吃就吃，遇到美食即使不饿或不是进餐时间也大吃特吃，而不想吃时即使饿了或正是进餐时间也不吃。如此时间一长，一是打乱了机体代谢的固有生物节律；二是造成各种必需营养物质摄入不均衡不全面，尤其是各种维生素和微量元素摄入不足或缺乏，既使机体代谢紊乱，难以顺利进行，又使得体内的内源性清除自由基的各种酶系统受损伤，功能减弱，继而导致过多的有害自由基产生并堆积。

11. 不良的生活习惯：如该睡时不睡，到该起床时赖床不起，上班时心不在焉，下班后又拼命加班等等，导致身体的各器官系统的新陈代谢规律紊乱，有害自由基大量产生而损害健康。

12. 长期或强烈的负性情绪，引起大脑皮质、下丘脑区的惩罚系统的兴奋优势，导致下丘脑 – 垂体 – 各内分泌靶腺轴的功能紊乱，抑制了身体免疫系统功能，抗病能力减弱；机体内源性自由基清除系统功能减损，终致有害自由基越积越多，加重了对身体健康的损害。

13. 超机体负荷的工作压力或剧烈运动，可产生大量的自由基。这对年轻健康的人来说，由于其体内的自由基清除系统功能较强，可以代偿性地加强清除过多的有害自由基，保护身体不受损伤，且恢复也快；若是一个身体素质较差或是处于亚健康状态的人；或是年龄超过 40 岁的人，他们体内的自由基清除系统功能已大为减退，那就难以清除急剧产生的大量有害自由基，只能付出身体有关组织器官受损的代价。

14. 人体长时间处在高温高热环境中，易致体内自由基显著增加并堆积，使机体抗氧化能力明显降低，导致各组织器官损伤而影响健康。

15. 各种噪声也易致自由基堆积体内，使血管痉挛，微循环障碍，相应组织器官缺血缺氧，细胞持续损伤，进而引起器官功能受损。

16. 抗生素的滥用及其毒副作用，都可产生过量的有害自由基，既损伤人体的免疫系统功能，又会引起相应的组织器官损害。

17. 各种感染（细菌、病毒等）、外伤、中毒、失血、惊恐等，都易促使各种有害自由基显著增多，损害相应的组织器官引起各种病症。

三、有害自由基对人体损害的性质特点

1. 引致细胞膜发生脂质过氧化，使之丧失保护细胞的功能，细胞不能进行新陈代谢，也不能顺利生长发育并增殖。

2. 破坏细胞内的线粒体，从而不能产生和储存能量，引起机体组织的损伤和功能缺失。

3. 从细胞核内的 DNA 上抢夺电子，造成 DNA 损伤、变性，甚或基因突变、癌变。

4. 损伤或破坏机体的蛋白质结构，造成人体发生相应的生理和病理改变。

5. 有害自由基对各种细胞成分：脂质、核苷酸、核酸、蛋白质及糖类均可造成损伤甚或细胞凋亡。

6. 破坏机体的蛋白质和各种参与代谢的酶系统，尤其是机体的内源性自由基清除系统的各种酶，如超氧化物歧化酶（SOD）、过氧化氢酶、谷胱甘肽过氧化物酶等，进而又导致体内有害自由基不被清除而堆积，产生各种病变。

7. 损害机体免疫系统及其功能，既易感染各种病菌，又

易引发各种过敏性疾病。

8. 有害自由基引起肺组织细胞损伤：

（1）急性肺损伤：造成弥散性肺间质和肺泡水肿，肺的通气/血流比例失调，呈现进行性低氧血症和呼吸窘迫，严重时成为呼吸窘迫综合征。

（2）慢性损伤：如香烟烟雾中的一氧化碳、二氧化碳、一氧化氮、烷基和烷氧基等多种有害自由基，使肺组织发生氧化应激而受损；同时使抗氧化酶失活，炎症细胞渗出，炎症介质基因表达增加，从而促进了肺气肿的发生发展；其次大量的有害自由基也可直接或间接损伤肺组织的细胞膜及亚细胞器结构和 DNA，造成细胞坏死、凋亡及肺组织炎症反应，产生大量的炎症介质及细胞因子，最终发生肺纤维化；大量的有害自由基也是导致肺组织细胞中 DNA 损伤的危险因素，最终促进肺癌的发生及扩散。

9. 有害自由基引起心血管损伤与病变：表现为血管及血管内皮损伤，血管细胞凋亡及血管平滑肌增生；血管通透性增加，使脂质在血管内膜下积聚引发动脉粥样硬化，冠状动脉痉挛、心肌缺血甚或心肌梗死。

10. 有害自由基对神经系统的损伤：超氧自由基可损害所有的细胞生物大分子（脂质、糖类、蛋白质和核酸）；中枢神经系统特别易受超氧自由基的氧化损伤。因为大脑细胞对氧的需求和利用率高，多不饱和脂肪酸含量也高；而一般的抗氧化酶系统水平低，都导致大脑细胞的生物大分子物质容易受到超氧自由基的氧化损伤。这样的氧化应激反应会引起多种神经退行性疾病的发生与发展。

11. 有害自由基对肾的损伤：譬如糖尿病肾病乃是因为高血糖可以直接导致氧自由基的过量产生；肾小球系膜细胞和肾小管上皮细胞也产生较多的氧自由基，共同引起肾损害。许多药物，如抗生素、解热止痛药、抗肿瘤药以及某些农药均可引起氧自由基增加，使肾受损；急、慢性肾功能不全时，各种有害自由基释出增多，加速了肾受损，使病情恶化。

12. 有害自由基对生殖系统的损伤：自由基对生殖系统的损伤主要是经氧化应激反应造成。由于睾丸的新陈代谢和核酸的复制速度更快于其他组织,因此受氧化应激的损害尤为严重。而任何含氧基团（包括自由基和活性氧）均是诱发机体产生氧化应激的因素。诱发睾丸氧化应激的有害因素还包括：多种化学有毒物，抗肿瘤的化疗药物，吸烟，酗酒，X 线照射，各种睾丸炎症，隐睾与精索静脉曲张，各种慢性疾病等，均可引起有害自由基与活性氧产生过多，使睾酮水平明显降低，精子的 DNA 损伤，睾丸生殖细胞凋亡，精子数量减少或质量差和（或）男性不育症。其次，自由基与活性氧产生过多还可能使精子的膜流动性减弱，以致精子的运动能力明显降低，则难与卵子结合。此外，严重吸烟的男性，由于长期处于氧化应激状态，使其精子 DNA 链断裂发生率和碱基的氧化性损伤均明显升高。尽管此类人士婚后尚有一定生育能力，但其所生育的子代患父源性遗传病的概率明显高于不吸烟男士所生育的子代。

第 5 节　如何防止有害自由基对人体健康的损害

一、针对产生有害自由基的因素采取对策

1. 防空气污染，风沙、尘埃天气时，尽量不外出，外出时必须戴好口罩；少坐车，防车内汽油气污染和尾气污染的侵袭。

2. 炒菜油温不宜过高，以尽量不产生油烟。

3. 不食各种受污染的食物，尤其是隔夜蔬菜。

4. 不食或尽可能少食经过煎炸、烧烤的食物。

5. 尽量少食或最好不食添加有各种化学物品的食物；多

食未受污染的各种新鲜蔬菜和水果。

6. 养成良好的生活习惯，坚持科学的生活节奏，以维持正常的生物钟节律。

7. 建立科学的饮食习惯，最好是个体化食谱。

（1）每日总热量要适合个人的标准需要量，少了不行，多了也对健康有害。

（2）各种必需营养素要全面，不能多，更不能少和缺乏；戒绝烟酒（包括吸入二手烟）。

（3）早、午、晚餐的热量比例要符合自身的需要：杜绝化学饮料及各种饮品，但茶水除外。

8. 防各种辐射，尤其是电脑、手机的辐射是很大的矛盾，这方面作者只能提醒诸君重视。

9. 不要过劳，不要经常熬夜，不要经常长时间加班。

10. 多去公园或树木花草多的场所吸收新鲜空气和负氧离子，或散步，或深呼吸，或太极，或轻歌曼舞等，总之是尽情放松，享受快乐。

11. 愉快情绪使大脑皮质、下丘脑区奖赏系统建立兴奋优势，带来的好处如下。

（1）下丘脑－垂体－内分泌各靶腺轴功能协调稳定，增强了各器官系统的功能；也提高了人体内源性自由基清除系统各种抗氧化酶的活性。

（2）脑肠肽分泌增加且更协调，促进胃肠系统消化液和消化酶的分泌，增加了对各种营养物的消化吸收。各种营养素有助于性腺的功能活跃，产生优良的 DNA 和基因，培养出优良的精子、卵子。

12. 尽可能少用或不用各种化学性化妆品类。一定要建立正确的美容观：即只有健康的身体才能保证人体血气循环的旺盛，各器官组织的微循环充盈流畅，皮肤的各种营养物质充足，皮肤免疫系统功能优越，自然就使皮肤润泽细腻光滑，呈现自然美的肤色。也只有皮肤的微循环充盈流畅，才能防止自由基对皮肤的损伤。

13. 无病别乱用各种所谓的“保健品”“滋补剂”，以防增加各种有害自由基的产生，造成各种毒副作用。

二、经常食用纯天然的外源性自由基清除食品

我国的一些专业人士证实，国产的一些食用或药用的植物，含有各种抗自由基的成分：如多酚类、黄酮类、花青素类、白藜芦醇类等。

1. 常用的食物有：新鲜无污染的纯天然蔬菜、瓜果类、黄豆、猕猴桃、胡萝卜、西红柿（炒熟吃比生吃效果更好）、各种坚果（适量吃，若吃得过多则易肥胖反而不好）、草莓、茶、蜂蜜等。

2. 可以常用的药物有：维生素 C、E、A 和 D，但要掌握用量，可咨询医生；中药材种类更多，但需有经验的医师指导才可趋利避害。

第 6 节　大气颗粒物对人体健康的伤害及预防对策

一、大气颗粒物的来源与作用特点

大气颗粒物是一种复杂的混合物，其形成和形态方式各异。

（一）来源分类

1. 自然源类：如地表扬尘、沙尘、宇宙尘埃，生物类如花粉、细菌、病毒、真菌等均可引起。

2. 人为源类：人类生产、生活过程中产生的各种不良颗粒物，如烧煤炭、石油、天然气、烧柴、燃烧农作物废弃物；机动车排放的废气，节日和喜庆日燃放烟花爆竹，以及工业生产引起的粉尘等。

（二）有害作用特点

1. 上述各类颗粒物有物理性的、化学性的、固态的、气态的等混合成一种复杂的颗粒，表面也可吸附其他的粒子。这些颗粒物大小不一，都可漂浮或悬浮在空气中，大点的漂浮时间短，小的（如 PM2.5）则悬浮时间长，因此都可被人吸入呼吸道。一是可刺激黏膜引起不适反应；二是刺激黏膜产生过量自由基，并引起氧化应激反应，而损伤机体黏膜和组织细胞，引起相应病症。

2. 在这种环境中停留时间短，则吸入的颗粒物量少，呼吸道黏膜屏障中的吞噬细胞可将其吞噬并清除而随痰排出；若停留时间长，则吸入的颗粒物量就多，呼吸道黏膜屏障和组织细胞及功能就会受损伤，病症也相对复杂。所以对此应重视预防对策，保护自身健康。

二、对大气颗粒物的防护措施

根据上述内容应采取的对策如下。

1. 大气颗粒物多的天气尽可能少外出，尤其应重视对小儿的保护。

2. 必需外出时需戴上有效的防护口罩，以 N95 型纯棉口罩防小颗粒物的效果较好；普通医用口罩只能防稍大些的颗粒物。以后若生产出了更好的防护口罩，那就选用更好的。

3. 外出回家后要立即清洗面部和暴露于大气中的皮肤，以使皮肤和皮肤屏障功能少受损伤；同时脱去外表被污染的衣裤，换上清洁的衣裳，切断大气颗粒物经接触传播给家人的途径。

4. 还可经常食用富含维生素 A、C、D、E 及微量元素锌、硒的食物；或口服适量的维生素 A、C、D、E，以及适当剂量的锌、硒药剂，以预防有害自由基对身体的应激性损伤。这也有助于打断大气颗粒物与有害自由基二者结合的致病作用，从而减轻对机体组织产生损伤或损害，防护效果会更全面更有效。

第四章　男女双方有无亚健康

第1节　亚健康和亚健康状态

一、什么叫“亚健康”

亚健康是指人体处于健康与疾病之间的边缘状态，具有发生某种疾病的高危倾向，身体和心理在某种程度上处于一种非健康的状态，也被叫作“慢性疲劳综合征”。有亚健康的人总感到身体总是有点不舒服，干什么事都提不起兴趣，打不起精神，注意力也不易集中，易疲劳乏力、缺乏耐力，工作中总难与他人协调。

二、什么叫“亚健康状态”

亚健康状态是指人的身体不适感觉经各种医学检查，并未发现什么明显的病态表现，但经一阶段的休息或休养，或是某些化学药物的调治，仍感到疲劳乏力；思维和行为反应能力不敏捷，总觉得脑子不够用似的；与环境的适应能力或与人际关系之间的协调能力都不尽人意，这样的生理状态就谓之亚健康状态。

作者在与这类亚健康状态的人接触或接诊过程中，对他们做了一些内分泌激素的测定，发现他们的内分泌激素没有明显的轴线规律，大多是在正常偏低水平波动；免疫球蛋白G、A、M也均在正常的低值，这提示亚健康状态的人，其内分泌系统和免疫系统的功能是偏低的。

第2节　哪些人易致亚健康及亚健康状态

一、家庭环境差或不和睦家庭中的成员

1. 早产儿、出生时为低体重儿，或生后缺奶的，家庭经济拮据，从小营养不良发育差，致各器官功能低下。长大后易有亚健康及亚健康状态。

2. 幼年时，家庭不和，父母经常争吵不休或家庭暴力，使孩子常年生活在惊恐不安、紧张、害怕、终日提心吊胆，无所适从而又无助，得不到任何外在力量的呵护安慰。在这样一种无可奈何，绝望麻木的氛围下，引起处在快速发育阶段的大脑神经系统发育受阻且功能紊乱；由此也导致协调机体各器官系统功能的内分泌系统功能失调，继而出现全身免疫系统功能减低，从而使得孩子对各种侵害和压力的承受能力明显低下，长大后其精、气、神缺乏朝气，称亚健康状态。

二、竞争激烈、压力重的人士

1. 上学期间：从小学到大学功课负担重压力过大，加上各种考试，补习层出不穷，使得孩子的大脑始终处于高度紧绷状态。这对于一个身体素质较弱的人来说，只张不弛，是会把人的神经内分泌系统规律搞乱的。

2. 从学校毕业后：面对的是找“理想”工作难。这对于一个只有书本知识，缺乏实际工作能力和经验的人，若不能正视现实去艰苦奋斗，只想找好工作，轻松工作、环境好、待遇优厚等不切实际的想法，不愿脚踏实地去努力拼搏，最终也只是自我折磨。要知道，过于沉闷苦恼的紧张情绪和不愉快，最易受损的是大脑神经功能失调，引起下丘脑 – 垂体 – 甲状腺

轴和下丘脑－垂体－肾上腺轴负荷过重，从而抑制了下丘脑－垂体－性腺轴的功能。在这样紊乱的生理内环境状态下，常会导致大脑细胞的兴奋和抑制规律失衡，引起入睡困难，睡眠质量差、噩梦频频等；消化系统功能紊乱，饮食无味，吃饭不香；心脏负荷过重，常导致心慌、气短、胸闷、憋气等。由于上述种种不利因素，引起性腺功能减退，男士睾丸的生精功能减弱，精子质量差；女士则卵巢功能紊乱，卵泡发育受影响，卵子成熟不顺利，从而使月经紊乱。压抑日久，引起身体各器官系统功能的紊乱，有害自由基随之产生增多，有可能引起DNA的损伤，甚或不良的改变，尤其是对身体素质差的人来说，风险更高一些。中医学理论指出：肝气郁结日久，必致气滞血瘀，形成癥瘕积聚，即现今所说的肿块、肿瘤。而少腹、盆腔及卵巢、子宫、宫颈；男子的前列腺、两胁肋、乳腺，就是中医的足厥阴肝经循行之部位。这些部位就是现代易发生癌瘤的组织器官。所以说，面对激烈的竞争环境，最好最现实的应对策略应该是：正视自己的经历和能力，务实地先以谋生为重。只要有了赖以谋生的工作，那就沉下心来，心平气静，脚踏实地的刻苦磨炼自身功力，增加自己的活的知识理论与实践经验，在工作中干出好的成绩。一方面可以获得人们的认可；同时，也能在实践中发现自己的能力与潜力，更清楚地选准发展奋斗的方向，去开创自己美好的前景。这样的奋斗是心明眼亮，目的明确，心情舒畅而坚定的，乃是一种正性的精神状态。有利于神经－内分泌－免疫系统功能的提高，有利于基因的优化，永葆青春健康常驻，开创出一片灿烂的天地。

三、生活方式和饮食习惯不科学的人

1. 什么是科学的生活方式：一句话，就是坚守人体组织器官活动的昼夜节律，即“生物钟”的运转规律。不要打乱了人类几千年来在进化过程中建立起来的生物代谢规律。说具体

了就是白天努力工作，夜间准时安心入睡，尽量做到当天的事当天完成。不要上班无计划，工作不专心，懒懒散散，夜间来加班。打乱了人体生理活动的固有的生物规律，引起全身细胞的新陈代谢紊乱，促发或加重亚健康以致各种疾病。

2. 什么叫科学的饮食习惯

（1）坚持良好的进餐习惯：最朴素而传统的说法是早上要吃饱，午餐要吃好，晚餐宜吃清淡，八成饱较好。这也是国人几千年来所有重视养生保健的有识之士总结的宝贵经验。确实是符合人体生理代谢规律，保持身体健康的经验之谈。到今天仍是值得重视和遵循的。

（2）科学的饮食习惯包括的内容：①在良好的进餐习惯上，注重各种必需营养素的全面摄入与搭配比例，不能缺少，更不能超过需要量，否则都会对身体不利。②不能凭兴趣爱好进食，好吃的猛吃，不合口味的再有利于身体健康也不吃；也不要“食不厌精，脍不厌细”。而是要重视粗细结合，荤素搭配。③尽量防止摄入受各种污染的食品。④尽量少食油炸、烧烤类食品。⑤拒绝各种五花八门的化学物配制的食物和饮品，以及一些冷饮冰冻品更对健康不利。

坚持科学的饮食习惯，目的是保护身体各器官组织细胞不受伤害，提高自己和家庭成员的身体素质，使你们的基因表达得更好了，那么你传给后代的遗传基因就更优秀了，还担心培育不出优良的种子吗？

四、情绪一直压抑、苦闷、心烦意乱或执拗

这类人士一直处于负性情绪的折磨中。他们的大脑皮质，下丘脑区的惩罚系统占据了兴奋优势，有的易引发精神不正常；多数人会引起大脑皮质－下丘脑－内分泌系统的功能紊乱，导致全身代谢失衡，体内环境的稳定被破坏或改变，轻者诱发亚健康及亚健康状态，重者会引起各种病症。

第3节　亚健康常见的各种不适感觉和表现

关于亚健康的话题，世界卫生组织指出，这是一个21世纪人类健康的头号杀手。处于亚健康状态的人约占总人口的70%；真正健康的人，即生理、心理均健康的人只占15%；真正有病变的人也只占15%。可见对亚健康是应该引起人们高度重视的大问题。作者曾对所接触过的亚健康状态人士的不同表现特征，做了初步的归纳，常见的有以下几个方面。

1.整日头脑反应不灵活、乏力、提不起精神、记忆力减退、易忘事、常丢三落四、情绪较低。

2.对周围的事较冷漠，爱生闷气，易心烦，紧张，遇事多疑，稍不顺心又易冲动。

3.夜间入睡难，睡着后易感烦热或出微汗，睡眠不深，易早醒，醒来后又不解乏。

4.常感手足心热或有潮湿感觉，时而身有热感，时而凉意不定，总是缺乏平静舒适感觉。

5.食欲不健，纳食不香，味美的佳肴也觉乏味，总想用辛辣刺激性的食品提高食欲。

6.对性生活较冷淡，缺乏高潮激情。男士易出现遗精早泄，紧张时更易发生，甚至伴有尿频；女士往往对异性冷淡，甚或反感等等。

7.夏天怕热，冬春天怕冷，易感冒，且防不胜防，一旦感冒常恢复甚慢，缠绵不愈。

这些复杂的不适感觉和表现，总的表现为大脑神经系统功能减弱或不稳定；自主神经系统功能不平衡协调；内分泌系统功能紊乱；身体免疫系统功能低下。作者也曾对少数典型的亚健康人士，化验过他们的甲状腺激素（T_4、T_3）、肾上腺皮质激素（8Am，4Pm）的分泌水平，均在正常低值；

对少部分性冷淡或性功能低下者，化验了垂体的FSH、LH，生殖器官的睾酮、雌二醇和孕酮，结果是紊乱且无调控规律；对少数易感冒者化验过免疫学指标，如免疫球蛋白A、G、M，都处于正常低水平，尤以IgG、IgA水平更低；嗜中性白细胞值也都在正常低值。这些结果表明，尽管处在亚健康的人查不出明显的病理变化，但他们身体的器官功能表现为神经内分泌系统及免疫系统功能，是处于健康的低生理水平，并且是紊乱状态。

第4节　中医学对亚健康的辨证分型

在中医传统医学理论《黄帝内经》中，没有关于“亚健康”的提法，但是对中医“辨证论治”的理论是许多人所熟知的。然而中医学界还有一种“上工治未病”的学说和观点，不少人是不太清楚的。作者的理解是：“未病”就是针对一个人的具体不适感觉，中医师经望闻问切四法的诊察，来判定你的脏腑功能实际上已在阴阳、表里、寒热、虚实这八项指标中，出现了某一项或某几项的偏差，只是还未发展到明显的病变阶段，自然包含了亚健康的内容。“上工”指的是高明的医师。按中医“四诊八纲”的理论归类，亚健康最多见的有下列几种类型。

1. 气虚型：可依个人的不同感受细分为心气虚证、肺气虚证、脾胃气虚证、肾气虚证、肾不纳气证、虚实并存的肝气郁结证。

2. 阴虚型：可辨证细分为心阴虚证、心血虚证、肺阴虚证、脾阴虚证、胃阴虚证、肝阴虚证、肝血亏虚证、肾阴虚证、肾精不足证。

3. 气阴两虚型：此型在竞争激烈，生活工作节奏不断加快的当今，表现得有所增多趋势。

上述亚健康状态的中医分型，有关资料报道：自由基过多与肾虚证、气虚证、血虚证、血瘀证等皆有一定的统计学意义。各证的特征表现如下：

（1）气虚证者往往有先天不足和后天失养因素，使其体内组织细胞的新陈代谢功能弱，生成能量物质——三磷腺苷（ATP）不足；这也与有害自由基产生过多，对机体组织细胞损伤有关。表现在气虚证者的内源性清除自由基系统的酶的活性降低，如超氧化物歧化酶（SOD）的活性比健康人的明显低（$P < 0.01$）。过多的有害自由基引起细胞膜及细胞内的线粒体内外膜上脂肪发生脂质过氧化，破坏了膜的脂质结构，从而使 ATP 的生成减少，以致维持正常生命活动的能量不足，出现各种气虚证。

（2）肾虚证者自由基引起的血清过氧化脂质（LPO）明显高于健康对照者（$P < 0.01$）；同时这类人士的 SOD 活性降低也非常显著，与健康对照者比（$P < 0.01$）；而且肾虚越明显则 SOD 活性越低；尤其是肾阴虚者 SOD 活性降低更显著。

（3）血虚证者由于组织器官缺血、缺氧可产生过多的超氧自由基，引起各组织细胞发生脂质过氧化反应，LPO 增多，使用 SOD 清除有害的超氧自由基后，可明显改善血虚证者的不适感。尤其是许多天然中药经研究证实：既可抑制有害自由基的产生，也可直接对抗自由基对组织及细胞的损伤，或直接清除有害自由基，还具有增强机体本身抗氧化的功能。

（4）气阴两虚型者多具有上述三种证的共同特征，既有有害自由基产生过多，又有 SOD 的活性降低，使细胞受损更明显、ATP 生成更少；另有报道这类人士血清微量元素锌低下，铁含量也降低。许多中药既能清除自由基，又能补充多种微量元素。有鉴于此作者往往采用中医传统理论辨证论治，以中药汤剂治疗，效果很是理想，而且所有经治的男女亚健康人士均未发生不良反应。最短的治疗了一个月，最长的治疗了四个月，都自感精、气、神、情绪、工作耐力和情趣完全与同龄的健康人士一样。可以说中医药治疗亚健康有着明显的效果和优势，而且所用的中药未发生不良反应。

第5节　亚健康与基因有关联吗

有资料认为疾病是由于先天的基因素质和后天外环境各种不良因素共同作用的结果。

2001年4月在北京举办的“21世纪中国亚健康学术成果研讨会”有关资料显示，我国城市人口中有约70%的人呈亚健康状态。而许多慢性疾病都是由于亚健康状态得不到及时治疗、纠正、调整改善而逐渐进展加重，最终诱发各种病症。作者从临诊中观察到，大多数亚健康状态的人，婚后所孕育的子女的身体素质多数比健康的父母生育的子女差些。如气虚型的男女所生育的孩子抗各种病菌感染的抵抗力较弱，易感冒，一旦感冒迁延日久，脾胃消化吸收能力也低，纳食不健，或爱挑食、偏食，发育较慢，体格不强，不爱活动，或活动耐力不持久，有的胆小怯懦，适应环境变化的能力较差。阴虚型的男女生育的孩子也多有阴虚或气阴两虚表现：如手心、足心喜凉怕热，睡觉不安稳，好蹬被子，易出汗，易烦躁，对外界事物的专注力不易集中，也不持久，对环境的应变能力较差，牙齿生长排列不好，易患龋齿。从病因学的观点分析，身体健康素质差的人，其神经内分泌系统就不稳定，致其身体内环境也易波动，再加上食欲不好，挑食等，引起一些必需营养素，如必需氨基酸、必需脂肪酸，以及必需的某些维生素和微量元素摄入不足或缺乏，久而久之影响基因的复制和表达，DNA和蛋白质的合成受影响。因此，可以说，亚健康状态与人体的基因是有因果关系的。对此可以推论，凡是健康体壮的人，其遗传因子必定是健康的；而亚健康状态的人只有经过治疗调整，纠正了亚健康状态，其基因才能优良，表现型才会更具活力，更好地适应内、外环境的变化，复制并遗传给后代的 DNA 就会优良。

第 6 节　促进亚健康改善的良性调理措施

重点在于针对产生亚健康的各种不良因素，采用符合生理规律的，有利于建立积极的心理状态；调整受损的生理状态，恢复各组织器官的功能，继而使受损的组织器官结构恢复。

一、建立和睦和谐、温馨愉悦的家庭氛围

1. 有助于振奋大脑皮质和下丘脑区的奖赏系统的兴奋优势，产生积极的情绪，促使个人的思维开阔，心态积极且放松，提高对生活和工作的兴趣和效率并形成良性循环，更好地适应不断变化的环境。

2. 有利于下丘脑 – 垂体 – 各靶腺（甲状腺、肾上腺、性腺）轴的功能稳定协调，效率提高。下丘脑 – 垂体 – 性腺轴功能的改善，有助于精子、卵子的质量提高。

3. 下丘脑又是调节内脏活动的较高级中枢，并将内脏活动与躯体活动、情绪反应等联系整合，有利于内脏器官功能的恢复与增进，在摄食行为的调控中起重要作用，也强化了各器官组织的生物节律。

4. 良性情绪能促进中枢神经系统与胃肠系统共有的脑肠肽在二者之间良性互动，使亚健康状态者的功能性胃肠病得以减轻或纠正：胃肠运动障碍好转或消除；消化液和消化酶的分泌增强，消化吸收功能明显改善；胃肠道的免疫屏障功能也显著提高，使食物中的有害物被肠道的黏膜屏障清除；食欲好转，食物中的各种营养成分如氨基酸、脂肪酸、核苷酸、维生素，各种微量元素等能被充分吸收，合成的基因、DNA 更优良，精神变好。

二、做到劳逸结合、张弛有度

1. 防过度劳累：亚健康状态的人士不能与健康的人比劳力和体力，如果过度劳累只会使自己功能降低的组织器官进一步受损，且更难恢复健康，也不要经常加班加点打乱生理规律。

2. 忌过度休息、忌少动：老话说“流水不腐，户枢不蠹”是很生动的比喻。过度的安逸会引起全身气血运行不畅，各组织器官的微循环不良，更不利于亚健康状态的好转，反而会使得已经功能减退的组织器官更加虚弱，即医学理论说的“用进废退”。

3. 适度地劳动、科学地休息调整：就是不论你做什么工作，只要是工作一段时间后感到疲劳或累乏时，最好适当休息几分钟，让感到疲劳的组织器官得到较多的血液循环和营养与氧气的补充，将积聚在疲劳组织中的乳酸运回肝合成为糖元再继续给机体供给能量。如果是紧张的脑力工作者，则可去户外有树木花草的庭院内稍事活动或深呼吸几分钟，再回去继续工作，大脑肯定会清楚灵活些，工作效率会明显提高。

4. 经常适度地体育锻炼：比如行走，踢毽子、跳绳、打太极拳、跳交际舞等。贵在坚持而不是三天打鱼两天晒网，那才会有助于人体的神经内分泌免疫系统网络的良性运转，有助于全身血液循环的流畅无阻，顺利地将组织细胞在代谢过程中产生的废物输送至相应器官并排出体外，促进亚健康状态的好转以至恢复健康。实际上，坚持自己喜爱的锻炼项目也是培养一个人树立科学的精神素质的过程，培养个人树立坚忍不拔，锲而不舍的精神意志。

三、愉快轻松的娱乐生活

1. 经常听抒情的轻音乐和歌曲，听诙谐幽默的相声；看有趣的小品，以及高雅温情的影视节目等，可陶冶情操，兴奋大脑皮质、下丘脑区的奖赏系统，使神经内分泌免疫系统网络处于最佳协调的生理状态，有利于亚健康状态的修复。

2. 忌听粗野狂喊、亢奋刺耳的怪诞曲调；不看凶杀打斗、惊险环生的劣性刺激影视剧情，以防大脑皮质、下丘脑区的惩罚系统强烈兴奋，神经内分泌系统剧烈波动，免疫系统功能受抑制，引起体内环境不稳定，使机体的各种代谢难以顺利运行，致亚健康状态难以纠正。

第五章　如何维护和保持身体健康

如何维护和保持身体的健康，前面也有所谈到。这一章主要讨论的是科学的饮食营养课题。因为民以食为天，食以安全科学为先。随着“基因时代”的到来，一门专门研究人的饮食与其自身基因之间交互作用的“营养基因组学”已成为众所关注的热点，成为研究营养要素对人体基因的影响与代谢机制的科学，研究膳食营养与基因的相互作用及其对人类健康的促进。也有助于人们制订最适合的个体化膳食方案，使人们的健康状况通过调整饮食来达到最佳。

第1节　制订科学的个体化膳食方案

科学的膳食营养，包括八大类营养要素。它们是供应身体所需热量的碳水化合物（各种粮食）、蛋白质、食用油脂；第二类是不产热能，但对参与组织细胞的构建和代谢，发挥各种功能的各种必需维生素、必需的微量元素、各种矿物质和水以及纤维素这八大类营养要素缺一不可，缺乏任一种都会影响健康和基因表达。

其次是每类营养要素的需要量应依个人的机体代谢需要而不同。少了不能满足体内各组织细胞代谢的顺利运行，多了又会增加对身体各器官组织细胞的负担，甚至产生某些毒副作用，对健康都是不利的，也影响基因的表达，对培育健壮、活力强的基因更不利。那么应该怎样来制定科学的个体化膳食方案呢?

一、适合于自身需要的每日总热量（能量）摄入

（一）先确定个人的标准体重

所谓“标准体重”是身体发育最佳的重量，有利于各器官系统的功能顺利运转，是健康的标志之一。它与“实际体重”是完全不同的概念。实际体重指的是你随时称得的身体重量，过瘦或过胖都对健康不利。

1. 我国成年人标准体重的估算公式有多种方案，作者认为当代我国青年男女人士的体重以下列公式计算较适合。

（1）男士体重（kg）=［身高（cm）−100］×0.9

（2）女士体重（kg）=［身高（cm）−100］×0.85

2. 测体重的方法：早晨起床后排空了大小便，只穿内裤（不穿汗衫更好）测得的体重（kg）。

（二）对测得体重的判定

1. 体重正常：实测体重在标准体重 ±10% 以内。
2. 体重超重：实测体重≥标准体重的 10%。
3. 轻度肥胖：实测体重≥标准体重的 20%。
4. 中度肥胖：实测体重≥标准体重的 30%。
5. 重度肥胖：实测体重≥标准体重的 50%。
6. 体重不足：实测体重≤标准体重的 10%。
7. 消瘦：实测体重≤标准体重的 20%。
8. 明显消瘦、实测体重≤标准体重的 30%。

（三）确定个人每日所需总热量的摄入量

1. 我国成年人每日所需热量按 kcal/kg，如下表。

成年人每日热量需要量（kcal/kg 标准体重）

工作性质 \ 体型	正常	消瘦或体重不足	超重或肥胖
轻体力活动（包括脑力劳动）	30	35	25
中等体力活动	35	40	30
重体力活动	40	40 ~ 50	35

注：所谓轻体力活动，包括一般脑力劳动，如教师、医务人员、研究人员、办公室文员、商店营业人员等；中等体力劳动，如公交车司机、吊车司机、火车司机、厨师及各种服务员、外卖人员等；重体力活劳动，如搬运工人、运动员、长途车司机、邮递员、舞蹈演员、杂技演员等。

2. 每日总热量的需要量可按如下公式计算：每日总热量需要量（kcal）= 标准体重（kg）× 劳动类型的每千克需要量（即上表中的工作性质）。

3. 每日三餐的分配比例以早、中、晚餐的热量量各占总热量的 30%、45%、25% 较符合生理需求。

二、评判按这种标准摄入的热量是否适合个人

除了依自己感觉饥饱外，比较客观的指标是每周晨起空腹测体重一次。若正常体重人士体重没有波动，说明此热量摄入标准是恰当的；若体重不足或消瘦型人士体重逐周增加，4 周后体重较原先增加 0.5 ~ 1kg，说明按此热量摄入量是较理想的，若体重增加不足 0.5kg，或超过 1kg，则需适当相应增加或减少所摄入的热量；对体重超重或肥胖型人士按表 1 所列的热量摄入标准进餐，若体重逐周减少，4 周后体重超重型减少 1kg，肥胖型者体重减低 2 ~ 2.5kg，也说明这一热量摄入量是恰当的。如果不理想，那就要认真分析具体原因。

第2节　分析所摄入热量是否理想

一、正常标准体重人士

按上述每日热量摄入量进食，一般是理想的，并可推断此人的发育是良好的，他的各部组织器官功能是健康而协调的，其进食的习惯也符合生理规律。如果他的体重维持不理想，那就要分析他的饮食习惯是否符合上述三餐的分配比例，其次要了解他的各器官系统有无疾病。

二、消瘦型人士体重不增的原因

1. 基因因素多见于家庭经济条件较差的，在其母亲妊娠期，因营养不良，使胎儿在生长发育过程中处于“保存热量状态”，致其代谢速率和组织器官进行“适应性调节”，以节约能量的消耗，尽量将营养供应脑组织和神经系统，其余组织器官则处于营养不良状态，导致出生时是低体重儿。若出生后，家境及营养状况仍无明显改善，就造成永久性的“节约型慢消耗代谢模式”，生长慢、发育落后于同龄而营养良好的人。

2. 身体有无疾病，如甲状腺病变、糖尿病、肾上腺皮质损伤等内分泌疾病？消化系统疾病引起对食物的消化吸收功能差？结核等一些消耗性疾病？尤其是消化系统疾病最为常见。

3. 是否是亚健康状态。

4. 长期睡眠差、失眠，导致大脑皮质、下丘脑内分泌系统功能紊乱，引起食欲差，胃肠系统消化吸收功能减弱，终至消瘦。

5. 工作、学习、竞争压力太大，又长期超负荷、紧张不安、情绪不稳定等，引起大脑皮质功能紊乱，下丘脑功能失调，摄食中枢受抑制，而抑制摄食的兴趣与愿望，增加了机体的消耗，使人消瘦或体重不增。

6. 不爱活动，好逸恶劳。长此以往，使肌肉、骨关节等器官组织由于少用而萎缩退化，体重不增或减轻，甚或骨质疏松明显，体重更轻。

7. 大脑功能不正常或偏执的人士，崇尚“骨感”，以瘦为美，而刻意节食或服用所谓的“减肥药”等。既损害了各器官组织及内分泌——免疫系统功能，又造成营养不良性消瘦，终致出现种种病态。

三、超重或肥胖型人士体重不减的原因

1. 单纯性肥胖人士多有家族遗传史。父母一方肥胖者，其子女肥胖的发生率可达 40% 左右；若父母双方均肥胖者，则其子女的肥胖率可升至 60% 左右。这些人大多自幼即胖，且常易产生高脂血症等代谢紊乱病症，过早发生一系列心、脑血管疾病。

2. 肥胖人士的大脑组织细胞易有脂肪增多，引起大脑皮质及下丘脑功能紊乱，自主神经系统功能失调；胰岛素分泌增加产生高胰岛素血症，而刺激摄食中枢，引起食欲亢进。

3. 应酬过多，聚餐频频，大吃大喝。这种违反科学的进食，引起的是高热量积聚，消化不了只能转变成脂肪堆积于全身，尤其是腹部，形成大腹便便。既影响体型的美观，更可怕的是多种代谢紊乱的病症早发，尝尽违反科学进食规律的各种苦果，即病从口入的祸患。

4. 情绪抑郁日久，或职场不顺，或情场失意，使得体内脑肠肽分泌紊乱，在脑内和胃肠系统内不能协调一致；下丘脑功能紊乱则有的人可引起胃肠蠕动加快，摄食中枢兴奋。有的借酒浇愁；有的人则不停地吃零食以转移不快情绪，致使摄入热量超过身体需要而发胖。

5. 胖人由于其肌肉组织细胞被脂肪浸润，肌力弱，故多

不愿活动，贪图舒适安逸，使得摄入的热量消耗不尽，而转变成脂肪，贮存于全身脂库而肥胖；其次，胖人往往有高胰岛素血症，因此胃口奇佳，对美味佳肴情有独钟，热量摄入过量，发胖自然加重。

四、肥胖对人体的不利影响

1. 肥胖人士常有高胰岛素血症，易患糖耐量损伤（糖尿病前期改变）以致 2 型糖尿病；常患高脂血症、动脉粥样硬化、冠心病、高血压以及胰岛素抵抗，甚或脑血管缺血或出血性疾病。

2. 肥胖的男士往往可见睾丸功能减弱，睾酮分泌减少，精子的生成和发育均受影响，引起男性功能减退，甚或男性不育症或早发阳痿。

3. 肥胖的女士有近半数者的卵巢功能减弱，雌激素、孕激素分泌不足。一是可致卵泡发育不良；二是易引起月经不规律；三是易早发闭经；四是易发生女性不孕症。

4. 肥胖人士的内分泌性腺轴是不健康的。身体内环境也是不稳定的，往往健康状况不佳，各种并发症增多。尤其是以腹部肥胖为主要特征的上身性肥胖者，其发病的危险概率、高于以臀部和大腿肥胖为主的下身性肥胖人士。

上述内容简单概括了有关消瘦和肥胖与健康相关的情况，希望引起不同人们的重视或参考。要懂得：在今天的我国，吃饭不仅仅是为了生活，更重要的是为了身体的健康，以及培育优良的遗传基因传给下一代。

第 3 节　哪些食物是供应机体热能的营养物

供应机体热能（也叫热量）的必需营养物质主要有三大类，即碳水化合物（主要是各种粮食）、蛋白质（有动物性的和植物性的两类）、脂肪（主要是食用油脂）。这三大类营养物各占总热量的比例为粮食类占55%，蛋白质占10% ~ 15%，脂肪类占30% 比较合理。每日三餐热量的分配比例以早餐：午餐：晚餐分别占3 ：4 ：3 的份额较符合人体的生理需求，也较少引发“四高”性现代病，即高血压病、高脂血症、高胰岛素血症、高血压以及胰岛素抵抗综合征，也就是人们常说的“富贵病”。

一、碳水化合物（各种粮食）

1. 碳水化合物的主要生理作用是供给人体以热能和维持血糖稳定的主要成分。若供应量恰当则可减少身体内蛋白质和脂肪组织的分解，有利于保持身体各组织的稳定、功能正常，体力充足。其恰当的日摄入量应占总热量的50% ~ 55%。

2. 碳水化合物的热量计算是1g 碳水化合物在体内经代谢氧化后可供应机体4kcal 热能，供应全身各器官组织对能量的需求。维持血糖稳定，有利于各种代谢的正常运行。

3. 碳水化合物还可给DNA 提供脱氧核糖（戊糖中的一种）。

二、蛋白质（各种肉、蛋、奶类）

1. 供应标准：对成年人的蛋白质供应以每日每千克体重1g 为佳，全日摄入的蛋白质总量所释出的热量以占每日总热量的10% ~ 15% 比较合适。若食入过多的蛋白质，则在体内产生较多非挥发性有机酸性代谢废物，加重了肝解毒和肾排除代谢废物的负荷。若长期如此，则会导致身体内环境的pH 偏酸，不利于健康；若摄入蛋白质不足，则对器官组织结构的修复和更新，以及各组织细胞的新陈代谢，各器官生理功能的维护，免疫系统功能的健康运转都会产生不利影响。

2. 蛋白质的生理功能

（1）蛋白质是构成机体各器官组织和细胞的架构；修复、更新组织细胞，以及调节生理功能所必需。

（2）在保持身体内环境的稳定方面发挥着重要的作用，使内环境的酸碱度（pH）稳定在 7.35 ～ 7.45。

（3）当身体处于严重饥饿或营养不良状态时，它也可分解释出热量以维系生命,但那是弊大于利的无奈,救命要紧呀！只能暂时起作用。1g 蛋白质氧化分解后可产生 4kcal 热量。

（4）蛋白质在被摄入后，经消化分解成氨基酸，才被吸收入体内。氨基酸是发挥各自生理生化作用的最基本成分。有些氨基酸更是促进男女人士性腺（睾丸、卵巢及附属部分）健康发育，产生优良的精子、卵子，并维持生殖系统健壮稳定的必需成分。

（5）氨基酸可给 DNA 提供各种碱基。

3. 氨基酸的分类：氨基酸共有 20 余种，分为必需氨基酸、半必需氨基酸和非必需氨基酸三类。

（1）必需氨基酸：是人体不能自身合成，必须由食物蛋白质供应的氨基酸。对于成年人共有 8 种，分别是：赖氨酸、色氨酸、苯丙氨酸、蛋氨酸、苏氨酸、亮氨酸、异亮氨酸、缬氨酸。10 岁以下儿童，因其身体组织细胞尚未发育成熟，不能合成组氨酸，只能依靠食物补给，所以 10 岁以下儿童的必需氨基酸就有 9 种。

只有各种必需氨基酸的摄入完全且科学，身体器官才能发育好，培育出健壮、活力强，基因优良的精子、卵子，为孕育健康聪明漂亮的后代奠定好的物质基础。凡是追求健康的人都须补充必需氨基酸。

（2）半必需氨基酸：是人体组织能合成一部分，但不能完全满足身体代谢的需求，而需要从食物蛋白中获取一部分以保证人体代谢的正常进行。这类氨基酸就叫半必需氨基酸。只有精氨酸和组氨酸 2 种。

（3）非必需氨基酸：只有十几种，它们全部能由人体组织细胞合成，而不需依赖食物补给。

4. 哪些人需要及时补充必需氨基酸：

（1）所有希望保持健康的人都需补充。

（2）免疫系统功能低下者，以及因各种疾病引起的身体虚弱者。

（3）孕妇尤应及时补充，既保证孕、产期平安，也有利于胎儿的顺利健康发育生长，尤其是胎儿大脑及神经系统的发育；娩后哺乳期。

（4）产妇营养失调和儿童营养不良者。

（5）男士缺乏必需氨基酸，易致精子成活率低，且活动度弱而引起男性不育症者。

（6）女士缺乏必需氨基酸，易引起卵泡发育不良，卵子成熟受影响，黄体形成差，致月经紊乱，不孕症等。

三、脂肪（即食用油脂）

1. 脂肪的种类及供应标准

（1）动物性脂肪，如各种畜、禽类的肥肉、油脂。这类脂肪主要含饱和脂肪酸和一定量的胆固醇，对维护人体健康有相应的重要作用。

（2）植物性脂肪，即各种植物种子榨出的油脂，如花生油、黄豆油、菜籽油、玉米油、胡麻油、芝麻油等。这类脂肪油主要含的是不饱和脂肪酸，包括单不饱和脂肪酸和多不饱和脂肪酸。多不饱和脂肪酸，人体不能自身合成，必须由食物供给，是人体生长发育不可缺少的营养素，因此又叫营养必需脂肪酸。

（3）不论哪种脂肪在人体内代谢氧化后，1g 脂肪能释出 9kcal 热能，比 1g 碳水化合物释出的热能 4kcal 多一倍多；也比 1g 蛋白质产生的热能 4kcal 多一倍多。

（4）每日摄入脂肪的标准量，可按本节前面所说的：占总热量的 25% ~ 30% 量来供应。我国营养学会建议摄入的脂肪中，饱和脂肪酸：单不饱和脂肪酸：多不饱和脂肪酸的比例，最理想的是 1∶1∶1。这样的比例是最符合人体的生理需要的。

2. 各种脂肪酸的生理功能

（1）饱和脂肪酸：①为机体供应热能。②其中的胆固醇是构成细胞膜的基本成分之一；在肾上腺皮质内可合成雄激素睾酮，皮质醇、醛固酮；在睾丸内可合成睾酮；在卵巢的卵泡内膜细胞合成雌二醇（雌激素）和孕酮，使排卵后的卵泡变成黄体分泌孕酮，雌激素。上述激素有助于精子、卵子的发育成长。③胆固醇在皮肤下组织被氧化变成 7- 脱氢胆固醇，经日光中紫外线照射转变成维生素 D，促进食物中钙和磷的吸收，进而参与骨的形成。

（2）不饱和脂肪酸：①是构成细胞膜的必需成分之一，维持细胞的完整性；也是保护细胞顺利进行代谢所必需。②降低高脂血症者的三酰甘油和胆固醇。③促进机体从食物中吸收微量元素锌，有助于提高精子生成的质量，增强精子的活力，有利于受精卵的形成和发育；孕妇于孕早期缺锌，常可造成流产以及孕期的各种并发症。④生殖细胞精子、卵子的形成和成熟，哺乳，以及婴幼儿的生长发育也需要不饱和脂肪酸。⑤促进磷脂的合成。磷脂是细胞膜的主要结构成分，有助于维护细胞膜的完整性。磷脂包括卵磷脂（占 70%）、神经鞘磷脂（占 20%）和脑磷脂（占 10%）。⑥必需脂肪酸中的 α－亚麻酸可合成 DHA（二十二碳六烯酸）、EPA（二十碳五烯酸），有助于提高脑细胞的传导能力，增强学习和记忆力；对胎儿和婴幼儿的大脑发育有重要作用，增强婴幼儿智力的发育，提高和保护视力，延缓老年人大脑功能的减退。

四、脂肪摄入过多对健康的影响

1. 脂肪摄入过多，引起热能积聚，超过机体代谢的需要时，则会转变为人体的脂肪组织堆积于身体各处，轻者引致肥胖症；重则导致脂肪肝、高血脂、动脉粥样硬化、冠心病、高血压、高胰岛素血症及胰岛素抵抗，以致糖尿病。

2. 过多的脂肪堆积，引起神经内分泌功能失调；堆积于生殖系统，可造成睾丸、卵巢功能减弱，生殖细胞退化，产生的精子、卵子质差量少，活力弱。孕育的后代难保健康聪明。

3. 摄入过多的不饱和脂肪酸，可引起体内组织中的氧化物、过氧化物等明显增多，尤其是机体细胞膜的脂质过氧化，会加速细胞的老化甚或损伤凋亡，使机体产生多种慢性病变。

4. Ω-3 不饱和脂肪酸摄入过多，可抑制免疫系统功能，造成机体抵抗各种疾病的能力降低。

综上述，可见摄入过多脂肪和不饱和脂肪酸，也是有损健康的。那么应如何摄入有利于身体健康的各种脂肪量呢？请参阅本章的相关叙述内容。

五、尽量避免摄入反式脂肪酸

1. 什么叫反式脂肪酸：所谓“反式脂肪酸”是指不饱和脂肪酸的双链呈线形的脂肪酸，有天然的和人工造的两种类型。本文讲述的是指人工造的反式脂肪酸，即是将植物油进行加氢使之氢化，由液态变成固态形状的油脂，因此又名“氢化油”。这种油性质比较稳定，添加进各种食品中，可以增加稳定性，延长食品的有效期。日常食品中含反式脂肪酸的食品很多，如各种蛋糕、糕点、饼干、面包、方便面、炸薯条薯片、巧克力、冰激凌、蛋黄派、奶油蛋糕、珍珠奶茶、威化饼干等等，多不胜举。总之，凡是松软可口，香甜独特的含油食品基本上都含反式脂肪酸。世界卫生组织建议：每人摄入的反式脂肪酸产生的热量应少于每日总热量的 1%。

2. 反式脂肪酸对人体有哪些危害

（1）对男士，可减少雄激素水平，精子数量和活力均减低，死精子增加，从而降低生育力。

（2）对女士孕期，反式脂肪酸经孕妇吸收入血后，可通过胎盘屏障进入胎儿体内，使胎儿大脑发育受阻，神经系统发育不顺利。

（3）女士哺乳期，摄入的反式脂肪酸可经乳汁进入婴儿体内，不利于中枢神经系和大脑的发育；反式脂肪酸对乳汁的产生和分泌也不利。

（4）少年儿童和青少年，摄入过量的反式脂肪酸，进入大脑细胞脂质中，影响智力发育。

（5）成年人摄入过量，可增加血液内的胆固醇含量，升高低密度脂蛋白胆固醇；降低高密度脂蛋白胆固醇，加快动脉粥样硬化的形成，使心脑血管病的发病提前或加重。

（6）反式脂肪酸可以促进血液内血小板的聚集性增加，易引起血栓形成，引发心肌梗死、脑梗死、脑血栓等。成年人爱吃油煎炸食品的，就容易摄入过量的反式脂肪酸。

第 4 节　保证每日合理摄入必需的维生素和微量元素

一、维生素类

维生素是维持人体正常生理功能所必需的营养素之一，是人体不能合成或合成量很少，而必须由食物供给的一组低分子有机化合物。它不供给机体以能量，但在保证细胞的正常代谢过程中起着很重要的作用；在调节人体物质代谢和维持正常生理功能等方面也发挥着不可或缺的作用，有的还参与基因和 DNA 的合成或修复。因此它们在维护人体健康方面发挥着十分重要的生理功能。机体缺乏不同的维生素时，会引起物质代谢障碍，引发不同的疾病；但若摄入过多量，也会产生各种不良反应，而有损人体健康。

维生素按其溶解性质不同分为脂溶性维生素和水溶性维生素两大类。

（一）脂溶性维生素（包括维生素 A、D、E、K）

这类维生素只能溶解在油脂中才能被人体吸收。它们除了直接参与影响特异的代谢过程外，多半与细胞内核受体结合，影响特定基因的表达，因此有必要进行简单的普及介绍。

1. 维生素 A（又叫抗眼干燥症维生素）

（1）生理功能：①构成眼球内视觉细胞中感光物质的成分，对弱光敏感，在暗处或傍晚时分视物时发挥作用。人体如果缺乏它，则每到傍晚时分或光线暗的地方，即看不清，甚或看不见物品，也就是通常说的“夜盲症”。②维持人体一切上皮组织健全所必需。如果缺乏，则皮肤发育不良产生皮肤干燥症，抗微生物侵袭功能降低，易发生各种感染；也引起毛囊角化过度导致毛囊炎，甚或毛发干枯脱落，婴幼儿更易发生；眼睛发生眼干燥症。③促进人体的正常发育生长，缺乏时易引起生殖功能衰退，骨骼生长不良，发育受阻；若孕妇缺乏则影响胎儿眼睛的发育。④抗自由基引起的脂质过氧化反应。

（2）每日需要量：一般为 2600IU。

（3）摄入过量可引起中毒性反应。若成年人每日摄入 5 万 IU 以上，幼儿每日摄入 1.8 万 IU 均易引发中毒。常见骨质脱钙，骨脆性增加，生长受抑制；关节疼痛；皮屑多，皮肤发干且痒，皮疹，脱发；指甲变脆开裂；乏力、头痛；恶心，食欲减退；凝血时间延长易出血等。

（4）含维生素 A 丰富的食物：①动物性食物，如肝、奶、蛋中的维生素 A 可被人体直接吸收利用。②植物性食物，只含维生素 A 元，摄入后需经小肠的黏膜上皮及干细胞转化为维生素 A 才可参与代谢。含维生素 A 元多的蔬菜有各种绿叶蔬菜、胡萝卜、水果、菠菜、苜蓿、南瓜、豌豆苗、红心红薯等。

2. 维生素 D（又叫抗佝偻病维生素）

（1）生理功能须经人体肝肾活化，转变成 1，25-（OH）$_2$-D$_3$，才能发挥生理作用：①促进小肠对食物中钙、磷的吸收，以利于骨骼的骨化生长；促进肾小管回收钙和磷。②维持成人血浆钙于 4.72mg/dL，即 2.36mEq/L，以帮助稳定神经 - 肌肉的兴奋性。若成人血浆钙降至 3.5mg/dL 时，可引起神经 - 肌肉抽搐。③正常成人血磷含量为 3 ~ 4.5mg/dL（即 1.7 ~ 2.5mEq/L）；儿童含量稍高，为 4.5 ~ 6.5mg/dL。磷在体内构成磷脂，是细胞膜的成分之一。④磷参与人体内能量的代谢和各种酶的合成，还参与 DNA 和 RNA 的合成，维持机体内环境的平衡稳定，有助于细胞的分化和免疫调节。⑤正常成人血浆中［钙］×［磷］=35 ~ 40，单位为 mg/dL。当二者的乘积大于 40 时，则钙和磷以骨盐形式沉积于骨组织，骨质坚硬；若二者乘积低于 35 时，则引起骨盐溶解而脱钙，在小儿引起佝偻病，成人产生软骨病。⑥人体的皮肤、乳腺、心、脑、骨骼肌、胰岛的 B 细胞、免疫系统的 T、B 淋巴细胞等均有维生素 D 受体。若缺乏 1，25-（OH）$_2$-D$_3$，这些组织细胞的分化就会受影响，功能就不健全，而产生各种相应的疾病。

（2）每日需要量：成人一般为 200 ~ 400IU。

（3）大量服用维生素 D 的害处：如果长期每日摄入 2000IU 则可引发中毒症。急性中毒症可见食欲差、恶心、呕吐、腹泻、头痛、多尿、烦渴；慢性中毒可见体重降低，便秘与腹泻交替，高血钙、高血压、软组织或血管钙化。

正常人只要经常晒太阳，常吃含钙多的食物，即使长期不加服维生素 D，也不会引起缺乏。因为阳光中的紫外线照射皮肤，可使皮肤下组织中的 7- 脱氢胆固醇转变成维生素 D，再经肝、肾的活化就能发挥生理效应。

（4）含维生素 D 丰富的食物：鱼肝油中最为丰富；动物的肝、奶和蛋黄中含量也多。

3. 维生素 E（又叫生育酚）

（1）生理功能：①有很强的对抗自由基的氧化性，保护细胞膜和细胞内线粒体不受损伤。②维护生殖器官的功能和发育。③促进血红蛋白的生成，防止红细胞被破坏，延长红细胞的生存期，有助于防治贫血。④调节人体某些基因的表达。⑤降低高胆固醇血症，防治动脉粥样硬化，减少心、脑血管病的发生。⑥治疗先兆性流产和习惯性流产有效。

（2）含维生素 E 多的食物有各种植物油、各种坚果。正常成人在正常饮食下不会缺乏维生素 E。只有早产的新生儿有时会引起缺乏，甚或发生溶血性贫血症。成人日需要量约 10mg。

4. 维生素 K（又叫凝血维生素）

（1）生理功能：①促进肝合成凝血因子，防止出血。②在骨组织中维持骨盐的密度。③减低动脉的钙化发生。④预防新生儿出血症，产科医生往往会在孕妇临产前给予注射维生素 K。

（2）含维生素 K 丰富的食物有动物的肝、绿色蔬菜等。正常成人每日须摄入 60 ~ 80μg。

（二）水溶性维生素

水溶性维生素包括 B 族维生素（主要有 B_1、B_2、B_6、PP、叶酸、B_{12}、生物素等）和维生素 C。这些维生素在体内可构成各种酶的辅助因子，并直接影响某些酶对代谢的催化作用，促使机体细胞内的新陈代谢顺利运行。

1. 维生素 B_1

（1）生理功能：①在体内参与葡糖糖的氧化代谢，产生能量，供给大脑和神经系统，使大脑神经细胞灵敏；神经传导功能快捷；皮肤肌肉各种感觉反应敏感；胃肠蠕动有规律，消化液分泌旺盛，食欲改善；肝和心功能均增强。②与维生素 B_{12}、E 合用，治疗神经系统受损的病变，促进大脑细胞和神经组织的代谢和功能恢复；纠正胃肠功能障碍和紊乱；恢复受损的心肌细胞代谢，并改善心脏功能。

（2）造成维生素 B_1 缺乏的原因：①谷米加工过精过细，做饭前反复搓洗淘。②蔬菜切细后再浸泡于水中反复冲洗，致 B_1 随水流失；久煮易破坏 B_1。③不吃蔬菜和水果的人，酗酒的人。

（3）维生素 B_1 缺乏的症状：大脑及神经组织能量供给不足，常见健忘、头发干枯；神经传导功能减退；易发脾气，常感不安或迟钝；各种感觉异常或减退，腱反射消失；肌肉疼痛、肌萎缩，形成干性脚气病；若延误治疗，则进一步引起心悸、胸闷、气憋、心脏扩大甚或心衰水肿，即湿性脚气病；也常引起胃肠蠕动变慢，胃肠消化液分泌减少，引起食欲不振、消化功能障碍等病症。

2. 维生素 B_2（又叫核黄素）

（1）生理功能：随食物摄入后，在体内参与构成氧化还原酶的辅酶，在营养素的氧化代谢中发挥作用。

（2）含维生素 B_2 多的食物：①动物的肝、肾、心，乳及蛋中的量丰富。②植物：黄豆、麦芽、小麦、酵母中也多。成人每日需摄入 1.5mg。若在怀孕期和哺乳期则摄入量应增加；精神常处于紧张状态的人经常口服 B_2 加维 C 有助于改善症状。

（3）维生素 B_2 缺乏症：常见唇炎、舌炎、口角炎、睑缘炎、角膜血管增生、浑浊，甚或溃烂、畏光、视力减退、眼灼痛、巩膜充血。

3. 维生素 B_6

（1）生理功能：①治疗妊娠早孕反应的呕吐、恶心。②婴儿抽搐时用之也有一定疗效。③在治结核用异烟肼时，常加服 B_6、维生素 PP，可减轻异烟肼的不良反应，如失眠不安、多发性神经炎和肝功能损害等。④在治疗维生素 B_1、B_2 和 PP 缺乏症时，加服 B_6 常可提高疗效。

（2）富含维生素 B_6 的食物：①动物的肝、肉类、鱼、蛋黄。②植物：谷物、全麦、豆类、坚果类、卷心菜等；若高温久煮、煎炸则易破坏 B_6。造成维生素 B_6 缺乏症。③肠道细菌也可合成部分 B_6。食谱广的人一般不易缺乏 B_6。但食物不宜久煮和煎炸，否则容易破坏维生素 B_6，造成维生素 B_6 缺乏症。

4. 叶酸

（1）生理功能：①促进正常红细胞的形成、发育和成熟。②参与核酸和蛋白质的生物合成，从而有利于 DNA 和 RNA 的合成复制。③对妊娠早期胚胎神经管的发育有很好的促进作用，也可防止胎儿脊柱裂的发生。因此，机体若缺乏叶酸就容易患巨幼细胞性贫血；胎儿发生无脑儿及脑积水的危险概率增加，以及 DNA 畸变、成人易患癌症等。④叶酸可在人体肝中贮存一定量，故欲准备妊娠的女士可在孕前 3 个月即每日补充叶酸 400μg。叶酸可增强免疫系统功能，保持头发健康润泽，不易脱落或变白。

（2）富含叶酸的食物：深绿色蔬菜，如菠菜等；蘑菇、西红柿、香蕉、葡萄、核桃仁等；杏子、豆类、南瓜、青稞麦粉；动物的肝、蛋黄、鸡肉、牛羊肉等。但是，在高温下久煮，长期服用抗生素类药物以及磺胺等，雌激素也易引起叶酸的破坏丢失。

其次，叶酸在酸性环境中不稳定，也易被日光破坏；在室温下贮存，叶酸也容易损失。

5. 维生素 B_{12}：维生素 B_{12} 只存在于动物性食物中，如肝、肉、鱼、禽、蛋、牛奶等，植物中没有。它随食物摄入后，需经胃酸和胃蛋白酶消化，B_{12} 与胃黏膜分泌的“内因子”按 1∶1 的比例相结合才能被吸收。B_{12} 参与多种酶的辅酶形成。

（1）生理功能：①促进核酸和蛋白质的合成及 DNA 的合成。②促进红细胞的发育和成熟，预防恶性贫血（即巨幼红细胞性贫血）。③对神经组织有营养作用。

（2）维生素 B_{12} 缺乏性病症：①核酸和蛋白质合成障碍，叶酸的活性受损，引起恶性贫血。②增加动脉硬化、血栓形成和高血压发生。③影响脂肪酸的合成，致神经纤维的髓鞘变性退化，从而导致神经纤维的进行性脱髓鞘病变，使神经组织受损。

值得给青年女性提醒的是：人若有胃病，那么建议在月经前和经期，尤其是在孕前和哺乳期应注意补充维生素 B_{12}，以提高叶酸的利用率，促进核酸和蛋白质的生物合成，促进红细胞的发育和成熟，防止巨幼红细胞贫血发生。

6. 维生素 C（又叫抗坏血酸）：维生素 C 是体内多种辅酶活性的辅助因子，在人体的生命活动中起着重要的生理作用。

（1）生理功能：①维生素 C 是一种强抗氧化剂，能防止体内有害自由基对组织细胞的损害。②促进胆固醇转变胆酸后排出体外，从而可以有效防治动脉发生粥样硬化。③治疗和预防坏血病，促进胶原蛋白的合成，有助于降低毛细血管的脆性，增加血管壁的柔韧性，防止出血，也有利于伤口的愈合。④促进叶酸转变为有生物生化活性的四氢叶酸，辅助治疗巨幼红细胞性贫血。⑤促进食物中的三价铁转变成易于在肠道中吸收的二价铁，提高肝对铁的利用率，有助于治疗缺铁性贫血。⑥提高肝的解毒能力而且保护肝功能，尤其是对重金属铅、砷、苯及细菌毒素，大剂量的维生素 C 可以缓解上述物质的毒性。⑦增强机体免疫力，提高机体的抗菌能力，增强吞噬细胞对致病微生物的吞噬能力，增加免疫球蛋白的合成，从而提高机体免疫系统的功能。临床上多用于心血管疾病和病毒性疾病的辅助性治疗。

（2）最需要经常补充维生素 C 的人群：①坏血病患者。②在污染环境工作的人员，如环卫工人、油漆工人、化工工作者，与汽车接触密切的人、汽车尾气污染环境下工作的人员。③从事剧烈运动和高强度劳动的人员。④面部较黑（非日光晒造成的黄种人），有色素斑者，因为维生素 C 可抗自由基，清除细胞膜上的脂质过氧化物，保护细胞膜，并抑制色素斑的形成，以及促使其消退。⑤易疲劳的亚健康人士，常服维生素C可有一定的缓解疲乏的作用。⑥免疫功能低下的人士，尤其是易患病者。⑦白内障形成早期，维生素C可延缓病变进展，因为维生素C是眼球晶状体的营养物质。⑧长期服药的慢性病人：服安眠药、降压药、钙剂、抗癌药等，易致维生素C缺乏。⑨心脏病人配伍服用维生素C有助于改善心脏功能。

我国建议成人每日需要量为60mg，若每日摄入100mg以上，体内维C含量可达饱和。过量摄入则随尿排出，人体组织不能合成维生素C，必须由食物补充供给。

（3）含维生素C比较丰富的食物：常见的有各种新鲜水果、绿叶蔬菜。尤以西红柿、辣椒、新鲜的豆芽菜、橘子、鲜枣等中多。但是，这些食物若是存放时间久了，其中的维生素C含量会明显减少；其次维生素C对碱和高温的环境不稳定，若久煮烹饪可使之大量丢失。

二、微量元素

微量元素是指人体每日需要量在100mg以下的元素，绝大部分每日需要量是以微克计。1毫克（mg）=1000微克（μg）。人体必需的微量元素有14种，它们与人体的健康密切相关。虽然这些必需的物质每日需要量极少，但它们在人体细胞代谢中承担着非常重要的生理作用，大多以各种代谢酶的辅酶成分参与代谢；有的参与体内激素的合成；有的维持人体的生长，发育代谢，增强机体的免疫功能等等。

微量元素对人体基因的合成和优化，对提高精子、卵子的健全和质量有着非常重要的作用；对促进胎儿和幼儿以及儿童、青少年智力的发育也密切相关。要想孕育出健康聪明高素质的下一代，确实应从孕前就高度重视补充这些必需元素，因为它们只能从食物中提供，而不能由人体细胞合成。人体缺乏了微量元素，就会产生各种不同病症，引起基因不能健康表达，其后果是不言而喻的。

常见的易缺乏的微量元素有：

1. 锌

锌是人体正常代谢过程中许多种酶的组成成分，也是DNA和RNA聚合酶的成分之一，可以促进多种酶的活性，被誉为“生命之花”和“智力之源”的美称。

（1）锌的主要生理功能：①促进男性睾丸、前列腺的发育，有利于精子增生活跃和成熟，活动力强，精液液化顺利，有助于精子在女性阴道内顺利通过宫颈进入子宫腔，继而游进输卵管，进入卵子内，提高受孕率；在维持男性的性功能方面有很好的促进作用。②促进成年女性卵巢和卵泡的发育，促进卵泡的成熟，增强卵细胞的活力。③对孕妇，锌可提高食欲，促进胎儿神经系统和身体的发育，有助于孕母胰腺B细胞合成胰岛素，对预防妊娠糖尿病有帮助。④对儿童和青少年，锌促进大脑的发育，增加脑细胞的数量，提高智力。锌参与核酸和蛋白质以及生长激素的合成与分泌，是孩子生长发育的良好辅助因子，提高孩子的食欲。⑤对青春期的男孩、女孩，锌能促进他们性腺的发育与成熟，还有助于第二性征的发育。⑥增强人体免疫系统功能，提高胸腺功能，增进细胞免疫功能和吞噬细胞的杀菌能力，从而有助于预防和抵抗各种致病菌的侵袭。⑦促进维生素A的吸收，对保护视力、防止近视及老花眼的发生都有良好的生理功效。

（2）含锌多的食物：①主要是动物性食品含量多，尤其是贝壳类食物，如牡蛎肉100g含锌量为100mg，其次是蛤、蚝、蚌，动物的肝、鱼、肉、蛋、奶等。②植物性食品，如核桃、花生、葵花子、菱角等也含锌多。

（3）锌摄入不足的不良后果：①胎儿缺锌，可引起大脑神经系统及身体发育差或落后。②儿童及青少年缺锌，容易影响智力发育，学习和认知思维能力低下；性腺发育不良甚或萎缩；食欲差、有的厌食；免疫功能差、抗病能力弱，易感冒且病情较重，病程延长，好发生皮炎和口腔黏膜溃疡等，而且迁延难愈。③成人缺锌，常见各种皮肤炎症，伤口愈合缓慢，脱发，神经精神功能不同于常人。

（4）易缺锌的人群：①高温环境下工作，且又出汗多的人员。②妇女月经不规律、月经量多的人。③妊娠期，对锌的需要量明显增多，加之早孕反应摄入受影响，容易导致缺锌。④长期慢性病患者、老年人、免疫系统功能低下的人，亚健康状态的男女士均易缺锌。⑤胃肠病人、消化吸收功能低下者。⑥长期酗酒、嗜烟的人士。⑦喜挑食、偏食及长期素食的人员。

2. 硒

硒是保护人体健康十分重要的微量元素之一。成年人每日必需摄入量为 30 ~ 50μg。

（1）硒的主要生理功能：①高度的抗氧化作用，清除体内过多有害的自由基，保护人体各组织细胞不受损伤。②硒有抗正常细胞突变的作用，有“抗癌之王”的美誉，除了能保护细胞不受自由基的损害外，还可使生物致癌因子（如黄曲霉素等）、化学致癌因子（如香烟中的苯并芘等），各种射线的致癌性等引起正常细胞发生异常突变的概率明显降低。③硒具有对有害物质的解毒和排除功能，污染环境的有毒金属元素铅、铝、汞、砷等侵入人体后，可直接与之产生化学反应，消除其毒性并及时排出体外。④提高人体免疫系统功能，增强抗病力。硒能增强人体的细胞免疫功能和体液免疫功能。细胞免疫功能是杀灭、摧毁侵入人体细胞内的病毒，细菌或外来的组织团块以及癌变的细胞，体液免疫功能清除的是游离在机体细胞外的细菌、病毒等病原体，发挥杀伤作用的是各种抗体，主要是免疫球蛋白一类的成分。⑤增强红细胞的携氧能力，防止红细胞的老化，延长红细胞的生存期，提高红细胞中血红蛋白的携氧功能，使人体组织细胞获得充足的氧气供应，从而增强人体组织器官的工作效率和耐力。⑥抗组织细胞老化，因此硒常被称为“长寿因子”。我国有科学家从90岁以上老年人中测得他（她）们血清中的硒含量或头发中的硒含量都与健康的壮年人相同。我国营养学会推荐的每日摄入量应为30 ~ 50μg。硒的抗衰老作用还表现在皮肤及血管的退化慢；视力、听力、记忆力与思维能力良好且反应灵敏；脑实质、心、肺、肝、胃肠、肾等器官功能健康；外表的精、气、神显得充沛。

（2）含硒量丰富的食物：①动物性食品有蛋类、新鲜的海产品、海鱼、虾，尤其是龙虾、大红虾、沙丁鱼、金枪鱼等，动物的肝、肾，每100克鸭蛋含硒约30.7μg；100克鸡蛋含硒23.3μg。②植物类食品有蘑菇、香菇等菇类，芦笋、大蒜、西兰花、花椰菜、洋葱、紫薯、芝麻、花生、百合、枸杞等，补硒以食补为主。

（3）人体缺硒引起的病变：易疲劳、易激动、胃肠功能紊乱，毛发干枯易脱落，指甲变脆，受损伤的组织伤口不易修复；年轻女性则容易引起卵巢发育不良，月经紊乱甚或不孕症。

3. 铁

（1）铁的生理功能：①铁是构成血液中红细胞内的血红蛋白和肌肉细胞中肌红蛋白的必需微量元素，参与对氧气的运输至全身各部组织细胞，以供各种生命代谢活动，同时将细胞代谢过程中产生的二氧化碳运至肺部排出体外。②铁又是某些代谢酶的组成成分，参与细胞的能量代谢，这些酶还能促进吸收入体内的胡萝卜素转化为维生素A，发挥相应的功能。③铁能增强肝的解毒功能。④铁能增加人体内抗体的形成抵抗疾病。

（2）人们最多知道的是缺铁可引起贫血：缺铁性贫血在临床上可分为早期阶段，中期，明显贫血期三个阶段。①缺铁早期，是体内铁的贮存已明显减少或是近于耗竭阶段。化验可发现血清铁蛋白减低。临床表现为食欲乏味、食量减少，易疲乏。②缺铁中期，可见红细胞形态生成异常，且易在脾脏这个储存血液的器官内被破坏，引起红细胞的生命周期缩短，化验可见血液中的运铁蛋白饱和度降低。临床表现多为头晕、注意力不集中、皮肤干燥、萎缩起皱、毛发干枯易脱落、指甲变扁平、不光整、脱落易裂，甚至形成反甲、指甲上多纵形条纹。③明显贫血期，主要化验结果是红细胞中的血红蛋白形成明显减少，红细胞的数量也明显减低且大小形状不一，以小形的为多，红细胞压积也降低。临床表现为明显贫血征象，成年女性常有月经紊乱、血色淡而稀薄，卵巢功能减退，卵泡和卵子发育不良；男性除见贫血征象外，还有睾丸变软，精子生长发育差，性功能明显低下，甚或阳痿等。

（3）易发生铁摄入或吸收不良的人群：①胃肠功能紊乱，尤其是长期慢性腹泻者。②较重的慢性萎缩性胃炎、胃酸分泌低下。③年轻女性月经量多，又偏食挑食的人。④以崇尚“骨感美”的人，刻意节食者。⑤孕早期反应剧烈呕吐，致胃肠功能严重紊乱，胃酸分泌不足的人。⑥全身免疫系统功能低下，经常有病者。⑦长期酗酒、饮食习惯不合理的人。

（4）每日应摄入的铁量，因人而异：①年轻女性每日需铁 10 ~ 20mg。②成年男性每日需铁 10mg 左右。③妊娠期女士每日需铁 20 ~ 40mg。④婴儿每日需摄入铁 1 ~ 2mg/kg，来源由母乳供给最佳。因为母乳中含乳铁蛋白量高于任何一种动物乳汁，而且母乳最适合婴儿消化吸收；母乳中的乳铁蛋白还可促进肠道有益细菌生长，并增强婴儿肠道的免疫系统功能。⑤重体力劳动者及运动员更需增加摄入量。

（5）含铁量较多的食物：①动物性食品：红色瘦肉（猪、牛、羊肉等），肝中更多；蛋类、奶类、虾肉等。②植物性食品：芝麻、芝麻酱、木耳（黑）、海带、紫菜等，但需提醒的是：易腹泻或怕冷的人，尤其是小孩，易过敏的人不适合食性凉的海带、紫菜类海菜。③维生素 C、肉类、氨基酸、脂肪酸等可促进铁的吸收。

4. 微量元素铜

（1）微量元素铜的生理功能：①参与体内多种金属酶的生成，促进正常细胞的代谢活动。②参与体内运铁蛋白的形成，提高铁元素在人体内的转运与贮存。③参与赖氨酸氧化酶的形成，促进胶原纤维的合成和成熟，增强机体结缔组织的韧性，加速骨折的愈合，增加骨骼的坚韧度。④参与人体内清除自由基的酶系统的形成，保护细胞组织不受自由基的攻击和损伤。⑤维护中枢神经系统的正常功能，保证充分供给能量以满足神经细胞的代谢需求。⑥促进铁元素合成血红蛋白加速纠正贫血。⑦含铜的金属硫蛋白有强抗氧化作用，主要清除毒性最强的羟自由基，保护细胞膜不受损害，保护DNA和RNA不受损伤。⑧孕妇缺铜易引起羊膜韧性减低变薄，容易造成临产期的羊膜早破水而导致滞产或难产；孕期缺铜还会影响胎盘发育差，导致胎儿的氧气供应及营养物供应不足而发育落后。⑨铜在机体内有助于黑色素的生成，使毛发色黑且光泽润滑。若机体缺铜，则毛发变枯槁，色变淡，易脱落，不耐日光照射。保护身体不缺铜的措施最好的是食补。

（2）含铜元素多的食物：①动物性食品：肝、心脏、肾、瘦肉，禽类、虾、贝类、鱼肉、牡蛎、蛋黄等。②植物类食品：核桃等坚果、芝麻、豆类、土豆、西红柿、萝卜苗、葡萄干等。

上述食物不要与含糖多的物品同食。因为砂糖、果糖会影响铜的吸收；也不要与有机酸类同食，如食醋可与铜元素形成水溶性化合物而降低铜元素的被吸收。

5. 微量元素碘

（1）碘的生理功能：①碘是合成甲状腺激素的重要原料，对促进胎儿大脑及神经系统的发育有重要作用，并维护神经系统的功能正常。②抗氧化作用。碘可中和有害的羟自由基，保护细胞膜不会发生脂质过氧化，从而保护组织细胞不受损伤。

（2）缺碘的害处：①孕妇缺碘可造成胎儿甲状腺功能低下，大脑和神经系统发育差，新生儿患呆小病，幼儿患痴呆症。②成年人缺碘发生甲状腺肿大（即俗称的大脖子病），且常伴有黏液性水肿。

上述缺碘引起的疾病，随着我们国家供应了含碘食盐，几乎已近绝迹。但也需提醒注意的是：用含碘食盐炒菜时，应先放菜入锅后再后放入盐，绝不能先放碘盐入热油锅而后放入菜，否则造成碘因高温而挥发，失去补碘意义！

（3）含碘丰富的食物：除了海盐外，所有的海产食品含碘皆丰富。

6. 微量元素镁

（1）镁的生理功能：①镁是人体代谢活动多种酶的激活剂，促使机体新陈代谢的顺利进行。②促进骨骼发育生长，是骨组织与牙齿的组成成分。③调节神经－肌肉的兴奋收缩功能。④促进机体蛋白质的合成，维护细胞的完整，能量的代谢运行也需要镁的参与。

（2）人体缺镁的害处：①幼儿缺镁致生长发育落后。②成年人常易发生头痛、烦躁不安、心律失常、期前收缩（早搏）、房颤、冠状动脉痉挛，导致心肌供血障碍、心绞痛发作。③免疫系统功能降低，易患各种疾病。④骨质易过早老化变脆变疏松，易骨折。

（3）应注重补充镁的人群：①女士每日需补镁 300mg；孕妇和哺乳期妇女每日需补充镁 450mg。②婴儿应每日补充镁元素 50 ~ 70mg，母乳喂养儿可经母乳补充即可。③儿童每日需补镁元素 150 ~ 250mg。④男士每日需补约 350mg，是因为男士每日活动量大些。⑤经常运动的人士或运动员，由于肌肉、骨及关节运动量大、消耗多，也易引起缺镁。⑥患有胃肠道疾病，长期慢性腹泻的人需注重补充镁元素。⑦蛋白质摄入不足者；长期酗酒的人员也易引起体内缺镁。

（4）含镁元素多的食物：①海产品含镁元素最丰富。②虾皮、芝麻、葵瓜子、花生、核桃仁、黑豆、黄豆、芝麻酱、荞麦面等。③新鲜绿叶蔬菜。

因此，可以说对于一个食谱广，不挑食、不偏食的大人或小孩，生活有规律，劳逸有度不超负荷者，一般不会缺乏镁元素。

7. 微量元素锰

（1）锰的生理功能：①促进骨和软骨组织的正常发育生长顺利。②促进碳水化合物在体内的顺利代谢，有助于血糖的调节和细胞内能量的转换。③促进脂质代谢的顺利运行。④对抗自由基对人体组织的损伤。⑤维持机体免疫系统功能的正常发挥。⑥促进性激素的合成，有助于睾丸、卵巢培养健康的精子卵子，有利维持正常生殖功能。

（2）缺锰的害处：①锰元素摄入不足，儿童的生长发育受影响，对疾病的抵抗能力弱。②机体受外伤后，创面不易愈合或愈合差。③成人易早发骨质疏松，容易发生骨折。④糖尿病人缺锰，血糖控制不稳定。⑤性激素合成受影响，男士易患少精症；女士易致月经紊乱或引起不孕症。

（3）含锰多的食物：①动物性食物，以肝、肾和瘦肉中含量多。②植物性食物，莴笋、土豆、菠菜、谷物类、花生，各种坚果中含量也较多。特别是各种茶叶中含量丰富，但亚健康阴虚型的人士不宜喝太浓的茶，以免过度兴奋交感神经功能。

8. 微量元素铬

铬是机体内铬调素的组成成分，有助于促进血清胰岛素与细胞膜上的胰岛素受体结合，使胰岛素顺利发挥生理生化效能。如果铬摄入不足，则会降低胰岛素的生理作用，易引起机体对葡萄糖耐量损伤（降低），使血糖和血胆固醇升高，或糖尿病人的血糖波动。

含铬元素多的食物有谷类、豆类、肉类、各种乳制品、海藻类食品等。

第 5 节　保证每日合理摄入必需的水和矿物质

水是人体内含量最多的组成成分，是维持人体正常生理活动的重要营养物质之一。人若不吃食物只喝水可生存数十日之久，若无水供应则只能生存几天。

一、水有哪些生理功能

1. 构成人体内新陈代谢的内环境。将溶于血浆内水中的各种营养物质，如葡萄糖、氨基酸、脂肪酸、矿物质、维生素和微量元素等经血液循环运送至各组织器官，直到每个细胞进行代谢；同时又将细胞代谢产生的废物经血液循环运至各相应器官排出体外，从而维持机体新陈代谢的顺利进行，保护人体健康。

2. 调节人体温度并维持恒定。如夏天气温高，或在高温环境中工作，机体可通过排汗以带走和散发体内过多的热量，使身体内的温度维持并稳定在 36 ~ 37℃，以保证代谢的正常运行。

3. 维持组织器官的生理温度和润滑，有利于各器官组织的正常生理活动顺利进行，并不受影响或损伤。如泪液有利于眼球的润滑而自由转动；唾液有助于保持口腔黏膜湿润舒适和吞咽食物；关节囊内的滑液，胸膜腔和腹膜腔内的浆液可使关节活动灵活，心肺活动顺畅，胃肠蠕动有规律而不受影响；胃肠液有利于食物的消化吸收后，使废物变成大便顺利排出体外。

4. 维持体液内渗透压和体内环境 pH 的相对稳定，从而保证机体内组织细胞代谢的正常进行。

二、矿物质是维持机体内环境稳定的必需物质

机体的主要矿物质（又叫电解质），包括钾（K^+）、钠（Na^+）、

氯（Cl^-）、钙（Ca^{2+}）、镁（Mg^{2+}）等。

1. 矿物质的主要生理功能

（1）保持细胞膜内外阴阳离子的生物电平衡和有关器官的生物电稳定，如心电图、脑电图的电压和电波的图形稳定，节律规整正常。

（2）维持细胞内外的渗透压稳定。

（3）维持机体内环境的酸碱度为弱碱性，pH在7.35～7.45，保证细胞代谢的正常进行，以及各组织器官生理功能的有效发挥。

2. 矿物质的每日需要量：通过正常饮食即可充分摄取到，但要重视每日对钠盐（即食盐）的摄入要合理控制，特别是家族中有高血压者，则每人每日摄入的食盐以3g较符合生理需要，不要超过5g，否则你也容易过早地出现高血压以及代谢紊乱，甚或过早发生心脑血管病。发育生长中的人、孕妇、哺乳期，常年少行走活动的人，运动员需重视补充钙和磷等。

第6节　每日应摄入一定量的纤维素

食物纤维素也是人体必要的一种营养成分，它对维护人体健康起着很好的生理作用。

一、食物纤维素的分类

1. 可溶性纤维素：此类物质可溶于水，如魔芋、藻酸、果胶等。

2. 不可溶性纤维素：此类纤维素不可溶于水，多包含于麦麸、麦片、糙米、全谷类食物、豆类，以及蔬菜与水果中。

二、食物纤维素的生理作用

1. 预防肠道癌的作用：这是因为食物纤维素可增加肠道

容积，刺激肠蠕动，使食物消化吸收后的残渣定时排出，减少了结肠末端内细菌对残渣进行腐败产生毒素，从而保护了结肠黏膜不被损害。

2. 延缓小肠中餐后葡萄糖的吸收：可降低糖尿病人餐后血糖的波动，从而有利于病情的稳定，提高治疗效果。

3. 预防和治疗便秘症，效果可靠且安全无不良反应。

4. 对肝有间接的保护作用：因为纤维素可刺激肠蠕动，从而减少了肠内食糜残渣被细菌腐败而产生的有毒废物的吸收，因而减轻了肝的解毒负荷，也保护了人体健康。

第 7 节　如何具体配制个体化食谱

1. 首先确定个人的每日总热量需要量：例如一位从事轻体力工作的女士，身高 165cm，她的实际体重为 52kg，但其标准体重应是：（165 － 100）× 0.85=55.25kg。因此，她的每日总热量供应量应为：55.25kg × 30kcal/kg=1657.5kcal。

2. 粮食、蛋白质、食用油各占总热量的比例为：（55% ~ 60%）：（10% ~ 15%）：（25% ~ 30%）。

（1）粮食每日供应量 =1657.5 × 0.6 ÷ 4=250g。

（2）蛋白质每日供应量 =1657.5 × 0.15 ÷ 4=62g。

（3）食油每日供应量 =1657.5 × 0.25 ÷ 9=46g。

3. 早、午、晚三餐的比例为 3 ∶ 4 ∶ 3 较合适。具体配餐如下：

（1）早餐：粮 75 ~ 100g；鸡蛋 1 个；小菜适量或汤。

（2）午餐：粮 100 ~ 125g；瘦肉类 100g；蔬菜 0.5 ~ 1kg（可选 2 ~ 3 种菜）；炒菜的油：6 ~ 10mL；汤适量。

（3）下午可吃水果 0.5kg（但西瓜可适量多吃一些）。

（4）晚餐：粮食 100g；肉类 50g；蔬菜 350g；炒菜用油：7mL 左右；牛奶（或豆浆）500mL。

（5）上述的配餐总热量及粮食、蛋白质与食用油的比例均较恰当；蔬菜可依口味每餐吃 2 ～ 3 种，变换种类和花样（炒、凉拌、生吃等方法均可；现今流行生吃有机蔬菜以保全维生素的不丢失，是科学的）。肉类可变换种类吃。

（6）上述配餐方式符合该女士每日对碳水化合物、蛋白质（氨基酸），各种脂肪酸、维生素、微量元素以及矿物质和纤维素的合理需要；水的补充除了每餐的菜汤、牛奶或豆浆外，每晨起及上、下午工作中间和晚餐后喝一杯温开水或淡茶水，每次一杯约 300mL 就很科学了。早晨起床后喝一杯温开水对稀释血液，促进心脏的血流和全身的血循环，好处多多。每日水的摄入也是随环境和工作对身体的影响而变化明显，譬如出汗多就应多补充水的摄入量；活动量大也应多喝水，总之以自己感觉舒服为标准，自由掌握。最科学的补水是绝不要摄入各种化学物质勾兑的饮料饮品,其中道理前面已说得比较清楚了，尽管那些饮品口味诱人，但仍应以保护健康，保证基因优良最重要。

还需要提醒人们的是，由于各地土壤水质含微量元素的不同，因此，同一种食物在不同的地区所含元素也略有差异。对于想孕育健康聪明漂亮的小宝宝的人士来说，孕前查一下你体内微量元素情况，也可在选择食材方面更有针对性。

第六章　准备怀孕的具体措施

第1节　预测女方的排卵期

一、有正常规律的月经周期者

1. 所谓规律的月经周期：是指两次月经的第一天之间的间隔时间，叫作一个月经周期。一般正常为21 ~ 35天，平均28天；每次月经的行经期（即出血天数）为4 ~ 6天；每次月经期的出血量为20 ~ 60mL。若单次月经期出血量达80mL或以上，则叫作月经过多。

2. 排卵期的预测：有正常规律的月经周期者，其排卵日期是在两次月经的中期。如果她的月经周期为28天，排卵期就在第14日；如果其月经周期为30天，那么其排卵期就在第15日左右。由于各种因素的变化，排卵期也可能提前或后延1 ~ 2天。

3. 影响排卵的因素：最常见的有精神神经因素、环境因素等对下丘脑－垂体－卵巢轴各腺体分泌的激素产生不同程度的影响。但对通常有正常规律月经周期者，其下丘脑－垂体－卵巢轴的内分泌激素分泌还是比较稳定的，除非影响因素较强烈。

二、无规律的月经周期如何预测排卵期

（一）有排卵的人可用下述几种方法判断

1. 基础体温测量法——双相体温曲线：即在一夜睡眠6 ~ 8

小时，次日晨醒来后未起床时的状态叫基础状态。此时立即用口温表测口腔温度，口腔温度相对较腋下温度稳定，这样测得的口温叫作基础体温，一般波动在36.5℃左右。每天清晨测一次，并记录下来，连续测至一定天数后，排卵前几小时，体温出现轻微而短暂的降低。排卵后的体温可上升0.3 ~ 0.5℃，且持续12 ~ 16天，直至下次来月经前一天或来月经的当天下降至卵泡期水平。这种前半周期低而后半周期高的体温曲线，称之为双相体温曲线。

2. 双相体温曲线反映的生理特点：有双相体温曲线说明有排卵。因为卵泡破裂后排出卵子，破裂后的卵泡形成黄体并分泌孕酮，有升高体温的作用。若整个月经周期的体温曲线不出现双相型变化，只呈单相型体温曲线，则提示卵巢没有卵子排出，卵泡也无黄体形成。

3. 宫颈黏液定法

（1）有排卵的人在排卵期1 ~ 2天，由于雌激素的刺激，使宫颈黏液中水分增多，黏液量也相应增加，且变稀薄透明如蛋清样，可拉成长丝而不易断。如把这样的宫颈黏液滴在玻片上放干燥后，在低倍显微镜下可见有如羊齿状态的结晶体，这预示着排卵即将开始发生。

（2）无排卵的女士，其宫颈黏液无变稀薄的变化，在显微镜下也无羊齿状态结晶体形成。对这类女士，建议去医院找妇产科医师诊治。

（二）确诊无排卵女士的病因

一旦经上述各种方法判定无排卵征象时，应积极查明病因和病变部位，可先简后繁地查。

1. 首先从内分泌因素方面，搞清楚下丘脑－垂体－卵巢轴腺的功能

（1）卵巢方面：盆腔B超可发现卵巢不发育或发育幼稚；或有卵巢囊肿等病变；或无发现卵泡的发育过程；化验血雌激

素和孕激素水平皆低，而促卵泡成熟素（FSH）和促黄体生成素（LH）水平高于正常。这些阳性发现可助确定病因部位在卵巢无疑。

（2）垂体方面：血清化验，若发现FSH、LH值均低于正常，而下丘脑分泌的促性腺激素释放激素（GnRH）在正常值以上甚或明显升高；再做垂体CT或核磁扫描，发现垂体小或是占位性病变，即可确定病变部位在垂体，从而累及卵巢不发育，也无卵泡生长和发育，更无卵子排出，甚或闭经。垂体病变的治疗较复杂。

（3）下丘脑方面：如果是下丘脑病变引起的女士不排卵症，其临床特征有：闭经；无排卵；血GnRH极低，LH极低或测不出；垂体其他功能或可正常。国内有专家报道下丘脑病变引起女士不排卵不孕育的，可用GnRH治疗，有约70%的这类女士可促发排卵，在这些恢复排卵的女士中有约90%的人实现了妊娠并分娩成功。

2. 从性染色体和基因方面寻查病因：这主要是对某些遗传病患者，作为临床研究有科学价值，但对很想实现妊娠，甚或想孕育后代的人来说更有现实意义。

总的来说，凡无排卵的女士，要寻找病因，主要是从内分泌轴腺方面和染色体方面检测。

三、男女双方婚孕的最佳年龄

从生理发育上分析，男女双方的最佳婚、孕年龄在23～30岁是比较理想的。

1. 23～30岁双方的内分泌系统发育最佳，下丘脑－垂体－性腺轴的功能处于最旺盛时期，所产生的精子、卵子质量最优，活力最强。

2. 23～30岁双方的身体各器官组织均已发育完善，其结构和功能皆处于最健康时期。

3. 23 ~ 30 岁双方体内的清除自由基的酶系统活力最强，对清除各种有害自由基、防止基因、精子、卵子不受损伤的保护功能最有效。

4. 23 ~ 30 岁双方消化道分泌的胃肠激素最活跃，对促进免疫细胞的增殖，免疫球蛋白的生成和分泌，白细胞的趋化与吞噬功能，溶菌酶的释出都是最有效的，构成了胃肠黏膜最强的第一道免疫屏障系统，可以时刻抵御饮食中各种抗原、细菌、病毒及毒素的侵害。使从胃肠道中消化吸收的各种营养物质保持纯净优质，为基因、DNA 的合成复制，精子卵子的生长发育提供最佳的基本原料。

5. 23 ~ 30 岁双方的免疫系统功能也正处于人生的最强壮时期，抗各种外环境污染也最有效。

6. 这个时期的男女双方结合后形成的受精卵最有活力，孕育的胚胎或胎儿基因最好，发育生长最旺盛，生出的孩子健康聪明的概率最高。

四、排卵期过性生活可提高受孕率

孕期男女双方都已准备好了最佳的身体条件时，可以选择在女方的排卵期过性生活，并可适当增加 1 ~ 2 次，以提高受孕的机会。

需要向双方提醒注意并落实的是：在女方排卵期过性生活 1 ~ 2 次后，要暂禁性生活。这是为了排除外界的各种干扰，以利受精卵的形成。因为精子经阴道穿过宫颈进入子宫腔，再游进输卵管，与等待在输卵管壶腹部的卵子结合，完成受精过程，在无外在干扰因素的环境下，约需 24 小时才能完成结合形成受精卵（也称为孕卵）。这标志着新生命的芽胚诞生了。此后孕卵随着输卵管的蠕动向子宫方向移动、与此同时孕卵也开始不停地反复进行有丝分裂，至孕卵 3 天时形成桑椹胚，并于第 4 日回游入子宫腔，仍不停地分裂发育而形成早期胚泡，再继续分裂增殖，于第 12 天形成晚期胚泡，穿透子宫内膜后上方的 1/3 部位安居下来。这个过程叫作孕卵着床或胚泡着床。着床成功后胚泡持续不停地发育分化，并开始分泌绒毛膜促性腺激素和雌激素、孕激素，保持排卵后升高的基础体温持续不降。若持续 3 周不降，即预示已受孕顺利成功。这整个过程是一个复杂、艰辛又很耗能量的过程，因而不能承受任何外来因素的干扰；其次，着床后的胚泡更是不停快速地分化发育增殖，开始形成有各种组织的芽胚，它既有旺盛的生命力，又是一个细小而柔弱的胚胎。需要对它给予细心的呵护，让它能平安顺利地分化发育生长,任何外来的干扰对它都会造成极大的损害，甚或是致命的打击。因此，这个阶段一定要防止女方增加腹压的弯腰劳累性工作，也要禁止性生活，以防刚着床的胚胎受挤压，被挤出子宫内膜而造成流产。

有报道一般适龄生育期的夫妇如不避孕，50% 的人可在 3 个月内受孕成功；75% 左右的夫妇可在 6 个月内怀孕成功；90% 的人可在一年内怀孕。据资料报道，平均每个排卵周期的受孕率约为 20%。

第 2 节　观察女方受孕的征象

细心观察女方是否已怀孕成功。

1. 排卵期性生活后，月经延期未来。这是由于胚泡着床后，开始分泌绒毛膜促性腺激素（HCG），引起女方体内性激素和内环境的剧烈变化造成的；有的还会感到轻微热感、劳累疲乏、不想活动，或者口水增多，缺乏食欲等表现。对这些不适反应，无经验的初孕妇会误认为自己“感冒”了。对此，可千万不能乱服所谓的“治感冒”的药物。上述一系列的不适感都是由于胚胎分泌的 HCG 所引起。若误服了抗感冒药片，轻者可严重影响胚体正在分化发育的各器官组织的芽胚，哪怕是一个细胞受损也有可能使日后的某一组织或器官受伤害；重者也有可能引起畸胎、死胎甚或流产。

也正因为胚胎的快速发育和孕母体内环境的急剧变化，已经成为“准爸爸”的男士可是要无微不至地保护好你的未来小天使；同时也须细心地体贴呵护你那正进入身体内分泌系统剧烈变化，但又必须承受和适应这种剧变的妻子。不仅是在工作、生活、家务上精心保护好这母胎二人，更重要的是禁止性生活，以防强烈的刺激震荡冲撞和挤压子宫，引起着床不久尚未稳固的胚体被逼出母体子宫内膜形成流产！侥幸未流产的也易损伤胚体，即使一个细胞受损也会有可能造成日后某一组织或器官的结构或功能的损伤！孕、育健康聪明孩子的保险系数恐怕是要大打折扣了！

2. 不规律月经的女士若发现自己的基础体温出现“低—高双相型”体温曲线，性生活后高相型体温持续 18 天以上仍不回降，甚或持续不降时，预示很有可能是受孕了。

3. 早早孕试纸小便试验呈现“阳性”反应。这是因为胚泡着床后，即开始分泌 HCG。排卵期性生活后 18 天以上，用早早孕试纸测试一下女方的尿液，若出现两条紫红色的线条，即可判断为“阳性”反应，预告女方已受孕。这种实验很方便，准确率在 90% 以上，甚或百分之百。此时已是受孕第 4 周了，进入妊娠早期。

第 3 节　生男生女取决于谁

这个问题对所有适龄男女士都是需要搞清楚的，双方的家长也要搞明白，尤其是对盼男孩心切的一方来说，更是头等重要的大事。千百年来就存在一个错误的观点：把生下女孩的责任粗暴地怪罪于女方，致使从古至今不知冤屈了多少无辜且含辛茹苦的女士。轻的受尽歧视，重的被一纸休书逼得女方家破受罪终生！现在随着医学科学的进步，孕育男孩还是女孩的问题主要取决于男女何方，已经得到了科学的解答和证实。但是，还有不少不懂医学知识的人仍是满脑子陈腐的观点，认为“生男生女取决于女方”。因此有必要把这个问题详细地讲解清楚。

1. 精子和卵子在染色体上的区别：染色体分为常染色体和性染色体两种。精子含的是单倍体的性染色体，其核型分两种：50% 的精子含 X 染色体，另有 50% 的精子含 Y 染色体。卵子单倍体的性染色体核型只有 X 染色体。这是未受孕的精子和卵子的染色体区别。

2. 受精卵的染色体型：若含 X 染色体的精子与卵子结合后，则形成的双倍体核型是 XX，将发育成女孩；若含 Y 染色体的精子与卵子结合后，形成的双倍体核型为 XY，将来就发育成男孩。

综上述，答案就清楚了：即孕妇怀的胎儿究竟是男孩还是女孩，完全取决于男士。既往的错误观念可以更正了。从此，女士们不论是生男孩还是生女孩都可以轻松愉快地去抚育你的小宝贝了。以前有些重男轻女的人总错误地把生女孩的责任推给女士承担，现在就可以用这一科学道理纠正他们的错误观念，从而维护家庭的和谐与幸福。

◎ 妊娠篇 ◎

女士确定怀孕后，即开始进入漫漫十月怀胎的幸福而又充满艰辛的历程。这也是胚胎和即将形成的胎儿在母体内发育生长的人生旅途。临床上将整个妊娠期，依据胎儿发育生长的不同生理特点和孕妇的生理变化特征，划分为三个阶段：①妊娠早期，即从末次月经的第一日算起，以7日为一周，至第12周末为止；②妊娠中期：从第13周起至第27周末；③妊娠晚期：从第28周起直至第40周分娩出现。我国还将从妊娠满28周至分娩后一周这一阶段定为围生期。整个妊娠期约为40周，即280天。妊娠满37周至不满42周（259～293日）均称为足月妊娠。

第七章　妊娠早期（1 ～ 12 周）

第 1 节　胚胎形成和胎儿发育过程特征

1. 妊娠 1 ～ 2 周由受精卵形成到着床成功。

（1）排卵期性生活后，精子进入子宫游进输卵管壶腹部与卵子结合形成受精卵。随即快速分裂增殖成桑椹胚，同时随输卵管的蠕动受精卵向子宫腔移动，第 4 日进入子宫腔并继续分裂增殖发育成囊泡状的胚泡。

（2）胚泡从第 5 ～ 6 日开始向子宫后壁内膜的上 1/3 部粘附并开始植入，经一周左右于第 11 ～ 12 日完成植入过程。在从受精卵开始快速分裂增殖发育成胚泡，并植入子宫内膜的全过程要消耗能量，这须母体供给各种优质的必需营养素。

2. 妊娠 3 ～ 8 周从胚体分化发育到初具人形。

（1）于第 3 周末，发育成有三个胚层的胚体（胚胎芽基）。

（2）在第 3 ～ 8 周，三胚层胚体分化发育形成各种组织和器官的原基至初具人形，称之为胎儿。第 8 周末时胎儿心脏已开始形成，在 B 型超声扫描检查时可以看到胎儿的心脏在搏动。但此时尽可能不要做此检查，以防有损胎儿及各组织器官雏形的发育。

（3）至妊娠 12 周时胎儿已发育成身长 9 ～ 10cm；肾开始产生尿液并具有排尿功能，排出的尿液成为羊水的来源之一。

3. 上述妊娠早期胚胎和胎儿的发育过程是在其孕母比较顺利，平安且无任何外来的不利因素刺激干扰下才能实现的。这个发育过程有几个需要高度重视的方面。

（1）胚胎分化出各部组织和器官的原基与芽胚是既柔嫩脆弱，又发育速度快，因而不能承受任何不良因素的侵袭干扰。

（2）胚胎和胎儿的快速分化发育需要有足够的营养要素供给，否则会严重影响他的顺利发育。

（3）妊娠早期是胚胎和胎儿对各种致畸因子的高度敏感期，各种先天性的畸形大多是在这个时期受损而造成。

（4）胚胎和胎儿的免疫系统尚未明显分化发育，其自身没有任何抗感染、抗致病因子和毒素的能力，只能依靠孕母的免疫系统来保护安全。

（5）由于发育进展快，胚胎和胎儿对氧气的需求也是十分重要的，任何使孕母动脉血中含氧量降低的因素对胎儿的发育都有损伤，哪怕只损伤一个细胞，也是日后的某一组织或器官的一部分，因而难保发育成一个健康的胎儿；若是需氧量最大的大脑细胞受损，那么就难保日后大脑的相应区域功能完善，从而影响智力。

（6）孕妇宫腔内环境的稳定，是胚胎和胎儿顺利发育的必要因素之一。任何影响孕母体内环境稳定的因素都对胚胎和胎儿是恶性刺激。

第 2 节　影响胚胎和胎儿发育的各种不良因素

一、物理因素

孕母生活环境温度的剧烈波动；空气中氧含量的不足；孕母腹压的增加或承重；孕母摄入水分不足或汗多引起血液浓缩，致有效循环血量不足，血循环变慢；孕母摄入营养不足，尤其是有早孕反应的更是普遍的问题；若有血糖低、血压低，又长时间停留在密闭的空调房屋内，影响就更大；各种粉尘污染，噪声和嘈杂的环境等等都对胎儿不利。

二、化学因素

摄入变质的食品；摄入各种化学物质合成的饮食；吸烟或吸入二手烟，饮酒；频繁而长期接触和使用各种化妆品、美肤美容品、染发剂、杀虫剂、增香剂；各种机动车的尾气、大气颗粒物多及污浊的空气、室内新装修、新家具等的挥发性油漆气味；有毒成分污染的饮用水和食物；有害的调味品以及乱用药物等。

三、生物因素

各种急慢性病菌及其毒素的侵袭；宠物或流浪犬猫等的抓咬伤；各种蚊虫叮咬排泌的毒液；各种生物因素引起的免疫性病变。

四、各种辐射

紫外线照射、X 射线、B 超辐射、高压电磁波、微波炉的电磁波，长时间使用电脑或手机，近距离看电视等举不胜举。

五、精神神经因素

各种原因引起的焦虑、抑郁、惊恐、悲伤、情绪不安以及强烈兴奋等。一是可引起孕母内分泌紊乱较重，促使肾上腺皮质激素分泌明显增多，加重早孕反应；二是引起交感神经兴奋，肾上腺素能使 α－受体兴奋、使怀孕的子宫收缩，对胎儿不利；三是紊乱的内分泌激素影响胎盘功能协调，不利于胎儿的正常发育；四是孕妇长时期的负性情绪使自身内环境不稳定，以致胎儿难以适应而长期不安，既可影响胎儿大脑和下丘脑的发育，使其内分泌系统发育不协调；也可引起胎儿发育不顺利。

第 3 节　如何保护孕妇体内环境及子宫腔内环境的稳定

1. 首先是要保持孕妇的情绪平稳和轻松感，使之因怀孕引发的内分泌系统的大调整能顺利些；也有助于减低其自主神经的兴奋不致太强烈，从而在一定程度上减轻早孕反应；进而有助于孕妇消化系统功能的调整，使其进食能有所改善，以保证胎儿对营养要素的需求尽量少受影响。这类措施对轻、中度早孕反应的效果好一些，而对重度剧吐的孕妇则必须采取各种综合措施并及时处理。

2. 尽量保证孕妇的有效血循环量，防止脱水以维护其机体内环境的安全。最方便而又有效的监测指标是观察孕妇每日尿量尽量保持在 1000mL 左右，以促使机体产生的代谢废物能充分排出，有利于机体 pH 的稳定（较可靠的是血液的 pH 稳定在 7.35 ~ 7.45），若血液的 pH ＜ 7.35 或＞ 7.45，说明体内的酸碱平衡系统已明显紊乱，不利于孕妇的健康，更不利于胎儿的顺利发育，尤其是易损伤胎儿的 DNA。

3. 孕妇的饮食更是重点，以清淡而富有各种营养要素的食品为宜。有早孕反应的可以少食多餐，尽可能保证每日热量和营养要素摄入充足。热量足够才能保证孕妇身体健康，胎儿发育就有充足的能量；营养要素全都是质优量足，胎儿合成 DNA 就能得以有效进行。

4. 不能给孕妇食用含各种化学物质的食物和饮品，以防引起她的 DNA 受损；胎儿复制的 DNA 也受影响。孕妇最好的食材是无各种污染的有机绿色食物，各种新鲜可口的水果或自制的新鲜果汁。

5. 不宜使用肉桂（桂皮）等大辛大热的调味品。一是防止本已体热大增的孕妇产热更多，引起胎儿的不适反应；二是此类调味品有堕胎作用，引起胎儿流产。

6. 忌烟酒，烟气重酒气浓的人最好不让进入孕妇的室内。这是尽可能防止孕妇吸入有毒气体，影响胎儿的安全。

7. 保证孕妇室内空气清新自然，而不要用化学清新剂来污染。室温要让孕妇感到舒适：夏季保持 18 ~ 20℃，冬季室温保持 20 ~ 22℃比较适宜。因为孕妇的甲状腺有所增生，甲状腺激素分泌增加，因而机体代谢旺盛，体内产热量大增，而且多数人怕热且汗多，所以室温不宜太暖和。室内空气清新可给孕妇以舒适感。

8. 孕期忌用各种化妆品，美容美发剂，杀虫杀蚊剂，增香剂以及化学洗浴剂，为的是防止孕妇的皮肤吸收各种挥发性的化学成分，引起胎儿合成 DNA 和基因受损。因为孕妇皮肤的微血管是扩张的，对各种有害物质的吸收也比非孕人士和健康人的要明显强，而皮肤的屏障作用又弱于常人。

9. 孕期尽可能不用电脑，不适宜用微波炉等有电磁波影响的家电，尽量少用手机。

10. 沙尘天不外出，以防吸入有害物而加重早孕反应。

11. 有各种病毒性疾病流行期，最好请假在家休息，也不去人多的市场，以防传染上病菌。否则即使不发病，但病毒及其分泌的毒素对胎儿也是极不利的。

第 4 节　胎膜和胎盘的结构及功能

一、胎膜

包括绒毛膜、羊膜、卵黄囊、尿囊和脐带。这里只简单叙述羊膜和脐带。

1. 羊膜是胎膜的最内层，占据整个子宫腔，部分覆盖于胎盘的胎儿面，整体形成羊膜腔。羊膜腔内充满羊水。羊水的功能如下。

（1）羊水与羊膜最内层的微绒毛上皮细胞进行物质交换。包括各种营养物、氧气等。

（2）对胚胎或胎儿起着重要的保护作用；胎儿在羊水中可自由活动，有利于胎儿发育。

（3）缓冲和防止外力的冲撞震荡与挤压。

（4）羊水是一个不断交换流动更新的液体环境，主要是通过羊膜的微血管与母体子宫内壁的微血管之间交换，每小时可以交换更新约 300mL；其次有少量经胎儿的消化道、呼吸道、泌尿道以及皮肤进行交换，从而在妊娠早期可维护保证羊水新鲜、清澈、流而不腐的内环境。

2. 脐带是连接胎儿脐部与胎盘间的条索状结构，内包含有两条脐动脉和一条脐静脉，脐带外层被羊膜包裹。脐带的功能如下。

（1）脐动脉将胎儿血液输送至胎盘绒毛，与绒毛间隙内的母血进行物质交换，将儿体内代谢产生的废物和二氧化碳等排入绒毛间母血池内。

（2）脐静脉从母血池中吸收了氧气及丰富的各种营养物分子，经血液回送至胎儿体内，供胎儿发育生长。

二、胎盘

内有胎儿与母体血两套互不相混的血循环系统。胎儿血与母体血在胎盘内进行物质交换的结构称之为胎盘屏障。至孕 12 周胎盘始发育完善，建立起了胎儿 – 胎盘 – 母血循环屏障可阻止一些有害物质及微生物的侵入，保证胎儿的安全。其主要的生理功能如下。

1. 气体交换：胎儿从胎盘小叶间隙内的母血中摄入氧气，再将儿体代谢产生的二氧化碳排入母血池中，再经母血循环送入肺中排出。

2. 物质交换：胎儿以同上的方式从母血中摄取各种营养物质，包括葡萄糖、各种必需氨基酸、必需脂肪酸、维生素、微量元素、矿物质和水等，以供胎儿顺利健康地发育生长；同时也将他在发育代谢过程中产生的废物排入母血池内，再由母血运至肾等相关器官排出体外。

3. 内分泌功能

（1）绒毛膜促性腺激素（HCG）：在妊娠第 7 天，胚胎的绒毛就开始分泌，至孕 8 ~ 10 周分泌达高峰。它促进孕母的妊娠黄体生长以维持妊娠胚胎的发育。

（2）人胎盘生乳激素（HPL）：它促进胚胎合成蛋白质而有利生长发育；促进糖元的合成，供应胚胎充分的葡萄糖和能量；抑制母体对胚胎或胎儿的排异反应，使胚胎和胎儿平安发育生长；促进胰岛素的合成，增加母血胰岛素浓度。

（3）雌激素和孕酮：孕 8 ~ 10 周前由 HCG 刺激妊娠黄体产生，孕 10 周后雌激素由胎儿 – 胎盘单位合成；孕酮则主要由胎盘的合体滋养层细胞产生，发挥促进妊娠进展的作用。

（4）胎盘的免疫屏障作用：这是由胎盘的合体滋养细胞表面的一层糖蛋白所形成。它可以防止胎儿（作为抗原）不能与母体淋巴细胞及其所产生的抗体接触，从而避免发生免疫攻击。其次，妊娠期母体免疫系统功能降低，而胎盘分泌的 HCG、HPL、孕酮、妊娠特异性蛋白等，可抑制母体的免疫排斥反应，从而保护胎儿不受损伤。此外，胎儿的少量细胞可经胎盘刺激母体对胎儿作为抗原而产生免疫耐受。

上述诸因素有助于母胎双方互相适应，形成相应的特殊生理变化，既保证胎儿的顺利发育生长，又保护孕母健康生活。

第5节 妊娠早期孕妇的生理变化特征

（一）看不见的变化特征

1. 从受精卵的形成及向子宫腔回游，同时不停地分裂成胚泡，历时一周左右时间，准备植入子宫内膜。这一周开始孕妇要尽量避免弯腰干活，尤其是重体力工作和弯腰向上搬抬重物这类增加腹压的工作，同时要禁止性生活以防对子宫的冲撞挤压。所有这些都是为保护还游移在子宫腔内的胚泡，不被挤压或冲撞而排出子宫，或是胚泡被挤压至子宫腔的低位，影响其植入子宫内膜的难度，或日后形成前置胎盘。

2. 胚泡在第二孕周后期实现着床（即植入了子宫内膜），就开始分泌人绒毛膜促性腺激素（HCG）。HCG一是维持妊娠黄体的延续、发挥保护和促进胚泡的分化发育、形成胚胎；另一方面，HCG引起孕母内分泌系统的大调整。这种孕妇体内环境的生理性改变，会引起孕妇一系列不适的反应，但又必须承受和被动适应：如晨起有点头晕、乏力、流口水（涎）、嗜睡、懒动；有的感胃口不好，不想吃饭、厌油腻腥气食物，甚或恶心、呕吐；有的孕妇变得挑食，或很喜吃酸性东西或是辛辣刺激性食物。这些征象的出现提示早孕反应的开始。

（二）看得见的变化特征

1. 早孕反应是最常见的妊娠征兆。一般早孕反应从妊娠的第4周即开始出现，是从胚泡着床后开始分泌HCG引发的，并随孕周的进展，HCG分泌逐渐增加，引起孕妇的神经－内分泌系统变化愈加明显。这在大多数孕妇可不同程度地出现反应，但也有少数孕妇可全无早孕反应，或者反应很轻，不影响工作和生活。

HCG为什么会引起这一系列的反应呢？因为HCG可使孕妇体内产热增加而出现热感和不舒适；还可使孕妇胃中胃

酸分泌减少，胃蛋白酶分泌也减少，胃蠕动减慢，排空时间延缓而造成，一直会持续到孕 12 周时，早孕反应才逐渐平复停止。

凡是平素处于亚健康状态的女士，怀孕后更易引起早孕反应发生。亚健康状态越明显的，其反应也越重。在这些早孕反应的人群中，又以阴虚和气虚型的女士更多见，尤其是肾阴虚型和脾胃气虚型者更易早发，且各种不适症状都较明显或重。这是因为这些原先处于亚健康状态的女士，她们的神经 – 内分泌系统就不协调或不平衡，怀孕后又增加了外源性的 HCG，使她们原已紊乱的神经 – 内分泌系统变得更不稳定，从而引起一系列不适的临床反应。

2. 早孕反应的分度

（1）轻度晨吐：一般是早晨起床或洗漱时有轻微恶心欲吐或流涎，大多不影响生活和工作。这种晨吐在一天中任何时候皆可发生，只要是心情不好或闻到某种气味对就可引发。这一类型的反应可服用维生素 B_6 片，一次 10 ~ 20mg（即 1 ~ 2 片），每日 3 次，饭后服，大部分孕妇可减轻症状。每天 400μg 叶酸（1 片）要坚持服。

（2）中度明显呕吐：这一类型早孕反应、恶心呕吐随时可发生，且较频发。需要适当增加休息时间，减轻工作负担；经常吃些流食或半流食；绿色无污染的新鲜蔬菜、水果、孕妇想吃什么就给他吃什么；少食多餐，不要拘泥于一日三餐的限制。总之是要保证孕妇每日能摄入足够供母胎二人需要的能量和各种营养要素，以防因营养摄入不足引起孕妇自身消耗身体组织，加重体内环境的紊乱，影响胎儿的发育可就留下后患了。每日仍需加服三次维生素 B_6 片，每日 1 片叶酸（400μg）不间断。同时尽量让孕妇对所处的环境感到顺心、舒适。其目的是为了让她的神经内分泌系统的紊乱程度，能在良性的环境下得到某种安抚，变得较为平静；也有利于胚胎或胎儿所处的子宫内环境较少波动，以利他们顺利平稳地生长发育。

这类早孕反应随孕周的进展会持续，或波动，一般若调理照顾得令孕妇感到舒适温馨，其不协调的神经内分泌活动与胎盘的内分泌激素逐渐适应协调了，反应即开始减轻，至孕12周时即停止发生。

（3）恶性（重度）呕吐：这是最重的早孕反应。表现为难停歇的恶心呕吐，稍食即吐，有的喝水也吐，甚至见食物也恶心呕吐。整日昏昏沉沉、头晕眼花、行动软弱或不能而无法正常生活。这时就应刻不容缓地去看有经验的医师，抓紧治疗。一是要尽快纠正孕妇的脱水和电解质紊乱；二是要防止孕妇因热量和营养要素摄入严重不足，引起自身组织分解或加重，造成身体明显的代谢性酸碱平衡失调和低血糖，致孕妇身体内环境紊乱，严重影响胚胎或胎儿在宫腔内的生长发育。这些都是需要重度呕吐的孕妇及家人高度重视并及时有效应对的。因为孕早期孕妇体内一点点恶劣因素的刺激，都有可能损伤胚胎或胎儿某一个或某几个正在分化的细胞，而这几个细胞也可能就是将要发育成日后的某一部分组织的原基，一旦受伤，恐怕将来难孕育出健康聪明的小宝贝来的。

第6节　妊娠剧吐对孕妇和胚胎或胎儿的危害

一、代谢性碱中毒

1.产生的原因

（1）胃酸丢失过多，胃液中的氢离子（H^+）丢失过多，引起血液的酸碱度（pH）明显升高＞7.45。

（2）氯离子呕出增加，又加重了碱中毒症状。或出现低氯性碱中毒。

2. 临床症状

（1）呼吸中枢受抑制，引起呼吸变慢而浅，以减少肺中二氧化碳的排出，缓解碱中毒的症状。

（2）精神症状：易激动、兴奋，甚或谵妄、头晕嗜睡。

（3）神经肌肉兴奋性增加，出现手足抽搐，腱反射亢进等症。

（4）血液酸碱度明显升高：pH > 7.45 时，引起血红蛋白与氧气的离解降低，使全身组织器官均缺氧，造成功能紊乱；也会损伤 DNA 和基因。

（5）血液二氧化碳分压（PCO_2）升高，实际碳酸氢根（AB）升高，碱剩余（BE）增加。

（6）营养物质摄入极端缺乏、机体自身消耗，致全身代谢严重紊乱。

3. 胚胎或胎儿发育严重受影响

（1）营养明显不足，使发育受阻或停止。

（2）供血不足，缺氧明显，上述两种情况可使胚胎的 DNA 及基因损伤。

（3）甚至造成流产、死胎或畸胎。

二、代谢性酸中毒

1. 产生原因

（1）因营养摄入严重缺乏，引起孕妇自身消耗，全身肌肉组织的蛋白质分解较快，产生的非挥发性酸性代谢废物明显增加。

（2）明显的能量缺乏引起低血糖，使机体脂肪组织加速分解，产生酮体（丙酮酸、乙酰乙酸、β－羟丁酸）明显增加，严重时产生酮症酸中毒。

（3）免疫系统功能明显降低，容易造成各种感染的发生。

2. 临床症状

（1）乏力、恶心呕吐更甚。

（2）大脑功能受抑制，出现乏力、嗜睡，甚或昏迷。

（3）呼吸加快加深，代偿性排出二氧化碳增加。

（4）胃肠功能严重受损，胃肠激素分泌明显减少和紊乱，加重了脑肠肽激素的紊乱，使大脑功能紊乱加重。

（5）血液 $pH < 7.35$；血二氧化碳分压，实际碳酸氢盐（HCO_3^-）、剩余碱（BE）、标准碳酸氢盐（SB）均降低；也可致 DNA 和基因损伤。

3. 胚胎或胎儿的发育：因营养供应严重缺乏而受损伤；孕妇体内 pH 的严重紊乱，使 DNA 与基因也相应受损。因为 DNA 和基因的基本组成成分都是来自于饮食中的各种营养要素，摄入的营养成分全面充足才会有助于 DNA 和基因的合成复制与表达顺利进行。其次，许多营养素分子还能直接影响某些特定基因的表达：如缺乏维生素 D 可引起 DNA 链的断裂；缺乏维生素 C 和 E 则体内自由基积聚，可损伤 DNA；缺乏烟酸则难维护 DNA 和基因的完整性；缺乏微量元素则 DNA 和基因的复制与表达也会受到不利的影响。因此可以说：早孕期的恶性剧吐会严重影响胚胎或胎儿的发育，是必须重视的大问题。

第 7 节　妊娠剧吐时对孕妇的调理保护措施

对妊娠剧吐的孕妇采取及时而有效的调理保护是刻不容缓的大事，重点的对策如下。

1. 防止孕妇脱水和血液浓缩，循环血量不足。尽管剧吐，但孕妇及家人应时刻想到其腹中胚胎或胎儿的平安，应该频频饮水，每次少量喝 40 ~ 50℃的温开水，细胞的吸收利用率较高较快，频吐间隙就喝。务必保证全日尿量在 500mL 以上。若少于这样的量，那么机体细胞代谢或组织细胞分解产生的酸性代谢废物就不能全部排出体外，引起代谢性酸中毒，致子宫内环境不利于胎儿的发育生长。作者见一孕妇剧吐，但吃西瓜则不吐，她一人一天能吃大量西瓜，确实保证了她的水分充分摄入，维持了有效循环血量，也摄入了一定量的热量。作者还建议她可以在西瓜汁内少量加点盐和糖，达到适合她的口感。这样既补充了水分，又补充了电解质，还补充了部分维生素及微量元素，也减轻了妊娠剧吐对各器官的损伤，对孕妇和胚胎或胎儿均有利。

2. 保证每日所需的总热量及各种营养要素的摄入充足，使腹中胎儿发育生长平安顺利。为此应改一日三餐为频频多次少量进食，每次少量清淡可口的流食或半流食，也可配一点新鲜水果或自家榨制的新鲜果汁。绝不要怕麻烦图省事，去市场买各种所谓的“果汁”或化学勾兑饮品饮用，这既可加重剧吐反应，也有损腹中胚胎或胎儿，甚或引发胎儿先天某种缺陷。

3. 每日最好坚持补充叶酸 600μg（1.5 片），再配伍维生素 B_6，一次 10 ~ 20mg（1 ~ 2 片），每日 3 次，有助于减轻剧吐。其他的优点如下。

（1）可促进细胞中 DNA 的合成，有利于胚胎或胎儿脑细胞和神经系统的发育，预防和（或）大大降低胎儿脊柱裂与神经管缺陷的危险。

（2）促进骨髓幼红细胞合成 DNA，防止巨幼红细胞贫血的发生。

（3）有助于防止高同型半胱氨酸血症。

（4）有利于降低妊娠高血压的发生概率。

（5）加服维生素 C 也有辅助作用。

4. 一定要全休在家，不要硬撑着干家务活。

5. 及时看医生，最好以中药汤剂为主服用。只有既懂得孕妇生理变化和内分泌改变的特点，又精通中医药理论，且有经验的中西医结合医师用药效果才好，用药的安全性才有保证。

否则，有些中药也是有配伍禁忌，或是一些不良反应的，特别是现代药理学的进展更有新发现。

6. 为孕妇营造轻松愉悦的家庭氛围，家人的体贴关心和温情安慰，是有效的良性刺激，能提高孕妇的积极情绪，有助于其内分泌紊乱的调整。也就是通过神经内分泌的调控，促使孕妇逐渐产生适应反应，有助于减轻或缩短剧吐症状。

7. 在居住区内花草树木多的地方，适度缓慢散步，活动时间依个人感觉而定。边散步边说说开心的话，这比终日卧床休息要好些，更有利于神经内分泌系统的良性调整。

第 8 节 妊娠早期孕妇内分泌系统的调整变化特征

妊娠一旦开始，孕妇的内分泌系统各器官，为了维护妊娠的正常进展，保证胚胎和胎儿的顺利发育生长，必然发生最高级的一系列生理功能调整改变。这些调整改变从妊娠早期开始，一直维持到妊娠结束。

一、下丘脑的调整变化

妊娠早期下丘脑即产生多种激素释放或抑制因子，调控垂体前叶分泌相应的激素。

1. 妊娠第 6 周下丘脑分泌生乳激素释放因子，刺激垂体嗜酸细胞增生肥大形成所谓的“妊娠细胞”增加分泌生乳激素，以促进胚胎或胎儿的生长发育。

2. 下丘脑分泌促甲状腺释放激素（TRH），兴奋垂体前叶的嗜碱细胞增生肥大，分泌促甲状腺激素（TSH）。TSH 再刺激甲状腺滤泡的增生，增加甲状腺素（T_4、T_3）的合成与分泌。

3. 由于妊早期胚胎绒毛分泌的绒毛膜促性腺激素（HCG）、孕激素增加，负反馈地抑制了下丘脑和垂体前叶，使得促卵泡成熟素（FSH）和促黄体生成素（LH）的分泌被抑制，使孕妇的卵巢无卵泡发育，更无排卵。这对于保证胚胎或胎儿在孕母子宫内顺利发育生长有利。

二、肾上腺皮质增生

引起糖皮质类固醇激素分泌增加，从孕早期逐渐升高直至整个孕期。这对孕妇大脑功能的调整有帮助；也对维护胚胎或胎儿的顺利生长发育有利，尤其是对妊娠足月的胎儿肺的成熟有促进作用。

三、妊娠早期孕妇胰腺的变化

总的是胰腺功能明显增强。分泌胰岛素逐渐增多，引起高胰岛素血症；另一方面，肾上腺皮质类固醇的增多及垂体生长激素的增加，又具有抗胰岛素作用，并可导致胰岛素抵抗作用。但在妊娠早期孕妇体内的促胰岛素分泌增强的因素较抗胰岛素的因素占优势，这对孕妇是有好处的。

综上所述，妊娠早期孕妇内分泌变化特点如下。

1. 下丘脑－垂体－甲状腺轴呈现功能增。
2. 下丘脑－垂体－肾上腺轴功能也增强。
3. 下丘脑－垂体－性腺轴功能被抑制。

第 9 节　妊娠早期孕妇免疫系统的变化特征

总的来说，多数内分泌激素具有免疫抑制作用，少数激素有免疫增强作用。

1. 绒毛膜促性腺激素（HCG）：抑制效应性 T 淋巴细胞和自然杀伤细胞（NK）的活性；抑制 T 淋巴细胞增殖；抑制混合性淋巴细胞的活性。

2. 雌激素：抑制机体的细胞免疫和体液免疫。

3. 促肾上腺皮质激素（ACTH）抑制免疫球蛋白（Ig）和干扰素 – γ 的合成；抑制干扰素 – γ 介导的吞噬细胞的活性，减弱了机体对致病微生物等的杀伤力。

4. 糖皮质激素（皮质醇）：抑制 T 细胞和 B 细胞的发育；降低抗原提呈细胞（APC）的抗原提呈功能；抑制自然杀伤细胞（NK）的活性等。

第 10 节　妊娠早期孕妇情绪生理反应对胎儿的影响

1. 孕妇情绪不佳或消沉，可引起自身自主神经功能紊乱，导致乙酰胆碱分泌增加，影响胎儿身心发育，易引起畸胎或流产。

2. 孕妇紧张、恐惧，会导致胎盘血管收缩，致胎儿的血液供应减少而影响发育。若长期紧张不安，就易导致胎儿发育落后或不良。

3. 孕妇若长期情绪不稳，也会引起胎儿不安，活动频繁，使得消耗增多，引起胎儿发育落后或出生后呈低体重儿和（或）多动症患儿。

4. 孕妇生气或多怒，易引起白细胞减低，免疫系统功能更加减弱，分娩时难产病发率增加。

5. 孕妇长期抑郁，胎儿出生后身体的器官功能失调，尤其是消化系统功能多紊乱：如易吐奶，排大便频、消瘦等；婴幼儿经常烦躁不宁，睡眠不安或易醒等。

第 11 节　妊娠早期孕妇最多见的泌尿系统症状

最令孕妇不安的是尿频。这一症状一般在妊娠早期 8 周左右逐渐明显。对此要区分是正常生理反应还是泌尿系统的炎症。

1. 正常生理表现：这是由于在孕 8 周左右时子宫增大开始对膀胱产生挤压，至孕 10 周时更明显，使膀胱容积被挤压变小；同时增大的子宫产生的压力也是对膀胱的刺激，所以有点尿就有尿意，从而出现尿频，但没有尿道不适和尿痛，也无小腹不适感，化验尿常规也无异常。

2. 泌尿系统炎症：这种尿频常伴有尿痛、尿道不适、烧灼感或尿不尽感觉，小腹疼痛，有的还有白带增多。化验尿常规可见白细胞增多和脓细胞，有的还有红细胞，尿菌阳性等变化。

产生尿道炎症的原因，是妊娠期孕妇免疫系统功能降低、尿道充血、分泌物增多、尿流不畅，使用的卫生纸不是无菌的，内裤换洗不勤等，致使细菌滋生繁殖，并上行至膀胱以上。妊娠早期为预防尿路感染，应勤换洗内裤，小便后最好用专用消毒过或开水烫过的纱巾，沾上用中药黄柏 15g 煮好的药液擦拭尿道口及会阴部，擦洗完后将纱巾洗净，再经开水烫过后，下次继续依法使用，既经济又方便实用。

第 12 节　妊娠早期孕妇的饮食禁忌物品

1. 一切高温煎炸、熏烤食物：因这些食物中反式脂肪酸等有害油脂增多，产生的自由基增多，使孕妇的组织细胞损伤更明显、代谢紊乱加重；胚胎或胎儿的组织细胞也易损伤。

2. 辛辣热性刺激性食物：如葱蒜、辣椒、花椒、芥末等。这些食物容易兴奋孕妇的交感神经，引起肾上腺素和去甲肾上腺素分泌增多，对胎儿心脏是一种不良刺激，使胎心率明显加快，胎动频发；对胎儿 DNA 复制也会不利。

3. 用肉桂（也叫桂皮）烹炖肉食：因肉桂性大热，可引起流产，千万不能大意！

4. 油条：食入 2 根油条即食入 2g 明矾，明矾中的铝元素可通过胎盘进入胚胎或胎儿脑细胞中，引起智力发育障碍，日后生出不聪明儿。

5. 冷饮、冰糕：容易引起孕妇胃肠血管痉挛，消化液分泌减少，消化功能紊乱加重或降低，导致恶心呕吐明显加剧，腹痛、腹泻；严重的引起胃肠内分泌激素紊乱；肠道黏膜屏障功能受损。

6. 方便食品：各种罐头、点心、方便面等，大多含有化学调味剂、防腐剂等各种添加物。经常食用易导致妊娠早期胎盘发育障碍。山楂类食品也有活血碍胎的作用。总之孕妇食品要仔细选择！

第 13 节　妊娠早期影响胎盘发育的因素

一、孕妇自身的原因

1. 孕妇有心脏病、心肌炎、高血压，甚或心脏功能减退，致心输出血量降低，子宫胎盘供血不足使胎盘发育不良。

2. 孕妇喜仰卧，致胎盘受压、供血不足。

3. 孕妇吸烟或长期吸入二手烟，引起血管痉挛，使胎盘供血不足，影响胎盘发育和降低功能。

4. 孕妇有慢性呼吸系统疾病：如反复发作的哮喘，胸膜粘连、肺结核等使孕妇血中氧含量或氧分压降低，二氧化碳分压升高，导致胎盘供血供氧不足，均损害胎盘发育和功能降低。

5. 孕妇有中度以上贫血，引起血中氧分压降低，影响胎盘发育不良和功能不足。

6. 孕妇高龄（40 岁以上），易致胎盘发育不佳。

7. 孕妇有血液系统疾病，仍未治愈者。

8. 滥用各种化学合成性药物也可损害胎盘。

9. 胃肠系统消化吸收功能差或挑食偏食，引起营养不良；缺乏维生素、微量元素等。

10. 未治愈的弓形虫、支原体、衣原体性生殖道炎症，尤其是子宫内膜炎者，胎盘发育差。

11. 原有某些内分泌疾病未治愈者，如甲状腺功能亢进症或减退症，糖尿病并发症等。

12. 某些遗传病等。

13. 长期情绪不佳或抑郁。

二、环境中的不良因素

1. 妊娠早期接触各种辐射线的损害。

2. 有害空气或气体的损害，如长期接触各种粉尘、有毒化学气体、机动车尾气等均可影响胎盘的发育，引起胎盘功能受损。

3. 水源污染：如有毒的洗矿水，有毒厂矿企业将有毒的废水直接排入江河等水源中。

4. 剧毒农药污染的粮食、蔬菜、水果，又未充分清洗的；摄入后易损害胎盘的发育。

5. 长期在缺氧环境下生活或工作的，也易引起胎盘发育不良，以及胎儿的正常发育受损。

第14节　孕早期防止各种不良因素对孕妇和胎儿的损伤

一、防各种致病微生物的侵袭

各种致病微生物包括病毒及其毒素，各种细菌、寄生虫等，它们不仅严重伤害孕妇的身体各相应的器官组织，更重要的也伤害她们腹中的胚胎或胎儿。因为妊娠早期是胚胎或胎儿快速分化发育成为人形的原始雏形期，也是对外来各种有害因素尚无丝毫抵抗能力，最易受损致残致畸形的时期。

1. 尽量预防不要受感冒和流感等病毒的感染。

2. 不要与各种发烧的人接触和近距离交谈，即使是家人发烧或咳嗽也要注意隔离防止传染。

3. 感冒或流感等急性传染病流行期，尽量不出家门或少出门，以尽可能减少被传染。

4. 尽可能不去人多而杂的场所，如商场、剧院、餐厅等，若非不得已去，最好戴好口罩。

5. 不养也不接触猫犬等一切宠物。

6. 不食生肉、生鱼片、生海鲜等，防止各种致病细菌和寄生虫的侵害，以致累及胎儿。

二、防劳累、不加班

尤其是不上或不加夜班，目的是尽量保护孕妇平安和胚胎或胎儿顺利发育。

1. 有助于处在调整期的孕妇内分泌系统尽快适应孕期变化。

2. 减轻和防止生物钟的昼夜节律被打乱。

3. 有助于维护孕妇身体内环境的稳定，从而有利于减轻早孕反应。

三、严防家中或工作中任何不愉快的劣性刺激

劣性刺激可引起孕妇心理和生理的剧烈波动，产生一系列综合反应，尤其是以下几方面。

1. 孕妇内分泌系统的调整受阻，引起早孕反应加重，宫腔内环境剧烈波动，对胎儿不利。

2. 孕妇的自主神经紊乱加重，影响胎盘供血，不利胎儿发育。

3. 孕妇的胃肠激素分泌紊乱加重，胃肠功能更不协调，也不利于胚胎或胎儿的发育。

4. 长期家庭不和对胎儿和幼儿的危害

（1）胎儿的大脑和神经系统发育受影响。

（2）胚胎或胎儿的各器官系统发育不顺利。

（3）出生后孩子多情绪不稳，胃肠功能不佳。

（4）对幼儿情商的培养较难。

第15节　妊娠早期必须禁止性生活

这个问题是应该严肃地提出来，使年轻无知的男女双方明了其所以然的科学道理，能够自觉遵照落实。一是从受精卵形成至分化发育成胚泡，进而着床于子宫壁内形成胚胎需要有安定的子宫内环境；二是从胚胎继续不停地快速分化发育出各组织器官的胚芽和雏形，也是需要没有任何外来的不利因素刺激和损伤，使之能安全地顺利发育成为胎儿；三是根据孕妇本身正处于内分泌系统大调整的艰难适应时期,有时还是痛苦的，对此必须尽可能避免外来的任何不良刺激和干扰；四是为了能孕育一个健康、聪明而又漂亮的小宝贝。

一、妊娠早期性生活对胚胎或胎儿发育不利

1. 从女方排卵期性生活后即应禁止再次性生活。因为在此后的2周内是受精卵形成到着床于子宫壁内的过程。此阶段的性生活最易使受精卵往子宫腔回游时受阻于输卵管内，引起宫外孕的发生；即使回游进了子宫腔，也会因性生活引起子宫的震动和子宫壁肌肉的收缩，使受精卵着床困难；或是着床于子宫壁的下段，易形成前置胎盘；或是受精卵不能着床而流出至体外，受孕失败。

2. 妊娠第3周起是心脏、神经管、脑泡分化发育的开始。

第8周心脏已形成外形，但尚无功能，在B超扫描下只可见心跳；到第12周大脑的发育分化还很不全。这个阶段的性生活既影响胚胎和胎儿的顺利发育，若大脑发育受损时，则出生后必然影响智力的发育发展，难变聪明。

3. 妊娠第4周胚胎的眼耳口鼻腭部原基发生，第7周颜面、眼睑开始形成。此阶段的性生活难保不影响上述各组织器官的顺利发育。若五官不匀称，出生后就谈不上漂亮。因为从古至今评价一个人是否漂亮，总是只以面部颜值（五官是否端正匀称美观）作为唯一标准的。

4. 妊娠第5 ~ 8周是胚胎的上下四肢与指趾相继形成雏形，并快速发育成形的过程，若此阶段受影响，四肢及指趾发育就不顺利；第5周又是肺芽初现，日后将分化为气管、支气管和肺泡的始基，更不能遭受任何外界恶性刺激的丝毫损伤，第6 ~ 8周开始分化出肝胆、肠胃器官的雏形，均在妊娠12周前相继成形。若在这个阶段过性生活，难免不损伤某一器官雏形的健康顺利发育。因此说，妊娠早期是胚胎和胎儿最易被各种劣性刺激因素引发致残致畸的敏感多发期。因为这些柔嫩脆弱的胚芽组织对劣性刺激毫无任何承受力，极易被恶性外力损害。因此，要告诫年轻的男士女士们，应该从现在开始高度关爱和保护你们未来的小宝贝，使之平安顺利地发育直至安全地降临到人间。

二、妊娠早期性生活对孕妇的影响和危害

1. 加重孕妇内分泌的紊乱程度和对胚胎的适应反应过程延长。

2. 加重早孕反应的症状，延长早孕反应过程。

3. 加重孕妇免疫系统功能降低的程度，抗各种致病因子的侵袭防御力更弱，尤其是泌尿系统易发生感染；生殖系统的感染则危及胎儿，造成后悔终生的痛！此期的性生活引起孕妇

发生流产的经常可见到。

第16节　妊娠早期如何保证孕妇的营养

这不仅是保证孕妇健康的大事，更是保证她腹中胚胎或胎儿能否顺利分裂增殖发育生长的最基本需求。但对许多出现早孕反应的孕妇来说，又是一个很复杂很困难的负担！可是又必须保质保量地，想尽一切措施克服各种困难，保证营养充分摄入。

一、为孕妇营造良好温馨的家庭氛围

1. 家人的关心照顾，可使孕妇建立良性情绪。

2. 良性情绪可增强孕妇对早孕反应的承受力。

3. 良性情绪有利于脑肠肽的平稳协调，减轻胃肠功能的紊乱程度。

4. 良性情绪有利于消化道蠕动协调，以及有助消化液和消化酶的分泌。

二、多休息、少活动，减少营养物的消耗

1. 休息时，最好右侧卧位，有利于胃向小肠蠕动，促进胃内容物的顺利排空；也有助于减轻心脏搏出血液的阻力。

2. 休息时可播放令孕妇感到轻松愉快频率的轻音乐，或幽默风趣的相声，或是诙谐有趣的小品，引起孕妇脑内奖赏系统的共鸣，从而转移劣性情绪，减轻早孕反应的不适感。

三、饮食以清淡、易消化吸收、保证营养为原则

1. 无早孕反应的，可按原来饮食习惯进食，但不要吃大辛大热刺激性和寒凉性食物。

2. 有轻、中度早孕反应的，以每次少食、每日多餐，或

吐后再进食流食或半流食。总之要以孕妇能接受或不反感时稍食，达到每日有足量的总热量和各种必需营养素的摄入，为的是既保证孕妇健康、又保证胎儿能顺利发育生长。

3. 喜食辛辣等刺激性食物的要尽量减少，以防加重消化道的不良反应；和对胎儿的刺激。

4. 喜食酸性食物的，注意禁食山楂及其制品一类的活血化瘀食品，以防引发流产；尽量不吃含亚硝胺的酸菜类食物，因为亚硝胺有致癌作用而损伤基因。

5. 蔬菜、水果含矿物质及部分微量元素与维生素，对补充营养有好处。

6. 每日要摄入足够的温开水；自己用水果榨汁或粉碎后加适量温开水，少量盐以及适量糖，以适合孕妇口味，就是最佳的饮品且安全可靠。

7. 妊娠早期要坚持服用叶酸 400μg/d（1片），有重度呕吐的也可服 600μg/d（1.5片），同时配伍维生素 B_6 每次 20mg，每日 3 次，于饭中或饭后服，依孕妇反应而定。

第八章　妊娠中期（第 13 ~ 27 周）

第 1 节　妊娠中期孕妇的内分泌系统继续变化特征

对大多数孕妇来说，经过了难受的 3 个月孕早期的负担，绝大多数孕妇的早孕反应已消失，情绪变得稳定，精神明显变好，食欲也日渐恢复正常，身体感到轻快了许多，体力也显著改善。节假日许多孕妇想外出旅游休闲，也是较安全的，但仍需防止过劳，以免影响腹中胎儿的安全。

妊娠中期孕妇内分泌系统的继续变化

1. 下丘脑兴奋功能增强，使垂体增生更明显，产生和分泌的促肾上腺皮质激素（ACTH）比妊娠早期更多，肾上腺皮质增生肥大也更显著，分泌的皮质醇也多于孕早期的，但不会出现肾上腺皮质功能亢进的柯兴氏症候群。这是因为增多的皮质醇与血浆蛋白结合，而不具生物活性。总的是下丘脑 – 垂体 – 肾上腺轴功能更强。

2. 随着下丘脑 – 垂体的继续增生肥大，垂体分泌的促甲状腺素也比妊娠早期多，促使甲状腺增生更明显，分泌的甲状腺素也多于孕早期的水平。孕妇的代谢速率更旺、发热感更明显，有的还出汗，食欲明显好转并增加，但不会出现甲状腺功能亢进的征象。说明孕妇的下丘脑 – 垂体 – 甲状腺轴功能趋于稳定状态。

3. 孕中期孕妇的甲状旁腺也增生肥大，甲状旁腺激素的分泌也随之增多引起高甲状旁腺激素血症，会引起孕妇骨质脱钙而变得疏松，甚或发生骨骼变软或畸形。

甲状旁腺激素还可使尿排磷增加，导致血磷降低。磷也是构成骨盐的元素，与钙共同参与成骨作用。磷还是核酸、核苷酸、磷脂以及多种辅酶等重要生物分子的组成成分，发挥各种重要的生理功能；对促进胎儿大脑神经细胞的发育，各组织器官构架的完善极重要，对促进胎儿的大脑功能及身体健康发育是不可少的。

4. 妊娠中期有的孕妇可出现高胰岛素血症和胰岛素抵抗两种征象。

（1）高胰岛素血症：妊娠中期孕妇已没有了早孕反应的折磨，与胎儿已互相很好地适应了，精神、情绪变得轻松，胃口也明显好转，进食量大大增加，从而引起有的孕妇血糖升高，刺激胰腺胰岛中的B细胞增生，分泌胰岛素增多，产生高胰岛素血症，对升高的血糖进行调控。其次，孕期由于下丘脑、垂体、甲状腺及肾上腺皮质增生，这些腺体分泌的生长激素释放激素，促肾上腺皮质释放激素；生长激素、甲状腺激素和肾上腺皮质醇等这类生糖激素都明显增加，也引起血糖升高。此外，胃肠道分泌的多种激素如促胃液素、促胰泌素、缩胆囊素、抑胃肽以及血管活性肠肽等也都能促进胰岛素的分泌。上述多种因素引起孕妇高胰岛素血症。

（2）胰岛素抵抗：妊娠中期孕妇的肾上腺皮质激素分泌增多；加之胎盘分泌的胎盘生乳激素、雌激素、孕酮的增加，都具有抗胰岛素的功能，最终导致形成胰岛素抵抗征象。

孕妇的这种胰岛素抵抗作用，可以引起两种临床表现：一是糖耐量低减或损伤（IGT）；另外就是妊娠糖尿病。尤其是家族中有患糖尿病成员者，这两种情况在孕妇身上皆有可能出现。对此，妊娠中期一定要定期监测孕妇的尿糖和空腹血糖。若空腹血糖高于正常值者，则必须进一步做口服葡萄糖耐量试验（OGTT），以期及时发现是否存在 IGT 抑或妊娠糖尿病。所以说，对妊娠中期的孕妇一定要制定科学有效的饮食方案，以保证孕妇的健康和胎儿的平安顺利发育生长，是很重要的。如果经饮食的合理调控后，空腹血糖仍维持高于正常者，则应立即找有关的内分泌医师明确诊治。

第 2 节　妊娠中期孕妇血液系统的变化特征

血液系统最常见变化的是贫血。妊中期孕妇发生的贫血有三种类型，应简单了解每种贫血的特点。

1. 稀释性贫血（也叫生理性贫血）：这种贫血是由于妊娠引起的肾上腺皮质增生，主要是皮质球状带细胞增生，引起醛固酮分泌增多，尤其是站立工作的孕妇，其肾血流量减少，导致肾素 - 血管紧张素分泌增加，从而兴奋了肾上腺皮质球状带细胞分泌醛固酮增多，促使肾小管对水和钠离子的回吸收增加，造成体内水、钠盐潴留，使血液被稀释。此时化验血常规可见血液的血红蛋白减低、红细胞数量也减少，但红细胞的大小形态均正常。这种贫血，由于是血液中的水分增加、钠盐增多，加重了孕妇心脏的负荷，容易使孕妇于活动时或工作时感到心跳快、易疲乏，有时想干什么事会觉得力不从心；有的人到下午或下班后双腿有沉重感，个别的下肢有轻度水肿，按之有凹痕，但睡下后可消退。治疗应针对病机如下。

（1）控制每日饮水量：若白天轻工作，也不出微汗者，每日饮水量可控制在 1500 ~ 2000mL；若是气温高的季节或工作环境温度高时，孕妇更易出汗，则要增加每日的饮水量，务必要保证每日尿量不要少于 1000mL 较为理想。

（2）控制每日摄入的食盐量：菜蔬放盐时要保证口味淡些，总之，每日摄入盐要少于 5g。

（3）休息或睡眠：可把双下肢稍垫高些，这样有利于下肢血液回流而使小便增加，减轻孕妇的心脏负荷，从而心脏会感到舒适些。

2. 缺铁性贫血：尤其是在妊娠早期呕吐较重，食欲差，又挑食偏食的；或是孕期就是亚健康状态，且脾胃功能差，有慢性胃肠疾病的孕妇容易发生此类贫血。

（1）缺铁性贫血的临床表现：皮肤、口唇的颜色变淡或无血色；孕妇常感疲乏无力，少气懒言懒动，甚或头晕眼花、耳鸣、记忆力较差；稍活动即感心慌气短；食欲差、腹胀等。特别是当体内的贮存铁已用完，而贫血征象尚不典型时，最易见到的是：疲乏、烦躁、头痛三联症。这些人常易患口腔炎、舌炎：舌乳头萎缩，舌面光、红且有烧灼样感觉；唇炎、胃酸缺乏或萎缩性胃炎；指（趾）甲缺乏光泽，脆薄易裂，并常见甲面上有条纹状隆起，甚或指（趾）甲变平或凹下呈“勺状”，即通常所说的“反甲”等；这些征象孕妇都有可能出现。

（2）化验血常规所见：红细胞总数减少，且大小不一，以体积小的多见，红色球中心区红色浅淡；血红蛋白（Hb）减低，即典型的小细胞性低血色素性贫血特征。

（3）进一步化验贫血常规：可见血液的红细胞平均容积（MCV）$<$ 80fL；红细胞平均血红蛋白浓度（MCHC）$<$ 0.31（31%）；红细胞平均血红蛋白（MCH）$<$ 27pg。

（4）更深入化验血清铁含量，常见 $<$ 8.95 μmol/L（50 μg/dL）；铁饱和度也显著降低：$<$ 0.15（15%）；总铁结合力升高达 71.6 ~ 89.5 μmol/L（400 ~ 500 μg/dL）。这些指标尤以血清铁蛋白的降低是诊断早期缺铁性贫血的可靠指标。它的降低说明人体内的贮存铁耗尽。国内外以血清铁蛋白 $<$（12 ~ 20）ng/mL 作为贮存铁耗尽或严重减少的指标。临床上经常以血清铁蛋白与红细胞内游离原卟啉（FEP）两项指标组合，诊断缺铁性贫血的准确率高达 100%，漏诊率为零。缺铁性贫血时，FEP 的浓度升高，若 $>$ 0.9 μmol/L（50ng/

dL），说明由于铁缺乏，血红素合成减少。

（5）缺铁性贫血的人约有半数者胃酸低，有的有萎缩性胃炎，从而导致铁的吸收困难，引起贫血加重。其他一些消化道症状也多见。

（6）缺铁性贫血对孕妇与胎儿的不利影响：①贫血引起胎盘结构损害、功能变差。②贫血时红细胞数量减少，且以小红细胞为主；血红蛋白也变淡、携氧能力和携氧量均减少，供给胎儿的氧量不足，使胎儿在宫腔内缺氧，影响胎儿大脑细胞和神经系统，以及各器官组织发育受阻，导致胎儿宫内发育落后，智力发育不良，免疫系统功能发育受损。出生后就难谈到健康、聪明了。所以必须重视和定期对孕妇进行监测检查。

（7）妊娠中期为了预防缺铁性贫血的发生，最方便且有效的措施是注重饮食的营养成分，即经常摄食含微量元素铁多的食物。如动物的肝、血、各种红肉类瘦肉（猪、牛、羊肉等），蛋类、鲜奶；豆类、坚果中含量也多，芝麻及芝麻酱、黑木耳、紫菜含铁也丰富。维生素C、维生素E、脂肪可促进铁的吸收；而含鞣酸、草酸、植酸和含磷酸的抗酸药影响铁元素的吸收。妊娠期妇女每日需摄入铁3.6mg。

3.巨幼细胞性贫血：这种贫血是由于缺乏叶酸和维生素B_{12}，引起的贫血症。病因多见于妊娠时孕妇对叶酸的需要增加；孕早期的恶性剧吐致摄入不足；或是孕前患有慢性萎缩性胃炎，或爱挑食、偏食缺少蔬菜和肉食摄入者；或是喜欢食用高温长时间烹煮的食物致叶酸和维生素B_{12}被破坏丢失的，均易造成摄入不足而患病；还有就是患长期腹泻的人，酗酒者都易引起叶酸、维生素B_{12}的吸收障碍。

（1）巨幼细胞性贫血的症状：①贫血症：面色苍白、乏力、活动耐力降低、头昏、心悸。②消化系统症：舌乳头萎缩呈“牛肉样”舌，伴有舌痛；食欲低下、恶心、腹胀、腹泻。尤其是患有萎缩性胃炎者更多见。③神经系统症：对称性手足发麻，振动感和运动感觉消失，共济失调、步态不稳，肌肉张力增强；病理反射阳性；味觉、嗅觉减低等。④精神症状：易怒、妄想；维生素 B_{12} 缺乏者有抑郁、失眠、记忆力减退、谵妄、幻觉、人格变态，甚或精神错乱等。

（2）化验血象：红细胞呈大椭圆形样表现，红细胞平均容积（MCV）增大；平均血红蛋白（MCH）增加。重病者的全血细胞减少，且细胞的形状改变多种多样。还可化验血清中叶酸和维生素 B_{12} 的含量。

第 3 节　妊娠中期孕妇泌尿系统的变化特征

最常见的有妊娠生理性糖尿、妊娠蛋白尿、肾盂肾炎等。

一、生理性糖尿

1. 发生的原因：是妊中期开始，孕妇为适应全身代谢的增加、肾功能的负荷加重，使肾相应增生肥大，流经肾的血流量随孕周的进展而增多，肾小球对各种营养物包括葡萄糖的滤出量也增加，但肾小管对它们的回吸收功能却不会增强；加之妊娠时肾的排糖阈有所降低，从而引起妊娠中期发生生理性糖尿。

2. 生理性糖尿的特点：唯一的阳性表现就是尿糖一个“+”号，但次日凌晨查空腹血糖往往低于 5.1mmol/L（92mg/dL）。约有 95% 的正常孕妇可出现尿糖“+”。

妊娠期生理性糖尿，严格地说是肾小管的回吸收各种从肾小球滤出的有用物质的功能，与非孕时是一样的。但在妊娠时，肾小球流经的血量增多，滤出的葡糖糖和其他一些有用的物质也明显增加，超过了肾近曲小管的回吸收能力而出现的尿糖“+”。它与肾性糖尿不同的是，后者是肾近曲小管对葡糖糖及其他一些有用物质回吸收的功能是减退的，是属于病理性糖尿的范畴。

二、妊娠蛋白尿

这个征象经常可在一部分妊娠中期的孕妇中出现，绝大多数没什么不适感觉，也有一少部分孕妇会发现自己的尿比孕前有泡沫；有的感到稍有点乏力，但总不当回事去对待。为了弄清楚这一征象的根源，无论是对孕妇还是腹中的胎儿都是很有必要的。

1. 蛋白尿：即尿中出现了蛋白，化验尿常规可见阳性。只要每分钟排出的尿中含量达 0.03mg 或以上；或是 24 小时尿中蛋白定量达到 150mg 及以上，尿蛋白即可阳性。

2. 尿蛋白定性出现“+”，是否有肾病：一个正常人在安静状态下，24 小时（一昼夜）的尿蛋白总量为 40 ～ 100mg，化验定性“–”。对于不少孕妇来说，一个“+”的尿蛋白也多是肾有病变的反映。只有极少数孕妇是因为妊娠，肾小球滤过率明显增加，超过了肾小管对原尿中的小分子营养物如钠、钾、HCO_3^-、葡萄糖、小分子蛋白质等回吸收不完全。若尿中蛋白质高于上面所说的量，才出现一个“+”的蛋白尿，休息一夜后又可转为阴性（–）；若休息一夜后仍是一个“+”，那就必须查清楚这种蛋白尿是由于肾哪部分有问题而引发的。

（1）体位性蛋白尿：单纯性体位性蛋白尿者，其 24 小时尿中蛋白＞ 150mg 且＜ 1000mg；若平卧位时 24 小时尿蛋白不会超过 75mg。这类蛋白尿者在晨起床后尿中无蛋白，但活动后可逐渐出现，尤其在久站立、行走、加强了脊柱前凸位时尿蛋白会增多。多见于青年人，发生率占 3% ～ 5%。这类蛋白尿可能是直立时肾移位使肾静脉扭曲，或是受脊柱前凸压迫，引起暂时性肾血循环障碍所致。有人经长期观察这种尿蛋白者，结果有 30% 左右可发展为持续性蛋白尿。所以，对体位性蛋白尿者应追踪观察。

（2）肾小管性蛋白尿：其临床特征如下：① 24 小时尿中蛋白质定量测定＜ 1.0g。②尿中还可检验出有 β_2- 微球蛋白。③尿中溶菌酶呈阳性（+）反应。④尿中检出维生素结合蛋白增多。

上述 4 项特征如同时有 2 项以上呈现阳性，即可诊断为肾小管性蛋白尿。尤其是上述的第②、③、④项为肾小管性蛋白尿所特有。这类蛋白尿多见于以往患过间质性肾炎未彻底治愈，遗留的肾小管损害；或是经常反复发生的泌尿系炎症，又经常憋尿的，导致肾盂肾炎而损害肾小管所造成。

（3）肾小球性蛋白尿：这类尿蛋白定性检测往往有“+++”；24 小时尿蛋白定量往往在 3g 或以上。多为肾小球受损的肾病变引起，如慢性肾炎，肾病综合征以及糖尿病肾病等。

以上有关妊娠中期蛋白尿的简述，不论是何种蛋白尿，都应高度重视，定期监测，积极治疗，以保证孕妇平安度过妊娠全过程；保证胎儿能顺利发育生长，不受任何影响。

三、妊娠中期泌尿系统感染

1. 膀胱炎较常见

（1）发病原因：①内分泌系统各种激素分泌增加，多数激素可以抑制免疫系统功能，使孕妇抗感染能力降低。②由于胎儿的生长，孕妇子宫的增大压迫，使尿道、膀胱及外阴均充血淤血，外阴分泌物增多而有利于各种致病菌的生长。③不注意勤换洗内裤，易致病菌滋生。④进食辛辣刺激性食物，加重尿路和外阴部的充血淤血，更有利病菌的生长。

（2）症状：最多见的是尿频、尿急、尿烧灼感、尿痛、尿不尽感。若治疗不及时，则可致感染沿输尿管上行达肾盂，引发输尿管炎；肾盂肾炎以及肾盂肾炎，甚至菌血症或毒血症，通过胎盘屏障影响胎儿的发育生长。

（3）如何预防：①勤换洗内裤。②不食辛辣等刺激性食品。③尽量避免性生活。④最有效的是每晚用中药黄柏10g煮水，用其放至50℃左右清洗外阴，杀菌效果好。

2. 肾盂肾炎或肾盂肾炎也较常见

（1）发病原因：①膀胱炎未治愈而向上扩展蔓延。②胎盘分泌孕激素多，使输尿管平滑肌松弛，蠕动减弱，排尿不畅而潴留。③增大的子宫压迫输尿管，使输尿管、肾盂内尿液排出受阻，均有利于细菌的生长繁殖。

（2）症状：多见腰痛、发烧、尿频、尿急、尿痛、下腹痛、肋腰部有压痛和叩击痛等。

（3）治疗要及时，可参阅疾病防治篇有关章节，绝不能掉以轻心。

第4节 妊娠中期孕妇心血管系统的变化特征

1. 心脏负荷增加和心脏排血量增加，主要是肾上腺皮质分泌醛固酮增多，使水和钠盐被肾回吸收增加，导致全身循环血量明显增多，使心脏排出血量增加以增加心脏的负荷。这种负荷叫作心脏的前负荷。

2. 妊娠中期的高胰岛素血症，刺激小动脉内皮细胞增生，增加了末梢小动脉的阻力，使得心脏必须加强心肌的收缩力来克服增大的外周阻力，使能顺利排出增多的循环血量。这种末梢小动脉的阻力叫作心脏的后负荷。

3. 心脏扩大是由于上述心脏前负荷与后负荷均增加，加重了心脏的生理负担，从而引起心肌增生肥大，收缩力增强以利于排出增多的循环血量，保证心脏维持正常的生理功能。

4. 妊娠高血压是妊娠中期一些孕妇易出现的征象，其发病发率占全部孕妇的5% ~ 10%。心脏前负荷增加必然引起血压的收缩压升高；心脏的后负荷增加就必定导致血压的舒张压升高。当这些升高值达到一定标准时就会诊断为妊娠高血压。

（1）妊娠高血压的诊断标准：①妊娠期孕妇的血压按正规要求测量法测量。首次测得血压≥ 140/90mmHg。②在产后12 周内血压自行恢复正常者。

（2）妊娠高血压发病的原因：①孕妇内分泌激素的变化，尤其是醛固酮增多引起心脏前负荷增加，致血压的收缩压升高。②孕妇的各种激素引发的高胰岛素血症，致使外周小动脉的阻力增高，使心脏的后负荷增加，使得血压的舒张压升高。③遗传因素。家族中有患高血压病者。此病是一种多基因异常的隐性遗传，只有在某些因素的刺激下才发生，妊娠就是一刺激发生的因素。④饮食营养摄入不科学：如某些维生素和微量元素摄入不足或缺失；摄入矿物质钠盐过多；摄入脂肪过多，尤其是饱和脂肪酸过多以及胆固醇过多，引发高血脂和动脉硬化。

（3）妊娠高血压的症状：①常见胸闷、心悸、乏力，稍活动则症状加重；有时头痛、头晕、睡眠欠佳。②常有下肢凹陷性水肿，双腿沉重感。③小便多，夜尿频且量多，有时有尿蛋白。

（4）妊娠高血压的危害：①如果不及时治疗，有可能使孕妇转成永久性的慢性高血压病；治疗不积极重视也会成为子痫或子痫前期的高危因素。②对胎儿可影响其供血供氧供营养物质，而不利于胎儿的顺利发育生长。

第 5 节　妊娠中期有的孕妇发生水肿

一般妊娠水肿多见于下肢，系由于胎儿发育生长致孕母子宫逐渐明显增大，压迫下肢静脉使之回流受阻，往往于午后较明显，但经卧床休息一夜后，静脉回流改善使水肿消退。如果经休息一夜，水肿不能全消，即叫作妊娠水肿。这是一种生理代偿功能不全的反映。

妊娠水肿是一个渐进性的发展过程，由隐性水肿进展到显性水肿。在隐性水肿阶段，往往不会引起孕妇本人的重视。因此有必要了解产生妊娠水肿的有关因素，及时有效地预防。

1. 隐性水肿：外观无水肿征象，按压下肢或踝部亦无明显凹痕。但是若每周测量体重会发现增加过多，往往会超过350g（正常妊娠中期孕妇体重每周增加不应超过350g）。此阶段为什么不会出现皮下水肿的压痕呢？乃是因为体内过多的水分弥散潴留于各器官和深部组织的间隙中，而未蔓延至皮下，故不会出现按压凹痕。但孕妇本人常会感到双下肢较沉重、乏力、不愿活动，稍活动即感心慌胸闷等症。

2. 显性水肿：即对孕妇的双下肢用手指按压，出现凹陷性压痕，恢复也较慢。轻度时只表现为足踝部或足部，原先很合脚的鞋此时感到紧了或小了。如不及时处理则水肿程度日渐加重，并向腿部蔓延，先是小腿肿，再不抓紧处理则可蔓延至大腿也肿，严重时引起外阴、腹部，个别孕妇甚或全身皆肿。显性水肿不但影响孕妇各器官功能的正常运行，增加各种不适或痛苦，更重要的是影响子宫内环境的不稳定，引起胎儿不适应，从而影响胎儿的发育生长。

3. 引发妊娠水肿的原因

（1）内分泌因素：肾上腺皮质增生肥大，球状带分泌醛固酮明显增多，促使肾小管对原尿中水和钠盐的回吸收增加而潴留体内。

（2）增大的子宫压迫下肢静脉回流，静脉内压力增大，致毛细血管内压也随之增加，使血液中水分漏出毛细血管的量增多，尤其是站立或行走时间长时更加重了水肿的出现和程度。

（3）毛细血管通透性增加，使血浆中部分小分子的蛋白漏出，并带出一定的水分进入各组织间隙，使水肿加重。尤其是伴有妊娠高血压时，全身小动脉内皮细胞增生、血流不畅、致毛细血管缺氧，血管壁的通透性增加更显著。

（4）血浆内胶体渗透压降低，难回吸收组织间液中过多的水分。引起这种结果是多种因素造成。一是妊娠早期恶性剧吐致影响摄入不足，尤其是蛋白质缺乏；其次是平素有亚健康，尤其是脾胃功能差，又未治愈，且爱挑食、偏食的，往往引起营养不足，血浆白蛋白浓度降低，使组织间液中过多的水分难回吸收入血液而运出。

4. 妊娠水肿的护理辅助措施

（1）增加营养素的充分合理摄入，尤其是各种必需氨基酸的摄入，以促进血浆白蛋白的合成，增加血浆内胶体渗透压，有助回吸收组织间液中的过多水分，使水肿能有效减轻或消除。

（2）控制每日食盐（NaCl）的摄入量，以 3 ~ 4g 为宜，这有助于减轻肾负担。

（3）多卧床休息，并在下肢下面垫得稍高些，以促进下肢血液回流，增加肾血流和肾小球的滤过量，使尿量增加，有助于减轻水肿。

（4）积极治疗孕妇的其他疾病，如肾盂肾炎、贫血、胃肠疾病等。

5. 如何鉴定妊娠水肿的轻重度

（1）轻度水肿：水肿只局限在足踝部或小腿下部；尤其是以站立时间过长或下午时多见。

（2）中度水肿：水肿上延至膝盖水平。

（3）重度水肿：水肿蔓延至全腿和外阴少腹。

（4）严重水肿：即全身皆肿，甚或有胸水、腹水。此时，常易引发多脏器功能衰减甚或妊娠子痫的出现，则母子均堪虞了。

第 6 节　妊娠中期有的孕妇发生下肢静脉曲张或痔

这两种合并症的产生主要是因为子宫随着胎儿长大，羊水增多而增大，压迫下肢股静脉血液回流不畅，致使股静脉压进行性增加和加重所造成的。常表现有下面几种特征：

1. 下肢水肿先是足踝部明显，以后扩展至小腿，甚至大腿也肿。

2. 下肢静脉曲张，可表现为两种特征。

（1）大隐静脉曲张，比较多见。分布于小腿前面的胫侧至膝关节，可见成团状的曲张静脉分布于皮下组织。也就是人们俗称的“筋疙瘩”。

（2）小隐静脉曲张，多在外踝后侧经沿小腿后面上行至腓肠肌（即俗称的“腿肚子”）产生成团状的曲张静脉分布于皮肤下组织中。

3. 痔是由于增大的子宫压迫骨盆内脏静脉的痔静脉丛曲张而引发。分为内痔和外痔以及混合痔三种。是以直肠末端与肛管之间的齿状线来区分内痔、外痔的。孕妇发生痔的非常普遍，几乎达到 90% ~ 100%，只是症状轻重不同。

（1）内痔是位于齿状线以上的痔静脉丛曲张形成，多有大便带血，常以排便时带血或排便后滴血、血液不与粪便相混，一般不疼痛，内痔较重时肛门会随排便而脱出，可用手纸垫在手上将脱出的肛肠还纳回肛门内，此时可有短暂的肛门坠胀感及肛门潮湿感。

（2）外痔是位于齿状线以下肛管部的黏膜下痔外静脉丛曲张形成。往往有肛门部坠胀感伴疼痛，排便时痛感更明显，但不出血，肛门部有异物感，手触扪也疼痛。

（3）混合痔是内外痔静脉丛均曲张扩大且相互沟通形成一个整体而成。兼有内外痔的各种症状，如大便带血，疼痛明显，肛门坠胀感，易发生肛门脱出并增加便血量。

轻症时要注意保持肛门周围及会阴部的清洁，严防感染性炎症发生，否则会加重孕妇的痛苦。更重要的是波及胎儿那可就严重了。若内痔出血多的也必须及时看医生，尽早治愈，以防造成失血性贫血而损伤自身并累及胎儿。

第7节　妊娠中期孕妇呼吸系统的变化特征

妊娠中期，随着子宫的增大，膈肌被挤向上升，活动度减低，呼吸道充血水肿，黏膜屏障的免疫功能降低，因此易发生各种感染性炎症。一旦发生感染也易扩散延长病期。因此，孕妇要注意做到预防为先，尽量不去或少去人员庞杂的场所，尤其是在感冒流行时期，不要与感冒咳嗽及发烧的人士接触交往；天气阴沉不洁，粉尘多的场所以及沙尘天或浓雾天尽量不要外出。若必需外出时应戴上口罩；远离有人吸烟的地方；也不要用大火烧油做菜，以防油烟中的有害的挥发性油烟刺激，引起鼻、咽喉、气管甚或支气管的无菌性炎症。对于一个孕妇来说，不论是呼吸道的病菌及其毒素，还是各种以上物理、化学性有害物质都可引起有害自由基的产生增加，既对孕妇本身造成各种损害，对胎盘和胎儿也会引发多方面的损伤。

第8节　妊娠中期孕妇消化系统的变化特征

1. 受胎盘分泌的雌激素影响，孕妇出现牙龈增生、充血、水肿，有的发生齿龈炎并出血，尤其是维生素摄入不足时更多见。

2. 受胎盘分泌的孕激素的影响，孕妇胃肠道的平滑肌张力降低，蠕动变弱变慢，胃排空延缓，常感上腹胀满；胃酸分泌减少；贲门括约肌松弛，胃内容物易反流入食道而出现“烧心”感；肠蠕动减弱变慢，加之增大的子宫压迫乙状结肠，往往易造成便秘。

3. 孕激素也引起胆道平滑肌松弛、张力降低，胆囊向十二指肠排出胆汁变慢，使得胆汁在胆囊内停留时间延长并变得黏稠，既易使肠道细菌侵入引起胆囊炎，也易引起胆固醇晶体析出沉淀于胆囊内形成胆结石。

4. 妊娠中期的高胰岛素血症，使得某些孕妇食欲增加，摄入热量过多，使血糖升高；又因为同时存在的胰岛素抵抗，升高的血糖不能被充分代谢利用，终于引发妊娠糖尿病的产生。

第9节　妊娠中期有的孕妇发生妊娠糖尿病（GDM）

1. 妊娠糖尿病：是指妊娠前空腹血糖及糖代谢均正常，但在妊娠后发生的糖尿病。临床上为了不漏诊妊娠糖尿病孕妇，对凡是孕期出现生理性糖尿的孕妇，一定要做口服葡萄糖耐量试验：即在头天晚8点以前吃较清淡的晚餐后，经一夜12小时禁食，次日晨准备好75g葡萄糖粉化于300mL温开水中，先抽空腹血化验血糖，随即喝下已备好的葡萄糖水，并每隔1小时采血验血1次，连续2次，加空腹血糖共3次。正常值分别为空腹血糖不超过5.1mmol/L；服糖水后1小时血糖不超过10mmol/L；2小时血糖不超过8.5mmol/L。

2. 诊断标准：在上述口服75g葡萄糖水的糖耐量试验（OGTT）的3项血糖值中，有任何一项血糖值超过相应的正常值者，即可做出妊娠糖尿病的诊断，并应及时依病情做相应处理。

3. 妊娠糖尿病的临床表现

（1）有较明显的“三多”症：多尿、多饮水、多食。

（2）有的孕妇感会阴部瘙痒明显，这是因为尿糖高刺激会阴部皮肤和黏膜引起；或阴道炎症。

（3）子宫内羊水含糖量高引发羊水过多致腹围增大快。

4. 妊娠糖尿病对孕妇的不利影响

（1）易引发妊娠高血压，其发生率比无妊娠糖尿病的孕妇高2～4倍。

（2）易并发各种感染，且易扩散使糖尿病加重或变复杂。

（3）病情重而复杂者易发生糖尿病性酮症酸中毒。这是一危急重症，对胎儿的危害较大。

（4）宫腔内羊水过多的发生率比健康孕妇高 6 ~ 10 倍。

（5）易诱发泌尿系统的各种感染性炎症。

5. 妊娠糖尿病对胎儿的不利影响

（1）孕母的高血糖可通过胎盘，进入胎儿体内和羊水内，引起胎儿发育生长过快成为巨大儿（出生时体重≥ 4kg），发生率高达 25% ~ 42%。

（2）易致胎儿流产或早产。早产发生率依血糖升高的浓度可达 10% ~ 25% 不等。

（3）胎儿畸形率高于非妊娠糖尿病孕妇的，也是导致围生期胎儿死亡的重要原因。

（4）容易引发胎儿出生后的呼吸窘迫综合征。

（5）巨大儿于分娩时易造成难产，剖腹产率显著升高，凡是经剖腹产出的胎儿在生长过程中或长大后，对各种困难的承受力与适应能力，免疫抗病力远远低于顺娩出的孩子。

第 10 节　妊娠中期孕妇易发生低血钙性手足搐搦症

一、孕妇易发生低血钙的原因

1. 胎儿发育的需要

（1）胚胎从孕 4 ~ 5 周颜面及左右下颌窦开始形成，鼻梁、原始鼻腔和口腔，上颚均开始发育，至孕 12 周时基本发育成形。

（2）孕第 6 周时，牙蕾、牙釉基细胞、牙本质细胞、牙骨质均开始发育分化，恒牙原基于孕 10 周开始发生。

（3）孕第 4 周末上下肢芽出现至第 8 周末手指和足趾形成；同时期胚胎的脊柱骨开始分化发育等均需要钙和磷及维生

素 D。随着孕周的进展，胎儿所有部位的骨组织发育加快，对钙、磷和维生素 D 的需要量明显增加。但孕妇的早孕反应常常不能摄入足量的钙、磷和维生素 D，只能由自身骨质的脱钙并释出磷来优先满足胎儿的需要。

2. 孕妇甲状旁腺的增生，分泌甲状旁腺激素（PTH）明显增多。使孕妇骨骼的骨盐溶解，释出钙和磷供胎儿的骨质发育生长。若妊娠中期时孕妇仍不注意补充足够的钙、磷和维生素 D 时，产生的后果如下。

（1）孕妇手足搐搦（即抽筋），有时面部肌肉也抽动。

（2）孕妇骨骼变软形成软骨病，骨骼畸形呈现 X 形腿或 O 形腿等。

（3）孕妇骨质变疏变脆，成为骨质疏松症甚或易骨折。既给自身造成痛苦，又影响胎儿的顺利健康发育成长，出生后体型不匀称或个子偏小偏矮，即所谓的先天发育不良。

3. 孕妇的膳食搭配不科学，营养素不全面。关于孕妇的膳食营养怎样才能做到全面、充分、符合孕妇的个体需要，前面相关章节叙述已较详细，认真复习参阅即可解决。

4. 孕妇的胃肠消化吸收功能紊乱，尤其是有慢性腹泻疾病者，更易引起各种营养素缺乏，钙丢失过多，最易发生低血钙。

5. 亚健康孕妇，尤以脾气虚型和肾气虚型者。前者对钙吸收不良，后者钙随尿排出多。

二、低血钙易引起的并发症

1. 促发或加重妊娠高血压、水肿和蛋白尿。其机制是低血钙可使小动脉血管的平滑肌痉挛收缩，使血管的阻力增加引起舒张压升高。

2. 其次是低血钙使小血管的通透性增加，致血中水分漏至组织间隙增多而发生水肿。

3. 或是血液的蛋白质漏出至肾小球原尿中，引起蛋白尿发生。或是加重原来的水肿和蛋白尿。

4. 低血钙还可促进孕妇已增生的甲状旁腺加重，使骨质溶解加快，引起骨质软化和疏松加重。

第11节　妊娠中期孕妇的免疫系统功能仍呈低水平

1. 垂体的增生肥大，分泌促肾上腺皮质激素增多，可抑制免疫球蛋白和 γ－干扰素的合成；也抑制 γ－干扰素介导的吞噬细胞活性。

2. α－内啡肽的增加，可抑制抗原特异性T淋巴细胞辅助因子的产生。

3. 人绒毛膜促性腺激素（HCG）的持续增加，抑制了效应性T淋巴细胞和自然杀伤细胞的活性；抑制T淋巴细胞的增殖，以及抑制混合性淋巴细胞的反应能力。

4. 雌激素的增加，抑制细胞免疫和体液免疫。

以上各种因素都使孕妇抵抗各种致病微生物的功能低下，易受各种致病菌的侵袭。一旦感染上致病菌也容易波及腹中的胎儿造成损伤。

综上述，可见妊娠中期是孕妇又进入了一个更为复杂的多事且脆弱的阶段。进入妊娠中期更应密切关注孕妇的各种细微变化，并及时看医师处理，才能预防和减少各种并发症的发生，保证母胎二人的平安顺利。因此，此一时期更有必要加强对孕妇的监测和保护，切不可因为“忙”而怕麻烦、图省事。要知道，前面所说的孕妇一系列并发症是一点一点地逐日积累起来的，绝少有在几天之内而突然暴发。如果是所谓的“突然发作”，那就说明病情已经积累到了比较严重的阶段了；胎儿也有可能受到了某种损伤，出生后能否保证健康、聪明和漂亮，恐怕谁也心中无数了。

第 12 节　妊娠中期胎儿的发育特征

妊娠中期是胎儿各器官系统进一步发育生长，并逐渐形成各器官的微弱功能。胎儿各器官系统的发育特征如下。

1. 心脏：已发育成形，于妊娠 5 个月时，可在孕母腹壁上用听诊器听到胎儿心脏的跳动声，叫作胎心音。其特点是像钟表的“滴答”音律一样。正常的胎心率在 120 ~ 160 次 / 分钟。细心的孕妇自己或家人皆可用听诊器在孕妇腹壁的脐下听到和计数到胎心率。若胎心率每分钟少于 120 次，或超过 160 次，都表示不正常，有可能是胎儿缺氧或其他异常情况，都要及时看医师，以防不测意外情况的发生。

2. 四肢的发育：于妊娠 3 月末时，胎儿四肢发育已可有活动表现，并随孕龄的进展四肢活动能力在增加，至孕 4 ~ 5 月时活动能力明显增强，孕母也能明显感到这种胎动功能。细心的孕妇或家人若想了解自家未来的小宝宝活动能力如何，最简便的方法就是每日早晨、中午、晚上各卧床休息一刻钟后，开始计数胎动次数，每次计数一个小时的胎动数，把这三次的胎动次数相加再乘以 4，即为 12 小时的胎动总数，若等于或超过 30 次则表示你们的小宝宝活动能力正常。如果嫌麻烦，也可随时卧床稍事休息后计数一个小时的胎动，若等于或多于 4 次也为正常；若胎动少于每小时 3 次，则预示胎儿可能有缺氧或其他异常情况，应及时看医师，以查明确切原因并作出相应处理。

3. 大脑迅速增长期：此期胎儿脑细胞体积开始快速增大，神经纤维也快速增长，脑重量也在迅速增加。至孕 5 个月时，胎儿的感觉中枢中开始按区域快速分化发育，出现了主管听觉、味觉、视觉、触觉和嗅觉的中枢，此时期为了促进胎儿大脑的发育，应该及时对胎儿进行各种“教育”，也就是常说的“胎教”，也可以说是先天教育。其目的是为了促进胎儿大脑细胞的增殖；促进大脑组织各感觉区域的加速分化发育，并提高对各种刺激的敏感性和反应性。从而提高大脑的功能，出生后会更聪明灵活些。

第 13 节　怎样进行符合胎儿生理特点的胎教

一、必须是在孕母心情轻松愉快的精神状态下进行

因为此时孕母的神经－内分泌系统处于非常协调的兴奋状态；母体的内环境及子宫腔内环境都相应处在最舒适稳定的代谢状态，从而能兴奋起胎儿对母体愉悦的良性情绪做出积极而和谐的情感共鸣。这样胎教的效果才会好，也才能给胎儿以正能量，提高他的感知性能，长期不断地进行下去，就会产生痕迹记忆。这就会为开发孩子智力打下一个先天基础。

二、必须是在胎儿觉醒状态下进行

即感到有胎动时，而且是在白天里进行。夜间是绝不能进行的。只有遵循这样的规律，才有助于胎儿逐步建立起昼夜生物节律的基础。

三、胎教要做到定时、定内容

定时就是在白天，上午 9 点到 10 点钟，每次从 2 ~ 3 分钟开始，然后让宝宝休息 3 ~ 5 分钟。反复循环进行 3 ~ 5 次，上午的胎教就结束了，让宝宝好好休息；下午 3 ~ 4 点钟，再按上午的方式和内容同样进行 3 ~ 5 次。每个上、下午教完后孕母都要体会腹中胎儿的反应：如胎动有什么变化？胎心音有什么波动？是否符合正常标准范围？并记录下来，日

子久了这些记录就反映出了宝宝的发育变化，以及他的喜乐爱好等情绪；同时也为孕母积累了某些有关胎教的经验。如果每次胎教结束胎儿感觉良好，那么胎动和胎心音波动就不会太大，孕母自身也感觉舒服。如果胎儿不适应或不适感，那么孕母可能也会有某些不舒适感的。因为母胎二人之间是存在着一定的神经－内分泌系统相互影响性。对感觉良好的胎儿这样坚持3～5天后，可随孕周增加而每天上下午再各增加一次，以此类推。只要坚持下去就可在胎儿大脑细胞中建立起一个固定的兴奋点，这对促进大脑感知功能是非常好的良性开发。这种先天建立起来的兴奋点，出生后可能会在同样的教育下增殖得更快更优秀。

四、如何选择胎教内容和方式

1. 如果你们夫妻二人都爱好音乐，也都希望能培育一个音乐良材，那就选音乐胎教。胎儿一般只宜优雅、轻松、抒情的轻音乐，才能给予大脑功能还很柔弱的胎宝宝以良性兴奋。那种激越奔放、兴奋高亢的歌曲对胎宝宝的大脑是损伤性的劣性刺激，因为妊娠中期胎儿的内耳尚未发育完善，太强太刺耳的声音是会损伤其内耳的听觉构件，最终影响听觉的顺利发育。一般认为不超过50分贝的声音对胎儿不会造成不利影响。

2. 如果你们夫妻二人期望培养出一个文学家或诗人的话，那就是选择文学方面的胎教内容，坚持给胎宝宝朗诵一些简短好听、抒情景美、朗朗上口、令人回味无穷的经典诗歌或儿歌，将自身融进诗情画意中去，用抑扬顿挫的情调反复朗诵同一首诗或儿歌这也是给胎宝宝最美的良性刺激。每隔3～5天再换另一首新内容，新意境的诗歌或儿歌，让胎宝宝有新的兴奋情趣。值得提醒孕母的是，你在朗诵诗歌或儿歌时，不要像读念那样单调平淡，那是难激发起胎宝宝愉悦的神经内分泌兴奋，效果必然差。

3. 在胎教的休息间隙，孕母可以每天短暂地与胎儿对话，既能让胎儿熟悉你的声音，又可培养起良好的母子亲情，可收一举多得之功。

4. 如果你们期望培养出一个优秀的航天员、飞行员或是运动员，那就应在胎教时穿插一些散步、慢走，逐渐过渡到稍快点行走，或增加几秒钟的轻微跳动。目的在于培育胎宝宝对运动的适应力和小脑的平衡震动的感知能力。实际上，当你上班或干家务活和行走时也对胎宝宝是一种感知能力的训练。

5. 还可以经常用小手电的弱光照孕母腹部，刺激训练胎宝宝视觉感光细胞的发育。胎教的内容方式多种多样，但你一定要记住：妊娠中期胎儿从孕 4 月初的 8cm 长，体重不足 50g 快速发育生长到孕 27 周时，身长约 33cm，体重约 900g，仍是一个柔嫩而器官组织功能远未完善的脆弱宝贝，因此胎教只能循序渐进，务必安排好胎教的内容及刺激的量与时间。这主要靠孕母在胎教过程中细心体会胎宝宝的反应情况，主要是感受胎儿的活动有什么变化，听听胎心率的波动，只要都在正常范围，就证明你当时胎教的内容、量和时间安排是符合胎儿生理状况的，也为胎儿能较好接受。

6. 良好而符合胎儿生理的胎教一定要坚持下去，不要“三天打鱼，两天晒网”式断断续续地进行，那也是难收到好的效果的。

第 14 节　胎儿的内分泌系统发育特征

1. 妊娠中期，胎儿的下丘脑－垂体系统开始有了功能活动，此时，各靶腺（肾上腺、甲状腺、性腺）开始对下丘脑－垂体系统分泌的促激素发生应答反应。但是，中枢神经系和下丘脑的发育与功能均很微弱。胎儿的大脑也正在不断地发育增殖中。胎儿的腺垂体在孕12周及以后才分泌促甲状腺激素（TSH）；至孕14周时能产生生长激素，但对胎儿自身各组织器官的生长发育作用都很小。因为胎盘分泌的胎盘生乳激素可以透过胎盘进入胎儿体内，并且发挥类似生长激素对糖代谢和脂肪代谢的功能，替代了胎儿自身生长激素的不足。

2. 胎儿的下丘脑－垂体－甲状腺轴系统的发育与功能是自主性的，不依赖于母体的调控。胎儿的下丘脑－垂体控制系统在孕20周时开始随下丘脑的成熟而成熟起来；而垂体－甲状腺系统的功能在孕18～20周之前分泌很少，至孕22～26周时明显增加，甚至超过母体的水平，由于胎盘屏障的阻隔，胎儿的激素调节与母体之间互不影响。胎儿下丘脑－垂体－甲状腺轴调控系统的成熟对胎儿的顺利发育至关重要；对胎儿临产和产后适应正常的子宫外生活和生长也是非常必要而不可缺少。

3. 胎儿的肾上腺皮质的发育特点：至孕17周时可自主合成与分泌皮质类固醇，在孕20周以前不依赖下丘脑和垂体的控制，孕20周以后随着下丘脑－垂体系统功能的成熟，胎儿肾上腺皮质才处于下丘脑－垂体系统的调控之下，形成了下丘脑－垂体－肾上腺皮质轴系统。

4. 胎儿的甲状旁腺发育特点：胎儿的甲状旁腺于孕6周出现，至孕14周时开始分泌甲状旁腺激素（PTH），且生长明显加快。甲状旁腺激素对胎儿血钙水平的调节和胎儿骨骼的发育均有一定的作用。

5. 胎儿胰腺及胰岛发育特点：在孕13周时，胎儿胰腺中的胰岛已能分化出A细胞和B细胞，且B细胞已可合成胰岛素。至孕16周时B细胞分泌的胰岛素已具有一定的功能，但对血糖的反应性仍然不明显。母体血循环中的胰岛素不能透过胎盘进入胎儿体内。

第15节　如何了解孕母的变化和胎儿的发育是理想的

一、孕母自我感觉良好

包括食欲好，精神转佳，夜晚睡眠好；每周体重的增加在妊4个月时为250g左右，妊五六个月时每周体重各增加350g左右；在孕妇腹部测胎心音和胎动均在正常范围。

二、在孕母腹部测子宫底的高度

1. 妊娠4个月时，子宫底位于孕妇的肚脐与耻骨上缘连线的中点间。

2. 妊娠5个月时，子宫底随子宫的增大，达到接近孕妇肚脐下一横指（约1.5cm）许。

3. 妊娠6个月时，子宫继续增大，宫底可达到孕妇肚脐上一横指（约脐上1.5cm）许。

4. 妊娠7个月时，随子宫增大、宫底达到孕妇肚脐上三横指（约4cm左右）。

同时，从孕妇子宫腔内采少许羊水，查染色体上的DNA谱，以在早期判断胎儿有无遗传病。

第16节　如何保护胎儿健康顺利地发育生长

1. 平稳而良好的子宫内环境

（1）孕母生活，起居有规律，保证昼夜节律稳定，不要过度劳累，尤其是不要弯腰干重活，以避免挤压而影响了胎儿。

（2）孕母的饮食营养要全面、充足，符合母胎二人的代谢与发育月份的需要。

（3）始终让孕母保持愉快的情绪，既有利于孕母神经－内分泌－免疫网络系统的稳定；也有利于胎儿神经－内分泌－免疫网络系统的发育。

2. 防止各种有害因素侵入孕妇体内

（1）防各种致病微生物的侵入，包括呼吸道、消化道、泌尿生殖道的各种感染性炎症。

（2）防各种化学性有害物的损伤：①饮食方面不要摄入受各种化学因素污染的食物；②药物方面尽量不要服用毒副作用大的药品；③外环境中尽量少接触或不接触粉尘、沙尘、汽车尾气等，以及化学挥发物质如油漆、杀虫杀蚊剂、化学香剂、染发烫发剂，各种化学化妆品，美容品和口红等。

（3）仍需严格节制夫妻性生活。这对男方来说可能有些严厉；女方因度过了难熬的早孕反应，加上胎盘分泌雌激素的增加，精神明显变好了也有时想过性生活。但是妊娠中期正是胎儿各器官发育形成和开始建立功能的前期，尤其是胎儿五官的形成期。如何解决这一对矛盾？最无奈的办法就是每月限一次轻柔的性生活，其目的是为了尽可能地实现孕育出一个健康、聪明、漂亮的小宝贝来。望广大年轻夫妇慎重。

第九章　妊娠晚期（第 28 ~ 40 周）

第 1 节　妊娠晚期孕妇的内分泌系统变化特征

妊娠第 28 周开始，孕妇进入了妊娠晚期，一直到孕 40 周。这一阶段孕妇由于胎儿发育越大且逐渐完善，生理的各种负担均明显增加。因此其生理的变化更明显。家人应该充分了解和注意以及准备的内容也应更周全，以便迎接腹中胎儿平安顺利降临人间。

一、垂体的变化

1. 垂体前叶（腺垂体）：分泌促泌乳素随孕周的进展也相应明显增多，促使孕妇的乳腺腺泡的发育长大、乳头也逐渐增大，使之有乳房增大发胀和触痛感，为产后泌乳做准备。有专家检测妊晚期孕妇血中促泌乳素升高达妊早期后期的四倍，达 0.12 μ g/mL；临产期更增至 0.2 μ g/mL。尽管如此，临产前也不会排泌乳汁，除非用手挤压可溢出几滴淡黄色的初乳外。这是因为孕妇下丘脑分泌的促泌乳激素抑制因子（PIF）的控制而不泌乳，直到分泌结束后 PIF 才消除，泌乳随之开始。

2. 垂体后叶（神经垂体）：开始逐渐分泌催产素增加，为分娩做准备。临产前由于受催产素酶对催产素的降解，以及孕酮会降低子宫的敏感度，因而不会引发分娩机制，直至临产期催产素酶急剧减低，催产素明显增多，从而促发宫缩进行性地增强而引起分娩。

二、甲状腺的变化

甲状腺的增生与功[illegible]增加持续进展，至妊娠足月的基础代谢率（BMR）可增加15%～20%，但妊娠中期由于孕妇肝合成特异性甲状腺素结合球蛋白（TBG）成双倍增高，并与甲状腺激素T_4的结合能力达到饱和，致T_3（具活性的T_4）浓度被保持在正常水平，因而不会出现甲状腺功能亢进的征象，并一直维持到妊娠足月，与正常未孕妇女的T_4无显著差异。

三、肾上腺皮质的变化

肾上腺皮质也在继续增生，孕妇血清中的糖皮质类固醇亦相应进行性地上升，但增加的绝大部分与血浆蛋白相结合，因而孕妇不致出现柯兴氏症候群的表现。肾上腺皮质球状带分泌的醛固酮虽然较非妊娠增加近10倍，但所增加的绝大部分也与血浆蛋白相结合了，且胎盘分泌的孕酮也可对抗醛固酮，故而妊娠晚期不引起过多的水与钠盐的潴留。除非是胎儿的胎盘发育受不良因素的影响，使得胎盘分泌孕酮不足，抑制醛固酮的能力降低，从而导致妊娠晚期出现水和钠盐潴留的水肿征象。

四、乳房的变化

妊娠晚期孕妇的乳房由于受促泌乳素（PRL），胎盘生乳激素（HPL）、雌激素、孕激素、生长激素（GH）以及胰岛素（RI）的作用，使乳腺腺泡和乳腺管日渐增生，脂肪也相应沉积，促使乳房明显增大，孕妇有乳房发胀，触之有痛感；乳头也增大且周围乳晕色素增深；用手挤压乳头往往可有淡黄色初乳溢出。

第2节　妊娠晚期孕妇各器官系统的变化特征

一、心血管系统

心脏每分钟排血量增加更明显，至孕32周时达高峰。这对胎儿的发育生长是有利的。可使胎儿获得充分的不断增加的氧需求和对营养的需求。

二、血液系统

孕34周时孕妇的有效血容量逐渐增加40% ~ 45%，但是血浆量的增加超过红细胞容量的一倍，因而使血液相对被稀释。

三、呼吸系统

上呼吸道黏膜增生、充血、水肿，且局部抗感染功能降低。因此，孕妇应尽可能不去人多人杂且空气不新鲜的场所，尤其是有人咳嗽时，或雾大的天气更不要外出，以防引起呼吸道感染等疾患。

四、泌尿系统

易患泌尿系统感染如肾盂积水，肾盂肾炎等。其原因是孕酮的分泌持续增加，使输尿管增粗、增长；平滑肌松弛且蠕动也减弱；其次是因为胎儿的长大、增大的子宫呈右旋压迫右侧输尿管而尿流不畅；其三是孕妇的免疫功能降低；其四是泌尿系体外会阴局部充血淤血或水肿，有利于细菌的繁殖使感染扩散。症状多见尿频、尿不适或尿不尽感，甚或尿失禁等，即常见的尿道炎、膀胱炎、上行感染引起肾盂肾炎等。

五、消化系统

常见上腹饱胀感、胃灼热（烧心、反酸）、便秘。这些乃是由增大的子宫挤压胃抬高，加上贲门括约肌松弛，致胃内容物反流入食道，以及子宫压迫结肠引起的。

六、腰背痛

这种症状是因为妊娠中，晚期孕妇的骨、关节韧带等组织松弛，子宫和胎儿的增大致压力增加和重量增加，为保持身体的平衡，腹部前凸，腰弯也向前凸出，腰背肌肉被拉紧；加上甲状旁腺激素分泌增加，促使骨质脱钙以满足胎儿成骨的需求等综合因素引起。

七、处理措施

孕妇多汗、阴道分泌物增加，会阴部潮湿不适且有臭气，也易引起细菌滋生。如何处理最科学？

（1）多汗，可于每晚临睡前用温热水冲洗。

（2）外阴分泌物多且不舒适，最好有自己的专用盆，每晚睡前用开水烫一下后倒掉，重新放入温开水（40 ~ 50℃即可），再用开水烫过的专用毛巾蘸温开水洗外阴，最后再用事先准备好的黄蒲中药水（黄柏 15g，蒲公英 20g，加冷水 500mL，先浸泡 4 小时，再文火煮开 10 分钟，过滤备用）。每晚用 100mL 药液加入适量温开水，用上述毛巾蘸此药液轻擦洗外阴。既能杀灭外阴的各种致病微生物，又能增强外阴的抗菌能力，预防泌尿系统的感染，虽麻烦些但效果佳。

第 3 节　妊娠晚期胎儿各器官系统的发育特征

一、胎儿内分泌系统

1. 胎儿的下丘脑 – 垂体 – 甲状腺轴已建立，但功能尚弱。

2. 胎儿的下丘脑 – 垂体 – 肾上腺轴及功能已较完善成熟，对各种刺激能产生相适应的分泌。

3. 下丘脑 – 垂体 – 性腺轴也已建立起来，但无功能。

4. 其他各内分泌组织器官也在发育中。

二、其他各器官系统的发育特征

1. 心脏：已形成完整的四腔室结构，只有房间隔的卵圆孔及肺动脉与主动脉弓之间的动脉导管尚未闭合，这二处要到出生后 3 个月至半年左右时间才相继关闭。

2. 血循环系统：仍主要靠脐带中的 2 条脐动脉和一条脐静脉在胎盘的绒毛间隙中与母血间接沟通、交换各种营养物质和废物。胎儿体内流淌的是动静脉混合血。直到胎儿出生后，胎盘血与母血循环中断，新生儿建立了自身血循环。

3. 血液系统：妊娠晚期胎儿骨髓能产生 90% 的红细胞，出生后才承担起全部造血功能。

4. 呼吸系统

（1）结构已完善，在母体内已有呼吸功能，只是吸进与呼出的皆是羊水。

（2）妊娠足月时，绝大部分胎儿的肺已发育成熟，偶有极少数胎儿由于各种不同原因的影响，致胎儿肺尚未完全成熟。所以有些医师当孕妇临产前予以注射一次糖皮质醇，以促进胎儿肺的成熟，及预防胎儿娩出后出现呼吸窘迫综合征。

5. 消化系统：结构及功能均已发育基本完善，肠道中有吞咽的羊水产生的胎粪，在有些情况下还能将胎粪排入羊水中。胎粪是无菌的。

6. 泌尿生殖系统：泌尿系统的结构已发育完全，能产生和排出尿液；男孩的睾丸已降入阴囊，也有很少数直到妊娠足月时才降入阴囊；极个别的因发育不良而形成隐睾症。

第 4 节　孕妇及家人应关心的重点问题

一、准确计算好预产期

月份是从末次月经（某月）的第一天算：月份减 3 或加 9。日期是加 7（农历则加 14）。

如你怀孕前最后一次月经第一天是 2013 年 5 月 21 日，那么预产期应该是：月份 5-3=2 月份（2014 年）；日期是 21+7=28 日，即预产期是 2014 年 2 月 28 日。有的人也可能提前或推后 1 ～ 2 周。

二、每周测体重

最好是晨起，排完二便后，只穿内衣裤、空腹（未进饮食和水），光脚测量。每周体重的增加在 350g 左右是理想的。说明孕妇的内分泌系统协调稳定；摄入的热量营养均衡；也表明胎儿的发育生长和羊水的变动均在稳定的增长范围。

三、每周自测腹围

方法是晨起排空二便后，站立位，用软量衣尺沿肚脐向周围水平方向量一圈，平均每周增加 0.8cm 而不超过 1cm。但孕 36 周以后，腹围的增长减缓到每周增 0.3cm。

四、自己测胎动次数

可以依个人的生活习惯及工作性质，仔细感受和体会胎儿的活动规律及次数，强弱等内容并记录下来。这既可以让自己了解胎宝宝的情况，也可以给医师提供非常有价值的参考，特别是从孕30周起直至临产一定要认真监测。正常胎动是≥4次/小时。若胎动≤3次/小时则为异常情况，要及时看医生，分析原因以便对症处理，绝不要掉以轻心！

五、关于胎心音的监测

当然最好最及时的是孕妇或其丈夫能掌握自测。这种监测方法也较简单，对于了解胎儿在宫腔内的状况是大有好处的方便措施。监测方法已在妊娠中期的相关章节中有详细的叙述，在此就不重复了。需要的是孕妇及家人对胎儿的关心重视，认真而耐心的监测。对妊娠晚期的胎心音听诊部位则是有必要介绍清楚。一是让孕妇及家人了解腹位哪个部位易听到；二是也可依据胎心音最明显的部位来判断胎儿的体位：是头朝下还是臀部朝下？还是横卧于母体的宫腔内。

六、孕妇睡眠以何种卧位较好

妊娠晚期由于子宫体积的显著增大，重量明显增加，孕妇的睡眠姿势需经常变换。从解剖部位看，左下腹有乙状结肠，使子宫易往右侧倾斜，这样就易牵拉子宫动脉血管，从而影响胎盘和胎儿的血液供应，所以医生往往建议孕妇左侧卧姿以改善胎儿的供血。但这单一卧姿总让人无法坚持一整夜，何况这单一卧姿会增加腰背肌的张力与拉力，所以短暂交换以右侧卧姿，使孕妇的腰背肌会轻松些；同时也有利心脏博血。最好还是以孕妇自身感觉舒适为妥，不必过于强求。仰卧位是不好的，因为增大的子宫会压迫降主动脉和下腔静脉。一是使心脏向下部组织器官及胎儿输注动脉血的阻力增加；二是也不利于下肢等各组织器官的静脉血回流向心脏；三是仰卧位使孕妇的腹压增大，不利于膈肌的活动而影响肺的呼吸运动；四是宫腔内的羊水往两侧流也压缩了胎儿的活动空间，使胎儿活动受限。

第 5 节　妊娠晚期产前检测的重点内容

1. 确定和印证孕妇家人测得的胎心音和部位是否正确，以判定胎儿的胎位和胎先露入盆与否。

2. 孕妇产道的检测及预估胎儿头直径与产道是否相称？这一项一定要得到医生准确答复。

3. 胎盘功能的检测与评估：这一项对于预判胎儿宫腔内的状况是很重要的。常用的测定如下：

（1）孕妇的 24 小时尿雌三醇测定，或是随机尿雌激素 / 肌酐（E/C）比值测定：①孕妇的 24 小时尿雌三醇正常值为＞15mg；10 ～ 15mg 为警戒值；＜ 10mg 为危险值。②孕妇的随机尿 E/C ＞ 15 为正常值；10 ～ 15 为警戒值；＜ 10 为危险值。若是有条件的医院还可测定孕妇血清游离雌三醇水平：正常足月妊娠的临界值为 40mmol/L。若低于此值则提示胎盘功能低下。

（2）孕妇血清胎盘生乳素（HPL）检测：妊娠足月时此 HPL 值为（4 ～ 11）mg/L。若该值＜足月时的 4mg/L 或突然下降 50%，则提示胎盘功能低下。

（3）胎动次数＜ 30 次 /12 小时，提示胎儿缺氧。

这三项的检测数据一定要得到医生的确切答复，绝不能是什么“大概”或“可能”等含糊的语句。不然受损的是胎儿及孕妇全家人，一定不能马虎而过！

4. 胎儿成熟度的监测：可靠的是抽羊水监测。可以了解：①胎儿肺是否成熟；②胎儿肾是否成熟；③胎儿肝是否成熟；④胎儿的皮肤是否成熟；⑤胎儿的唾液腺是否成熟。

以上所讲述的一系列检测项目，都是妊娠晚期必须高度认真检测的，更是产前监测的重中之重。既关系到对孕妇的负责；也是对胎儿发育的准确了解；更与孕妇能否平安顺利分娩有一个客观科学的预估，以便及早制订分娩的各种准备工作，最终实现母子平安，皆大欢喜！

5. 妊娠各期应做孕期检查的次数

（1）应从确诊女方已怀孕后开始，如无异常情况者，早孕反应期也应及时与医师交流咨询。

（2）若一切平稳，则从孕 18 ~ 20 周时检查一次。

（3）孕 28 周以前可以每 4 周检查一次。

（4）孕 28 周以后则应每 2 周检查一次。

（5）孕 36 周以后则应每周检查一次。尤其是从孕 36 周以后上述相关的四大项、十小项应及时全面查清楚。若有某种异常情况则应随时监测，以便及时有针对性地供医师制订最佳处理方案的参考，以保证胎儿平安顺利进入临产前。

第 6 节　胎教仍应继续坚持

一、妊娠晚期是胎儿脑细胞迅速增长的第二阶段

1. 胎儿大脑发育的特征表现为脑实质细胞与支持细胞的迅速增殖，大脑感觉功能快速发展。

2. 脑实质细胞的树突分支增多且延长更突出。

3. 脑神经实质细胞之间的神经突触接合增多，因此，脑神经细胞产生的兴奋冲动传导更快更广。对于促进孩子的智力发育方面，脑神经细胞树突的增多比细胞数量的增多更为重要。

二、胎教要逐渐加强

1. 每次胎教时孕母的情绪要积极、愉快，有利胎儿敏锐

地感受到孕母对他（她）的关爱，这样一种正性（或良性）的神经内分泌感应。

2. 每次胎教的时间可增加到10分钟左右，然后休息5 ～ 10分钟再进行，可以每天上午、下午各进行3 ～ 4次。这样的胎教时间和次数是否恰当，应当由孕妇自己的兴趣和胎儿的感应即胎动情况，若再结合胎心音的变化情况那就更为科学了。也可为及时调整胎教时间做参考。

3. 胎教的内容可以每周变换一下，每次内容要简短，好听而朗朗上口。孕母或播放的内容富有情调，就容易使胎儿兴奋起来产生共鸣或共振。音乐胎教也是一样，曲调宜选用优美、简短、轻松、抒情的，播放一遍，再重复一遍又一遍，每次都持续5 ～ 10分钟，休息5 ～ 10分钟，反复重播。这样的不断重复强化，胎儿的大脑细胞就会兴奋起来，久而久之，大脑中就会产生兴奋点或兴奋痕迹。出生后，当宝宝每听到这种类似的音乐或诗歌，说不定就能引发他在胎内形成的良性脑电反应。如果持续不懈地坚持，就能促进宝宝大脑的快速发育。

三、为什么胎教的内容要反复多遍地重复呢

1. 因为妊娠晚期胎儿的各器官系统已发育完善，大脑细胞总量已与成人相同，但大脑功能和兴奋性还明显弱，只有反复重复良性刺激才能在其大脑细胞上产生兴奋点或痕迹反应。如果中断了教育的良性刺激。就会使妊娠中期产生的兴奋痕迹逐渐弱化，甚至消失，那就前功尽弃了，怎么打好先天的智力基础呢?

2. 妊娠36周的胎儿已发育成身长约45cm，体重约2500g，听力已充分发育齐全。反复强化的胎教，就能使听觉系统的神经纤维不断向大脑听觉中枢发送冲动，引起大脑细胞相应的兴奋，大脑的功能就会得到充分的开发与发展。只要坚持不懈的胎教，出生后就是具有先天聪明基础的宝贝。

第7节　妊娠晚期更要严禁性生活

正是由于妊娠晚期孕母内分泌的新变化特点，以及她的各器官系统负荷的显著加重，导致应对外界刺激的能力及抗感染力进一步减低；加上胎儿发育趋于完善和成熟，更加重了对孕母的负担。因此，妊娠晚期性生活对孕妇及胎儿是绝对不利的，且各种危险性也明显增加，故必须严格禁止。

一、妊娠晚期性生活对孕妇的危害

1. 打乱了孕妇大脑皮质和下丘脑的功能

（1）使孕妇的神经内分泌系统发生应激性变化，激素分泌紊乱，提前刺激脑垂体后叶分泌催产素，同时又抑制催产素酶的释放，容易引起子宫肌肉的不规律收缩，诱发胎儿早产或死产。

（2）男方的性刺激易使孕妇的情绪变得极不稳定且纠结，对胎儿也会感知到负面影响。

（3）孕妇的平卧位本已使胎儿在宫腔内活动受限，再在孕妇腹部加上重压，危险性更增加。

2. 加重孕妇心脏及血循环系统的负荷及阻力，同时会影响胎儿的血液供应。

3. 加重孕妇呼吸困难的程度，导致孕妇血液中的含氧量降低，而二氧化碳含量因排出不畅而升高，这对孕妇和胎儿均造成不利影响。

4. 易引起孕妇的泌尿系统感染及尿失禁的加重，也易使胎儿头部入盆受阻或胎位不正发生。

5. 整个孕期孕妇的免疫系统功能是降低的，因此性生活容易引起孕妇的生殖道感染，或阴道分泌物增多，从而有利于细菌的繁殖；精液中的高浓度前列腺素可促发子宫的肌肉收缩，甚或引起早产，子宫早破水的危险；如果孕妇的免疫系统功能严重降低者，生殖道的感染就有可能逆行扩散入宫腔，那问题就复杂了！

上述这些各种孕期合并症，临床上就经常见到。受害者是孕妇和胎儿！

二、妊娠晚期性生活对胎儿的伤害

1. 严重扰乱了胎儿刚建立的稳定的内分泌系统功能，使各轴腺的负荷加重甚或不稳定。

2. 干扰了胎儿大脑的继续发育与完善。劣性刺激也易使胎儿情绪产生波动。

3. 由于宫腔内压力骤增，使胎儿活动明显受限，引起胎儿活动加剧，心脏搏动明显加快！

总之，妊娠晚期的性生活不论是对孕妇，还是对胎儿，都是有百害而无一利的坏事！

第 8 节　认真落实围生期的各项要求

一、什么叫“围生期”

我国从 1981 年在上海围生期学术会议上决定：从孕 28 周起直到产后一周的这一段时期定为围生期。

二、围生期管理的目的

保护孕妇与胎儿的健康。也就是在孕产期系统保健的基础上充实了对胎儿的健康顺利发育生长进行监护和预测。

三、围生期管理的重点包括哪些内容

1. 落实好产前检测的各项指标。

2. 预防发生早产和过期产；及时处理胎位不正，防止各种难产的发生。

3. 尽早及时发现和治疗各种妊娠并发症。

4. 防止孕期滥用药物，尤其是化学合成性药。

5. 认真落实新法接生的要求：主要是针对医护人员的。一是仔细观察临产妇产程的进展情况，为防医患纠纷的出现，最好详细记录产妇的各种反应与产程进展的程度和时间；二是要认真做好对各种器械及必需用品的严密消毒杀菌；三是认真做好胎儿娩出后的脐带处理，严防脐带感染的发生；四是各种药物的应用。

6. 认真细心管理与护理好新生儿

（1）正常顺产的新生儿最好与产妇同室居住。

（2）积极耐心地宣传母乳喂养的优点，并给予具体的方法指导或示范，直到产妇掌握。

（3）孕晚期要教孕妇学会正确护理新生儿的具体方法，并懂得相关的医学常识。

四、围生期后期孕妇内分泌系统的变化

1. 孕妇体内雌激素（E_2）分泌明显增加；而孕酮（P）水平减低，E_2/P 的比值升高，使子宫底部肌肉出现收缩优势，并逐渐增强。

2. 孕妇的垂体后叶分泌催产素逐渐增多，使子宫收缩的强度与频率进行性增强，推动分泌活动的进展，直到胎儿娩出后才逐渐停止分泌。

3. 妊娠晚期孕妇的子宫蜕膜等组织合成并释放前列腺素系列物质，其浓度明显增加 10 倍以上。这类物质可使足月子宫肌肉产生有规律的和节律性的收缩，推动分娩活动的进展。

4. 妊娠晚期孕妇动脉的内皮细胞产生一种叫内皮素的激

素，有强力的正性肌力作用，是很强的平滑肌收缩物质。它能与子宫肌肉细胞上的内皮素受体结合，促进细胞外的钙离子流入细胞内；同时也促进子宫蜕膜合成前列腺素明显增加。上述所有激素与缩宫素一起引起分娩。

◎ 出生后篇 ◎

第十章　新生儿期（娩出后至第28天）

第1节　新生儿一般身体指标及各器官变化特征

一、正常儿一般身体指标

1. 体重：凡是正常足月分娩出的新生儿。

（1）男婴平均体重为3 ~ 3.7kg。

（2）女婴平均体重为2.8 ~ 3.6kg。

由于受孕母身体状况及家庭环境的各种因素影响，刚娩出的新生儿体重可能波动在2.5 ~ 3.9kg的范围。至满月时体重可增重1kg左右。

2. 身长：一般刚娩出时，从新生儿的头顶沿脊柱向下至下肢足跟底的总长为50cm。但受种族、遗传与孕母各种因素的影响，新生儿的身长可波动在47 ~ 53cm的范围，往往男婴比女婴的身长略高。至满月时，身长会增加4 ~ 5cm。

3. 头围：是反映新生儿颅骨生长和大脑发育的重要指标。测量方法是从两眉弓上缘起围绕两耳的上缘，往后至枕骨结节一周的长度。

（1）足月正常生男婴约为34.4cm；女婴约为34 cm。但往往易受其父母头颅大小的影响，新生儿刚出生时的头围一般多在33 ~ 34cm。

（2）若出生时头围小于33cm以下往往提示儿脑发育延迟，若头围在刚出生时超过35cm或以上，则要除外大脑积水或其他的原因。

4. 胸围：是反映新生儿在宫内时肺与胸廓发育的状况。由于受呼吸的影响，故要在测量时取吸气时的测量数据和呼气时测量的数据，二者相加的平均值为准。如果吸气值与呼气值相差大，也可间接反映新生儿的肺功能发育良好。胸围的测量方法是：自两侧乳头的下缘，绕胸廓往后至两肩胛骨的下缘一周的长度。

5. 呼吸次数：为 40 ~ 50 次 / 分钟，以腹式呼吸为主，节律不太整齐，时快时慢波动不定。但只要孩子平稳安静，皮肤粉红润滑，也无其他不适，说明孩子状态正常。

6. 心率：一般新生儿在安静时，心跳次数多在 140 次 / 分钟左右。

7. 体温

（1）正常体温为 36 ~ 37℃。肛表测得较准。

（2）新生儿体温波动的特点：①体温中枢尚不完全成熟，体温易受外界气温的影响。加之新生儿皮下脂肪较薄；体表面积相对较大而易于散热，所以体温多不稳定。尤其是冬季，室内温度最好应保持在 24 ~ 26℃。若室温过低易引起新生儿皮肤发生硬肿症，对此换尿布时应先将尿布稍加温才较妥；反之，若室温过高，又易引起宝宝皮肤蒸发不显性水分或出汗增加，以至出现脱水热。所以夏天应适当给宝宝喂水，并注意调控室温。②刚出生后宝宝常有一过性体温下降，但在室温较适当的环境下，经 8 ~ 12 小时可趋正常。

二、新生儿各器官的生理功能变化特征

由于新生儿是从母体宫腔内浸泡在一个密闭恒定的羊水环境中，突然来到充满空气等的复杂外环境。其在宫腔内的器官功能就要发生很大的生理适应性改变，以与这个复杂的外界环境尽快协调起来。宝宝就在这种适应调整的过程中，产生了一些值得重视的现象。

1. 呼吸运动和换气功能：第一声哭泣起建立。

（1）哭泣使肺组织建立起了扩张与收缩交替的肺呼吸功能；从而也建立起了胸廓的运动。

（2）促使宝宝的心脏血循环改变：即心房间隔的卵圆孔瓣膜关闭，主动脉弓与肺动脉间的动脉导管闭锁，从而实现了动脉血与静脉血的循环分开，并由动脉末端回流入静脉内，不同于在宫腔内是动静脉混合血。

2. 泌尿系统功能建立：随着娩出后第一泡尿的排出，促使肾产生尿液的功能加强并逐渐完善，宝宝排尿的次数可达每日 10 次或更多。

3. 消化系统功能：随着第一口母初乳的吸吮入胃，宝宝消化道的各种消化酶功能被激活。

（1）胃肠道的各种消化酶发挥不同的功能：①消化蛋白质的酶活性较好。②消化吸收单糖（葡萄糖、果糖、半乳糖）、双糖（乳糖、蔗糖、麦芽糖）的酶发育较成熟，功能好；消化多糖的酶（如淀粉酶）活性低，因而宝宝消化淀粉类食物的能力很差（如米粉、麦面糊等）。因此，无母乳儿可用牛羊乳喂。③消化吸收母乳中脂肪的酶活性也较好，因此宝宝可较好吸收母乳中的脂肪。④出生后半小时左右，可让宝宝吸吮母亲的初乳。一是可给宝宝补充能量，防止宝宝发生低血糖的各种不良情况出现；二是可以刺激母乳的分泌；三是可以建立与促进母子之间的亲密依恋感情。

（2）排出胎便：随着宝宝吸入第一口母乳起，促使宝宝全部胃肠道的蠕动功能被激活，一般在出生后 12 小时左右会排出胎便：色显深绿色或墨绿色，或稍黑的黏糊状较稠。胎便是胎儿期吞入的羊水、胎毛、胎脂以及肠道的分泌物，加之被破坏的红细胞产生的胆红素氧化生成的胆绿素等形成的。胎便一般 3 ~ 4 天可排尽。

（3）喂哺母乳后，宝宝的大便逐渐转变，呈金黄色糊状，每日 2 ~ 4 次，也有 5 ~ 6 次的；而吃配方乳粉或牛奶的宝宝，其大便呈淡黄色或土灰色，且多为成形便，甚至有时会出现便秘现象，以致宝宝排大便时会屏气用力往下努，挣得面色泛红，容易引发疝气，应小心预防。

（4）刚出生的宝宝肠道是无细菌的，48 小时以后肠道可有双歧杆菌生长，加之母乳喂养，排出的粪便呈酸性，也有利于双歧杆菌的生长繁殖，而激活了宝宝肠道免疫系统功能，并形成一道生物学屏障，保护宝宝肠道的消化吸收功能。另外，由于宝宝排出的粪便呈酸性，对其肛门周围的皮肤有一定的刺激性，因此，每次大便完后最好用温水（45℃左右）和柔软的毛巾清洗肛门及皮肤，然后用干软毛巾擦干。目的是为了保护宝宝肛周柔嫩的皮肤不受损伤，并有效防止细菌感染，千万别用纸巾擦拭！

4. 血液系统的变化特征

（1）胎儿出生后，由于肺呼吸功能的建立，使动脉血中的氧饱和度及携氧量均明显增加，原先胎血中过多的红细胞与血红蛋白破坏增多。从出生后 1 周左右逐渐降低过多的红细胞与血红蛋白量，至生后 2 个月左右宝宝的血红蛋白降至 100 ~ 110g/L 才稳定不降。

（2）随着哺乳和有时喂水，使宝宝的血容量增加，往往会使得红细胞在血液内的浓度被稀释。

上述两方面正常的生理性变化，会引起一过性短时期的生理性贫血状态，对宝宝无损害。

5. 造血系统：新生儿的造血功能完全由骨髓承担。加之宝宝肾分泌红细胞生成素的逐渐增多，刺激骨髓造血细胞增生活跃，红细胞和血红蛋白在血液中的量稳步回升，使宝宝的生理性贫血状态逐渐好转，不治而自愈。

6. 神经系统的特征

（1）突出的特点是睡眠多，除了吸吮母乳可短暂醒来外，吃完就睡，一天睡眠在20小时或以上；而且睡眠无规律。这主要是新生儿的大脑皮质的兴奋性低，且易于疲劳；加之刚从温暖舒适恒定安静的宫腔中脱胎而出，对外环境中的各种刺激因素无适应能力，只能依靠睡眠来调养，使身体逐渐生长以适应环境。

（2）大脑皮质尚未建立起昼夜节律这一生理规律，因此，此时也是逐渐培养宝宝建立生物钟的起始时期，进而相继为全身各器官系统建立起符合生理规律的活动，有利于所有组织细胞的新陈代谢同步协调运行，促进生长发育。

（3）大脑神经细胞对血糖的需求量高于其他组织细胞的要求。因此在新生儿期喂乳间隔以2小时（白天）左右为宜，夜晚可间隔3 ~ 4小时喂一次。这样的安排有多种优点：①使宝宝始终维持一个稳定的正常血糖浓度，有利于其大脑神经细胞和全身组织细胞的新陈代谢顺利进行，不致出现低血糖而损害大脑神经细胞。②白天喂哺间隔短可使宝宝被动醒来，并有适当的活动。一是可使宝宝看到白天的光线，有助视觉的发育；二是促进全身分解代谢的运行和代谢废物的运出；三是保证宝宝始终有充分的营养物质补充，有利夜间合成代谢进行，促进宝宝的生长发育；四是夜间喂哺间隔长一些，有利于宝宝熟睡，从而有助昼夜生物节律的基础逐渐建立起来；五是有助宝宝的神经、内分泌、免疫系统的协调发育，有利于促进健康。

7. 新生儿免疫系统的特征

（1）特异性免疫系统功能：①体液免疫系统发育尚不完善：宝宝体内的免疫球蛋白G（IgG）含量较高，但这是胎儿期母血中的通过胎盘输入儿体内的，并非新生儿自己合成的。新生儿脐带血中的IgG可高于母体的浓度。IgG是新生儿抗御外环境中各种致病微生物的主要能力，所以一些有爱心有经验的助产医生在接产时，待胎儿娩出、胎盘也娩出后，将脐带中的血液挤压入新生儿体内以提高宝宝的抗病力，然后才结扎脐带并剪断、消毒包扎。而早产儿从母血内获得的IgG比足月产儿的IgG要低得多。这也是早产儿易发生各种感染性疾病的原因之一。足月新生儿体内的IgG会逐渐消耗，至出生后6个月左右即很少了，而其自身合成IgG的能力尚很弱，要到3岁左右才接近成人水平的50% ~ 60%。这就是为什么对新生儿和婴幼儿要积极预防各种感染性疾病的重要原因。免疫球蛋白A（IgA）：妊娠晚期的胎儿可开始合成极少量。新生儿期的血IgA主要来自于母乳。所以说母乳喂养，有利于保护新生儿和婴儿免受感染也发挥着一定的作用。②细胞免疫功能的特征：新生儿的T细胞功能已近完善，但由于从宫内到娩出从未接触各种抗原因子，T细胞的免疫活性未被激活，因而尚不具备一些有效应对相应致病性抗原的能力；辅助性T淋巴细胞在新生儿期尚不成熟，故此类细胞抗体的能力是很弱的。总的说来，新生儿的细胞免疫功能的发育是不成熟的。

（2）非特异性免疫系统功能的特征：总的特征是处于低水平、抗病能力较差。①单核吞噬细胞系统：如中性多核粒细胞和单核细胞，在刚娩出的新生儿是处于低水平状态，直到2 ~ 3周后才逐渐升到正常水平。②抗各种微生物的体液因子，如补体、溶菌酶、备解素及干扰素等均处于低水平状态，抗病能力均较弱。到出生半年后才渐升至正常。③皮肤、黏膜屏障功能也都较弱。④血－脑脊液屏障功能较低，尤其是在受到病毒感染时，病毒血症易侵入大脑神经系统。

第2节　新生儿特有的一过性生理变化特征

一、生理性黄疸

大多在出生后2 ~ 3天可以出现于面颊部、颈部呈淡黄色，4 ~ 5天内渐加深。重者在躯干、四肢皮肤也呈现黄色，尿也呈黄色，宝宝无不适反应，持续 7 ～ 10 天左右而消退；早产儿多在出生后 3 ～ 5 天出现，5 ～ 7 天内色加深，消退也慢，往往持续 2 周时间左右。50% ～ 80% 的足月出生宝宝，100% 的早产儿均可以出现这种黄疸。

二、生理性体重下降

在出生后 2 天即可发生，体重一般降低的量约为出生时的 10% 以内。于开始哺乳后 7 ～ 10 天即逐渐恢复，随着哺乳的增加，体重也相应增加，大约每日可增加体重 30g 或以上。

三、乳房肿大或挤出乳滴

男、女婴皆可出现，一般 3 ～ 5 天可逐渐消退。家人不必惊慌，更不要揉压或热敷。否则会引起宝宝的乳房水肿甚至导致乳房感染的发生，反而伤害宝宝。这一生理现象的出现与胎儿期的胎盘生乳激素水平高，加之妊娠晚期孕母垂体分泌催乳素增多，经胎盘进入儿体内，从而引起宝宝乳腺增生。出生后压捏可有很少的淡黄色乳滴溢出。

四、多汗

这是因为宝宝的皮肤薄嫩，皮下血管丰富，生后的活动量明显增多，代谢旺盛；肾上腺功能活跃，儿茶酚胺类分泌多，交感神经的兴奋性增强，促使汗腺分泌旺盛。尤其是当卧室内温度高，宝宝穿得较多或裹得较紧时更易出现。只要调整好室内温度和宝宝的穿着，同时及时补充适量的饮水就可改善此症。

五、女婴可出现“假月经”

出生后 4 ～ 5 天女孩的阴道口处可见到很少量的淡血色分泌物。这种征象往往在出生后 10 天左右即可消失。这是由于胎儿期胎盘分泌的雌激素和孕酮均高，宝宝的子宫内膜有所发育，出生后胎盘与儿体分离，这二种激素突然断绝，从而引起像成人那样的“撤退性出血”征象。不用多虑。只是当宝宝大小便换尿布时要防污染会阴。

六、皮肤色素斑

多见于在宝宝的骶尾部、腰部、臀部或腿部等处皮肤有青色的色素斑。即俗称的“胎记”。这与胎儿期孕母体内的促黑色素（MSH）浓度高，并通过胎盘进入儿体，或胎盘分泌的ACTH经降解释出MSH有关。但宝宝无任何不适反应，不需疑虑，更不要用什么“祛斑霜”一类的化学美肤品，招致宝宝皮肤的化学性损伤。这种色素斑大多至孩子生长到4 ~ 6岁时即自行消除，也不会影响美观。

七、新生儿“马牙”和“螳螂嘴”

前者是在宝宝的齿龈部位出现少数黄白色的颗粒状物，形同长了“牙齿”一样而得名。这是由口腔内的黏膜上皮细胞堆积而成，或是黏液腺的分泌物堆积而产生，一般在3周内可自行消去。“螳螂嘴”乃是新生儿两颊部的脂肪组织隆起形成的两个脂肪垫，就像螳螂的嘴一般。这两个是宝宝吸吮母乳时，口腔颊部的肌肉组织为了紧密包裹住母亲的乳头，有助吸吮乳汁并不使乳汁漏出而发育形成。它与“马牙”均属新生儿期正常的生理特征，以后会自行消退，千万不可用手或消毒棉球纱布擦拭，如果弄破了黏膜引起感染，那可又让宝宝受难了！

第3节　有的新生儿啼哭不止的原因和不利影响

一、新生儿啼哭不止的原因

作者依据新生儿生理的剧变及其生活环境的骤然变化，

以及外界环境的各种因素的刺激，引起宝宝产生不适感，只能以哭闹来向人们表达。经分析有下面几方面原因。

1. 新生儿的大脑细胞和神经内分泌系统尚未建立起昼夜生物节律；加之娩出后宝宝内分泌激素的大调整变化也要建立协调的规律，必定会产生一系列短暂的不适应感觉和反应。就如同成人出远门旅游或出国旅游往往会有“水土不服”“倒时差”的难受反应相似吧。

2. 胎儿娩出后，乳母体内的激素随内分泌系统的大调整，而发生相应的变化，影响了乳汁分泌的质和量也不断变动，母初乳排泌很少远远不够宝宝的需求，其次宝宝感觉口味比在子宫内羊水味不同而拒吸；不吸乳但又饥饿难受，只好以哭示之。

3. 乳母无经验，哺乳无一定的时间与间隔规律，不论白天黑夜，宝宝一动就用乳头塞进他口中，打乱了宝宝大脑的生理规律，影响了她（他）的休息，只能以啼哭来表示他的不高兴。

4. 宝宝还未完全适应宫腔外的生活环境，包括温度和湿度，外界的各种气味、嘈杂声、穿着的不舒适，尤其是化纤类衣物的刺激；尿布或尿不湿中化学成分等都易对宝宝柔嫩又很敏感的皮肤产生刺激，引起难受而啼哭。

二、易引起宝宝体内酸碱度（pH）紊乱

宝宝啼哭若超过 10 分钟时，由于他的呼吸浅而快（安静时 40 ~ 50 次 / 分钟），吸入的氧气有限，排出的二氧化碳会增多，哭时过度通气，会引发呼吸性碱中毒（简称“呼碱”）。轻度的“呼碱”往往使中枢神经系统和末梢神经系统兴奋性增强，因而啼哭难以停止，出现头晕，四肢及口唇周围皮肤发麻，感觉异常，更增加宝宝的难受感而持续啼哭，哭的时间越长，二氧化碳呼出得更多，呼吸性碱中毒越重，往往引起胸闷不适、胸痛、心跳明显加快，甚至发生肌肉痉挛、手足抽搐等症状。当宝宝啼哭超过半小时，还会引起他大脑的血流量减少，从而

有损脑细胞的发育生长。因此对这样哭闹不停的“夜哭郎”一定要查清楚引起的原因，对因处理是最有效的；若暂时搞不清原因，可以用一个圆锥形的纸袋，大小刚好能罩住宝宝的口和鼻子上，使宝宝能反复吸入他呼出的二氧化碳，有助于减轻呼碱的程度，保护宝宝的大脑少受影响。必要时可请医生协助处理。

第 4 节　防止新生儿发生各种感染症

1. 每天要按时检查宝宝的脐带残端是否清洁、干燥，若有分泌物，应及时消毒清理，然后用无菌敷料盖好包好。做这些操作时，一定要先让操作的人清洗消毒双手，所用的器械用具等均要经过严格消毒才能用于操作，切莫大意！

2. 不让有呼吸系统感染的人和发烧的外人进入宝宝的卧室，严防带进病菌而传染给宝宝！

3. 更换尿布时动作要熟练轻柔。若有排泄的大便，要及时用温水（40℃左右）或温开水清洗宝宝的会阴和肛门及周围皮肤，清洗完后，再用清洁干燥柔软的毛巾沾干皮肤，不要图省事而快速毛糙地擦拭，这样易损伤宝宝薄嫩的皮肤，那就又让宝宝摊上麻烦和痛苦了。最后才换上预先准备好的加温干尿布。这些操作确实是值得儿母及家人高度重视并想到的大事，不能掉以轻心！还需要提醒的就是换尿布时，注意不要让尿布盖住了尚未干燥脱落的脐带残端上，以防尿液污染，引起脐带残端感染。

第 5 节　新生儿的喂哺

这个问题对体质好的父母生下的宝宝来说乳源不成问题，但母乳的乳质上是有科学内涵的，所以还是有一些内容需要了解；对于亚健康的父母生下的宝宝来说，对他的喂哺又有不同的内容；而对于早产儿或低体重儿，且又母乳不足甚至无乳的，喂哺的问题就更复杂一些。所以很有必要将新生儿的喂哺讲清楚。

一、足月产新生儿母乳充足者的喂哺

母乳自然是唯一的最佳营养品，应当尽可能以母乳喂养。从出生当天直到生后半岁的婴儿都应保证母乳的哺喂。这既包含营养的供给，还包含着培育母子亲情的过程。

从第一口乳开始

新生儿娩出后 1 小时内就可以也应当给以喂哺母乳，因为胎儿经过几小时娩出的艰难历程，体内能量几乎耗尽，此时来到人间已是饥肠辘辘，母亲应该尽快给宝宝补充能量——哺乳，这也有助于防止宝宝发生低血糖反应。母乳随着产后时间的进展，不同时期的质和量也有区别。

1. 初乳：指的是产后 5 日以内乳母分泌的乳汁，每天只能排泌 10 ~ 40mL，蛋白质含量较高，其次是脂肪和乳糖，产生的热量只有 10 ~ 30kcal。这样的热量远远满足不了宝宝的需求。

（1）新生儿第一周每日总能量的需求约为 60kcal/kg，一个 3.5kg 的宝宝每日需供给的能量应为 210kcal。所以母亲的初乳远不够儿充饥，大多数的宝宝还需加用一些配方奶粉按标准规定量冲温开水喂养。不要用鲜牛奶加水冲淡后喂哺。因为配方奶粉是把牛奶或羊奶中过高的酪蛋白及矿物质等去除了，改变得接近母乳，因而可以喂宝宝。鲜牛奶中过高的酪蛋白是极难消化分解的，而且还容易引起过敏反应。所以冲淡的鲜牛奶给宝宝喂食后，往往易引起溢乳、便秘或过敏性腹泻等不良反应。也不要给宝宝喂糖水，因为糖水除了能产生一点热量外，没有其他的营养成分，因此不利于宝宝的发育；其次，宝宝喝了糖水后，往往就不好好吸吮母乳了。这就容易引起乳母因宝宝不好好吸吮乳汁，又着急又心痛，这样的负性情绪容易引起内分泌紊乱加重，使垂体分泌的促泌乳激素（PRL）降低，以致乳汁分泌减少，甚至发生“回乳”现象，麻烦可就大了！最终受苦的还是小宝贝，全家人也只能干着急！

（2）母亲的初乳量虽然少，但质量最好。含各种宝宝必需的氨基酸最全面，各种必需的脂肪酸、牛磺酸、磷脂等类脂成分充足；还含有各种必需的维生素和微量元素，以及较全面的矿物质。还有可促进宝宝平安生长，增强抗感染能力的免疫球蛋白（Ig）G、A、M和分泌型IgA、抗体等；母乳中的初乳小球，一种充满脂肪颗粒的巨噬细胞和其他具免疫活性的细胞，皆可增强宝宝的抗病力。这些Ig和初乳小球是母乳所独有的，牛羊乳中皆无此类物质。

2. 过渡乳：产后6 ~ 10天的母乳。

（1）乳母每日分泌出的过渡乳量明显增加，已能满足宝宝每日营养的需要，母乳中的α－乳白蛋白是主要的蛋白质成分，约占60%以上；母乳中的乳铁蛋白含量高达20%。它们除供给宝宝各种充足的必需氨基酸外，还能促进胃肠道功能和肠道免疫系统的正常发育，有助于肠道有益菌的生长，阻止和抵抗致病菌的侵入，构筑起宝宝的第一道黏膜屏障。

（2）母乳中含有18种氨基酸，其中牛磺酸含量是牛乳的10 ~ 30倍，初乳中更丰富。它能明显促进宝宝脑神经细胞和树突的分化增殖，加速细胞间网络的形成和延长脑细胞存活期，促进宝宝中枢神经系统的发育，也有利于视觉感光细胞的发育，提高视功能，保护视网膜。

（3）母乳中的脂肪供应能量约50%，含丰富的各种脂肪酸供宝宝发育生长所必需，还有一定量的DHA（二十二碳六烯酸）和胆固醇，对脑细胞的形成及脑细胞树突的延伸、生长，以及中枢神经系统的髓鞘磷酯化均有助神经冲动的传导。

（4）母乳中的乳糖含量约为7%，可促进肠道的双歧杆菌和乳酸杆菌的生长，有助宝宝肠道黏膜防御屏障的建立，保护他健康发育，低聚糖为母乳所特有，它易于消化，可延长供热量时间，增加机体的耐力；促进营养的吸收，特别是有利于对钙、铁、锌的吸收，对宝宝骨骼的发育，血红蛋白的合成，身体免疫系统功能的增强以及大脑细胞的发育生长都有益。

（5）母乳中的促泌乳素是具有免疫调节作用的活性物质，可以促进新生儿免疫系统功能成熟，凡是乳母身体健康，性格平和开朗，则其内分泌功能就稳定协调，促泌乳素的分泌就能延长，乳腺产乳泌乳就旺盛，有的宝宝每次吸乳吸不完母亲乳房中的乳汁。对此，待宝宝吸饱后，乳母要将乳房中未吸尽的乳汁用吸奶瓶吸出，以防发生回乳。对于有的乳母孕期身体健康不佳，尤其是亚健康者，产后泌乳功能往往不充足，她们的宝宝每次吸乳可能难满足需要。因此，要额外补喂一部分新生儿配方奶粉配制的乳液，以保证宝宝的顺利发育生长。

3. 成熟乳：产后第11日起至9个月期间排泌的乳汁。每日的分泌总量一般为700 ~ 1000mL，所产热量的量为530 ~ 750kcal。吃成熟乳量足的宝宝，每周体重应增重250g左右，这就提示母乳量足够。若宝宝每周体重增重不足200g，往往说明母乳分泌的量不能充分满足宝宝的生长发育所需，这是一较客观的观测参考值。

4. 晚乳：是产后10个月以后排泌的乳汁。此期的母乳已明显减少，产出的热量和所含有的各种营养成分已远不能满足婴儿生长的需求了。这一时期乳母泌乳量的显著减少，主要是乳母的内分泌系统已逐渐恢复接近于孕前状态，泌乳素已接近停止分泌，使得乳腺的产乳泌乳能力已很低了。尽管乳母的饮食十分充足，仍是改变不了内分泌系统的恢复规律。这个时期的宝宝应该以粮、肉、蛋、配方奶粉或鲜奶、蔬菜、水果及自制的鲜果汁为主要食物了。母乳只不过是为了满足少数宝宝的心理依恋感。

5. 母乳中关于维生素和微量元素的含量是否能满足宝宝的生理需要，这与乳母的膳食种类密切相关，将在后面有关的章节中详细叙述。

二、母乳不足时新生儿的喂哺

（一）用母乳加配方奶粉乳液喂哺

1. 每次喂哺时先让宝宝吸吮母亲的乳汁，直到两乳房乳汁被吸尽。

2. 然后用配方奶粉已配制好的温度适中（40℃）的奶液继续喂哺，直到宝宝吸食满足为止。

3. 配方奶粉乳液的配制要由淡到浓；由少量到逐渐增加量，这样的变化要随宝宝的生长增加而作相应的增浓增量，不要随意配制。

（二）分析造成乳母乳汁分泌不足的原因

1. 乳母体质较差或是处于亚健康状态，尤其是脾肾气虚型的乳母，大多在孕期其胃肠消化吸收功能就不好；内分泌功能不协调稳定者。

2. 分娩时失血较多，致内分泌功能紊乱，特别是影响了垂体的供血，使促泌乳素分泌不足。

3. 情绪压抑、经常处于不愉快的生活环境，打乱了内分泌系统的促泌乳素分泌规律。

（三）积极对乳母乳汁分泌不足进行调治

1. 对体质较弱或是亚健康状态者，给予中医药辨证施治，在医、药理论精通、经验丰富的医师治疗下，效果较好，且选用之药无不良反应。

2. 给乳母创造温馨愉悦的生活环境，使其大脑皮质、下丘脑区的奖赏系统形成兴奋优势，对促进乳汁的生成与分泌，效果是肯定的。

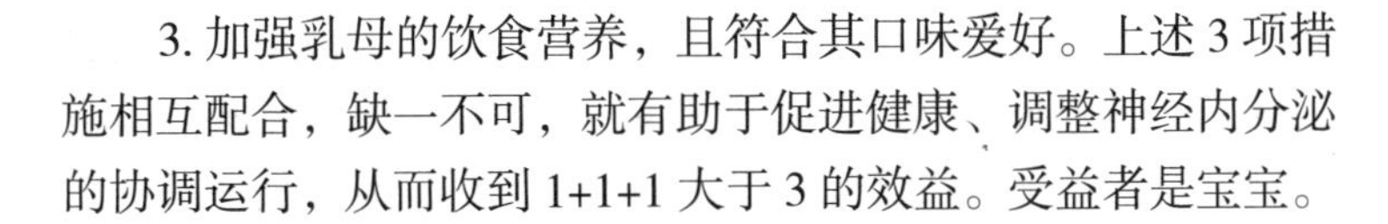

3. 加强乳母的饮食营养，且符合其口味爱好。上述 3 项措施相互配合，缺一不可，就有助于促进健康、调整神经内分泌的协调运行，从而收到 1+1+1 大于 3 的效益。受益者是宝宝。

三、给宝宝哺乳的科学方法

1. 喂哺前先用温水擦拭乳母的乳房和乳头，使之清洁无细菌，宝宝吸吮起母乳来就安全。一是因为宝宝的胃肠道是无菌的；二是宝宝的免疫系统功能还很不成熟，抗病菌感染的能力还很弱；三是宝宝胃肠道黏膜的免疫屏障体系尚未完善。如果吸入受细菌污染的乳汁，就易引起宝宝的消化道感染性腹泻腹痛或呕吐的发生，那就会让宝宝受罪了！全家人更添麻烦闹心了！所以每次哺乳前清洁乳母的乳房和乳头，是爱护宝宝的好措施，既有利宝宝的安全，又有助其消化道消化腺尽快发育完善成熟，发挥优良的消化吸收功能，促进宝宝顺利平安成长。

2. 刚产后一周内，产妇很疲乏虚弱，可侧卧哺乳宝宝，以后由乳母自行选择体位，或坐位斜抱宝宝，将整个乳头和部分乳晕喂入儿口中，使儿颊部裹好乳头，刺激口腔的吸吮反射兴奋，让乳汁随宝宝的吸吮动作顺利流进口腔并咽下，而不会吸入空气。喂哺时间依乳母乳汁和宝宝是否已饱为准，一般每次喂哺大约 10 分钟，随着宝宝逐日成长，每次吸乳的量会与日俱增，因而每次喂哺的时间会逐渐延长。

3. 一天喂哺几次，隔多长时间喂哺一次？这取决于宝宝胃肠系统的发育程度，以及消化腺分泌各种消化酶的功能水平。

（1）对于胃肠道发育好，消化腺分泌各种消化酶功能强的宝宝，一般 2 小时喂哺一次是适合的。一周后，随着宝宝消化吸收功能的增进，一次吸入的母乳量的增加，有些宝宝会自动延至 3 小时才会醒来张着嘴寻找母亲乳头以示“饿了，要吃奶了”。这时，宝宝每次都能吸吮 10 ~ 15 分钟。吸乳满足了，有的会自动用舌头顶出母乳头，这种情况下乳母应注意两乳房内的乳汁是否吸尽，若还有乳汁可挤出的话，则应用吸奶器将两个乳房内多余的乳汁吸出，以防乳房内乳汁贮存，通过负反馈机制刺激下丘脑的泌乳素抑制因子（PIF）分泌，从而抑制垂体分泌促泌乳素（PRL），最终抑制乳房的乳腺细胞分泌乳汁，而产生回乳现象，使乳汁分泌逐渐或突然减少，宝宝就会因吃不饱而哭闹。

（2）对胃肠道发育不太好，消化腺分泌消化酶功能差一些的宝宝，可能每次吸奶量不多，那么哺乳的间隔时间就会短一些，有的宝宝可能隔一个多小时就会醒来寻找母乳吃，且吸吮力的强度也较弱，吸上几分钟宝宝就感疲乏了，有的可能吸饱了；有的虽未吸饱，但想休息一下不再吸奶了。这时，乳母乳房内若还能挤出乳汁的话，就应用吸奶器吸出余乳并吸空乳房，以防“回奶”现象发生。为的是尽量保持母乳的泌乳期延长，只有母亲的乳汁才是宝宝最好最安全最简便最有营养的食物！

4. 宝宝每次吸饱母乳后，应将其抱起爬放在母肩上，用手轻拍几下儿背部，使其打几个嗝，排出吸入胃中的空气，这叫“拍嗝”。好处是可在很大程度上减少或防止宝宝睡下后溢乳。

5. 宝宝吸饱母乳、拍嗝完后，放下睡以右侧卧位较合乎生理规律。既有助于胃内乳汁顺利下排入小肠，防止溢乳的效果更佳，也可防乳汁反流误吸入气管而发生意外不测情况。

上述各项操作虽很简单，但都包含着一系列的生理知识。细心而认真地实行对宝宝好处大。

6. 对用配方奶粉配成乳液哺喂宝宝的次数与间隔时间同母乳哺育的。但用配方乳液哺育时，最好让宝宝斜卧于母亲双腿上，喂乳瓶要将奶嘴低置于儿嘴内，瓶底稍高的倾斜式，为的是防空气吸入宝宝胃内引发溢乳。喂饱后的给宝宝拍嗝和右侧卧位均同前述内容。

四、母乳喂哺的优点

1. 宝宝吸吮母亲乳头时可刺激兴奋乳母下丘脑分泌缩宫素（OT），垂体分泌促泌乳素（PRL），促使乳腺排泌乳汁，同时母亲垂体分泌催产素，可使乳腺收缩，将乳汁挤入乳腺管射出，顺利进入宝宝口腔并减轻吸吮力。

2. 宝宝皮肤紧贴母体，使他感受到母体的温暖舒适；并可听到他在母腹中时早已熟悉了的母亲的心跳声音和节律，使宝宝有一种亲切感、享受的满足感以及安全感。这些感受有益于宝宝大脑各感觉区细胞的良性发育。

3. 宝宝的吸吮动作刺激母亲垂体分泌催产素，下丘脑分泌缩宫素（OT），既可促进乳汁的产生和排泌；又可兴奋母体子宫的收缩恢复；同时也有助于母体内分泌系统的顺利调整恢复至孕前状态。

4. 母乳中的各种营养成分最适合宝宝发育的需要；各种免疫球蛋白与抗体可增加宝宝的免疫系统功能，增强抗病力。

第 6 节　如何保证母乳的质优和量足

只有保证母乳的质和量，才能保证新生儿和婴儿的健康发育生长有优良的物质基础。

一、乳汁的产生和量的保证因素

1. 乳汁是由乳母的下丘脑分泌的促泌乳素释放因子（PRF），与垂体分泌的促泌乳素（PRL），作用于乳腺，刺激乳腺腺泡发育并分泌乳汁；垂体分泌的催产素在宝宝吸吮时引起乳腺收缩射乳；催产素的另一作用是维持乳母的乳腺在整个哺乳期不发生萎缩。内分泌因素的稳定有助于保证母乳量。

2. 宝宝吸吮乳头可使乳母的下丘脑分泌缩宫素（OT），与催产素协同引起乳腺细胞收缩产生射乳动作将乳汁排入宝宝口腔。缩宫素的另外两个作用：一是促进垂体分泌促泌乳素（PRL）；二是具有对乳腺的营养功能，使乳腺不致萎缩。

3. 乳母的良性情绪——愉悦、温馨感觉有利于其大脑皮质、下丘脑、垂体及各内分泌靶腺器官活动协调，能兴奋乳汁的产生与分泌。反之，若乳母心情压抑、生气、家庭不和等负性情绪会引起大脑皮质、下丘脑、垂体及各内分泌靶腺器官的功能紊乱，使乳汁的产生与分泌明显减少。临床工作中经常可以遇到：乳母在经过一次较强的劣性刺激，如吵架、家庭矛盾后，乳汁突然减少甚至无乳汁排泌的症状出现。

4. 饮食最好能做到色、香、味俱佳，以刺激乳母食欲好，为乳汁产生提供充足的营养素。

二、母乳的质的保障——保证乳汁的优质

（一）乳母的饮食营养供应应全面和优质

这一点无论是对宝宝的营养供应——乳汁的质和量，还是促进乳母身体的顺利恢复，都是绝对重要的。只有乳母的饮食营养充分、全面、质优无任何污染，那么才能合成、分泌出质优量足的乳汁，保证宝宝的营养才最佳，生长发育才能最顺利、最优秀。

（二）乳母的饮食营养应包含哪些成分

1. 碳水化合物（粮食类食物）：供应的量应占每日总热量的 50% ~ 55%。

2. 丰富的优质蛋白质：主要是鸡、鸭、鱼（海鱼与河鱼）、肉（猪、牛、羊、驴肉等）、蛋类等动物性蛋白质。这些食物含人体所需的各种必需氨基酸较全面，是宝宝生长发育的必需营养成分。缺少任一种都会影响宝宝的健康与聪明和漂亮；同时也是乳母顺利恢复各器官组织及功能的必需营养，以供产

生优质乳汁。每日供应乳母的优质蛋白质的量应占总热量的15% ~ 20%。这样的摄入量才能保证宝宝能够每日从母乳中摄入足够的各种必需氨基酸。下述品种是母乳中应有的宝宝需要的必需氨基酸。

（1）赖氨酸：可促进宝宝大脑的发育；增加宝宝胃液和胃蛋白酶与胃酸的分泌，增进食欲；促进钙吸收，加速骨骼生长；促进宝宝生长发育。在鱼肉、牛奶、蛋类和豆制品中含量多。

（2）色氨酸：可参与大脑中神经介质的合成，有助神经传导；促进各种消化液的产生，帮助消化，增进食欲，保护胃黏膜。含色氨酸多的食物有糙米、鱼、肉、牛奶、香蕉等。

（3）苯丙氨酸：可参与蛋白质的合成，有助修复肾和膀胱组织的损伤，并促进功能恢复。在脱脂奶粉、花生、芝麻、杏仁中多。

（4）蛋氨酸：参与组成血红蛋白、血清和各种组织；促进脾脏、胰腺以及淋巴系统的功能；对苯、砷等毒物可解毒。若摄入不足则可引起食欲减退、生长迟缓、体重不增，肾肿大，肝中铁元素堆积，导致肝纤维化甚至肝坏死。含蛋氨酸多的食物有：肉类、鸡蛋、鱼类、大豆等豆类、大蒜、洋葱和酸奶等。

（5）苏氨酸：保护皮肤润滑有弹性，保护细胞膜，促进宝宝体内磷脂的合成和生长发育。在动物肝、瘦肉中含量较多。

（6）亮氨酸（又名白氨酸）：可治疗营养不良、小儿突发性高血糖症。含亮氨酸多的食物有：牛奶、肉类、鱼类、火鸡、花生、香蕉等。

（7）异亮氨酸：参与宝宝胸腺、脾等免疫器官功能的完善。有利于增强免疫抗病能力，在肌肉组织的蛋白质代谢中发挥重要作用；增进食欲、治疗贫血和神经功能障碍有促进作用。含量多的食物有：鸡蛋、动物肝、鱼类、奶制品、黑米、黄豆、杏仁等。

（8）缬氨酸：有维护乳腺、卵巢及黄体的功能，可促进组织创伤的愈合。与亮氨酸和异亮氨酸共属支链氨酸，常用于治疗肝昏迷、肝功能损害并发的高胰岛素血症。含缬氨酸多的食物有：肉类、牛奶、各种蛋类、花生、黑米等。

（9）组氨酸（是10岁以下儿童的必需氨基酸）：能促进铁剂的吸收，促进血红蛋白的合成，可用于治疗缺铁性贫血，改善肾病性贫血症；还可减轻早孕反应的呕吐和胃部烧灼感（降低胃酸分泌）。对10岁以下儿童的成长十分重要。含组氨酸多的食物有：香蕉、葡萄、禽畜肉类、牛奶及奶制品；绿色蔬菜中也有但量少。

上述9种氨基酸前8种是乳母必需的，全部9种都是宝宝每日要必需摄入的。为提高母乳的质优，因此在给乳母的饮食调剂方面就应考虑从上面所列举的食品中予以搭配，使宝宝能获得全面的必需氨基酸，促进其顺利健康生长。

3.脂类：包括脂肪和类脂。类脂又包含磷脂、鞘脂、糖脂、固醇及其酯。饮食中的脂类主要为供能或储能的脂肪；磷脂是细胞膜的组成成分，参与细胞的识别与信息的传递。胆固醇能转化成胆汁酸、类固醇激素和维生素D等，参与物质代谢的调节。

（1）脂肪中含有脂肪酸：动物脂肪中含有饱和脂肪酸；植物油脂肪中含单不饱和脂肪酸和多不饱和脂肪酸。人体自身不能合成多不饱和脂肪酸，只能由食物供给，是机体不可缺少的营养素，所以称之为必需脂肪酸。我国营养学会建议：饱和脂肪酸、单不饱和脂肪酸、多不饱和脂肪酸的搭配比例以1∶1∶1较符合生理需要。

（2）单不饱和脂肪酸是非必需脂肪酸：可由人体自身合成。在菜籽油、花生油、果仁油中也含量多。可降血脂，增加高密度脂蛋白胆固醇水平，有预防动脉硬化作用。

（3）多不饱和脂肪酸：其中富含DHA（二十二碳六烯酸），对大脑的发育生长是重要的，特别是对一岁以内处于大脑快速发育生长期的小宝宝更是重要，而且对宝宝视网膜光感细胞的成熟也有重要作用。海鱼海贝类脂肪中 DHA 的含量是植物油的数十倍。对此，乳母膳食的多样性有利于提高乳汁的品质，有助宝宝发育生长。

脂肪给乳母供能以占总热量的 30% 较合理。

4. 维生素和微量元素：这两类营养素组是否全面充足，也是关系母乳质量优良与否的重要因子。它们虽然量微，但发挥着很重要的生理生化代谢作用，与宝宝的健康发育、顺利成长、聪明素质的拓展，漂亮外表的形成无不关系密切。具体内容在第五章的相关内容有着较详细的叙述，可以详加参阅，在本章就不再重复了。

5. 矿物质（又名电解质）：此类物质在优质的母乳中也是很全面的。它们也是维护宝宝细胞内外环境恒定、体液 pH 的稳定的重要因素；是保证细胞进行正常代谢和生理功能的必需物质。新生儿宝宝每日都需从母乳中摄入的矿物质，最主要的有钠（Na^+）、钾（K^+）、氯（Cl^-）、钙（Ca^{2+}）、镁（Mg^{2+}）以及 HPO_4^{2-} 和 HCO_3^- 等。这些矿物质同样也是乳母自身代谢和维持正常生理功能所不可或缺的，一旦缺乏任何一种都会引起代谢失衡，间接影响宝宝生长发育。

6. 纤维素：在蔬菜和水果中含量多。

7. 水：同样是保证宝宝平安、顺利生长发育的重要因素。新生儿每千克体重每天需摄入水量为 120 ~ 160mL。一般在稳定的环境中，宝宝可从母乳中得到足够的水分，但在乳母出汗多或气温高，又不及时补充水分时，可能导致乳汁中水的缺乏，引起宝宝吸乳时摄入水分不足。因此，乳母也应自身补充足够的饮水量，以满足宝宝对水的摄入。

三、如何具体给乳母配制食谱

关于合适的个体化食谱配制方法，前面第五章的相关内容都有所叙述，可以参考对照，但为了方便乳母及家人选择不同的蔬菜和水果在量上如何掌握相同热量的重量，可参看下列内容。

1. 每份蔬菜各供热量80kcal（各含糖类15g，蛋白质5g）。

（1）甲类菜：含糖＜3%，每份0.5 ~ 0.75kg。①叶类：小白菜，油菜，菠菜，韭菜，圆白菜。②根茎类：芹菜，莴笋，冬笋，春笋。③瓜果类：冬瓜，西红柿，西葫芦。④其他：绿豆芽，茭白，菜花，鲜蘑菇等。

（2）乙类菜：含糖＞4%。①瓜豆类：倭瓜350g，柿子椒350g，鲜豇豆250g，扁豆250g，四季豆250g，鲜豌豆100g。②根茎类：胡萝卜200g，萝卜350g，蒜薹（苗）150g。③水浸海带350g。

2. 下述每份水果各供热量90kcal（各含糖类21g，蛋白质1g）。

橘子200g，苹果200g，葡萄200g，李子200g，杏200g，鲜荔枝200g，鸭梨250g，桃子250g，鲜枣100g，西瓜（连皮）750g。

此外，250g土豆或鲜山药可供热量180kcal，相当于50g粮食的供热量。它们各含糖类38g，蛋白质4g，脂肪1g；各含有不同的维生素和微量元素。鲜山药营养价值更好。

第7节　无母乳喂哺的新生儿应如何喂养

所谓无母乳喂哺包括两种情况：一是宝宝一出生，母亲就无乳汁排泌，二是母亲有乳汁，但因患不同的不能哺乳的疾病，只能改用别的食物喂哺宝宝。现代人们常用的喂哺食物如下。

一、鲜牛奶或配方牛奶粉

（一）鲜牛奶由稀到浓逐渐适应

1. 对刚出生至 2 周以内的宝宝只能用 2∶1 牛奶喂（即用 2 份牛奶加 1 份水稀释），待宝宝适应后再逐渐增加至 3∶1，再到 4∶1 的牛奶喂，到满月时宝宝就可用全牛奶喂哺了。由于牛奶中乳糖含量低于母乳的，因此其口味不如母乳，为此人们喜欢用加糖的方法来使宝宝爱吸。有的人主张在 100mL 牛奶中加 5 ~ 8g 的蔗糖，若再加上牛奶中原有乳糖 4.6g，那么糖的浓度就变成了 9.6% ~ 12.6% 了，远高于母乳糖的浓度 6.9%。宝宝喝惯了含糖量高的牛奶，日后往往爱吃甜食；其次是多食糖有时会影响某些营养元素的吸收。作者认为在每 100mL 牛奶中加入 2 ~ 3g 白糖，加上牛奶本身含糖分有 4 ~ 5g，总含糖量就达到了 6% ~ 8%. 这样的甜度较接近或稍高于母乳的含糖度。到宝宝半岁时，添加别的辅食也要更易接受些，使宝宝的口味适应性更易建立。

2. 宝宝从出生至满月时，体重可增至 4.5 ~ 5kg，热量需要量为 100kcal/kg，其总热量需要量就应为每日 450 ~ 500kcal。而纯牛奶 100mL 可供热量 80kcal，至宝宝满月时就应供应 650mL 纯牛奶了。若一日喂哺 6 ~ 8 次，则每次应喂牛奶 110 ~ 80mL。总热量就能满足了。

3. 水对于维持人体内环境的稳定和代谢的正常运行十分重要。用牛（羊）乳或配方奶粉喂养的新生儿需水量约为 150mL/（kg · d），减去每日摄入的纯牛（羊）奶 650mL，一般应额外补喂水 100mL 左右。

4. 鲜牛奶与母乳比较有哪些不良反应

（1）鲜牛奶易引起宝宝腹泻或便秘。这是因为牛奶中含酪蛋白明显高，是人乳的 7 倍左右。它是一种大分子的坚硬、细密且极难消化分解的凝乳，增加宝宝胃肠功能的负担与副反应。

（2）牛奶中矿物质的含量是人乳的3倍以上，对新生儿还不完全成熟的肾功能是高负荷的。

（3）牛奶中所含的 α-1S 酪蛋白和 β-乳球蛋白是易引发过敏反应的物质，如皮疹、湿疹、腹泻、腹痛等症。

（4）牛奶中乳铁蛋白的含量仅为人乳的1%～10%，对新生儿的营养价值和生物利用率是明显低的，因此，往往会影响宝宝的生长发育。

（5）牛奶中的不饱和脂肪酸明显低于人乳的。不饱和脂肪酸有助宝宝大脑和视网膜的发育。

（6）牛奶中缺乏上皮细胞生长因子（EPF）。这种因子对皮肤细胞和呼吸道、消化道黏膜细胞有促进生长和修复的作用，增强皮肤和黏膜的屏障功能，有助抗感染和抗损伤的功能。

（7）牛奶中的免疫活性因子均明显低于人乳的，所以喂牛奶宝宝的抗病力不如喂哺母乳的，而且这类宝宝免疫系统功能成熟也弱一些。

（二）配方牛奶粉的优点

针对鲜牛奶以上的不足，因此多数无母乳喂哺宝宝的人都采用配方奶粉，依据宝宝的生长配制奶液喂哺。配方牛奶粉比鲜牛奶的优点如下。

1. 去除了过多的酪蛋白，尤其是过敏因子，α-1S 酪蛋白和 β-乳球蛋白。因此宝宝摄入后易于消化吸收，也防止了各种过敏反应症。

2. 增添了乳铁蛋白含量使近似于母乳的量：加入了抗感染的免疫球蛋白及维生素 A 和 C 的含量，使宝宝的免疫系统功能得以提高。

3. 添加了一些鲜牛奶中不足的必需氨基酸、必需脂肪酸使之近似于母乳，因而更有助于宝宝的生长发育。也更有利于宝宝大脑的发育。

二、喂哺鲜羊奶或配方羊奶粉液

1. 刚开始给新生儿宝宝食用时，也必须先由稀到浓，2∶1奶液（2 份鲜羊奶加 1 份温开水），羊奶须经煮沸杀菌才能喂哺宝宝，以防病菌侵害。待宝宝习惯后再增至 3∶1。到 4∶1奶液，满月时即可喂哺全羊奶。

2. 鲜羊奶总体营养成分较接近母乳：不含致敏因子：α–1S酪蛋白和 β–乳球蛋白，因而不会引起宝宝胃肠不适反应以及其他过敏症。

3. 羊奶的脂肪颗粒比牛奶小，仅牛奶的 1/3，与人奶近似，而且含乳清蛋白较多，更利于宝宝消化吸收，即使体质较差，胃肠功能弱的宝宝都能接受并适应。

4. 羊奶中也含有与人奶一样的上皮细胞生长因子（EPF），有助于皮肤的上皮细胞和呼吸道及消化道黏膜的上皮细胞的生长或修复，增强皮肤和黏膜的抗感染屏障功能。

5. 古医籍《本草纲目》说："羊奶甘温无毒，润心肺，补益肺肾之气。"即有益于人体心肺及呼吸系统的发育以及功能的维护。

6. 羊奶中维生素 A 和 C 的含量均明显高于牛奶中的含量，因而对宝宝的皮肤发育更好更润滑细腻有益。

7. 鲜羊奶与母乳比仍有一些营养成分不足。

（1）羊奶含铁元素很少，叶酸和维生素 B_{12} 均明显低，容易引起巨幼红细胞性贫血的发生。

（2）羊奶中的亚油酸与亚麻酸的含量明显低于人乳的，尤其是缺乏 DHA，因此对宝宝的大脑神经细胞的发育，以及视网膜的发育较弱。

（3）羊奶中维生素 C 的含量仅人乳的 1/4，同时一些免疫活性因子也明显缺乏，因而对宝宝免疫系统功能的提高不如母乳。

8. 针对鲜羊奶以上的营养成分不足或缺乏，若改用配方羊奶粉喂哺新生儿宝宝，会收到比配方牛奶粉更好一些的生理效应。

三、注意事项

新生儿期对无母乳喂哺的宝宝，不要喂米粉糊或面粉糊。因为米粉中主要含淀粉，消化淀粉要靠淀粉酶，宝宝要长到4个月左右时其口腔中的唾液腺才明显发育分泌唾液，和部分淀粉酶；胃肠中的消化腺也才开始分泌淀粉酶。所以新生儿期不能喂哺米粉糊或面粉糊，喂了不仅不能消化，反而有碍新生儿胃肠功能的顺利发育。

鲜羊奶、鲜牛奶以及人乳中均缺乏维生素D，因此，不论是哪种奶喂养都应补充维生素D。

第8节　新生儿的护理要点

一、室内温度和相对湿度要保持恒定

1. 冬春天室温保持在24 ~ 26℃，相对湿度维持在50%较适合宝宝的生理特点。一是因为宝宝皮肤薄而柔嫩，代谢又旺盛，因而易散发身体的热度；二是宝宝的皮下脂肪少，保存体内温度的能力较差；三是宝宝的神经系统调控能力尚弱，对不恒定的室温、湿度较难适应；四是宝宝的免疫系统功能尚不健全与成熟，若室温低于22℃，相对湿度小于40%时，容易引起宝宝的不适感，甚至引发各种疾病、冬春天最要预防的病症就是宝宝的皮肤硬肿症。

2. 夏季秋天宝宝卧室温度保持在18 ~ 20℃，相对湿度保持在50% ~ 55%，比较舒适。

（1）若室温高了，易引起宝宝出汗，体内水分散失过多，有的产生代谢紊乱，有的甚至出现脱水热，尤其是要预防中暑的发生。

（2）怎样判断宝宝体内缺水：①皮肤欠柔嫩润滑，口腔黏膜和舌面不湿润，口唇也较干而红。②每次换尿布时尿湿的范围变小，有的大便了很少发现尿湿处。③宝宝较烦躁不安，不像前几天吸饱了奶就安静入睡；缺水后吸奶时也不专心了，有时吸完奶也难随即安静入睡。④补喂水后很快就会安静下来，沉沉熟睡。这些征象不是需要全都具备的，只要发现有一条，细心人就能判定。

二、洗澡

脐带残端干燥脱落后，夏秋天可以每日给宝宝洗温水澡（水温 40 ～ 45℃）；冬春天也可以每 2 日洗澡一次，水温可用 45℃的或再高点的。洗澡对宝宝有如下优点。

1. 保持皮肤清洁润滑。

2. 有利皮肤微血循环旺盛，皮肤发育更好。

3. 促使皮肤的免疫屏障功能增强。

4. 洗澡时若配以轻轻抚摸，有助于宝宝触觉、温度觉和敏感度的发育与促进。

5. 可促进宝宝四肢及骨骼、肌肉的发育。

6. 每次洗澡的时间，刚开始时以 5 分钟较适合，每隔几天可逐渐延长时间，但在满月时仍不要超过 10 分钟。这是因为第一，宝宝的神经系统兴奋功能不能持久；第二，他的肌肉发育还较差，肌力尚弱，易于疲劳；第三，洗的时间长了，容易加重宝宝的心肺等器官功能的负荷，成为劣性刺激。

7. 新生儿洗澡能每日洗一次最好，以上午喂奶前或晚上睡前洗较为理想。

三、内衣裤要经常换洗

随脏随时换，不脏也要每日换洗一次。这是因为宝宝的代谢旺盛，汗多，皮肤表层更新快，脱下的皮屑与汗渍正是各种细菌的繁殖所需。其次，宝宝的衣裤要适当宽松一些，使之活动能轻松些；太紧了使宝宝活动受限，不利于四肢及身体各部的协调发育生长。衣着质地应是纯棉料，绝不要用化纤料的。一是因为化纤品带静电，最易损伤宝宝的皮肤。二是化纤较纯棉纤维粗，也易损伤皮肤。三是化纤织品易引起宝宝发生过敏反应：轻的表现为宝宝因痒而不舒适地烦躁不安，大人不易想到这一反应；若出现了皮疹皮炎甚至湿疹，细心的父母可能会想到衣着的因素；若是粗心的父母可能还未意识到呢!

四、处理宝宝大小便

大小便的处理和更换尿布或尿不湿也是有学问和方法的。若只是小便了，及时撤去尿湿的换上清洁干净的，应是从前面往宝宝的屁股后面撤去，为的是保护尿道口不受污染。女婴更应如此执行。若是宝宝大便了就更需要按这种方法做，以防不小心污染了宝宝的尿道口，引起急性尿道炎，或上行扩散成急性膀胱炎等，那就又让宝宝摊上大事了！临床医疗中这种本不应发生的不幸例证也是屡见不鲜的。其次，在撤去了大便污染的尿布或尿不湿后，最好是用温水或温开水（45℃）洗净会阴部，然后再洗净肛门及周围皮肤后，再换上干净的。虽烦琐费力，但换来宝宝健康成长很值得!

五、如何与宝宝进行情感交流

新生儿期的宝贝一天基本上处在睡眠当中，一般都能睡20小时左右，除非是饿了要吸母乳了，或是尿湿了，拉下了，宝宝感到不舒服了而醒来短暂的时间。待你喂饱了他，换好了干净的尿布后，看着心爱的小天使，总想亲一亲，摸一摸，表达你对他的无限疼爱之情。但是如何亲？怎么抚摸也有学问的。比如你用嘴去亲宝宝的嘴，他就会敏捷地吸吮你的嘴唇，这是他从母亲肚子里带来的最灵敏的吸吮反射对你的回报；你若用嘴或脸亲亲宝宝的脸，他马上会双手紧紧地拥抱你的头，虽然抱不住但他还是这个动作，这也是他从娘肚子里就习惯了的拥抱反射；如果宝宝的手碰到了你的头发或是衣领或手指，他会立即紧紧抓住，你可能以为宝宝对你的亲热反应，实际上这也是宝宝从娘肚子里带来的，叫握持反射。这些反射在宝宝长到 3 ~ 5 个月时会逐渐消失。

六、用抚摸促进触觉发育

轻轻地抚摸宝宝的皮肤可以让他感觉到舒服，也可刺激他触觉神经引起大脑触觉中枢兴奋与发育，还可培养宝宝对你的依恋。最好是在宝宝吸饱奶和拍嗝完后，用你温暖的手抚摸宝宝的脊背，从颈部沿脊柱及两侧各 1 ~ 1.5cm 的范围轻轻往下直到骶部，来回抚摸 3 ~ 5 遍，大有好处：除了让宝宝感到舒服外，对他各器官系统和免疫功能的发育也大有益处，使他发育得更健康。因为脊柱及两侧分布着许多穴位，与各器官脏腑和免疫系统紧密相连。这样的抚摸是一种符合医学科学的抚摸，对宝宝是一种良性刺激，效果必定会让人满意的。但是绝不能用冷手去摸，那是一种劣性刺激，易伤害宝宝的感觉中枢及器官功能。

七、继续坚持对宝宝的听觉训练

好处是可以促进听神经和大脑听觉中枢兴奋和发育；使宝宝感到愉悦活跃而无寂寞感。最好的方法是和他温情地说话，尽管他听不懂或无任何反应，但你语音的频率分贝已在他脑细胞中引起了共鸣，只要坚持不懈，就会促进宝宝大脑的发育。

如果你和他说话时既亲切又温情，他会用小眼盯望着你，并随着你语音的抑扬顿挫,有时会高兴地手动腿蹬来回应你的说话。如果你每日反复多次与之交谈，他只要一听到你的声音和音调以及你说话的节律，头就会跟着你的声音动，或手也动腿也动。这都间接证明宝宝听觉正常，大脑组织细胞发育是好的。如果你们在孕期实行过胎教，那就应坚持孕期的胎教内容，使宝宝大脑细胞已建立的兴奋波得到进一步的巩固并强化，宝宝的大脑就会形成一个兴奋灶或细胞团，智力的开发就有了初步的基础。这种听觉的训练每次只用 3 ~ 5 分钟就应让宝宝休息几分钟，这就是一种良性刺激，他就能逐渐习惯并适应。如果不了解宝宝大脑细胞的这种兴奋－抑制规律，训练时间长了就会成为一种劣性刺激,使他产生疲劳感而不自在或哭闹以示抗拒。

八、给宝宝以爱的拥抱

1. 对新生儿最好的爱的拥抱莫过于哺母乳的过程：将宝宝斜抱在臂弯里喂奶，既是满足宝宝对营养的需求，也让他尽享母亲的关爱，喂饱后将宝宝竖抱起来，让他爬在母亲的肩上轻轻地拍嗝。对宝宝来说，这既是一种促进乳汁向胃肠行进的过程，也是让宝宝对不同体位变化的感受，使其大脑对不同的体位产生不同的体会。如果你的拥抱动作粗鲁，他会感到不舒服，大脑会产生不适应的反应，甚至会哭；如果你温柔地把他抱起来，很轻柔地趴放在肩上，他大脑就会有一种舒适的感受，引起他胃肠系统和大脑分泌的脑肠肽就协调，宝宝吸吮入胃的乳汁流入肠道就顺畅，减少溢乳发生。

2. 抱宝宝时应认真注意的事项

（1）刚出生的宝宝头颈肌肉发育尚不充实，肌力也较弱，有时较难支持头的重量，因此抱他起来时，一定要注意用一只手掌托住宝宝的头颈，不能让他的头晃动，以防万一发生意外。

（2）一个月内的宝宝四肢屈肌的力量往往强于伸肌的，

因此外观他的上下肢都是屈曲的。这是因为他在母亲宫腔里时只能屈曲成一个球形以适应宫腔环境，所以出生后就表现出屈肌肌力大于伸肌的，因而上下肢都呈屈曲状。不懂得这个生理特点的母亲或家人,有的总会用力牵拉宝宝的上下肢使之伸直，并用小棉被紧紧包裹住，外面再用绳绑住。这种做法是违反了宝宝的生理特点的，容易引起宝宝的四肢肌肉被拉伤，或是四肢关节软组织受损，影响其健壮发育。科学的方法最好是经常轻轻揉揉宝宝的上下肢肌肉，尤其是他的伸肌肌肉，让伸肌较快地发育起来。这样的按摩也有助于宝宝形体发育的早期刺激。还可以按照传统的中医经典理论："脾主肌肉"，经常揉摩宝宝的腹部胃肠部分，若再配合揉摩脾经要穴的"三阴交"和胃经的"足三里"这两个全身强壮保健的重要穴位，对宝宝可起到健脾胃，促进营养吸收，减少溢乳现象；增强肌肉发育，长肌力，还有对全身各器官系统都具强壮作用，提高免疫系统的成熟和各种抗感染的能力。

第 9 节　宝宝以何种睡姿较有利大脑的发育

1. 宝宝的颅骨尚未发育完全，颅骨缝是未全骨化的，正因如此，他的睡眠姿势就会影响日后头颅的形状，以及大脑发育的空间容积。

2. 正是由于宝宝的头颅骨尚未骨性融合，所以其头颅的形状可塑性很大。为了使宝宝能有一个好看的头颅外形，又能为正在发育生长的大脑创造一个好的发育空间颅腔，一般是以圆形的头颅更好看，更可爱，更利于宝宝大脑的充分发育生长。为此，宝宝的睡眠姿势就是重要的塑形模式。一般常采取仰卧和左右侧卧交替睡眠。喂完乳后先让宝宝右侧卧以防溢乳；后半夜也以右侧卧位有利于心脏向大脑供血，促进大脑的生长发育。白天可以多仰卧，不时与左侧卧位交替睡眠。这样的多种睡姿，对大脑各部都有足够的生长空间，大脑各部分都能顺利发育生长。单一的睡眠姿势往往造成一部分颅骨受压，使头形不对称，外形不美观。宝宝的后囟门出生时已接近闭合，最迟也不会超过生后2个月闭合，前囟门闭合较迟，一般在1～1.5岁闭合，最迟不应超过2岁，若2岁仍未闭合，那就要去看医生查清楚是何原因？也可以说宝宝头形的定型多在1.5～2岁时。

第10节　宝宝的卧室内尽可能不用空调

因为在空调的房间里，室内空气中的负氧离子，一种带负电荷的氧离子，会经过一系列空调净化处理和较长的通风管道后已几近消失。因此在空调的房间内停留时间过长，总会引起诸多不适感。使肺吸入的氧气减少，心脏功能也有所降低，大脑组织细胞的供氧不足，头晕，头痛，睡眠不好，机体的新陈代谢也不顺利；血液中血红蛋白携氧量减少，免疫系统的网状内皮细胞功能降低，使机体抗病力减弱等所谓的“空调综合征”。可以说，在宝宝的室内使用空调装置，对他的生长发育和健康是有不好的影响的。那么夏天气温高，如何调整宝宝房间内的温度和湿度呢？譬如可以使用电风扇就不会降低室内的负氧离子含量；开窗使空气对流，室内放一盆冷水且定时更换等措施。只要肯动脑子，不怕麻烦，保护宝宝的办法多的是。有爱心的父母还会在宝宝的被单两边放上冷水袋，办法虽不洋气，但效果也不错。秋冬之交暖气未供，如何保证室内温度呢？也不要开空调，可用热水袋等方法，均是对宝宝有益而无害。

第11节　新生儿期的预防接种项目

1. 卡介苗（减毒活结核菌混悬液）：于宝宝的左上臂三角肌上部皮内注射0.1mL。

2. 乙肝疫苗：在宝宝出生时和满30日时，分别在上臂三角肌处肌内注射各5μg。

这些预防接种的好处是：①刺激宝宝的非特异性免疫系统迅速产生抵抗这类病菌的补体和各种细胞因子。②刺激和激活宝宝的特异性免疫系统功能，并又增强非特异性免疫功能，使宝宝产生更有效的抗病能力。需要注意的是：接种完卡介苗后，在30～45日的时期内注意观察宝宝注射处有无红肿或其他反应，以便及时做出相应的医学处理。

第12节　新生儿满月时的发育特征

1. 正常足月生，母乳喂养儿的体重可增加1～1.5kg，整体重可达4.5～5.5kg；身长可增加4～5cm，总长可达51～58cm。

2. 早产儿、出生时的低体重儿，以及无母乳的人工喂养儿，他们的发育情况取决各自家庭条件和环境的情况而各不相同。

第十一章　满月至3个月的婴儿（29 ~ 90天）

第1节　满月至3个月婴儿的基本发育特征

1. 体重：宝宝生后3个月里，是出生后增重的最快时期。足月生产且是母乳喂养的，也无各种疾病的健康婴儿，不分男女，大多为5.5 ~ 6.8kg，也有少数可达7kg。

2. 身长：身长的增加受遗传、种族、营养以及环境等综合因素的影响较明显。另外宝宝身体是否健康，有无疾病更是直接影响生长发育的因素。一般3个月的男婴身长为57 ~ 65cm，女婴为56 ~ 63cm。

3. 头围：这是反映婴儿头颅骨和大脑生长发育的重要指标。3个月末时男婴的头围往往为38.5 ~ 42cm；女婴多为38 ~ 41cm。后囟门已完全闭合，前囟门尚未闭合，但平坦与颅骨平，不饱满或凸出，也不凹陷。若前囟饱满或张力较大，多提示宝宝的颅内压较高；若前囟门低凹于颅骨，往往提示宝宝可能摄入水分不足或脱水。这些征象都是需要及时搞清楚原因的，以便做出准确的判断并及时相应处理。

第2节　满月至3个月宝宝的各器官及功能发育特征

一、神经系统

1. 视觉：2 ~ 3个月时宝宝的两眼有时可盯住距他眼前20 ~ 30cm的物体，尤其是颜色鲜艳的玩具，并随玩具小范围的移动，他的两眼有时也相应转动。这说明宝宝的视力在发育进展，视野在扩大，大脑与视觉神经建立起了一定的联系。尤其是对母亲的面部印象更明显。

2. 听力：这一阶段开始能辨别和转动头去寻找声音的方位，特别是对妈妈的声音总会引起宝宝的高兴，偶尔可露出一下微笑。因为妈妈的声音往往会使他联想到温暖的拥抱，以及吸吮母乳的甜蜜。家人叫他时，可能会凝视发声的人，有时偶尔可能无意识地发出“呵咿”之声。

3. 情感开始发育。尤其是对哺育他的妈妈更敏感，只要一听到妈妈的声音或走路的脚步声，宝宝往往会向着声音的方向盯看，若看见妈妈的面孔，或粲然一笑。总之，越是亲近他，其情感反应就越明显，是一种早期情感发育。

二、胃肠消化系统稳步发育

1. 每次可吸入更多的乳汁。到第三个月时，宝宝可隔3小时才有饥饿表现，或张着嘴寻着母亲乳头，或是哭闹以示饿了。

2. 吸饱母乳后，拍嗝完了溢乳的现象在逐渐减少。这表明宝宝的胃贲门括约肌的收缩功能和食管的蠕动收缩功能在稳步改善，胃的消化排空能力在逐步健康地发育。

3. 大便的颜色形状变成了黄色黏稠样便，奶瓣明显少了，大便次数也比新生儿期有所减少，不会每次哺乳后都要排出稀糊状便。这些现象反映的是宝宝的胃肠消化吸收功能发育进展顺利，同时也表明宝宝的胃肠神经功能在向着好的方面发育，使胃结肠反射在逐渐减弱，是胃肠功能健康发育的好现象。

4. 每晚 10 点左右，宝宝临睡喂饱乳汁后，沉沉熟睡时间逐渐延长，半夜饿醒找奶吸的现象会后延，有时可过 5 ~ 6 小时才醒来，也可能是饿醒了；抑或是尿湿了不舒服。表明宝宝的胃肠消化吸收功能在加强；胃肠神经调节功能也在顺利发育。这样妈妈晚上也能多休息一些时间了，月子里的疲劳感也逐渐减轻，精神和体力也在稳步改善和恢复。

三、泌尿系统的功能逐步增加

1. 因尿湿而哭闹的次数和现象在减少。

2. 每次换尿布时尿湿的范围也比以前大。这两个特征说明宝宝肾小管的重吸收水分、浓缩尿液的功能，以及膀胱贮尿能力均在增加。

四、肌肉、四肢及关节活动逐渐协调

1. 宝宝能抬头了。3 个月末时如让宝宝面朝床面趴着时，他可以自行把头向上抬起来，甚至有的能用双臂使劲撑起部分胸部。

2. 仰面躺着时可以伸直两腿，或伸腿与屈腿交替活动，且表现得比较协调灵活，不像新生儿期总是屈曲着上下肢，手指也屈曲呈握拳状。说明其屈肌伸肌的肌力在协调发育。

3. 竖着抱起宝宝来，他自己可将头稳稳地立起，无须别人小心地扶着头。这表明宝宝的颈部肌肉、肌力、颈椎各关节的支撑，活动功能在健康发育，从而使其头颈活动范围在扩大，有助于他的视野和听觉范围的扩展。

五、宝宝的生物钟在逐步建立

1. 培养宝宝逐步建立起有规律的昼夜生物节律，也叫日

节律或生物钟。即白天让宝宝适当增加活动时间，而不是吃了就睡。这需要妈妈和家人的爱心和耐心，以及了解这样做的生理意义，才能愉快认真地正确坚持。那么白天让宝宝适当活动哪些内容，可以使之能自然地适应接受，又能收到实际的生理效应呢？

（1）给宝宝喂哺完乳后或更换了清洁的尿布后多抱抱他，与他亲热亲热，使之感受到温暖、关爱、安全和舒适，在脑中建立起良性感觉。

（2）多和宝宝亲亲，说说话，虽然他不懂你说什么，但起码是对他触觉和听神经的刺激；若宝宝露出笑容，你也报之以微笑和赞许，并与宝宝的双眼相对视，形成母儿二人和谐共鸣。这种包含有触觉、听觉和视觉的共鸣，对刺激宝宝大脑及神经系统是产生良性兴奋的正能量。上述做法在夜晚是不能进行的，否则会干扰宝宝建立昼夜生物节律，反而添乱了。

2. 经常抚摸或揉摩宝宝的肌肤。这种方法只能在白天宝宝清醒时进行，从头脑后部、背腰部、腹部、四肢皆可。每次只抚摸 2 ~ 3 分钟，待宝宝慢慢适应习惯后，或是感到舒服后可逐渐增至每次 3 ~ 5 分钟，也可变抚摸进展至揉摩。这可刺激宝宝皮肤的神经纤维末梢兴奋，有利于触觉的发育变得更敏感；其次也有助于皮肤毛细血管及微循环更旺盛；皮肤发育得更好，皮肤的免疫屏障作用更佳，能更好适应外环境。

第 3 节　如何对宝宝进行早早期的各种训练

这要依据宝宝各器官系统不同阶段发育的特点来进行选择。目的是促进相应器官的功能。

一、视力和眼球的功能训练

1. 在宝宝床头上方 40 ~ 50cm 高处，悬挂 1 ~ 2 样颜色鲜艳的玩具，或可转动的球形或花朵状物。既可刺激宝宝的视觉，引起他的注视，又可锻炼他的眼球随玩具的转动或移动，促使他的两眼协调配合的能力。有助于培育宝宝的视觉与大脑活动建立同步的联系，促进他的视神经发育和视网膜细胞及眼球晶状体的发育。

2. 每天定时揉摩宝宝的“肝俞”穴位，每天揉摩 3 ~ 5 次，每次 2 分钟，待宝宝适应后，可渐增至每次 3 ~ 5 分钟。如此坚持不懈，有助于宝宝眼球的良好发育：包括眼球活动的灵活性，视网膜细胞的感光功能，晶状体和睫状肌的调节能力，以及视神经的兴奋与传导功能，从而使宝宝视力和视野得以提高和扩展。并对预防宝宝不发生或少发生眼疾也有裨益。

“肝俞”穴位于脊柱（后背）正中线两侧各 1.5cm，第 9 胸椎旁的间隙处。

二、听力训练及大脑功能的早早期开发

两三个月的宝宝，其听力及大脑均在迅速发育，功能也在快速增加，是进行和坚持开展“早早期教育”的适当时期。一方面可以唤起宝宝对“胎教”内容的回忆，同时又可以直接刺激他的大脑细胞和听觉神经的兴奋。方法是：每日定时给宝宝播放轻松、愉快、悠扬悦耳的轻音乐；或是给他朗诵或念读简短而有韵味童趣的儿歌童谣，精品古诗。不要以为宝宝“听不懂”，他的大脑细胞正在迅速发育生长，只要是令人轻松、愉快、充满情调的声音韵律，重复多次，都会在他那单纯并充满活力的大脑细胞上产生同步的频率兴奋和声波刺激反应，引起他大脑的抑扬顿挫兴奋节律。只要乳母或家人坚持反复的训练，随着时光的进展，宝宝大脑细胞中被反复强化的声波刺激反应或节律，就会牢牢地占据或印制在某几个或某一团脑细胞中，使这几个或这一团脑细胞形成了所谓的“有特点细胞”的雏形。说不定，坚持几年待宝宝上幼儿园或小学时就会显露出

某种较为令人眼前一亮的亮点或好的表现素质。

三、身体各部位的训练

只要从孩子一出生就时刻注意对他健康的关心和训练，一定能培育出健康的宝宝来的。训练的方法多种多样，最主要的是要根据不同时期的生理特点来开展。

（一）肌肉、四肢、关节和骨骼的训练，应该从现在就开始

1. 每天定时揉摩宝宝的肌肉、四肢和关节，每次 2 ~ 3 分钟，每天 3 次。随着宝宝的成长发育，逐步增加每次揉摩的时间和每日揉摩的次数，循序渐进，以宝宝感到舒适高兴为度。即你每次给宝宝揉摩结束，他的精、气、神俱表现良好，这就是合适的量。这样的揉摩有利于宝宝的肌肉、四肢和关节的发育，也有利于支配这些运动器官组织的神经纤维发育。

2. 每天定时给宝宝做温和的“保健操”：一个动作是让宝宝仰卧，将其两条小手臂轻缓而较慢地向两外侧伸开，然后再轻而较慢地回收两臂于胸前或抱胸；另一个动作就是从宝宝的两腋下将其抱起来，学习轻轻的跳跃姿势，每次两种动作都是做 3 ~ 5 次，每天上、下午各做 1 次。可依据宝宝每次运动过后的表情和反应来调整运动的量和强度。这种训练有助于宝宝的骨骼生长发育和形体发育，也有助他大、小脑的位置觉、振动觉和平衡觉的建立与发育，还可促进宝宝的大脑锥体束神经发育。这些都有助于为日后的活泼好运动奠定基础。

（二）刺激各内脏的发育和功能的进步。

1. 沿后背脊柱正中的两旁左右各 1.5cm 处，从第一胸椎下缘起，逐个椎体往下轻揉摩，直到骶骨部。开始时每处揉摩 2 ~ 3 下，如此挨个往下揉摩。这些部位是人体重要的经脉穴位，分

别连着颈、肩、背、头、肺、皮肤、心脏、脾胃、小肠、大肠、肝胆、肾、内分泌、膀胱及腰背等器官组织，对这些器官组织的发育和功能的调节具有一定的生理作用，经常揉摩刺激有助于促进宝宝的健康,也有利于增强内分泌免疫网络系统的功能。对2～3个月的宝宝进行这样的揉摩，就像给2～3岁的幼儿捏脊一样，有很好的保健功效，两种方法都有利于预防宝宝少感冒，促进脾胃的消化吸收功能增强，使宝宝发育得好而稳定；肝胆功能增强对宝宝性格情绪的发育，气血功能的调整及解毒功能的提高都有好处；心肺功能的增强更是对全身都有益。同时，这样的皮肤揉摩，可以激发宝宝大脑皮质的触觉中枢更灵敏，也促进大脑感觉细胞的发育。这些措施是既简便又有效的保健方法。需要妈妈付出的是细心、耐心和执着坚持的精神，如此坚持进行到孩子2～3岁时，你可能会发现：你的宝宝比别人家同龄的孩子发育得更健康、更活泼、更聪明灵敏、更少感冒等疾病、精气神更足。

2. 对宝宝腹部进行有规律的抚摸或揉摩

（1）方法：在宝宝吸完母乳、拍嗝完后，斜抱着他休息3～5分钟，然后用你温暖的右手抚摸或轻轻地揉摩宝宝的腹部，从右上腹渐向左上腹，再稍往下至左下腹，再转向右下腹，然后回到右上腹，每次抚摸4～6圈，依宝宝反应而定。

（2）腹部是多条经脉一些常用穴位的部位，有调理脾胃、疏肝利胆、帮助消化、调节情绪，也有助胃肠黏膜中的内分泌细胞与脑组织中的某些细胞更协调地分泌脑肠肽类激素，使脑组织与胃肠功能相互协调运转得更和谐，更有助宝宝消化系统的发育和功能进展。

上述各项训练与刺激方法只能在白天进行，而且定时，使宝宝能逐渐适应，夜间是不能进行的，为的是让宝宝逐渐建立起昼夜生物节律。

第4节　3个月宝宝需加服维生素D

一、宝宝的骨骼快速发育生长需要维生素D

1. 维生素D经肝肾羟化形成活性形式：1, 25-（OH）$_2$D$_3$，从而促进小肠对钙和磷的吸收，同时促进骨盐沉积，经成骨细胞促进骨基质形成骨质。

2. 母乳中的维生素D含量很少，不能满足宝宝骨质形成的需要，虽然母乳中的钙磷比例适宜而且也有利于钙的吸收，但维生素D缺乏则骨质形成困难，如不及时补充则易发生佝偻病。

二、如何给宝宝添加维生素D

1. 母乳喂养儿可在哺乳时将维生素D 400IU涂于乳头上，宝宝吸吮乳汁时随之吸入。

2. 若是用羊奶或牛奶喂养的宝宝，则可将400IU维生素D油剂一次性加入奶液中，供宝宝吸入。以上两种方法每日只需用一次即够。

3. 用配方奶粉喂养的宝宝，奶粉中已添加了维生素D和适当的钙和磷。

4. 还可辅之以让宝宝每日晒晒太阳，让日光中的紫外线促使宝宝皮肤下组织中的7-脱氢胆固醇转变成维生素D，再经肝肾羟化形成有活性的1, 25-（OH）$_2$D$_3$，进而促进钙磷在骨组织中形成骨质。

三、维生素D缺乏对宝宝的害处

1. 引起钙和磷摄入不足，骨质形成不良，骨骼骨化受阻，宝宝的运动功能发育迟缓。

2. 血钙水平降低，则使宝宝的神经兴奋性增高。表现为易烦闹、睡眠不安稳、易醒、经常无故夜间啼哭、睡眠中常频频转动头部，以致把枕部的头发也磨光了一圈形成所谓的“枕秃”。经常有汗，冬春天也一样，这是因为交感神经兴奋，引起皮肤汗腺分泌汗液过多的缘故。

3. 上述各种表现都是佝偻病的早期征象，应该及时抓紧补充维生素 D。否则，病情加重进展促使骨骼产生一系列病变，往往会给宝宝将来留下一些难纠正的后遗症，既影响健康，又影响外貌或外形不美观，甚至智能的发育以及机体免疫系统功能变弱，经常易患病。要知道维生素 D 还有保护 DNA 链完整性的功能，促进宝宝健康发育生长。

4. 可引起自身免疫性疾病。

第 5 节　尽可能防止宝宝受到室内的各种污染

一、宝宝卧室及活动的场所防止各种化学物污染

（一）家人不在室内吸烟及使用各种化学品

1. 不在室内使用各种化妆用品，回家后应洗净各种化妆品涂饰过的皮肤再接触宝宝。

2. 不要在室内喷香水、花露水和消毒杀虫剂等。这些物质都含有一些刺激性的化学成分，容易使宝宝产生过敏反应；其次是宝宝皮肤嫩、血管丰富，更易吸收这些化学分子，轻的损伤皮肤，重则损伤呼吸道的黏膜。加之宝宝本身的皮肤、黏膜屏障的防御功能就较差，任何化学分子都易损伤宝宝的免疫系统以及相应的组织器官，这些都会给宝宝的健康造成不利。

（二）防止炒菜的油烟对宝宝的影响

1. 有小宝宝的家庭，炒菜时关闭厨房门，不让油烟漫散

进宝宝的室内，防止油烟刺激宝宝的皮肤和损伤其呼吸道。

2. 炒菜时油温不宜高，否则产生油烟过多，有害的挥发性有毒化学分子就更多。其次，油温高产生的非挥发性反式脂肪酸明显增加，乳母吃了这样的菜，其中的反式脂肪酸可经母乳被宝宝吸入体内，对宝宝健康的损害更大也更复杂。关于反式脂肪酸的害处可参看前面第5章第3节的相关内容。第三，油烟可刺激机体产生过多自由基而损害健康。

3. 炒完菜走出厨房要脱去外衣裳，以防渗入其中的有毒油烟在抱或接触宝宝时传播给他。

二、宝宝的室内防各种粉尘的侵入

各种粉尘对宝宝呼吸道损害最明显，其次是皮肤受损，二者都损害宝宝的免疫系统第一道防线——皮肤黏膜屏障，引发不同的病症。

三、宝宝室内要严禁猫犬及各种宠物进入

（一）猫犬等宠物的危害性

1. 猫犬在地面各处活动，身上沾满各种病菌及毒素，尤其是弓形虫和其虫卵的宿主与携带者。这些宠物最喜与人接触，尤其是喜欢和婴幼儿亲昵接触——挨着宝宝睡；用舌舔宝宝的脸、皮肤和手等。从而在宝宝身上或衣着上传播下各种病菌及其毒素，增加了宝宝被传染的途径。

2. 各种宠物的口腔内、涎水中以及它们的各种分泌物中，也都带有多种病菌及毒素。这也会增加宝宝易被传染的又一种因素。

3. 各种宠物都天生具备尖牙利爪，宝宝又爱手乱动，若碰着宠物则极易被抓伤甚或咬伤，引起各种病菌及其毒素侵入宝宝体内，轻则发生脓肿溃烂，重者扩散入血液循环内，引发急性菌血症、毒血症，甚或败血症等都有可能！

（二）婴幼儿本身的解剖与生理弱点

1. 婴幼儿宝宝的免疫系统功能低下，对各种病原微生物及其毒素的杀灭清除能力极弱，无任何招架之力，只能寄希望于父母的预防措施。

2. 婴幼儿的皮肤黏膜屏障功能也差，皮肤娇嫩异常，一旦致病微生物及其毒素沾染上身，极易在宝宝身上繁殖并经皮肤黏膜侵入或渗透于宝宝体内，引发各种疾病。沙眼衣原体最易引起宝宝的沙眼及结膜炎；支原体和解脲脲原体最易侵入泌尿生殖系统内，引起相应的炎症，尤其是女婴一旦从宠物身上感染了支原体和衣原体，这种生殖系统的炎症往往会形成终生损害。因此更须高度预防。

3. 婴幼儿的淋巴系统尚未发育成熟，抗感染力极差，一旦病菌及毒素侵入易直接进入血循环。

4. 婴幼儿总喜欢下意识地将手放入口内增加感染途径。

第 6 节　满月至 3 个月婴儿的护理要点

一、保持穿着衣裳的清洁卫生

1. 内衣裤要一日一换洗，溢乳污染了或大小便污染了更要随时换洗。防止细菌滋生引起各种疾病，否则既增加宝宝痛苦，又使家长烦恼。

2. 宝宝的内衣裤用纯棉质地的较适合。

二、换尿布的正确操作方法

1. 单纯尿湿了，先将湿尿布从前面往屁股后面抽出，再用温而湿的棉毛巾擦净会阴部和屁股周围皮肤的尿迹，然后换上干净的尿布。

2. 若是大便了，则应先将污脏的尿布揭起往屁股后面抽出，绝不能图方便随意抽出,这样最易污染宝宝的会阴部和尿道口,尤其是女婴污染的可能性更大,引起尿道炎或阴道炎。

3. 污脏的尿布抽出后,要用温热水洗净会阴,然后洗净屁股及肛门。不能将宝宝抱起放到水里洗,这也易引起尿道口和会阴部的污染。正确的操作法应该是用干净毛巾蘸满温热水将尿道口和会阴部处冲洗净,随后再洗净肛门及屁股周围皮肤。都洗净后再用干净的干毛巾擦干,也是要先擦干尿道口和会阴部,然后再擦干屁股及肛周皮肤,最后换上清洁的尿布或纸尿裤。这样的做法才能最大程度防止宝宝大便后不污染尿道口和会阴部,保证安全卫生。这样的科学操作程序,刚开始做是有些麻烦,但你熟悉了后,就很自然了。只要你了解了这样操作的医学知识及对宝宝的爱护,绝大多数妈妈都会认真落实执行的,因为宝宝的安全健康才是家人心中最关心、也是最高兴的话题,更是家中最欢乐的中心。麻烦换来皆大欢喜,值!

三、每日洗澡

2 ~ 3个月的宝宝皮肤柔嫩,代谢旺盛,表皮细胞更新快,易产生皮屑,每天定时洗澡可以保持皮肤干净,防止病菌的滋生。洗澡时水温要适合宝宝,一般以水温 40 ~ 45℃较舒适。每次洗 3 ~ 5 分钟即可,时间不宜长,否则易致宝宝疲劳,或引起其他不适反应。

条件好的家庭还可以用大浴盆,放入 40 ~ 45℃的温水后,可将宝宝用一充气的橡皮圈或塑料圈(外面要包一层布)套在两腋下,让他在浴盆的水中浮游。这样有助于宝宝下身及双下肢自由活动、蹬水,有利于体型的发育和腰脊柱与腰肌的增强;也有助双下肢肌肉的发育和肌力的增加,使屈肌与伸肌同步发育;也促进下肢各关节的同步协调发育。每次浮游从 3 分钟开始,宝宝适应后可逐渐每隔几日增加 1 分钟,到 3 个月时每次浮游 5 分钟即可。

第7节　满月至3个月婴儿的疫苗预防接种

1. 如果在新生儿期接种过了卡介苗，那就不要再接种了，如果未接种的那就应该现在接种。

2. 口服防小儿麻痹的糖丸，以预防小儿麻痹病毒（又叫脊髓灰质炎病毒）的传染。这种糖丸每丸内含有3型减毒活疫苗，分别于生后2个月、3个月、4个月连服3次，每月服1丸。服这种糖丸第一次应距卡介苗接种后一个月以上，而且无任何不良反应时才能服用。用冷开水送服，服完后一个小时内禁喝热开水，为的是防止糖丸的减毒活疫苗被灭活而失去效果。服糖丸后，一般大部分宝宝无不适反应，体内产生了抗体而有了预防能力。也可能有个别宝宝在服后1～3天出现低热或轻度腹泻，3～5天后可自行痊愈，不用担心。

3. 宝宝3个月时第一次接触百白破类毒素混合制剂，于宝宝的右上臂外侧皮下注射0.2～0.5mL。注射后一般无不适反应，个别宝宝在注射后1～2天有轻度发热，或注射部位轻度红肿、发痒、疼痛。可给宝宝喂适量温开水，一天数次，经一周左右时间红肿等反应可消退。

第十二章　4 ~ 6个月婴儿（91 ~ 180天）

第1节　4 ~ 6个月婴儿的一般发育特征

一、体重

每个月大约增重500g。4个月末一般足月生的健康婴儿为6 ~ 7kg，6个月末时可达6.5 ~ 8kg。

二、身长

每个月应增长4 ~ 5cm。4个月末身长可达58 ~ 65cm；6个月末时可长至66 ~ 72cm。若父母都是高个子的，那么宝宝可能会超过上述最高的身长值。

以上两项指标是对正常足月产且母乳充足喂养的婴儿发育数值。若母乳不足，或是早产儿，或人工喂养儿，只能作为一个参考数据。

三、头围

1. 正常足月产、母乳充足喂哺者

（1）男婴：4个月末时为39.5 ~ 43cm；6个月末时可达41.5 ~ 45cm。

（2）女婴：4个月末时为39 ~ 42cm；6个月末时可达40.6 ~ 44.0cm。

正常足月产、母乳充足的宝宝绝大多数的头围在此范围值之间。若不足最低或明显大于最高值者，建议请医生判定是否属正常。

2. 早产儿或低体重儿：也有可能小于上述低值；若母乳充足的，宝宝的头围也可能发育正常。那么，如何评判这类孩子发育是否正常呢？①智力发育与足月儿无异；②感知能力和反应均灵敏；③活动能力灵活；④睡眠安稳且有规律；⑤白天喂饱后睡下一觉可睡 3 个多小时；⑥夜间睡前喂饱后，一觉可睡 5 ~ 6 个小时，睡醒来也不哭不闹，这样的宝宝当然发育良好。

第 2 节　4 ~ 6 个月婴儿各器官系统的发育特征

一、宝宝开始流口水了

1. 一般婴儿在 5 个月时，唾液腺开始快速发育，分泌唾液（口水）日渐增多。由于宝宝口腔底部较浅，他又还不能控制唾液；其次，宝宝的主动吞咽功能还不能受意识控制，因而易使唾液（口水）不停流出口腔，即流口水现象。

2. 宝宝开始长乳牙时，容易刺激三叉神经而促使唾液腺分泌唾液。一般宝宝在 5 个月时开始长出两个下中切乳牙（即门齿），少数身体素质强、肾气充足的宝宝在 4 个月时也会长出下中切牙。而体质弱的，肾气不足的宝宝多数要到 6 个月后才长出两个下中切牙（下门齿）。

从上述可知：宝宝流口水是生理发育的好现象，但要懂得流口水会有哪些好与不好的作用。

（1）好的生理作用：唾液中大部分是水分，一部分是唾液淀粉酶和少量的黏蛋白。淀粉酶有利于消化富含淀粉的食物，对这个时期给宝宝添加含淀粉多的食品是有助于消化吸收的；其次唾液多偏于弱酸性，有利于抑制宝宝口腔中的某些细菌，促进了口腔黏膜屏障的功能。

（2）不好的作用：由于唾液的弱酸性，因而对宝宝柔嫩的皮肤有一定的刺激损伤作用。如果任其不停地流出而不管，那么一是会使宝宝的下嘴唇、下巴、下颌甚至颈部皮肤被浸渍刺激充血发红，引起皮炎造成宝宝难受痛苦；二是若浸渍时间长了，宝宝柔嫩而弱的皮肤被损伤，易引起各种细菌侵袭，发生各种感染性炎症。因此，对宝宝流口水应小心护理。

（3）对流口水现象的处理方法：一是在宝宝的颈部及胸前系一个小围嘴，以防止或减少口水对颈部皮肤的刺激和损伤；二是每当宝宝流口水时，用清洁柔软的专用毛巾沾干后，再用温湿毛巾轻轻擦洗被渍红的下巴、下颌及颈部皮肤，务必将唾液浸渍的部位清洗净；三是被口水浸湿的小围嘴应随时更换干净的，既不让湿围嘴继续浸渍宝宝的皮肤，又不让细菌在湿围嘴上滋生繁殖，进而损伤宝宝的皮肤。

二、感知能力与情感的发育特征

对熟悉的人如父母、家人，见了能表现出高兴反应，尿湿了或大便了会产生不舒服反应甚至哭闹不安；给他玩具或器物会用手碰触抓握，摇晃玩具等。这个阶段的“早教”内容要坚持和加强，以促进宝宝大脑认知能力的进展，培养好的情感反应。

三、运动能力逐渐增加

4个月时抬头张望并能转动颈部，5个月时会翻身，6个月时可以单独坐一小会儿。这些都说明宝宝的肌肉、肌力和骨关节均在良好发育。为了促进宝宝运动的各器官和组织进行性发育，仍要坚持给他做婴儿操，上肢做缓慢的扩胸、抱胸动作，下肢做慢而温和的屈伸动作，从腋下抱起宝宝在床上做温和轻柔的跳跃运动。每个动作各做5次，上、下午各做一遍。这种被动运动对宝宝运动器官发育有很好的效果，可以协调各部肌肉的活动，调节各部肌肉的收缩和舒张能力并协调起来，增强肌力促进各部位关节的发育和某些随意动作的协调能力，训练身体的平衡能力。这些对促进宝宝大、小脑神经系统与各运动器官组织的协调发育有很好的作用，也对宝宝体型的发育大有帮助。

四、睡眠变得较有规律，说明开始建立起了昼－夜的生物节律

白天醒的时间增加且活动也增多，上午、中午、下午各睡一次，每次可睡2～3小时，而且较规律；夜晚睡前吸饱母乳后，一觉可睡5～7小时才会醒来，换了尿布吸完母乳又安然睡去。早产儿和身体素质较弱的宝宝，他们的昼－夜生物节律还较差，白天睡2小时左右就会醒一次；夜晚往往会醒2～3次。说明他们大脑皮质的兴奋－抑制规律还较弱。

五、视觉、听觉

反应更加灵敏，与大脑的联系更清晰，看见父母及家人会有意地笑，逗逗他就会手舞足蹈起来，甚至口中还发出声来，若只听见熟悉的声音但未见人，他会四处张望循音找人，找不到人时还会到处张望寻找。说明宝宝开始有了初步的条件反射了。

六、牙齿、骨骼

6个月末时宝宝的上牙床会长出乳牙中的两颗上中切牙。这反映宝宝骨骼系统发育良好，符合中医理论的“齿为骨之余”之说。一个骨骼系统发育不好的孩子，他的牙齿生长和出牙都会延迟，而且牙齿的排列（牙序）也不整齐美观。这个阶段宝宝的骨骼系统发育加快，对维生素D和钙、磷的需求有明显增加，除了观察他们的出牙情况外，还要注意佝偻病的早期征象。

只要是出生后3个月开始给宝宝补充维生素D的，绝大部分是不会发生佝偻病早期征象的，除非是身体素质较差，脾胃功能较弱，父母有脾肾气虚或阴虚的亚健康人士所生育的孩子。这样的宝宝即使口服补充了维生素D，也还有很少一部分会发生佝偻病的征象。如果发现了一种或几种早期佝偻病征象，最好及时去看医生。

第3节　4 ~ 6个月宝宝的营养补充

此阶段的婴儿口腔中各唾液腺已发育完善，并分泌富含淀粉酶的唾液（口水）。同时宝宝已开始长出乳牙的中切牙，加之在这个时期母乳的能量供应对一些发育较快的宝宝来说，已不能完全满足需要。因此可以在哺喂母乳的基础上适量添加一点辅食以保证营养需求。

一、辅食如何添加和保证营养素的全面

1. 依据宝宝消化腺唾液淀粉酶的分泌旺盛，可以添加米粉或含铁元素的配方米粉开始，先从较稀的米汤喂起，开始时只喂1 ~ 2小勺，适应后逐渐少量递增，并可由米汤改成米糊喂。

2. 此阶段宝宝从胎儿期贮存于体内的铁元素也已消耗得不能满足需要了，加之母乳中的铁含量和其他必需的微量元素、维生素也不能满足宝宝的生理需求，因此也必须予以额外补给。这类辅食如菜汤、菜泥（蔬菜加工粉碎成）、土豆泥、骨汤、肉汤等。芋头或山药煮熟后捣成泥状对脾胃功能弱的宝宝更是好处多多。山药还是一种提高机体免疫系统功能的好食材。

3. 5 ~ 6个月时，可给宝宝试用蛋汤（鸡蛋、鹌鹑蛋等），汤内少加2 ~ 3滴芝麻油和含铁酱油。注意要由少到多，习惯且适应后，可换用鸡蛋羹。总之是逐渐扩大辅食范围，使营养摄入更全面。

二、尽量提高和保证母乳的质优量足仍是首选

1. 乳母的膳食供给要质优，八大营养要素的搭配要全面。

2. 保证乳母精神愉快、轻松、防劳累，是维持其神经-内分泌系统良性协调运行，促进和延长乳汁分泌的质与量，宝宝摄入后有助于顺利发育生长，其神经内分泌也会协调运行。

3. 乳母选用的蛋白质种类要经常变换，使各种必需氨基酸维持全面充足，分泌的乳汁质量皆优，宝宝吸入后，有助于生长发育、健康成长。

4. 乳母摄入的植物油脂也要常变换品种，为的是保证各种不饱和脂肪酸（即各种必需脂肪酸）的全面充分摄入；炒菜时油温不宜高温，否则易使不饱和脂肪酸变质成反式脂肪酸。若再经乳汁让宝宝吸入后，一是干扰生长发育；二是使宝宝的大脑和神经系统发育受影响；三是干扰必需脂肪酸的正常代谢并抑制其功能的发挥。这样就影响宝宝的聪明发育了。

5. 乳母在哺乳期最好不食煎炸、烧烤类食品，忌用化学物勾兑的饮品和调味剂。这些食物含有害的反式脂肪酸，以及致细胞异常变化和损伤免疫系统的各种有害物，若进入母亲的乳汁被宝宝吸入后会有一定的不良影响。

6. 乳母是亚健康体质，尤其是“气虚”“阴虚”和“气阴两虚型”者，应尽可能少食煎炸烧烤类和辛辣刺激性食品，会耗气伤阴。忌食化学物勾兑的饮品饮料。有些熟食、半熟食品中的多种添加剂均是有损免疫系统功能的物质。这些物质若随母乳进入宝宝体内，既有损宝宝的消化系统功能，又增加其

解毒功能尚不健全的肝负担，同时还有损其排毒功能未发育完善的肾。这些对宝宝的伤害值得高度重视。

7. 哪些调味品和食品对亚健康的乳母和宝宝不利呢？

（1）脾胃功能弱的阴虚型的乳母在哺乳期不宜吃大辛大热的调味品，如肉桂、附子、辣椒、花椒、酒等配制的食物。这些物质既加重自身脾胃功能的损伤，也使乳汁中的此类烈性物质损伤宝宝的胃肠发育和功能成熟。

（2）脾胃功能弱的乳母也不能常吃大苦大寒及凉性的食品。中医理论认为：苦寒之物善泄降，损伤脾胃阳气，也易损伤免疫系统功能。所以乳母要尽量少吃苦寒的苦瓜及苦苦菜、马齿苋、蒲公英等类野菜。保护好脾胃功能就等于保护好了宝宝胃肠的发育。

（3）肝肾阴虚型或阴虚型及气阴两虚型的亚健康乳母，也不宜吃大辛大热伤阴耗气之品，更不宜食大苦大寒损伤免疫系统功能的食物。

（4）对亚健康的乳母，还要尽量少吃或不吃冰糕、雪糕、冰激凌等大寒之品，以防乳汁分泌突然减少，也会伤及宝宝的胃肠功能。

第 4 节　坚持对宝宝进行促进健康发育的穴位揉摩

坚持对宝宝进行经络穴位的揉摩有利于促进其各器官系统功能的成熟和增强，提高身体健康素质。尤其是对于早产儿和发育较差的宝宝更有好处。为了使宝宝的父母能自觉坚持进行下去，有必要将揉摩的穴位及其作用简明地讲清楚。只有做到“知其然又知其所以然”，才能促使人们主动地去落实。直接受益者是柔弱的宝宝，他的身体各器官功能增强了，吃得香、体质健康，抗各种有害因素的能力强。看着宝宝一天天地顺利生长，家人更是从心底里感到高兴。所以揉摩哪些穴位呢？

一、背部穴位

方便、好揉摩、效果好的有 16 个穴位。部位在宝宝脊柱正中分别向左右两旁各 1.5cm，从第 1 胸椎水平逐一往下。

1. 大杼穴：第一胸椎旁 1.5cm。对宝宝颈部发育效佳，可防感冒。

2. 风门穴：第二胸椎旁 1.5cm。可防伤风和风寒感冒，提高免疫系统功能。

3. 肺俞穴：在第三胸椎旁 1.5cm。可防感冒咳嗽，皮肤过敏性疾病，增强肺部抗感染能力。

4. 厥阴俞穴：在第四胸椎旁 1.5cm。可促进肺部功能，促进牙齿的发育与生长。

5. 心俞穴：在第五胸椎旁 1.5cm。可促进心脏的发育，增强心脏功能，并能促进大脑记忆力。

6. 督俞穴：在第六胸椎旁 1.5cm。可调节胸腹不适、腹胀、肠鸣、呃逆等症。

7. 膈俞穴：在第七胸椎旁 1.5cm。可调节腹部不适，治溢乳或吐食，改善贫血征象，治盗汗。

8. 肝俞穴：在第九胸椎旁 1.5cm。可治视力差、夜盲，长期按揉可使身体健壮、视力清晰、睡眠佳，且可改善贫血症，是保健防病有效穴位。

9. 胆俞穴：在第十胸椎旁 1.5cm。可治饮食差、口苦、呕吐、潮热多汗、黄疸等症。

10. 脾俞穴：在第十一胸椎旁 1.5cm。可改善腹胀、呕吐、泄泻、消化不良、贫血、水肿等症。脾有“智慧袋”之称，凡记忆力差之人按摩有效。

11. 胃俞穴：在第十二胸椎旁 1.5cm。治反胃呕吐、消化不良、食多身瘦、腹胀等效佳。

12. 三焦俞：在第一腰椎旁 1.5cm。可纠正腹泻、腹胀、肠鸣、消化不良、呕吐、小便不利、水肿、下肢无力、腿软不耐久站立等症。

13. 肾俞穴：在第二腰椎旁 1.5cm，是强壮保健的主要穴位之一，可调肾气、强腰膝、增强视力和听力，治遗尿、小便频数或小便不利。

14. 大肠俞：在第四腰椎旁 1.5cm 处。可纠正腹胀、腹痛、肠功能紊乱的肠鸣、泄泻或便秘，对胃肠型荨麻疹效果好。

15. 关元俞：在第五腰椎旁 1.5cm 处，有较强的补虚健身功效。对腹胀、泄泻、口渴、遗尿或小便不利、多饮多尿等有较好疗效。

16. 小肠俞：在第一骶椎旁 1.5cm 处，具有调理肠道功能，对泄泻、痢疾、强腰膝、下肢痿软无力皆有效，尤其是对减轻急性关节炎痛效佳。

上面讲了许多，对一些不懂医学知识的人来说，可能既看不太明白又难理解。最简单的好方法就是：从宝宝的颈项根部突出处是第一胸椎，向左右各 1.5cm 处垂直往下每隔 1.5cm 揉摩几下，直到腰下面的大的骶骨为止。如果宝宝无不适反应，也可以再重复揉摩一遍。这样的揉摸摩促进健康的好功效，而且还能增进皮肤的敏感功能；促进皮肤的发育、增强皮肤的屏障功能；促进触觉的灵敏性、提高大脑触觉感知中枢的反应能力。每天上、下午分别揉摩 1 ~ 2 遍。待你们坚持到宝宝一周岁时，很可能会发现你们的宝宝不仅精、气、神充沛，而且四肢有力，走路会早于别人家不揉摩上面穴位的同年龄的宝宝。

二、腹部的抚摸或揉摩

这种方法主要是促进宝宝胃肠系统的发育，增强其消化吸收营养物的功能，促进宝宝胃肠免疫系统的功能，促进宝宝胃肠内分泌系统与大脑神经系统的协调运转，也叫“腹脑”的良性循环，有助宝宝健康、聪明地成长。只有舍得勤劳付出的人才能得到满意的收获。

三、肢体的揉摩

主要是对上、下肢有关穴位进行揉摩。目的在于促进四肢肌肉及各关节活动功能的发育。

1. 两上肢可揉摩宝宝的肌肉及肩、肘、腕部各关节，以宝宝无不适反应为准，动作不能大，因为宝宝的关节发育尚不完全。

2. 两下肢的揉摩，除了揉摩下肢各肌肉、膝、踝关节外，经常揉摩宝宝的足三里穴和三阴交穴，这两个穴常配合使用。足三里穴是全身强壮保健的要穴，可使脾胃健、气血和、促进营养成分的吸收，增强体质，对全身各系统都有强壮作用；还可增强胃肠免疫系统功能，少患或预防胃肠消化系统各种病症或功能紊乱；三阴交穴是脾、肝、肾三经脉循行汇合的穴位。经常揉摩促进宝宝胃肠的发育和功能有很好的作用；其次对促进肝功能，协调肝胆与各消化腺的分泌，促进胃肠道消化吸收各种营养物有帮助。第三，对促进宝宝肾的发育及功能的提高，防治泌尿系统疾病更有好的辅助作用。第四，对脊柱、四肢骨骼的健壮发育、乳牙的生长也有好的功效；三阴交穴对骨髓的生血造血及增强免疫系统功能，配合治疗各种贫血都有很好的疗效；对促进大脑功能和眼球发育也大有帮助。

四、揉摩方法

对宝宝进行肌肉、肢体、关节以及穴位的揉摩，用力要轻柔、缓慢，以宝宝感到舒适为准。每次一侧肢体、肌肉、关节揉摩以 2 ~ 3 分钟为宜，每个穴位以 5 ~ 10 秒即可。因为宝宝太小，要考虑他的耐受性尚弱，大脑也易疲劳，兴奋性不能持久的生理特点，每天上下午各进行一次是有益的。若宝宝感冒发烧了，除腰背部可揉摩外，还可配以合谷穴轻揉摩，若是胃肠型感冒也可轻揉足三里穴配合治疗，有助于减轻胃肠系统的不适症状。其他处揉摩可暂停。

第5节　坚持对宝宝进行“早早教”好处多

1. 坚持早早教可以让宝宝从一生下来就生活在一种文明的环境里，耳濡目染、享受有节奏、富有韵律、抑扬顿挫、悠扬悦耳的声频，对其大脑细胞和听神经反复的声波刺激，久而久之这一类悠扬美妙的音乐或儿歌、诗歌、故事等音频节律在宝宝的大脑细胞与听神经中产生了一定的振动波。尽管这个时期宝宝并无什么“大脑意识”，但只要这种相同或类似的音频振动波一出现，就会引起宝宝的听神经与大脑听觉中枢细胞兴奋，就为深入培养奠定了基础。

2. 坚持早早教一定要选好适合半岁左右宝宝的内容：如轻音乐、儿歌、简短而优美的诗歌、故事等，播放的声音不要太响，一般在60分贝以内宝宝是能接受与适应的；还要符合宝宝大脑细胞很稚嫩、兴奋持续时间只能几分钟就会弱化的特点。所以每一次早教持续5分钟就应休息几分钟或变换内容，不要让宝宝疲劳。否则打乱了宝宝大脑细胞的兴奋－抑制规律，就难培育具有某种良性脑电波形的细胞来，从而达不到你预期的效果。尤其不能用刺耳、高亢强烈的音频引起宝宝的惊吓恐慌，那就有害了。

3. 每次早教结束，一定要给予宝宝以温情的拥抱，让他在你温暖的怀抱里享受爱的暖流，回味美好的早教音频节律与声波振动。

第6节 4～6个月宝宝应预防接种的疫苗

1. 4个月时给宝宝第三次口服脊髓灰质炎减毒活疫苗糖丸，用冷开水送服或在宝宝嘴里含化后用冷开水咽下。服后一小时内不能喝热水。

2. 服糖丸2周以后，才可以给宝宝第二次接种百白破三联菌液类毒素混合制剂；宝宝5个月时第三次接种此制剂。每次都是在上臂外侧皮下注射0.2～0.5mL。注射后宝宝一般无不适反应，个别的有发烧（38℃以下），有的注射后局部轻度红肿、疼痛、发痒。可给宝宝多饮温开水，一周左右可逐渐消退。

3. 宝宝6个月时第三次接种乙肝疫苗，于上臂三角肌处肌内注射5μg。注射后一般无反应，少数宝宝有局部（注射处）红肿、轻度疼痛，均无须特别处理，多在3～5天后消退。

第十三章　7 ~ 9个月婴儿（181 ~ 270天）

第1节　7 ~ 9个月婴儿的一般发育特征

一、体重

1. 男婴：7个月体重在7.2 ~ 9.6kg；8个月体重在7.5 ~ 10kg；9个月体重在7.8 ~ 10.5kg。

2. 女婴：7个月体重在6.8 ~ 9.2kg；8个月体重在7.1 ~ 9.6kg；9个月体重在7.3 ~ 10kg。

二、身长

1. 男婴：7个月身长65 ~ 71cm；8个月身长67 ~ 74cm；9个月身长70 ~ 76cm。

2. 女婴：7个月身长64 ~ 70cm；8个月身长67 ~ 72cm；9个月身长69 ~ 74cm。

三、头围

1. 男婴：7个月头围42 ~ 45cm；8个月头围42.5 ~ 46cm；9个月头围43 ~ 46.5cm。

2. 女婴：7个月头围41 ~ 44cm；8个月头围42 ~ 45cm；9个月头围42.6 ~ 45.5cm。

四、胸围

1. 男婴：7 个月胸围 42.5 ~ 46cm；9 个月胸围 43 ~ 46.5cm。

2. 女婴：7 个月胸围 41 ~ 45cm；9 个月胸围 42 ~ 46cm。

五、出牙

8 ~ 9 个月时长出 2 个上门齿和上侧切牙。加上已出的 2 个下门牙总共可有 6 个牙齿。

第 2 节　7 ~ 9 个月婴儿各器官系统的发育及功能特征

一、神经系统

1. 视力：看得更远，尤其对家人看得更清楚且表情亲热，说明视神经与大脑的联系在进展。

2. 听觉

（1）可分辨出家人的声音且表情亲热；对熟悉的非家人声音多表现为注视；对陌生人的声音则无动于衷，无任何反应。

（2）对早教的内容有不同的反应。说明其听神经与大脑皮质的联系在进展，功能在细化。喜欢的和悦耳的会表现高兴；不喜欢的就无反应。

3. 发声和音调的变化：呈现多样性，有单音节的，多音节的，高低不同音调的。这些说明宝宝在模仿大人发音，也表明宝宝的大脑发育加快，智力也在同步进展。此时应给予宝宝以亲切的回应，促使他大脑功能的快速良性发育。你若不给予宝宝及时回应则会挫伤他的发音积极性，影响他以后模仿大人说话的兴趣。最好的做法是经常与宝宝说说话，而且是高兴地和他说。这样的正能量能激发起宝宝发声的兴趣，说不定他能喊出 BaBa、MaMa、尿尿等常听到的单音节词来，日日重复就开启了宝宝说话的功能。

二、消化系统

1. 母乳的哺喂在逐渐减少，辅食在日渐增加，由开始的流食向着半流食转化，甚至可以吃面条、馒头、面包等食物了。消化吸收功能明显增强。

2. 可以加食一些肉泥、菜泥类的辅食，以增加维生素、微量元素和矿物质的摄取；每日 1 个或 2 个鸡蛋，对宝宝的好处多。

3. 宝宝的大便次数减少至每日 2 ~ 3 次。一是说明消化吸收功能增强；二是证明大脑功能的发育，对胃 – 结肠反射的控制功能在进展。

三、运动系统

1. 宝宝 7 个月时能单独坐稳或独自爬动，或向前或后退，但较吃力；宝宝 8 个月爬行能力改善；宝宝 9 个月时扶着支撑物可以缓慢站起来几分钟，但不能离开大人照顾。这些说明宝宝的肌肉明显发育，肌力在稳步增加，骨骼发育进展顺利，关节的发育和功能是令人满意的，大脑运动中枢与各运动系统的联系和支配是协调的，但需要家人的精心训练。

2. 双上肢肌力增加，双手的动作也在增多，给宝宝玩具可以拿得很稳，而且能玩、晃动或敲打等，甚至边玩边哼哈地高兴叫起来。

第 3 节　如何坚持对宝宝的“早教”培育

一、在早教培育中注意观察宝宝的兴趣爱好

1. 爱看颜色鲜艳的物品的，就多提供各种颜色的玩具或

简单图画图片供他玩耍观赏。

2. 爱听音乐的，就多播放轻松、愉快、悠扬的抒情歌曲或儿歌，每次5 ~ 10分钟，休息5分钟左右。若宝宝兴趣活跃，可反复再播放同样的内容，同样长的时间，然后再休息5分钟。如此循环重复是让宝宝大脑加深印象和刺激。若宝宝疲倦了或饿了，那就喂哺后可让其睡下。醒来后还可继续教，或改变内容。只要宝宝有兴趣，就反复播放，以激发宝宝的大脑皮质和下丘脑的良性情绪反应，建立大脑细胞对这类乐曲的兴奋性。每天定时激发，反复兴奋并强化，坚持一段时期，宝宝的大脑细胞对这种相同或类似兴奋频率的乐曲，说不定会形成一个兴奋灶。以后只要一听到同样频率或旋律的乐曲，就会兴奋起来。如此按照宝宝的生理规律和兴趣反复巩固强化，是会建立起良好性格基础的。如果宝宝的兴趣高，而母亲或家人的热情不高，或心不在焉，敷衍了事，那宝宝也是会感觉到的。别以为他才八九个月，实际上他与你朝夕相处，他的大脑感觉中枢对你的情绪或动作都是十分敏感的。你不愿与他共享欢乐，他对你也会冷淡甚至冷漠的，那就难让宝宝建立良好的性格基础了。因此，在这里要提醒宝宝的父母和家人，对其进行早教要想收到预期的好效果，一定要清楚，你们不仅只是他最亲的亲人，还应是他最亲密的伙伴，更应成为他最好最喜欢、又有远见责任的启蒙老师！这样的评价与要求是很现实的。只有你们对宝宝的一呼一吸、一皱眉、一哼哼才最了解，因而对他培养训练起来，也只有你们才最熟知宝宝的喜怒哀乐和兴趣爱好，宝宝对你们也是最依恋的。

3. 还可以给宝宝播放或朗诵一些简短、有韵味、口语化的古典诗句或儿歌，使他对优美动听的语音有好的感受，大脑细胞产生良性的兴奋。每天训练几次，每次3 ~ 5分钟，然后休息几分钟。如此反复刺激兴奋宝宝的大脑细胞，长期坚持不懈，反复强化是会有好的效果的。那种怕麻烦、高兴时教，不开心或短期不见效果就不教的做法，是不会在宝宝的大脑中形成良性兴奋点或兴奋灶的，就收不到好的效果。

4. 在宝宝生活的环境中不要发出激烈、高亢刺耳的劣性声音，以防引起他恐慌、惊吓反应，这种高强频率的音波是宝宝柔嫩的听神经和大脑细胞难以承受的。这样的劣性刺激若经常出现，则会使宝宝的大脑细胞兴奋性紊乱，日后无论什么样的良性刺激都难以引起他的兴趣。

二、和宝宝一同玩耍，激发他活动的兴趣

这也是一种好的早教方式。譬如和宝宝玩玩具时可有意识地把玩具放在前方 20cm 处，鼓励他向前爬去拿上玩。这既能激发其大脑皮质感觉中枢和运动中枢的兴奋性，又能训练他肌肉和关节活动的协调能力。只有家人变换花样、高兴地与宝宝互动配合，才能激发他活动的兴趣。

1. 若在与宝宝玩耍时，大人只动嘴不动手参与，是难启发他活动的情趣的。因为他听不懂你说的意思，大脑就兴奋不起来，或学你只看不动。因此要想开启宝宝喜欢活动的兴趣和能力，是需要家人做出示范启蒙的。

2. 和宝宝玩耍时还要懂得八九个月的婴儿大脑皮质的兴奋性不能持久，肌肉易疲劳。一般活动十来分钟，就需让他休息片刻以缓解疲劳。让他在你们的怀抱中是最温暖最享受的休息方式。这样宝宝才会喜欢与你们共享欢乐。

第 4 节　7 ~ 9 个月婴儿的营养需求

一、热量的每日需要量

7 ~ 9 个月婴儿每日需热量为 100kcal/kg。他们的平均体重大多在 8 ~ 9kg，每日所需热量的供热量为 800 ~ 900kcal。

二、热量供给的来源

1. 母乳：一般母乳分泌充分的，其每日泌乳量可达700 ~ 1000mL，可供热量约为730kcal，乳汁分泌不充分的乳母比较多，她们的乳汁只能供应宝宝每日所需热量的60%左右。

2. 40%左右的热量供应量需靠辅食补充

（1）首先用加铁米粉，煮成“糊糊”喂；也可用配方奶粉或鲜牛奶补充，喂的餐次和量由家人依宝宝的需要量而定。每日一个鸡蛋羹是理想的。配制辅食时每日用维生素 D 400IU加入其中切莫忘记。它可促进骨质的生长和骨骼与牙齿的发育；促进各组织细胞的分化增殖；提高免疫系统的功能。此外，也可变换辅食的口味，既可促进宝宝味觉的发育，又可全面补充各种营养物。

（2）宝宝出牙了，也可逐渐喂点面条、馒头、面包等固体食物，这样有利于训练咀嚼功能。

三、维生素、微量元素和矿物质与纤维素的补充

1. 尽量保证母乳的质量。可参看前述有关章节的内容。

2. 每日给宝宝配制辅食时，可适当加点菜泥、菜汁、肉汤、肉末，自制的鲜果汁等。夏季的新鲜西瓜或西瓜汁；秋季自制的鲜梨汁或橘子汁都是很好的营养饮品。需要提醒的是：如果宝宝“感冒”了，在开始发烧的头3 ~ 5天最好不要喂西瓜汁、梨汁这类偏凉性的果汁，以防如中医理论上说的“引邪内陷”，而延长感冒时间和加重感冒的症状。

四、宝宝每日水分的摄入

这一点对不会说话的7 ~ 9个月的婴儿是应重视的。除了母乳及辅食外，一般每日可给宝宝另喂2 ~ 4次温开水

（35 ~ 40℃），每次 100 ~ 150mL，以宝宝愿喝多少就喂多少为准，不可一概而论，也不需你像计算热量那样精确。一般细心的母亲或家人每次给宝宝换尿布时，就能依据尿布被浸湿的范围估计宝宝的尿量及是否体内缺水，是否需喂水？这种对尿布尿湿情况的观察判断形成习惯后，结合宝宝的反应表现，还是比较可靠的，既简便、心里也较踏实，也有助对宝宝的监护。只要每日保证了宝宝对热量营养物质的足够需求，维生素和电解质的充分，各种微量元素的全面，水分的合理补充，宝宝生长发育就顺利。

第 5 节　7 ~ 9 个月婴儿的护理

一、一般护理应注意的方面

7 ~ 9 个月的宝宝由于大脑更灵活了，爬行能力日渐增强，活动范围逐渐扩大，加之孩子好动的天性及好奇心均更活跃，什么都想摸一摸、碰一碰，但又还不能判断利害与否，所以这个阶段就成了宝宝的意外不测事件的好发时期。时刻寸步都离不开大人的操心监护。

1. 防止宝宝爬至床沿跌倒至地下，尤其是家长不注意时更易发生，造成稚嫩骨头摔伤或骨折；或是尚未发育完全的关节损伤。因此应时刻将宝宝挪到安全位置，注视他的爬行。爬行的好处是有助于促进宝宝的肌肉、四肢骨骼、关节以及脊柱腰弯的发育，也可为防万一，在床沿档上床栏或在宝宝腰上系一小绳子，既安全，也可以减轻家人的负担，杜绝意外发生。

2. 防烫伤。这种情况在农村时有发生，城市中的宝宝也会因碰倒了开水杯或保温瓶引起，尤其是放宝宝在地下爬时要警惕！

3. 防电击伤。因为现在家用电器越来越多，电线的插座也多，插座孔有的能伸进宝宝的手指，事故往往就由此发生，一定不要掉以轻心！

4. 防宝宝居室的空气污染

（1）不准家人和外人进室内吸烟。

（2）室内不要用卫生香或花露香水等，更不能用杀虫剂喷雾。要牢记一条科学常识：化学品制剂都对宝宝的皮肤和器官有影响！

（3）每日定时更换室内空气。天气晴朗、无风或风和日丽，空气清新时，可抱或用小童车推着外出，室内大开窗户，使之自然换气，让污染的空气逸出，新鲜的空气进入室内。

（4）有沙尘的天气不能开窗，更不要带宝宝外出。

（5）保持宝宝室内温度、湿度适宜。夏季温度在18 ~ 20 ℃，湿度在 50% ~ 55% 较舒适；冬春季室温在22 ~ 24℃，湿度在 50% ~ 55% 较舒适。

5. 带宝宝外出晒太阳。天气好时可每日上下午各晒半小时。上午以 9：00 ~ 9：30 较好；下午以 5：00 ~ 5：30 较适宜。因为这几个时段的紫外线强度不太强烈，对宝宝娇嫩的皮肤不会造成灼伤。刺激宝宝皮下组织中的 7– 脱氧胆固醇演变成维生素 D，有利于宝宝对钙、磷的吸收和促进骨质的矿化，增强宝宝的骨骼发育而促进健康。

二、预防各种病菌微生物感染和防蚊虫叮咬

1. 冬春季节是流行病、传染病的高发季节。由于宝宝在半岁以后从母体带来的一些非特异性免疫因子等均已耗尽，加之其自身的免疫系统功能尚不健全，因此抵抗疾病的能力是较弱的。最好的措施就是以预防为主，注意重点如下。

（1）各种感染性疾病流行时，尽量不带宝宝外出，尤其是人多而杂的场所不要去。

（2）所有伤风感冒或有别的病毒感染发烧的人，不要让其进入宝宝的房间内。

（3）抽烟（包括浑身烟气十足者）、喝酒后，浓抹艳装，刚染完发、焗完油的人也不宜进入宝宝室内。因为这些化学气味会损及宝宝还弱的免疫系统功能,以及相应器官的解毒功能。

（4）家中大人接触或抱宝宝前最好是先洗净双手，而且不要穿脏衣裳，应换清洁衣裳。

（5）刚从有油烟气的厨房炒完菜出来，最好应换了外衣再接触宝宝。为的是防止油烟对宝宝的皮肤和呼吸道的刺激和损伤。

（6）天冷时阳光好的时候，可抱上宝宝到向阳的玻璃窗前晒晒太阳，增加体内内源性维生素 D 的生成，除有利于骨骼发育外，还对机体的 DNA 有良好的保护作用，促进基因的表达。

2. 夏季天热宝宝室内不宜使用空调，以防发生低氧和负氧离子降低，空调中的病菌还会污染室内环境。因为空调机容易将室内的氧气和负氧离子抽出排至室外，人在缺乏负氧离子和低氧的室内停留时间长，会引起胸闷、头晕、乏力等所谓的“空调综合征”，对心、肺及免疫系统均不利。

（1）若室温超过 22℃，可用转头式电扇，以使空气流动调节室温。但宝宝睡着后宜将电扇远离一些，不要对着宝宝吹，以防伤风病症。

（2）宝宝应睡在有蚊帐的床上，以防蚊虫叮咬，引起过敏性皮肤红、肿、痒、痛，甚至疱疹，使宝宝不适或难受，以致坐卧不安哭闹。

（3）每天下午 6 点钟左右洗洗温水澡，水温以 40℃较适宜，每次洗浴用浴盆，不宜用淋浴，以防电热水中次氧离子的损害。每次洗澡不要超过 10 分钟。有的宝宝恋水，最好用他喜欢的东西或玩具吸引和转移其注意力，再抱起宝宝擦干身上的水，裹上浴巾放到床上休息5 ~ 10分钟后再穿上干净衣服。

（4）开窗户要在太阳出来后才打开。太阳出来前室外空气中的二氧化碳浓度较高，尤其是四周环境中花草树木多的更加如此。因为植物在夜间是进行呼吸作用的，即吸入氧气而释出二氧化碳；只有在太阳出来后，日光照射植物叶片进行光合作用，叶片吸入空气中的二氧化碳合成营养成分供其生长，同时又释放出氧气，因而空气中此时含氧量就高，而且负氧离子也多，空气清新并且还有一定的抑制细菌的作用，对大人对宝宝都有好处。

3. 秋季天气干燥气温波动大，早晚凉，加上宝宝身体调节体温能力尚不成熟，免疫系统功能还较弱。因此，早晚应及时注意增减衣裳；室内的加湿器也应定时清洗杀菌，保证宝宝室内的气雾无菌；加湿器也不宜开得太大，以防室内湿度波动不定，宝宝难以适应；防秋燥伤身体最好的方法是煮梨水，每天给宝宝喝几次，有助滋阴润燥，提高宝宝抵抗秋燥的适应力。

第6节　7 ~ 9个月婴儿应预防接种的疫苗

一、第一次接种疫苗

7 ~ 9个月宝宝应当第一次预防接种麻疹疫苗了。用0.2mL的麻疹减毒活疫苗，于上臂外侧皮下注射。尤其是早产儿及低体重儿更应及时注射接种，体质较弱的宝宝也应及时接种。

二、接种疫苗后

部分婴儿接种疫苗后1 ~ 2周时间可能出现轻至中度发热；也可能部分孩子会出现“感冒”样的上呼吸道卡他症状：打喷嚏、流眼泪、流鼻涕等症状。一般持续3 ~ 5天可好转，多喝温开水，若每日加服50mg维生素C效果会更好些。也可能有很少的宝宝在口腔内颊黏膜上出现黏膜疹；或颈前及胸部皮肤上出现散在皮疹。只要注意护理，多喂温开水，加强饮食营养，每日服 50mg 维生素 C，恢复都很顺利。切忌乱服药物，致使宝宝体内抗体的产生受到干扰，和药物产生不良反应。

三、接种麻疹疫苗的注意事项

1. 接种前一个月和接种后 2 周内避免注射丙种球蛋白或胎盘球蛋白等制剂。

2. 更要避免使用转移因子、干扰素等制剂。

第十四章　10 ~ 12 个月婴儿（271 ~ 365 天）

第 1 节　10 ~ 12 个月婴儿生长发育的一般特征

一、体重

1. 男婴：可达 8.5 ~ 11kg；平均 9.5kg 左右。

2. 女婴：波动在 8 ~ 10.5kg；平均约 9kg。

3. 早产儿大都发育稍轻，但母乳质优量足，喂哺科学的也与足月儿一样。

二、身长

1. 男婴：可达 72 ~ 78cm；平均约 75cm。

2. 女婴：与男孩基本相同。

3. 早产儿身长会略有落后，但母乳量足的也与足月儿近似；个别母乳不足但喂养科学的也同足月儿。

三、头围

1. 足月产男婴（12 个月）为 44.5 ~ 47.5cm。

2. 足月产女婴（12 个月）为 43.3 ~ 46.5cm。

3. 早产儿与足月儿差别不明显。

四、胸围

1. 足月产男婴（12 个月）为 43.2 ~ 48cm。
2. 足月产女婴（12 个月）为 43 ~ 46.7cm。
3. 早产儿约在男女婴儿的低值。

五、睡眠

一般都较规律，全天能睡 14 ~ 18 小时。若睡得时间多但智力好也是健康的。大都在白天上、下午各睡 2 ~ 3 小时，夜晚吃了睡前小餐后一夜可睡 8 小时左右，有的半夜醒来后又睡去，凡是睡眠越规律的宝宝，一般身体素质发育得更佳。

六、出牙

1. 9 ~ 10个月时有的宝宝可长出6个牙：下中切牙（门牙）2 个，上中切牙 2 个，上侧切牙 2 个。也有少数宝宝出牙提前或较迟的。

2. 12 个月的宝宝可长出 8 个牙：即上、下中切牙和侧切牙均各 2 个。在利于宝宝吃固体食物。

七、站立

10 ~ 11 个月时扶着支撑物可站立，12 个月时拉着家长的手会缓慢行走，有的也可走得较稳并协调，甚至独立行走。但都应小心预防宝宝跌倒受伤，最好是家长扶着宝宝两腋行走。

第 2 节　宝宝的表情与活动能力均快速发育

1. 视觉更清晰，视野明显扩大，与表情反应联系起来，表现自己把见到的与大脑联系更紧密。

（1）对熟悉的亲人尤其是母亲，只要听到其声音或脚步声，即使尚未见人也会朝声音方向找寻，见到了则更是欣喜或手舞足蹈起来，甚至发出呼叫的呀呀声音，表明他的高兴。

（2）对不同的颜色产生了喜爱与一般的区别。

（3）喜欢室外环境的各种景物和花鸟飞虫，一到室外就兴趣盎然，情绪热烈奔放。看见什么都想近前细细观赏，或试图用小手去触摸。

（4）见了陌生人则无动于衷，或是凝视或转移视野，不喜欢或拒绝陌生人的逗趣与拥抱。这些都表明宝宝可以把见到的陌生人与情感反应准确地联系区分并表现出来。

2. 听觉更精准敏锐并做出相应反应。

（1）喜欢听亲人说话，有时宝宝也搭讪哼哈，时有发声，似乎在表明他也能参与家人谈话。

（2）听到家人叫其小名或名字，会高兴地看着你笑脸以对，或啊哈地表示回应听到了。

（3)听到室外的汽车声,有的宝宝还会发出“的、的”声音，或用手指车的行进方向。

（4）对悦耳的音乐歌曲或好看的文艺表演节目能专注地听和看。这些都表明宝宝的大脑功能在快速发展，智力在随环境而逐步开启。

3. 会说一些单音节的话了。如对亲人会区别地叫：妈妈、爸爸、姐姐、爷爷等给家人以欢乐，有的宝宝要小便时会喊尿尿等。

4. 主动活动日渐增加。

（1）精细动作逐渐发育起来，如会试图用手指去拈小物品，不像以前是用手去抓握。

（2）扶着支撑的物体站起时总想移动脚步，进展到会移步，有的宝宝在大人拉着他的小手时，会主动交换两腿和脚向前迈步，还有部分 11 ~ 12 个月的宝宝可以独立蹒跚慢慢行走。这些既反映出宝宝的智力在向前发育，全身的肌力与体力也在稳步进展，更表现出宝宝的大脑神经系统对全身各组织器官的协调管控。

（3）对周围有无危险因素还无此概念，因此更离不开家人的无微不至的呵护，以防意外发生。

5. 有了与周围同伴及小动物接触的行为兴趣。

（1）见了别的小朋友会高兴对视，有时还咿咿呀呀地好像打招呼一般，或是用手去触摸。

（2）情感的表达开始逐步建立并日渐增多。

（3）两腿肌肉的力量在逐渐增加，无论见了什么物品都有好奇心，总想移步去接近或接触，见了小动物也不知道什么叫害怕，总会去摸一摸、动一动。这种情况下应将宝宝抱开，以防被伤害或传染上一些病菌微生物有损健康。

第 3 节　1 岁左右宝宝的情感和兴趣在日渐进展

一、环境对宝宝情感发育的影响明显

1. 家庭和睦欢乐的，宝宝的发育表现得活泼阳光，精、气、神充足，各种动作也多，如手爱动、脚喜蹬，有的爱哼哼或独自玩小玩具，而且玩得认真专注，表现得高兴。

2. 家庭不和谐经常吵架的，宝宝往往表现得茫然、思维混乱、无所适从，有的表现出紧张不安，遇到不和谐的声调往往只会哭。

3. 家庭环境恶劣甚至有暴力的，处在这种环境中的宝宝更可怜，表现出麻木、精神萎靡，对周围一切事情皆无明显反应，有时又会莫名地暴发愤怒哭闹。

二、给宝宝创造自由自在的活动空间

1. 自由自在无拘束是一种正能量，这能促使宝宝的神经

内分泌顺利平稳地发育，使其大脑皮质建立起良性兴奋，促使下丘脑以下靶器官各内分泌激素协调分泌、有助身体内环境稳定，有利于各器官系统协调地进行各种生理活动，宝宝的发育就更健康。

2. 宝宝在自由活动中，父母或家人要陪着一起玩，并创造好的方式让宝宝高兴接受，跟着你的好方式去自由发挥。在和宝宝一同玩耍中去发现他的闪光点或兴趣，并为他发展兴趣创造条件，使其闪光点顺利发育奠定好的基础。

3. 切忌父母或家人自作聪明，非让宝宝按照大人的方式玩耍。这种强迫方式对宝宝是一种负能量，使宝宝失去主见，大脑皮质活动失去自我的兴奋节律，干扰了他的神经内分泌顺利运行，其结果是不利于宝宝身心发育的不科学作法。

第 4 节　坚持对宝宝进行文化内容的启蒙熏陶

1. 每天利用一定的时间进行“早教”，或播放朗诵简短、好听、富有情趣的口语式诗歌或儿歌，抑或播放优雅、愉快的歌曲或其他的文艺精品段子。日子一长，宝宝一听到某一音调频率的音乐或诗歌或儿歌等，总会有不同的反应的。你再根据其较突出的反应，就可以发现他的某种兴趣，不断进行反复强化，素质就在这持之以恒的强化中奠定起良好的基础。

2. 宝宝哭闹时父母要善于分析查找原因：是饿了？尿湿了？拉下了？还是困倦了？抑或是其他不舒服了？有的放矢地去解决宝宝哭闹的问题，并给予令宝宝感兴趣的的物品或活动方式，以转移其劣性兴奋，把他剧烈波动的神经内分泌调整到平静、平稳协调的状态中来，促使其内环境恢复稳定。

第5节　如何保证宝宝的营养全面和恰当

10 ~ 12个月的宝宝，食量不断增多，消化功能也显著增强，对各种营养物质的需要也明显随着生长而增多。但乳母乳汁分泌已进入晚乳阶段，泌乳已经很少，加之此时期乳母的各内分泌器官已恢复至孕前状态，促进乳汁产生和分泌的相应激素也很低了。有的乳母已无乳汁排泌。但有少数婴儿因吸母乳已成习惯，见了母亲还想吸奶，此时不应挫伤了宝宝对母亲温暖怀抱的依恋和感情，应该满足宝宝吸奶的要求，逐步减少次数直至断奶。实际上宝宝吸不出乳汁来也会慢慢自动不吸了。即使完全断奶后，也应经常抱抱亲亲宝宝，增强和巩固他对母亲的依恋感情，这有利于宝宝的情商发育。

一、确定给宝宝的营养供应

1. 总热量——每日每千克体重应保证在100kcal。若按平均体重（不分男婴女婴）在9 ~ 9.5kg计算，则每人每日供应的总热量应为900 ~ 950kcal，个别发育超前的可达10kg左右，则总热量的供应为1000kcal。

2. 各种供热量营养物质的量和比例分配

供热量的营养物质分别为：碳水化合物（粮食类）、食用油脂和蛋白质三大类。

（1）碳水化合物（粮食类）以占总热量比例的55%计算应为：950×55%=522kcal，每克粮食可供4kcal热量，则522÷4=130g粮食。

（2）蛋白质：以宝宝每日每千克体重需供优质蛋白质3.5g计算，则每日需供：3.5×9.5=33.3g。每克蛋白质可供热量4kcal，则33.3g可供热量为33.3×4=133kcal，占总热量14%。

（3）脂肪类（食用油脂）：宝宝每日每千克体重需供应脂

肪为 4g，按体重 9.5kg 计算，则每日需供给：4×9.5=38g。每克脂肪可供热量为 9kcal，则 38×9=342kcal，占总热量的 36%。

3. 维生素、微量元素和矿物质的供应：这些营养物质在肉、蛋、牛奶或配方奶粉；水果和各种蔬菜变换搭配。一般不会缺乏，但需要重视如下内容。

（1）维生素 D 应该每日用其滴剂或油剂 400IU，一次性掺入饭食中服下。

（2）微量元素，尤其是铁、碘、锌、硒、铜、镁、锰等，只要在副食中注意将含这些成分较多的交叉搭配，也不会造成缺乏。

（3）矿物质：广泛存在于蔬菜、水果及豆类制品中，水中也含一定量，因此也不容易缺乏。

4. 水：水是维护人体生命代谢活动及身体内环境稳定的重要营养成分，每日都不能缺乏。

（1）10 ~ 12 个月的婴儿每日需摄入水为每千克体重 100 ~ 120mL，每日总摄入水量为 950 ~ 1140mL。若夏天出汗时，则还应适当增加摄入的水量。

（2）宝宝不会说话，如何观察他是否缺水是需要细心估计的，除了观察他的皮肤和嘴唇是否润泽外，比较简单可参考的方法是看宝宝每次换尿布时，其尿湿的范围和平时是否相同，每日尿了几次？

（3）宝宝是否主动要水喝？

（4）如果嫌上述方法麻烦，也可每日按时给宝宝喂水。若他喝得认真，说明饮食供水不足，若宝宝不好好喝或拒喝，则表明他身体不缺水。

（5）切忌给宝宝喝各种化学物质勾兑成的饮料和所谓的“果汁”。这些均是损害宝宝的神经系统、免疫系统、胃肠、肝、肾、骨骼、牙齿以及内分泌系统的物质。只有无污染的天然水才是最好的饮品。一般以 40 ~ 45℃的温开水才最有利于细胞的吸收利用和内环境稳定。

二、宝宝的食谱如何配制

每日3正餐和3辅餐。三正餐的配制比例各占总热量的25%，均为238kcal，三辅餐各占总热量的比例分别为8%、9%、8%，各自热量为76kcal、86kcal、76kcal。

1. 早餐（7点钟左右）有两种类型可任选一种。

（1）鲜牛奶200mL，米饭30g，适量菜末。

（2）汤面条50g，几滴芝麻油，维生素D 400IU。

2. 辅餐（上午10点）一个鸡蛋羹、几滴香油。

3. 午餐（12点钟左右）主食（粮食）50g，副食如肉末、肉汤、菜末等自行选用。

4. 辅餐（下午3点）小饼干几片加鸡蛋汤；有母乳喂哺更好，或用山药、土豆制成泥状也好。

5. 晚餐（下午6点半左右）主食（粮食）50g，副食如肉末、豆腐、菜末等自制，汤适量。

6. 睡前辅餐（9点钟左右）有母乳喂最理想。如无母乳喂哺的可用配方奶粉Ⅱ段8～10g加温开水150～200mL喂哺。Ⅱ段配方奶粉适用于7～12个月的宝宝。其中已补足了DHA、ARA、核苷酸和足量的铁离子，有的还添加了葡萄糖聚合物以促进钙离子的吸收。这些均有利于宝宝大脑神经系统、胃肠、肾、骨骼的生长发育。

上述食谱总热量为900～950kcal，是可以满足10～12个月宝宝的每日代谢所需热量的。其次是维生素、微量元素和矿物质、水分在主食和副食中都含有不同成分，多样搭配可以起到互相补充的效果。若经常用山药或土豆煮熟后捣成泥状或用粉碎机（家用型的）粉碎后，按宝宝的口味调配喂食是有助健康的。根据中药理论：山药甘淡，性温，对肺、脾、肾都有补益作用，食之可增强心肺功能。补脾可增强胃肠消化吸收功能，有助肌肉发育并增加肌肉收缩力；补肾可促进骨与关节的健壮，提高大脑的功能灵活性；肺、脾、肾三脏俱补有利于内分泌系统和免疫系统功能的成熟和增强。土豆含有铜元素，有促进铁元素的吸收与形成血红蛋白的作用，是适用于宝宝的好副食，对预防和改善缺铁性贫血效果会较好。

上述食谱的量与种类可根据宝宝的口味变换，所含的各种营养素比较全面。

三、这样配制的食谱适合宝宝吗

1. 可观察宝宝喂食时吃的反应：只要他能吃而不拒食，就说明宝宝能接受，也能适应。

2. 用测量宝宝体重的变化进行动态观察：因为一岁以内的宝宝，体重增加是第一生长高峰期的主要指标之一。这可用一个简单的计算公式测定：体重（kg）=6kg+ 月龄 ×0.25kg。如果用此公式算出来的体重与宝宝的实测体重相符合，或比前一个月增加 0.25kg，都说明上述食谱的营养充足，适合宝宝的发育生长所需。但副食的种类可经常变换，以保证营养素全面。

3. 如何准确给宝宝称体重？比较真实反应宝宝体重的方法是：晨起排空二便后，裸身或只穿一小裤衩，上秤测量，可 1 ~ 2 星期测一次，也可每月测一次。若一个月宝宝的体重增 500g 左右，那就证明上述食谱是适合的。

4. 最全面细致的方法就是去看医生，进行全面体检和必要的化验，以便精准了解宝宝的生长发育状况，让家长及家人心中有数。

四、冬季不能给宝宝吃的食品有哪些

1. 凉性食品：绿豆、石膏点的豆腐、凉拌菜、凉粉、海带、冷饮等，最易损害胃肠功能。

2. 一切含有化学添加剂的加工食品最好不吃。

第 6 节　对 1 岁左右宝宝护理的要点

一、注意防止宝宝不要抓住什么都往嘴里塞

1. 摄食是宝宝与生俱来的天然反应，在他的脑子里凡是能抓到的东西都会往嘴里送。作为家长及护理人员一定要有这个概念：防止宝宝将一切能抓住的不能吃的和脏的东西往嘴里塞，以防病从口入，或损伤其口腔黏膜，尤其是某些小物品卡住咽喉，引发不测意外。

2. 教宝宝学洗手，尤其是在吃食前后及便后更要养成洗手的习惯。

3. 要仔细观察宝宝在大小便前的表情或动作，并逐渐训练宝宝学会要大小便时发出信号。

4. 10 ~ 12 个月的孩子还不能控制胃结肠反射，因此大部分孩子一吃东西就要大便，这是其大脑 - 胃肠神经反射尚未成熟的正常生理现象，不能一看到孩子大便就埋怨或生气。这对宝宝是一种劣性刺激。有影响其大脑对胃肠神经的调控能力，从而造成胃结肠反射会延缓控制，反而使你更生烦恼。对 2 岁以内的宝宝无论在什么情况下都不能烦躁粗野对待，只有用耐心关怀的良性情绪和行为才能促进宝宝的各种神经调控反射逐渐成熟顺利些。

5. 坚持给宝宝勤洗澡、勤换洗衣裳。因为宝宝还不能自理，容易引起大小便的污染，喂食时洒出或呕出而弄脏衣裤。若不勤洗勤换则容易受细菌污染和繁殖，从而引起各种病症。

二、注意预防各种流行病、传染病和过敏反应

（一）冬天和早春季节是各种流行病和传染病的高发时期

1. 尽量不要带孩子外出，尤其是刮风天，以及公共场所

和人多而杂的商场不要去。

2. 尽量不带孩子串门，远离有各种感染性疾病的患者及其家人，以防宝宝被传染。

3. 家人有发烧或感冒的，咽痛咳嗽的，必须与宝宝隔离，若必须接触宝宝时应戴上口罩，换去外衣并洗手，以防飞沫传染和接触传染。

4. 宝宝一旦出现发烧，流鼻涕或眼泪汪汪等卡他症状，切忌擅自乱用“退烧药”及各种化学药品，而是应及时看医生。若医生诊断是“感冒”或“病毒感染”一类疾病时，尽可能不用化学合成类药品，最好能使用天然中草药，经医生辨证以后再处方以论治。

（二）浓春季节注意防各种花粉引起过敏反应

此时天气变暖，居住小区或公园的树木花草陆续开花，人们纷纷带孩子外出赏花，呼吸新鲜空气。但带宝宝外出时需注意如下内容。

1. 适当保暖，有风时不外出，以预防伤风感冒。

2. 好天气外出最好是人少的地方。

3. 注意宝宝对花草的反应，若有过敏征象如喷嚏连连，两眼泛红且眼泪汪汪，清鼻涕多，宝宝烦躁不安或干咳等，抓耳挠腮时皮肤上留下抓痕等，说明宝宝对此处的花草有过敏反应。

4. 浓春时也是各公园给树木花草喷洒农药防病虫害的时期，最好不要带宝宝去到这种地方。因为宝宝的皮肤娇嫩、血管丰富，最易吸收农药分子及其挥发气味，引起过敏和中毒。

5. 不带宝宝坐、卧于花草丛中，以防各种病菌的污染和各类小爬虫的侵袭与叮咬。

6. 树木花草多的地方对不过敏的宝宝有好处。

（1）空气中含氧量多，负氧离子浓度也高。

（2）可增加脑组织细胞的供氧量，提高大脑的功能，使人神清气爽，精神愉快，情绪活跃。

（3）提高血液中的氧分压，改善心、肺功能，增加肺活量。

（4）激活体内多种生物酶的活性，有利于机体内新陈代谢顺利进行。

（5）有助于提高呼吸道黏膜抗炎抗过敏功能。

（三）夏季是胃肠疾病的高发期，须注意预防

1. 水果多，不要给宝宝乱食。西瓜很适合但不能无节制地喂食而引发消化不良；还要防止将瓜籽也喂进宝宝嘴里，若卡在咽部引发不测。

2. 吃水果要洗净，削去外皮，用小粉碎机加工成鲜果泥或果汁，喂给宝宝是最安全的。但要掌握好每次的喂食量。防过量伤及胃肠。

3. 适当增加给宝宝的饮水（温开水）次数，饮水量可根据出汗情况和尿量而定。

4. 不主张给宝宝做水果冷饮喝，以防伤了他的胃肠功能。一是宝宝的消化功能还弱；二是消化系统的神经调节功能与内分泌功能还不强和协调。但给宝宝做新鲜水果榨汁喝是有益的。

（四）秋季预防

秋季天干物燥，早晚逐渐变凉，中午又燥热。10 ~ 12 个月的孩子对环境温度变化的调节适应能力还弱，因此在衣着上要随时注意增减，以预防感冒。其次，秋燥最易伤阴，饮食上可调剂用一些滋阴润燥的食品，如山药煮粥或煲汤，银耳汤或粥，百合粥、秋梨煮水当饮料等均可。既滋阴润燥又可增加免疫系统功能。第三，晚间睡前可揉摩宝宝的太溪穴（在内踝后部的凹处）和三阴交穴（在宝宝内踝上 3cm 处），滋阴和调节内分泌功能非常有效。

此外，俗话说的“秋要冻”对宝宝是不适合的，只能损害宝宝的身体健康。为什么呢？

1. 宝宝皮肤娇嫩，皮下脂肪少，而微血管丰富，血流旺盛，

容易散失体内温度，且保温能力差。若早晚气温低时还不注意加衣，则体温散失过多而受凉感冒。所以应及时增添衣裳。

2. 宝宝自身的免疫系统功能还不强壮，抗病毒等致病微生物的能力还较弱，所以不能受凉。

3. 穿着适宜，体温保持稳定，有利于宝宝的神经内分泌免疫网络的健康运转、促进和保护健康。

三、不论春夏秋冬坚持给宝宝进行穴位揉摩和洗澡

这些保健和促进发育的措施与方法在前面各章节都有讲述，可以仔细参考，关键是持之以恒才能收到理想的效果。

◎ 幼儿篇 ◎

第十五章　1 ~ 1.5 岁幼儿（13 ~ 18 月）

宝宝满一岁后即开始进入幼儿期，至满 3 周岁时为幼儿期结束。幼儿期是宝宝各种功能综合发育，快速同步协调共进的时期，尤其是智力的发育，语言功能的拓展，情感的丰富，性格的展现，行动的多样等等，真如百花齐放一般，既令人高兴，也在带、教、培养方面增加了许多内容。因此对宝宝这一时期的发育特征熟悉了解，肯定会提高带、教、培养的效果。

第 1 节　1 ~ 1.5 岁幼儿的一般身体生长发育特征

这一阶段幼儿生长发育的速度比婴儿期有所减慢。这也是幼儿发育的生理规律。

一、体重

男孩波动在 9.4 ~ 12.5kg；女孩波动在 8.8 ~ 11.5kg；但喂养不良的孩子可能偏低。

二、身长

男孩波动在 78 ~ 85cm；女孩波动在 77 ~ 85cm。若母乳不足又喂养差的会稍矮些。

三、头围

男孩可达 44.8 ~ 48cm；女孩可达到 44.6 ~ 47.5cm。前

囟门男女孩的皆应闭合。

四、胸围

男孩可达 45 ~ 49cm；女孩可达 45 ~ 47cm。肺气虚型父母的孩子胸围会在低水平。

五、出牙情况

男女孩都一样，上、下中切牙和侧切牙共 8 个已出齐，上、下第一乳磨牙也先后长出。此阶段出牙总数可达 10 ~ 12 个。但父母有一方或双方是亚健康肾阴虚型的，或宝宝在婴儿期是母乳喂养不够或人工喂养的，出牙的情况可能会延迟一些。

六、活动情况

能独立行走了，活动范围也明显扩大。与外界接触明显增加，好奇心也相应增加，但仍无安全与危险的概念，因为初生之犊无所怕。

第 2 节　1 ~ 1.5 岁幼儿的各器官系统发育和功能特征

一、心脏的发育特征

心脏功能与心肌收缩功能同步进展，但孩子的全身新陈代谢活动旺盛，所以心跳次数较快，而心脏神经调节功能还不强，故心跳节律欠均匀；心肌的收缩力在日渐增加，心耗氧量较成年人为多。

二、呼吸系统的发育特征

幼儿的鼻腔较短且无鼻毛，鼻道较窄，黏膜柔嫩，血管丰富，若发生上呼吸道感染，鼻腔易充血引起呼吸不畅，往往张嘴用口腔呼吸。其次，幼儿的气管和支气管相对狭窄，软骨未发育完善且弹力纤维少，因而吸气时扩张能力弱，易影响通气功能，一旦感冒容易引起氧气吸入不足发生呼吸困难。第三，幼儿的肺泡小，总面积也小，因而气体交换面也少，所以其肺活量也明显小。第四，幼儿胸廓短，呈桶状，肋间肌和胸部的呼吸肌均发育不完善，因而呼吸时胸廓的活动小，只能依赖腹式呼吸：即腹部肌肉收缩与松弛交替引起膈肌上下活动，使肺泡一张一缩地进行呼吸活动，所以幼儿的通气换气量都较小，要满足全身的需氧量保证新陈代谢的顺利进行，只能靠增加呼吸次数（即呼吸频率）来实现。一般 1 ~ 3 岁幼儿的呼吸次数每分钟平均为 24 次，远快于成人的 16 ~ 18 次 / 分钟。第五，幼儿呼吸系统的各种免疫功能发育尚差，各种免疫因子也分泌量低且活性不足，加上尚未建立咳嗽反射，呼吸道黏膜上的纤毛发育差功能尚弱，因此，一旦引起感冒，就会较快蔓延引发支气管炎和（或）支气管肺炎，缺氧症状更易显现。幼儿上述的呼吸系统的发育和功能特点，彰显了保证宝宝室内空气清洁新鲜、无各种污染；防止各种致病微生物侵入是头等重要的；天气不好时尽量不让宝宝去室外是保护健康的需要；远离污染污浊的环境同样是防止宝宝呼吸道各部位不受损害的重要措施，以保其健康成长。

三、消化系统的发育及功能特征

幼儿开始行走后，胃的位置变为垂直，但胃黏膜分泌的消化酶活性尚低，胃的平滑肌也未发育好，因此消化功能比较弱，由于胃下端的幽门括约肌发育较好，而胃上端和贲门部位的肌张力较弱，幼儿食物稍粗或进食稍快常可发生呕吐。早产儿胃消化功能发育更差，蠕动能力更弱，容易发生胃潴留而上腹胀；肠道黏膜和肌层发育还较弱，因此黏膜屏障功能不完善，容易受不清洁饮食的损伤引起消化不良病症。此外，幼儿的肠系膜也较柔弱而长，容易因身体转动过快引发肠扭转等急性病。所以刚喂食完的幼儿不宜立即行走或跑跳，以防发生胃肠功能紊乱不适等病。

四、免疫系统的发育和功能特点

1. 中枢免疫器官即胸腺和骨髓发育已成熟，但免疫功能还较差。

2. 周围免疫器官如淋巴结，皮肤及黏膜相关的淋巴组织、皮肤和黏膜屏障发育尚不完善，功能还较弱。表现为皮肤易受损伤，黏膜的抗菌能力差；淋巴结及淋巴组织抗感染能力不足。尤其是营养不良的幼儿其免疫系统的各免疫环节都低下，如缺锌可使巨噬细胞吞噬杀菌功能减低，抗体生成减少，皮肤黏膜功能易受损；缺铁时宝宝的淋巴细胞繁殖功能减弱，白细胞的杀菌作用差；缺乏维生素 A 可致自然杀伤细胞活力降低，淋巴细胞萎缩，产生抗体能力差，黏膜产生免疫球蛋白 A 低下等等。总之，幼儿免疫系统的发育完善和功能的成熟强健与饮食的各种营养素充分密切相关，缺乏任何一种营养成分都会引起继发性免疫功能差，尤其是易招致各种感染症的发生。

五、泌尿系统的发育和功能特点

1. 肾：1 ~ 2 岁时肾外形呈分叶状，体积相对较大，位置偏低；2 岁以内幼儿腹部触诊时容易扪及肾；幼儿输尿管长而弯曲，容易受压及扭曲而发生尿潴留，甚至尿路感染。

2. 膀胱：1 ~ 3 岁时宝宝的膀胱容量较小，排尿次数可达每日 10 ~ 12 次。1 ~ 1.5 岁幼儿还不能自主控制排尿，有充盈时易出现尿失禁，夜间遗尿。因为此期幼儿排尿受脊髓控制，有尿时膀胱括约肌自动开放，逼尿肌收缩尿流出，3 岁起才逐渐由大脑皮质及脑干系统控制排尿反射。1 ~ 1.5 岁宝宝每日尿量一般在 400 ~ 500mL。若每日尿量少于 200mL 则称之为少尿，这时候往往提示摄入水量不足，应适当喂入水份，若不及时补水易引起孩子一系列的不适反应，首先出现的是脱水症状，随之引发代谢紊乱。

3. 幼儿最常见的代谢紊乱是代谢性酸中毒。

（1）幼儿新陈代谢旺盛，产生的酸性代谢废物较多。

（2）肾小管吸收 HCO_3^- 的能力尚低；且肾滤出 HCO_3^- 的肾阈低，容易使 HCO_3^- 排出。

（3）肾远曲小管排泌 H^+ 和 NH_3^+ 的功能不足。所以脱水时最易引发代谢性酸中毒的产生。

六、骨、关节的发育特征

发育还不完善，关节囊的结缔组织不坚韧，肌力弱，活动力低且不持久。以上特点提示家长：宝宝会走路以后，不能让他每次活动的时间太长，只能逐渐增加活动量；其次是拉着宝宝手行走，尤其是上下楼梯时更要小心，严防伤及各大小骨关节损伤甚至脱臼发生。这类情况在临床上会经常见到。此外，也不要图省事，把宝宝放在学步车里让他自己坐着弯着腿学走路。这种方法害处较多，一是因为不是笔直地站立，脊柱的腰弯和骶弯发育不良，使日后的体型发育欠佳；二是无助于双下肢的发育，肌肉和肌力均较弱；三是由于双腿弯曲，日后易呈现“O”形腿，将来独立行走更慢，行走姿势矫正起来费劲或姿势不好看；四是脑神经系统与下肢活动难建立协调性联系；五是难建立起良好的大脑震动感觉、平衡感觉与体位感知觉，日后弹跳能力发育不理想；六是家长易麻痹大意，使宝宝容易翻车摔倒或摔伤等意外事故发生。针对上述各种弊病，培养宝宝学走路的最安全的方法还是让他扶着支撑物体，或家长在旁边小心保护，鼓励宝宝自己慢慢地一步一步往前交替挪动双下肢。虽然这样的培养方法费力，但收到的好处多多。

七、大脑神经系统的发育和功能特点

1. 1 ~ 1.5 岁幼儿的大脑皮质的神经细胞数目出生后已不再增加，只表现为神经细胞体积的增大，细胞的树突增多，但髓鞘的形成还较迟。这些特点使幼儿对外界各种刺激引起的神经兴奋传入大脑细胞的速度慢，反应不灵敏，且容易泛化变弱，不易在宝宝的大脑皮质内形成明显的兴奋灶，随着日渐成长大脑功能也明显增强。

2. 随着大脑功能的日渐增强，应注意对宝宝培养建立有规律的生活与活动的时间安排，促进其大脑功能的发育，逐步建立起大脑定时的兴奋节律。如每天按时起床、排便、洗脸洗手、早餐，早教可听歌曲，或听故事，或听诗歌朗诵，或听儿歌等，然后让宝宝休息玩耍。如此使其大脑细胞接受的兴奋内容充实，交替，兴奋就不易疲劳泛化。午餐后进入午休，醒来后让其自由玩耍，并与宝宝说话交流，虽然他听不懂，但也能体会到长辈对他的爱。这样有序而充实的生活内容是促进其大脑发育的良性刺激，坚持下去就会使他养成好的生活习惯。

八、注意事项

1 ~ 1.5 岁是缺铁性贫血症的易发期，须注意预防。因为此期的宝宝均已改由人工喂养各种食物，若食谱搭配安排不科学，最易引起供铁元素不足，使血液中血红蛋白合成受阻，造成贫血。幼儿从食物中摄取的铁元素叫“外源性铁”，占幼儿铁摄入量的 1/3，以动物性食物的瘦肉、血和肝含铁量高，且为血红素铁，其可吸收率高达 10% ~ 25%；蛋黄含铁量也高但吸收率较低。其次是植物性食物，以大豆的含铁量较高，这样的铁是非血红素铁，可吸收率不高，仅 1.7% ~ 8%。幼儿供铁摄入的 2/3 是由其体内已衰老并被破坏了的红细胞释放出的血红蛋白铁。这种铁叫“内源性铁”，几乎可以被全部利用供构造新的血红蛋白。上述两种铁的来源有一种规律：即外源性铁供应和摄入充足，则内源性铁就有保证不会减少；若外源性铁供应与摄入不足，那么内源性铁也会逐渐减少。所以要治疗缺铁性贫血，主要应从食物和药物两方面并进。预防仍以食物为主。

第3节　情感及认知能力的发育与培养

一、情感的发育特点

1. 一岁以后的宝宝对父母及亲人有明显的依恋感，特别是对母亲更亲更依恋。

2. 对母亲的声音及脚步声只要听到了即使未见到人，也高兴地张望寻找，见了母亲表现十分亲昵。

3. 对陌生人冷淡或有提防、拒绝的表现。

4. 虽还不会用语言表达情感，但可以用身体动作表达喜怒哀乐，如用笑以示高兴，张开双臂表示要你抱；用哭闹、转头避开不看表示不高兴、反感，不愿意或是讨厌你；累了想休息时会两眼下垂或凝视，有时低下小脑袋，用摆动小手表示与你再见，你走吧等等。若家长的情感丰富，温柔，并与宝宝亲密相处，那么宝宝的情感发育也就丰富多姿多彩且富有情趣。这与家长的教育熏陶是密不可分的。

二、认知能力

1. 一岁的宝宝往往只知道吃，什么东西都会往嘴里吃，还不知道区分哪些能吃，哪些东西不能吃。到一岁半时基本上有所区别能力，但还是比较朦胧。

2. 对新鲜物品都有好奇心，见什么都想去摸一摸，抓起来摇晃玩耍。

3. 对接触玩过的玩具还只会抓起摇晃磕碰，玩累了就乱扔一气。这些都是宝宝探索认识环境、认识事物的开始，因而需要家人耐心地教育，把宝宝见到的东西你都要连说带比画、富有表情地告诉他，或是用动作演示给他看，以启发和扩大他的认知能力。如此教育示范的次数多了，宝宝头脑里就逐步有了初步印象，随着年龄的增长认知能力就会逐渐增加和扩展。

三、教宝宝学习说话

这有几种好处：一是可以促进大脑的发育；二是可以提高认知能力，使宝宝日益聪明起来；三是能促进宝宝情感的发育。如何教宝宝说话，方法好则他学得快，方法不好则他不易接受，学得就慢或是毫无效果。好的教法应该是从宝宝身边的亲人称呼，用单音节词语教起，如让他叫“妈妈”“爸爸”“奶奶”等，哪怕一天只学会一句也是好的收获。日积月累学会的话就多了。此后可扩大到教宝宝认识周围的物品，如小凳子，可先教他说“凳凳”，并让他坐在上面说“坐坐”，让他脑子里把凳子与坐的用途联系起来。伴随着会说的单音节词语越积越多，大脑就灵活了。这种结合实物的形象教学说话，与结合实物用途的功能教学法是最生动、最能提高宝宝说话兴趣的，必定学得快，学得认真有趣，说得准确，记得牢，用得也会恰当的。这对其智力的开启是一举多利的好教法。当宝宝会说的单词语积累到一定数量时，就可以教他说双音节词语。如“椅子”“吃饭”“米饭”“面条”“吃菜”“喝水”等。进而逐渐过渡到说多音节词语或说简单的口语对话。总之，只要你耐心地教，高兴地教，宝宝会从你充满爱心的言传身教中汲取到生动而亲切的正能量，他说话的动力就会大大加强加快，智力、聪明就能不断提高。

四、自我意识开始萌发

如不许别人拿他的玩具或不高兴；看见新鲜的物品想去

接触或取得，够不着时不会走的就爬着去接近；会行走的就会走去接触或拿取。看见别的小朋友吃东西，他也做出吃的表情，或专注地看着，有的还会情不自禁地伸手去夺取，取不到时就发急。看见宝宝这种天真的表现，真是令人开心快乐！

五、表情也逐渐多起来

如听见轻松愉快的音乐会表现出喜欢兴奋的样子，有时还咿咿呀呀地哼几声以示高兴，看见其他的小伙伴，还能把自己手中的玩具或糖果递给，与之分享快乐。

第 4 节　如何科学开发宝宝的智力

随着宝宝活动范围的扩大，与外界环境接触的内容大大丰富起来，如来往的人、花草、树木、小动物、各种车辆等，都使其视、听、嗅、触摸等神经产生兴奋，对大脑的刺激明显增多，反应功能也快速发展。这个时期是启发培育宝宝智力和兴趣的极佳阶段，对他直观感受到的内容一点点的反复地教，加深其印象，就会引起宝宝对相应内容的兴趣来。

1. 用颜色鲜艳的物品刺激宝宝视神经和大脑视觉中枢产生兴奋，培养他对彩色的兴趣，如配备不同颜色的玩具或画片或图片供他玩耍。

2. 定时播放轻松悦耳的歌曲、相声等刺激其听神经及大脑听觉中枢产生兴奋；也可播放儿歌或诗歌朗诵。仔细观察宝宝对哪种内容更高兴，就每天定时播放，培养对音乐文艺的兴趣。但每次只播放 5 分钟左右就休息几分钟，因为宝宝的大脑细胞只能兴奋集中 5 分钟就会转入抑制或泛化状态，若不停播放就会扰乱其大脑细胞的兴奋抑制节律，使宝宝产生不舒服感觉，成为一种劣性刺激，反而引起不好的效果。

3. 开发 1 ~ 1.5 岁孩子的智力，就是通过采用上述方法，用直观、形象具体生动的物品，再配合家长愉快的表情动作，亲切的话语以及优美的歌曲等给宝宝以良性刺激，吸引他的注意力，引起他想模仿与接受的兴趣。如此坚持，反复强化巩固，加深他的印象，形成了固定的兴奋规律或习惯后，就会成为他生活内容的一部分。到 2 ~ 3 岁时，宝宝的形象气质可能会有令人眼亮的表现。

第 5 节　1 ~ 1.5 岁宝宝的营养配制

1 ~ 1.5 岁的宝宝已完全断了母乳，进食已可随家人一起，靠家长喂食。但此阶段孩子的消化吸收功能尚弱，所以对较粗糙的食物或稍大的食物或是喂食稍快，都不易咽下进入小肠，往往会引发呕吐。因此，宝宝的食物应以软饭或软面条、菜泥或菜末类较适合。喂慢点，待他咽下后再喂下一口，一定不要催他“快吃”，不然易引起呕吐或误吸入呼吸道呛咳，甚至意外发生。

1. 宝宝每日应摄入多少热量？三大供热量食物的量和比例如何分配？可参考 10 ~ 12 个月宝宝的供食比例和食谱配制餐次。只是幼儿的每日总热量为 110kcal/kg，每餐进食的量稍有增加。

2. 由于幼儿阶段易发生缺铁性贫血，因此在配制食物时应注意经常食入一些含铁元素较多的副食。如动物的血制品含铁量最高，且吸收率可达 10% ~ 76%；其次是动物的肝；再次是畜禽的瘦肉；蛋黄含铁量比较高，但其被吸收率只有 3%。植物性食物含铁较高的是木耳，其次为海带、紫菜、芝麻。蔬菜类含铁很少。所以每天副食中的动物性食品既补充蛋白质（富含必需氨基酸），又可补充铁元素，每天不能缺乏。肉类、氨基酸类、脂肪酸、含维生素 C 多的西红柿、水果（含果糖也多），这些食物都能促进铁元素的吸收，对宝宝是很好的食物。

3. 铁元素补充够了，若铜元素补充不足，那么生成血红蛋白难以顺利进行。所以在注意给幼儿补充铁元素食物时，还应同时补充一定量的铜元素，这样对预防或治疗缺铁性贫血的效果才好。铜元素还对维护中枢神经系统的正常功能有好效果；铜还能参与体内超氧化物歧化酶（SOD）的生成，发挥清除自由基、抗脂质过氧化对各种细胞膜的损伤破坏，保护宝宝健康顺利发育成长；另外，铜元素还能参与黑色素的形成，若宝宝头发颜色淡时补充含铜元素的食物也有疗效；铜元素还能增强人体各组织的柔韧性，如皮肤较能抵抗碰撞，骨骼和关节发育较坚韧，血管弹性较好。那么，哪些食物含铜元素较多呢？较常食用的有：动物肝、鱼肉、各种瘦肉、虾、蛋黄、牡蛎肉、贝类、大豆及其制品、芝麻、萝卜苗、葡萄干、土豆等。

4. 如何给缺铁性贫血的宝宝配制菜肴呢？可制成鱼虾肉丸，血豆腐，西红柿炒鸡蛋，豆腐脑紫菜汤，豆腐炒西红柿加适量含铁酱油，鱼虾肉包子，紫菜豆腐汤，鸡蛋紫菜汤，各种瘦肉炖豆腐。此外，各种鱼肉清蒸也适合于宝宝。只要肯动脑筋，即使普通菜也能做出富含铁和铜元素的美味来。若再少加点小葱末、芝麻油或芝麻酱等调味品，肯定色香味俱佳，宝宝爱吃。尽量不用刺激性强的调味品。

5. 另外给宝宝配制蔬菜也是不可忽视的内容，这关系到给孩子提供充足的维生素、部分微量元素和矿物质，这些都是保证孩子顺利健康发育成长不可或缺的营养要素。很多家长在这方面有一个认识误区：以为用菜汤就可以补充上述营养素了，而且还省事又不麻烦。实际上蔬菜里的营养成分只有很少一部分能进入汤中，其中绝大部分还是在菜里，只有吃菜才能保证营养素的摄入。但是 1 ~ 1.5 岁幼儿的牙齿尚未长全，咀嚼功能还较差，吞咽固体食物还困难，加上孩子胃肠道消化功能也还不强，因此给他们做的菜蔬要切得很细，甚至粉碎成菜泥状才能较好地吸收菜中的各种营养成分，以保证发育生长得理想些。与大人吃同样菜蔬或肉食的做法，虽然暂时省了麻烦，但孩子消化吸收功能差，使身体发育得不佳，特别是免疫系统功能发育不佳，抗病力较弱，从而对孩子不利。这类例证临床上常见不鲜。还需要告诫所有幼儿的家长们：绝不要给你的孩子买一切化学品勾兑的饮料和饮品，这对宝宝胃肠道的损伤是严重的，也不要买什么所谓的“鲜果汁”给孩子喝，只有自己用新鲜水果榨制的果汁才是有益的真正鲜果汁。这样的果汁只能贮存 2 ～ 3 天，否则就变质了。

6. 各种蛋类、鱼，尤其是海鱼、各种瘦肉、土豆和绿叶蔬菜中含有一种叫“胆碱”的物质，是合成神经鞘磷脂和磷脂酰胆碱的主要成分，对促进大脑的发育，增强记忆力，提高大脑细胞的信息传递，维护 DNA 和染色体的健康复制，促进各组织细胞膜的合成等生理作用。中国营养学会在《中国居民膳食营养参考摄入量》一文中指出：“1 ～ 4 岁的孩子每日需摄入的胆碱量为 200mg，最高可耐受量为 1000mg”，“孕妇和乳母每日适宜摄入量为 500mg，最高可耐受量为 3500mg/d”。每个鸡蛋黄大约含胆碱 300mg。

7. 在此，作者还要特别推荐“山药”这种兼具食物和药物两用的植物，既是一种很好的蔬菜，也是极佳的滋补药材。中药药理学上说它味甘（即甜）、性平和，归脾、肺、肾三经，可增强脾胃功能，益气力，长肌肉。常食用，可使人耳目聪明，滋肾阴，可明显提高机体各种免疫功能；能清除对机体不利的超氧自由基及羟自由基，维护细胞膜的完整；补心气，促进核酸的合成，使人身体敏捷活泼，抗细胞衰老；补益肺气，耐缺氧，有利于提高人体的肺功能，预防或减少感冒的发生。是中药中的“上品”药材（既滋补性能好，也无不良反应）。这些对各器官系统功能发育还不完全成熟的幼儿，确是十分适宜的好食物。吃法也很简单，或煮熟后去掉外皮，然后可根据孩子牙齿未长全，咀嚼功能还弱的特点，将熟山药研成糊状或泥状，拌入饭中吃，或少放点糖当点心吃；或煮粥炖肉食等均可。大家都知道“世界飞人”短跑名将博尔特（牙买加短跑运动员）吧，他在回答记者采访时回答说：他每日每餐饭都要吃山药这种食物。这就是对上述山药药理理论的最有力的例证。对于亚健康人士生育的孩子，用山药作为辅食更合适。现代药理证明，山药含有丰富的淀粉酶。这非常有助于补充幼儿唾液淀粉酶分泌不足的缺憾，是促进宝宝脾胃消化吸收功能的有益成分。

第 6 节　怎样判断宝宝的营养摄入是科学的

如果按上节介绍的给宝宝的配餐内容和量的供应喂养，是否符合宝宝身体生长的实际需要？可从两种指标方面了解。一个是硬指标，若基本都达标，即表明上述配餐适合于宝宝；另一个是软指标，这包括认知能力、情感表现，精、气、神的气质，以及会说几个单音节词。

一、体重

可以每月称量体重一次，若本月体重比上个月增加 200g 左右就符合正常达标标准。

二、身长

可以每月测量宝宝的身长一次，若每月增长 1cm，半年增长 5cm，就符合标准。

三、头围

以 1 岁时的头围作为基数，一岁半时如果增加 1cm，说明宝宝大脑发育符合标准。

四、前囟门

完全闭合，也有少数幼儿呈膜性闭合，也是发育正常的指标。若一岁半仍未闭合，就需要找寻原因，以便及时处理。

五、牙齿

1 岁半时幼儿出牙应在 12 个乳牙，分别是：下门牙 2 个；上中门牙和侧门牙各 2 个；下侧门牙 2 个；第一乳磨牙 4 个（左右上下各一个）。若一岁半时宝宝出牙少于 12 个，最多见的原因如下。

1. 小儿佝偻病，由于摄入维生素 D 不足，使得钙、磷代谢障碍，引起牙胚发育延迟。

2. 胎儿期母亲是亚健康状态的肾阴虚型或肾气阴两虚型，或是脾胃明显虚弱型者，均易引起宝宝出生后体质较弱，使骨骼和牙骨质的形成均落后，致出牙延迟。

3. 其他疾病的影响，引起幼儿胃肠功能差，也易造成对维生素 D 和钙、磷的吸收不足。

六、判断宝宝营养摄入科学的软指标

1. 认知能力发育好，对环境的反应逐渐变得灵活。

2. 感情日渐丰富，表情活泼，精气神充足。

3. 说话功能逐渐增加。

上述 3 项软指标起主要作用的还是与家长的教育有直接关系。饮食营养只是发挥着保证大脑神经系统良好发育的物质基础。

第 7 节　坚持给宝宝做健身揉摩和幼儿操

在前面婴儿期的章节中就谈到过给宝宝做健身揉摩，穴

位抚摸或揉摩以及运动的方法。现在反复提出，是因为在宝宝的不同发育阶段有着不同的手法和不同的效果。幼儿期的健身按摩方法及运动方式都有所改变，其原理是要依据宝宝在不同发育时期身体器官系统功能的进展而适当调整，使之发育成长得更健壮些。

一、揉摩背部

揉摩或按摩背部脊柱正中至两旁约2cm处的穴位，即中医针灸学上的足太阳经诸穴。

1. 方法：让宝宝呈俯卧位趴在床上，1 ~ 1.5岁的宝宝可用揉摩或按摩的手法，每个穴位每次各揉或按5 ~ 6下，轻重力度以宝宝能承受为度；揉摸或按摩时用示指的指腹，从第一胸椎下缘旁处，两侧同样，逐个椎体往下直到骶部。

2. 揉摩或按摩这些穴位的生理作用：

（1）促进宝宝的神经系统和全身内脏器官的健康发育，及生理功能完善和成熟。

（2）提高大脑皮质各感觉中枢的感知灵敏度，增强触觉敏感性，使大脑细胞发育得更精细，更敏锐；大脑皮质的各运动中枢反应更精准敏捷，动作与感觉配合得更协调。

（3）有利于促进宝宝的下丘脑 – 垂体 – 各内分泌腺体功能协调运行。

（4）促进宝宝免疫系统的发育和功能的成熟，增强其身体的抗病能力，生长得更健康。

二、揉摩腹部

1. 方法：让宝宝仰卧，先从右上腹轻揉转至左上腹，再转至左下腹，向右转至右下腹，然后向上至右上腹为一圈。如此画圈样轻揉，每回反复做4 ~ 5圈，腹部即揉摩完成。

2. 何时揉摩较适合：以饭后一小时左右做较符合胃肠活

动规律。早饭后和晚饭后一小时揉摩 3 ~ 5 分钟就可以了，时间不宜太长。刚吃完饭后不宜揉摩，以防打乱胃肠活动规律。

3. 腹部揉摩的生理作用：

（1）促进胃肠、肝胆胰、脾的发育和功能成熟。

（2）促进胃肠道黏膜的内分泌激素协调分泌，使胃肠道黏膜与大脑神经细胞分泌的脑肠肽同步协调，有助以后情商基础的培育。

三、坚持给宝宝肌肉、四肢揉摩和幼儿体操

1. 方法：主要是对四肢的肌肉、肘、膝等大关节的揉摩，或适度按摩几下也可以。若能每天上下午固定时间各做一次，每次 3 ~ 5 分钟，更有助于培育宝宝的生理规律性。

2. 坚持给宝宝做幼儿体操

（1）活动两上肢、两下肢。要注意轻、柔、缓，动作不宜快和过大，应以宝宝感到舒适或无不适的反应为度，每次上、下肢各活动 4 ~ 5 次。

（2）怎样给宝宝做跳跃运动？用双手从宝宝两腋下抱起，让其两下肢在床上做上下轻轻跳的姿势，每回 4 ~ 5 次。跳跃动作不能粗鲁，只能让宝宝跳得高兴才是最理想的标准。绝不能抱着宝宝在硬地面跳。因为孩子的足和踝关节均未发育完全，硬地面上跳跃最易损伤足踝关节。

3. 肌肉、关节按摩和幼儿体操的生理意义

（1）促进四肢及关节的血液循环，有利于肌肉及关节组织的发育健壮。

（2）促进宝宝骨骼系统的良好发育，刺激各长骨的增长，有助于甲状旁腺功能的协调。

（3）促进宝宝大脑的震动觉、位置觉和平衡觉的发育。

（4）有助于宝宝形体的协调发育，身体各部位的比例逐步向着“黄金比例”发育。

（5）有助于刺激四肢肌肉关节建立弹跳感觉和协调能力的发育，以及全身的活动协调能力。

第 8 节　1 ~ 1.5 岁宝宝的护理及注意事项

一、如何正确呵护和培育宝宝的活动能力

1. 不要因为这一时期宝宝行走还不太稳而过分呵护，减少其活动。这样就限制了他独立活动能力的训练与拓展；限制了全身运动部位的发育和功能锻炼；也同样限制了大脑运动中枢的发育和小脑平衡觉、振动觉的发育，以及大小脑之间对全身活动的协调能力的发展。

2. 要鼓励宝宝行走活动，但又必须寸步不离地注意保驾护航。如果偶尔跌倒，只要未受伤，最好是鼓励他尽量自己爬起来，站起来。这不是不疼爱宝宝，而是在开启他树立克服困难、战胜挫折的意识，培养坚强意志的启蒙教育。只要取得了第一次的成功，家人就应给以赞扬的正能量和亲热的拥抱。经过几次实践锻炼，就会使宝宝脑子里逐步建立起“靠自己努力”爬起来的意识。也为建立坚强意志奠定了基础。家人此时的鼓励赞扬更加深了宝宝的这一意识。也为日后的成长培育了好的素质基础。

3. 随着宝宝活动范围的扩大，见到的东西明显增多，好奇心更强了，见什么都新鲜，总是喜欢用手去触摸抓碰等，但脑子里还未建立起危险与安全的概念。因此在他独立行走活动时，家人要对环境中各种物品家具的性能和潜在的危害性应有清晰的了解，并及时提防。万一宝宝在家人不注意时受到损伤，应该好好地安慰他并妥善处理损伤部位，加强对护理宝宝的责任心，切忌埋怨宝宝，给他心灵上留下阴影。要知道只有在宝宝遇到伤害时，你的亲切安慰和关怀可强化他对亲情的温暖感

受与依恋。这对日后情商的培养也可奠定一个好的基础。

4. 逐步培养宝宝学习一点简单的生理反应，如要大小便时做某种动作，或喊“尿尿”，大便时喊“臭臭”等，或去卫生间宝宝专用的排便器上排泄。如果拉在了裤子上或地上，不要训斥等劣性刺激，损伤他的自尊心。而是给他换掉脏裤子，擦干净身上，并好言抚慰，不使他感到害羞害怕或茫然无措的意识，影响大脑功能。尤其是对身体素质发育较差的更要爱护。

5. 教宝宝学会餐前、便后要洗手，培养讲卫生的良好习惯。喂饭前要先系好围嘴；喂饭时要待他咽下一口才喂下一勺。因宝宝的咀嚼和吞咽功能还不成熟，因而不能图快，催食。以防他应接不暇而噎住，呕吐，甚至呛咳误吸入气管，那就使宝宝要受罪了。以后他一见喂饭就产生恐惧心理，既影响进食能力的发育，也影响他消化系统功能的顺利发育。

6. 培养宝宝规律的休息习惯。一岁的幼儿早上睡醒后，吃完早餐玩到 10 点钟左右就要睡下休息，中午吃完午餐后玩到下午两三点钟又要睡下休息。这都是正常的大脑生理功能的反映。

7. 夜晚睡眠是宝宝的最佳发育时间，全身各组织细胞进行合成代谢以促进生长发育。因此应给宝宝创造良好的氛围，睡前用温水洗澡洗脚，有助于睡得舒适安稳，睡着后不要打扰。

二、免疫接种

一岁半时应给宝宝复种白破二联类毒素疫苗，使宝宝体内产生相应的抗体，增强其免疫系统对抗白喉与破伤风感染的功能。

第十六章 1.5 ~ 2岁幼儿（19 ~ 24月）

第1节 1.5 ~ 2岁幼儿一般身体发育特征

一、体重

男孩：19个月为9.8 ~ 12.5kg，中间值约11kg；24月末为10.5 ~ 13.5kg，中间值约12kg。

女孩：19个月为9.2 ~ 12kg，中间值约10.7kg；24个月末为10.5 ~ 13kg，中间值约11.5kg。

二、身长

男孩：19个月为74 ~ 92cm，中间值约83cm；24个月末为78 ~ 100cm，中间值约86cm。

女孩：19个月为73 ~ 91cm，中间值约81.5cm；24个月末为77 ~ 98cm，中间值约87cm。

三、头围

男孩：19个月为46 ~ 49cm，中间值约47cm；24个月末为46.7 ~ 50cm，中间值约48.3cm。

女孩：19个月为44.8 ~ 47.8cm，中间值约46.5cm；24个月末为45.5 ~ 48.5cm，中间值约47cm。

四、出牙数

2岁时一般可出牙16个（包括上下中切牙各2个，上下侧切牙各2个，第一乳磨牙4个，尖牙4个）。多数发育佳的可出全20个乳牙。说明宝宝先天肾气充足，骨发育好。

五、临床上哪些孩子出牙较迟

1. 喂养不科学，补充维生素D和矿物质钙与磷不足；或是患佝偻病的孩子。

2. 经常腹泻的孩子或是胃肠消化力弱的孩子。

3. 体质发育较差或落后的，又不常晒太阳者。

4. 部分早产儿或出生时的低体重儿。喂养不科学使得摄入的营养不全面和不充足者。

5. 胎儿期母亲是亚健康的脾肾气阴两虚型且一直未治疗者。孩子出生后体质往往较弱。

6. 早孕期孕母重度剧吐，孕中、晚期营养补充不全面或胃肠消化吸收功能较差；哺乳期乳量不够，需补喂其他乳品者。

7. 免疫力差，经常易患病的孩子且常服各种抗生素者，容易出现胃肠反应而吸收营养差。

8. 经常饮用各种化学饮品和饮料的孩子。

第2节　1.5 ~ 2岁幼儿体能的发育特征

1. 肌肉发育加快、肌力渐增加，各关节活动更灵活。

（1）行走逐渐变得稳当，可随个人意愿走向自己想去的地方，但2岁前偶尔会因走得快了，或道路不平等易发生跌跤。

（2）2岁左右的幼儿基本上可以自己捧起小杯子喝水，捧起奶瓶喝牛奶或奶液，但要教孩子一口一口地慢慢咽，不要大口喝或者快喝以防呛咳。

（3）2 岁的幼儿都学会了用拇指和食指拈起小物品，而且总是把拿到的东西往嘴里送。还不太清楚什么可以吃，什么不能吃；更不知道有无危险和肮脏的概念。这也是家人应注意的。教育孩子不把脏东西往嘴里送，以防意外发生。

（4）2 岁左右的幼儿由于行走得比较稳了，活动范围也扩大了，但是头脑里尚未建立起危险和安全的观念，也不懂得什么“避让和躲开”等意义。往往遇到迎面跑来的人或动物或车辆等会不知所措而发生事故。这与幼儿的脑细胞之间的神经纤维和神经髓鞘发育不全有关。因此，家人要时刻注意加强对宝宝的保护和教育，用自己的示范行动进行直观的身教，使宝宝更易明白，并建立初步的自我保护意识和能力。如果用你的身教动作与简明的言教结合起来，就能促进宝宝大脑的发育，他就会逐渐听懂家人的教育内容的。如此经常示范，反复教育，宝宝活动的安全性就会不断增加。

（5）这个时期的孩子基本上都可以自己下蹲和站起来，也都可以自己独立地大小便了，但大便还得家人操心，特别是便后擦拭或擦洗。

2. 有了主动游戏的意识和兴趣爱好。

（1）经常玩一些简单的玩具，如小汽车、垒几块积木或玩弄七巧板拼图，虽还不会拼成图形，但知道是这么玩法，而且玩得还较专心。如果家人辅导孩子玩，其玩的质量和能力进展就快。

（2）主动游戏对幼儿的成长是非常有帮助的。一是有助于增加他的感性认知，以及对外界环境的适应能力；二是在游戏中能表现出孩子的爱好与个性，有助家人了解孩子的兴趣，创造条件去发挥他好的爱好与个性，使之得到更有效的培养成长；三是可以引导孩子与别的孩子共同游戏，培养他与同伴交往共处的兴趣和能力，并从中享受到交际的乐趣。

第3节　如何对2岁幼儿进行各种能力培养

一、语言能力的培养

一岁半至两岁幼儿可以用单词语表达要求，如“吃”“尿”“抱”，要大便时说“臭臭”等与生理需要有关的词语。也可以用直观法教孩子认识和说出具体物品的名称：如喂饭时教他看着碗说“饭碗”，拿着小勺说“勺子”，端着水杯喝水时说“杯子”，也可在户外看着各种鲜花说“红花、绿叶、白花、鲜花”等，既扩大了认知能力，又扩展了语言能力。这种教育法形象生动且效果好。其次教宝宝说话时最好用普通话的发音教，如果你不会说普通话，那也要用正确的发音而不要用方言土语，造成孩子发音不准，影响日后的语言表述能力，别人听不明白而误解。

二、思维能力的培养

也可以用实物来启发孩子的思维，如拿着碗和小勺问他：这有什么用？并让他说出来。反应快的孩子马上会说：吃饭。对反应慢的孩子要教他说“吃饭”这一词语，培养他建立起思维能力。实际上孩子思维能力的建立，科学的营养是基础外，更与家长的教育分不开。教育方法好，则孩子的思维反应能力建立得快而且记得牢；教育方法不好则思维能力难建立或建立慢，而且记得不清楚或过后又忘了。所谓好的教育方法，就是要直观、形象、生动，即用你的表情加上身体或肢体动作来描述实物的功能，并配合口语。因为2岁左右的孩子还听不懂稍复杂的语言。听不懂就谈不上思维。2岁孩子的思维能力是形象与功能联系才能建立起来的，这是思维的初始阶段，这个阶段很重要，只有这初始的形象思维培育好了，日后的语言逻辑思维才发展得快而好，孩子就会变得聪明。

三、不断开发和增加幼儿的认知能力

对于一个幼儿来说，开发和增加认知能力是首要的培养内容，使其大脑变得聪明起来，并在认识过程中引导他对环境中各种事物和物品的了解，促进其说话的表述能力。只有懂得了认知能力的重要性，父母就会主动尽力去开发和增加幼儿的认知能力。实行起来也很简单，但要付出精力。

1. 从认识环境中的一切开始教起，使宝宝首先知道物品的名称，并让他说出来，进而告诉他此物的用途。如果配合形象生动的动作，那么效果就会更好，宝宝记得会更快，印象更深。

2. 用一些简单而色调鲜艳的图片，动物性的最能刺激和兴奋宝宝的视神经和大脑视中枢细胞，激发他的兴趣，吸引他的注意力，再告诉他此动物的名称，让他跟着你说几遍，然后简要告诉他此种动物的习性。如此教上几遍后，宝宝既增加了说话的词语，又丰富了认知。

3. 经常带宝宝去环境较好的公园、动物园或植物园游玩参观，既能开阔眼界，又能使宝宝感到新鲜愉快，兴趣盎然。你若再用简明生动的语句描述，定能激发宝宝的说话与认知力。

4. 两岁左右的幼儿大脑兴奋时间不能持久，当他兴奋了 10 ~ 20 分钟后就转入了抑制状态，应该停下来让他休息片刻以恢复大脑的活动功能。

5. 教育 2 ~ 3 岁的幼儿是一件需要爱心和耐心与责任心的大事，不能生烦，更不能用粗鲁的语调和生硬或不冷静的做法。这样最易损害他的自尊心，挫伤他的一切兴趣，引起他一系列的不良生理反应。首先是使他的大脑皮质功能紊乱，以致抑制性占优势，失去了跟你学习的兴趣，若经常如此，则会使孩子大脑功能紊乱加深，学什么也效果差了；其次使孩子下丘脑功能失调，情绪不稳定，或萎靡不振或易激动；甚至内分泌功能

产生不协调，反而害了孩子。对于幼儿的任何教育要想收到好的效果，只有给他以良性刺激，激发他的兴趣和喜爱，遵循他大脑皮质兴奋性不耐久而易弱化的特性，因而要及时休息，使大脑细胞恢复兴奋功能。还有就是家人的任何情绪：喜怒忧烦都能使孩子敏锐地感受到，也引起他相应的情绪反应。所以你若教导他就要高兴耐心认真地教，才能调动起孩子学的兴趣；你若心烦不高兴时干脆别勉强教，那是引不起孩子学习的兴趣的。

6. 良好而和谐的家庭氛围，使孩子生活在温馨愉悦的环境中，有利于其大脑功能良好发育。家中长辈尤其是父母经常和幼儿一起愉快交谈，就更能引起孩子说话的兴趣，说话的能力进步得就快。只有家人吐字清楚，孩子发音吐字才能清楚。因此跟幼儿说话不能快，而且只能说简单的语句，使他能听得清楚才能说得准确。如果他说得不准，就要教他重说，直到吐字清晰，说得准确了，才教下一句。

第 4 节　对 2 岁左右幼儿发音说话不清的训练方法

1. 别着急，耐心观察等待，小儿语言功能的发育有早有晚。譬如世界著名科学家爱因斯坦 3 岁时还不会说话，5 岁时说话仍含糊不清，上小学和初中时被老师说：“智力迟钝，成不了才。”但他的父母从不嫌弃他，而是尽量创造条件去开启他的心灵。通过他自身勤奋学习，努力钻研，终于成为著名的科学巨匠！

2. 分析幼儿发音不准，说话不清的原因。因为 1.5 ~ 4 岁是幼儿语言中枢和语言的快速发育阶段，也是幼儿学习语言的关键时期。但说话的生理功能与各有关发音肌肉的发育情况，及语言中枢的反应灵活性密切相关。这些组织和中枢发育的成熟有早有迟，发育快就成熟早说话就早；发育慢则成熟延迟，说话就会迟一点，或说话会出现中断，重复，不连贯或不流畅也是常有的。只要家长耐心，反复多教，在关怀与和谐的氛围中，孩子的语言中枢和下丘脑 – 垂体 – 内分泌系统协调运行；交感神经与副交感神经活动皆处于良性协调状态，则各有关发音的肌肉就能很顺利发育，孩子的发音和说话就会逐渐清晰流利起来，若不懂得这一生理规律，听之任之或不关心孩子，则更会延迟他说话功能的发育，以后纠正或训练起来就会费力一些，而且还会造成孩子因语言不流利，含混不清，在小同伴中易受到讥讽笑话，损伤他的自尊心或自信心，甚至引起各种不良的心理反应，那就不利于孩子的健康发育和成长了。

3. 家庭成员中若有说话表述能力欠佳的，最好尽量不与幼儿交谈，以防孩子在有意或无意中去模仿。因为幼儿是最富模仿性的。

4. 不要让自家幼儿与周围年龄稍大的但又说话表述不清或语句不流畅的孩子交往。

5. 保持家庭温馨和谐，使孩子生活在愉快幸福的良好环境中。这有利于孩子大脑皮质及神经系统的功能发育得好，下丘脑与内分泌系统运转协调，语言中枢及发音的各肌肉发育就顺利。

6. 严防幼儿期的孩子经常受惊吓，特别是父母经常大声吵闹、摔东西、打架、暴力等惊吓场景，会使孩子嫩弱的大脑功能紊乱，处于超限抑制状态，就会影响大脑的发育，使其语言中枢和发音肌群发育受阻而功能不协调。

7. 采用有助幼儿发育生长的教育方法，特别是父母与幼儿经常和缓地说话，一定要口齿清楚，语言简单明了流畅。若还配以颜色鲜艳，图像简单明了清晰的画片教授则更为有效。让孩子既能听明白，又能直观地看到图景而加深印象，加强记忆，语言中枢和发音的肌肉群发育就顺利。

8. 坚持给幼儿做背腰部的穴位揉摩或按摩，有助于促进孩子的语言功能。相关的穴位如下：

（1）心俞穴：可以促进大脑功能的良性发育。如中医理论指明的“心者君主之官，神明出焉”，即大脑的功能受心俞穴的兴奋而激发。

（2）肺俞穴：可以促进呼吸道及呼吸肌与各发音肌群的发育和功能的协调，发音洪亮准确清晰。中医理论说“肺主气，司呼吸”“肺主声音”。即肺吸入的空气，尤其是氧气与脾胃运化之水谷精微相结合形成“宗气”，上出喉咙，振动声门而发为声音。肺气充沛，则宗气旺盛，发出的声音自然顺利洪亮悦耳。中医理论还说“肺朝百脉，为相辅之官”，即肺化生的宗气贯通血脉，推动和促进血液循环；也为大脑及功能的发育顺利提供足量的氧气。

（3）肝俞穴：本穴有调节中枢神经系统大脑皮质的功能，也有调节情绪，即下丘脑与内分泌系统的功能，还有调节自主神经系统的功能。如中医理论所说的“肝主谋虑，肝藏魂”就是中枢神经系统大脑皮质的功能活动；“肝主疏泄”可调畅情志，使人精神开朗，心情愉悦，这就有利于调节下丘脑－内分泌系统功能的协调良性运行，肝主疏泄的第二种作用在于可以疏肝利胆，有利于辅助食物消化；第三种作用是可以调畅气机，既有利于气血运行，又有助脾胃功能的升降协调，运行不息，相辅相成。脾功能健运则食物中的水谷精微能及时吸收，随气血运至全身，促进发育生长；胃的受纳下输功能健全，则消化功能强，有利脾吸收。这些作用对幼儿语言功能的发育是有积极意义的。

（4）脾俞穴：有助于增强脾胃的消化吸收营养物质的功能，为促进全身发育，大脑语言中枢功能的进展，源源不断地供应各种必需营养要素。也可促进各发音说话肌群的发育和功能进展。即中医理论“脾藏意”和“脾主肌肉”的功能诠释。

（5）胃俞穴：与脾俞穴密切相关联，二者互为表里关系，相互协作，促进幼儿健康发育生长。

（6）肾俞穴：可调肾气、强腰膝、健骨骼，身体灵活，反应灵敏。中医理论说“肾主骨生髓通于脑”使孩子大脑发育快，各中枢功能更健康灵敏，学习各种知识都学得快而且也记得牢。该穴还能增强免疫系统功能，使孩子少生病。

总之，按摩或揉摩上述穴位，确有助于促进幼儿身体健康，提高大脑的各种功能。若施以好的语言教导方法，就会使孩子说话清楚流利，而且记得快。如果再配以实物或画片辅佐，使孩子在直观的形象中增强具体印象，就会增加孩子的兴趣和信心，说话咬字发音就会变得清晰准确流畅起来。看到这样的场景，谁都会为自己辛劳的付出获得理想的成果而欣喜有加的。

第 5 节　培养幼儿与同龄小朋友友好共处的性格

2 岁左右的幼儿在家中往往都是小宝贝，尤其是住在单元楼里，邻里之间都很少来往，所以孩子与外界基本上没有什么接触共处的经历。家中长辈又都是疼爱有加，凡是好吃的，好穿的，好看好玩的都尽量供他享受，加上孩子本身就有一种自我的意识特点，因此在没有同龄伙伴共处的环境下，习惯地养成了以个人为中心的性格，一旦遇到同龄的小朋友往往不知道如何一同玩耍，一同娱乐和谐相处。所以培养 2 岁幼儿的交往意识和能力，对促进其性格的发育成长也是很值得家长重视的。最好的方法就是经常带着自家的孩子与邻里人家的幼儿接触相处，有玩具一起玩耍，有吃的互相交换吃，交流接触多了就成了好伙伴。即使有时孩子之间发生了小矛盾，大人都应做出友好调和的榜样，安抚照顾双方的孩子。这样大人之间处融洽了，孩子就会看在眼里，记在脑子里，次数一多就习惯了，印象就深了。无形中就学到了与同伴相处交流的方法，也给自己的生活增加了新的内容和乐趣。使孩子的性格慢慢地开朗、随和而友善起来，有助于孩子素质的提高。有时也会遇到执拗或好强的小朋友时，大人先不必在意，友好地告诉孩子们要互相好好相处，共同一起高兴地玩耍和游戏，做一对好朋友，共同快乐。即使一时无法调和，那就让自家的孩子谦让一下，使之明白和有印象，什么叫“包容”和“谦让”。这样生动具体的教育，有助于孩子从小养成与同伴或朋友友好共处的好性格。为日后过集体生活奠定好基础，也使孩子学到了一定的与人交往的能力。

第 6 节　要善于观察发现和培养幼儿的兴趣爱好

现在的孩子越来越聪明了。一般家庭的条件也日益改善，做父母的也越来越有远见，都重视从小就培养孩子的兴趣和爱好。但如何去发现孩子的兴趣或爱好则是培养的前提。只有发现了孩子的闪光点，才会有针对性地创造条件去培养拓展孩子的兴趣与爱好。一般孩子是不会掩盖他的兴趣与爱好的。他对什么方面喜欢或感兴趣，总会在人们面前表露出来，他看见什么感到高兴，脸上就会表现出兴奋与欢乐。做父母的若能及时敏感地发现孩子这方面的闪光点，并着意创造条件去培养和坚持下去，肯定会培育出一个有优点有长处的孩子来。因为幼儿期是大脑细胞快速发育和拓展智力的黄金期。

1. 1 岁半至 2 岁的孩子基本能说些简单的词语，有的不会说或还说不清楚的，也能基本听懂家人说的简单话语的意思。你说的是他喜欢的内容就会表现出高兴表情或动作；若你说的他不感兴趣或无印象，他就无动于衷，无任何反应；如果你说的内容他不喜欢，他就会表现出抗拒或反感表情。家人都要学会从孩子的不同表情反应去发现他的兴趣与爱好。这是一种方法。也还可以采用实际应用的方法去发现幼儿的兴趣。譬如孩子对彩色画片表现兴趣时，你可以给他几支彩色蜡笔和一张纸，先教他画几次，看他是否有兴趣。只要他有兴趣就让他尽情表现，这也是一种方法。如果孩子一听见播放音乐时，也高兴起来哼哼呀呀,那你就可以经常播放一些简短优美的歌曲或儿歌，引发他大脑产生良性反应。这也是一种发现和培养孩子兴趣的方法。还有，如果孩子听见朗诵一些简单又富含情趣的诗歌或简短的故事，能够专心倾听，那就可以经常放给他听；如果他听见相声或笑话而流露出兴奋的表情，表明孩子的大脑细胞中的脑电波与这类文艺波频相近而易产生共鸣，有开发的价值。总之，幼儿的大脑中各有个人特质的细胞，就看做父母的会不会、能不能从孩子露出的闪光点中去发现、去培育，让这闪光点变成一束光。

2. 发现了孩子的兴趣闪光点，如果你期望他长大能成才，那就尽力去创造条件以培育其兴趣。但你要用一颗平常心，使孩子在无压力的环境中健康活泼地顺利成长。将来是否成才？一要看家庭的支持程度，二要看环境的优劣，最主要的动力还是孩子自己能否专心致志，锲而不舍地坚持不懈。成才有早有迟，但只要孩子本人不气馁地坚持，家人就要尽力支持。即使环境条件较差，也只能影响他成才的早晚和成才的大小。许多草根明星，如歌星、舞星、诗人、作家、画家、各种各样的艺术家等，在今日的中国不断涌现。他们的共同特征是兴趣爱好加上坚持不懈，不论环境条件如何，都是刻苦努力地坚持，不怕困难，不畏艰苦，不畏人言，最终获得成功的例证很多很多。即使一些大科学家、大师，也都是在艰辛中拼搏冲杀出来的。

第7节　培养幼儿活泼开朗的性格

一、活泼好动是2岁左右幼儿的本性，也是他们探索认知世界的开始

1. 幼儿的体力有了一定的发育，可以到处行走了，而且

走得也较稳当。

2. 伴随着生活环境的丰富多彩，幼儿的思维能力逐渐开始萌发，好奇心明显与日俱增，对一切见到的东西都感兴趣，都想去接触，摸一摸，碰一碰，认识认识。这是他们大脑正常发育的表现。既要很好培育，又要注意安全保护。

二、怎样培育 2 岁孩子的活泼素质

幼儿的活泼素质与家庭教育密切相关。

1. 家人，尤其是父母的熏陶。父母性格开朗，爱孩子，相处和谐，孩子耳濡目染，自然触景生情。大脑每日沐浴在温情的享受中，久而久之就会逐渐形成活泼的性格；若家人和父母皆寡言少语，那么孩子也生活在沉闷枯燥氛围中，大脑细胞总是处于抑制状态。若家人不时发生争吵，则使幼儿产生茫然或恐惧感。这种不和睦情况若经常出现，则会使孩子变得麻木。对此，父母一定要做出好的表率。

2. 与其他小朋友共处时，注意教育孩子互相同游戏共欢乐，和睦相处。若孩子之间发生小争执或矛盾时，要教育自己孩子学会谦让。或用新的玩具、新的游戏转移他的注意力。使之刚发生的不愉快情绪转向高兴的方面，化为新的欢乐。因为 2 岁左右的幼儿注意力易转移，情绪变化也快。孩子情绪好就表现得活泼可爱。

3. 对 2 岁幼儿也可教他唱简单的儿歌，或学念简短优美的诗句，若伴之以简单的舞姿，用生动活泼优秀的文化气氛激发孩子大脑细胞和下丘脑中的奖赏系统，使产生喜悦愉快的情绪。这既可使孩子变得活泼可爱，又使孩子向着文明优秀的性格方面发展。这需要的是父母及家中长辈的爱心、耐心及示范，做孩子最知心的启蒙老师与伙伴。而不是只当指手画脚、生硬的命令者。否则这样教育的结果容易使幼儿的大脑和下丘脑细胞中的惩罚系统占据兴奋优势，使孩子产生被强迫服从的负性情

绪，压抑了他活泼情绪而变得抑郁，任人摆布。

4. 多与孩子愉快交谈。在交谈中培养孩子的语言能力。这种交谈要用简单、生动、孩子能理解的词语。实际上这也是父母了解和启发幼儿建立思维能力的开端，这需要一定的技巧，即结合具体情境和物品交谈，这样就生动、直观而形象了，孩子就会具体表达他简单的思维。有了共鸣的话语，孩子自然就愉快活泼起来。

5. 教幼儿学跳舞的简单基本动作，或教他手舞足蹈也可以。只要他动起来高兴也就达到了目的。既激起他活泼快乐的情绪，又使他全身活动起来，还可以促进他大脑的功能灵活性，小脑的平衡感，是个一举多得的好训练活动，特别是女幼童往往多喜欢这种活动方式。

第 8 节　1.5 ~ 2 岁幼儿的营养需求

一、每日总热量的供应

1. 每日每千克体重需热量为 110kcal。

2. 每日总热量为：平均体重 × 每日每千克体重所需热量。一般这个年龄段的幼儿平均体重从前面第一节可知为 11 ~ 12kg 左右，则每日需总热量为（11 ~ 12）× 110=1210 ~ 1320kcal。

二、三大供热量营养物的比例和量的计算

1. 三大供热量营养物质的比例同 1 ~ 1.5 岁幼儿的标准：即粮食∶蛋白质∶脂肪 =（50% ~ 60%）∶（10% ~ 15%）∶（25% ~ 30%）。用这种比例计算出各营养物的量分别为：粮食每日 150 ~ 175g；蛋白质为每日 30 ~ 45g（1 个鸡蛋含蛋白质 9g，脂肪 5g；牛奶 250 ~ 500mL 含蛋白质 12 ~ 24g，脂肪 8 ~ 16g；瘦肉末 50 ~ 75g 含蛋白质 9 ~ 13.5g，脂肪

5 ~ 7.5g）；食用油 15mL（加上蛋奶肉中所含的脂肪约 24g，每日脂肪为 39g 左右）。

2. 孩子每日所需的维生素、微量元素和矿物质可从蔬菜、水果中得以补充一部分；粮肉油蛋奶中也能补充一些。由于孩子的咀嚼功能还差，乳牙也还未长全，因此蔬菜和水果最好切成末，水果还可粉碎成果泥或果汁，这样以保证其中的营养物质能够充分吸收。每日摄入的量各在 100 ~ 150g。每日每餐可变换种类吃，使各种营养素互相补充效果更好。

3. 每日水分的补充，可以根据幼儿的皮肤口唇的润滑情况、尿量及每日喝入的饮水量判断供应。若等幼儿要水喝才补充效果就差些。

三、每日餐次的分配

仍以 3 正餐加 3 辅餐较适合幼儿的器官功能尚弱和代谢又旺盛的特点。也可随家人一起进食 3 正餐，但在每两餐之间仍需加一辅餐，睡前一小时左右也需加一辅餐，这样才更有助于幼儿更顺利健康地发育成长。个别发育生长快，食量较大的孩子可适当增加饭量和蛋白质类，油脂摄入多了也有一定的不良反应，上面的量足可满足其生理所需。

四、如何判断上述各营养物的供应是否适合孩子的发育生长

可参阅软、硬两大类各指标来判定。若基本都达标说明营养摄入较理想且全面，若不达标或超重甚至肥胖，那就需要分析原因，最好请医生帮助分析。硬指标超标的则应适当减少摄入的粮食、蛋白质及油脂量，食量大的可增加蔬菜及水果的摄入量。一定不要给幼儿喝各种化学物配制的饮料饮品，因为这些东西只是含糖多的高热量物质，无其他营养成分，反而因各种化学成分损害幼儿的各器官系统，引起各种营养要素缺乏

的相应病症。

第9节　1.5 ~ 2岁幼儿的护理

一、每日有规律的生活内容及时间安排

有序的生活内容可以使幼儿形成一个好的生活规律，建立起稳定的生物钟，各组织器官形成固定的活动节律，有利于身体的顺利发育生长。

1. 如何具体安排较符合这个年龄段幼儿生理特点的生活内容：

（1）起床：早7点半，然后大小便，穿好衣裳。

（2）洗漱：早8点钟左右，喝一小杯温开水（约100mL），以稀释睡眠一夜有些变浓的血液。

（3）早餐：8点半左右，食物应干、稀搭配。

（4）室内玩耍或户外活动：9点至9点半。若在室内玩则应将窗户打开，使新鲜的室外空气进入，室内的污浊空气排出至室外。

（5）加小餐：10点左右。

（6）早教活动：10点半至11点20分。早教内容要直观、生动，幼儿喜欢的才能激起他大脑兴奋起来，效果才好。如孩子想玩玩具，家长或护理人员就先示范教他玩的方法，再培养他独自玩，10分钟后可稍事休息，让孩子的大脑稍放松5 ~ 10分钟再施教。如果孩子爱拿彩笔涂画的，那就给他彩笔任他在纸上涂画，只要孩子高兴就让其尽兴。总之是寓教于乐方能增加吸引注意力，提高或激发幼儿的兴趣。有兴趣才能加深印象，如果孩子喜欢听歌曲，那就反复播放简短、轻松、悠扬的音乐或儿歌。若孩子也哼哼起来，说明孩子被吸引了并发生了共鸣，这就是效果。听上10分钟左右就让孩子休息几分钟，然后再

播放几分钟。这样的节律才符合幼儿大脑的兴奋－抑制（松弛）的生理规律，才能激起孩子对早教的兴趣。

（7）自由活动：11 点半至 12 点。让孩子独自随意玩，但家人或护理人员要注意孩子，防止跌跤、摔倒、外伤，更要严防他触摸电器开关，引起触电等意外发生。

（8）午餐：12 点到 12 点半。饭前排便、洗手、围上围嘴、坐在小桌旁，或由大人喂。2 岁的幼儿可以教他用小勺子试着自己吃，即使洒了饭菜也不打紧，绝不能训斥。否则以后孩子到吃饭时就怕拿小勺子吃，因他脑子里已留下了你训斥的情景，产生了害怕的情绪。这就造成孩子大脑和下丘脑功能紊乱，胃肠神经系统的脑肠肽分泌不协调，以及胃肠道功能紊乱，引起孩子食欲不好，有时还会发生恶心、呕吐等。因此一定要记住：在孩子吃饭时绝不能训斥、催食或数落他，以免伤害他的自尊心或产生恐惧的心理反应。所以说给孩子喂饭也是有科学道理的。

（9）午休：下午 1 点至 3 点。夏季防蚊蝇，室内温度高可用电风扇，最好不开空调。保持安静有助睡好。

（10）室内玩耍：下午 3 点半至 4 点。

（11）加小餐：4 点至 4 点半，水果饼干均可。

（12）早教：4 点半至 5 点左右，内容同前面讲过的。总之是培养孩子的兴趣和注意力，启发他的大脑思维，养成爱学习的性格和习惯。

（13）户外活动：5 点至 6 点（夏秋季），此时阳光已稍减弱，冬春季应选好天气。活动内容随孩子高兴，在有阳光照射的地方最好，阳光中的紫外线可使皮肤组织产生内源性维生素 D，再经肝肾转化成有活性的维生素 D_3，而促进骨质的生长。户外活动还可促进肌肉、各大小关节及骨骼发育健壮，以及相互间的协调性。但护理人员应小心防止孩子发生外伤。

（14）保健揉摩各穴位：6 点左右。揉摩的穴位和部位均同前面有关章节的内容。在户外活动后回到家再进行保健揉摩，既有利于孩子全身在舒服中恢复，还可使孩子感受到舒服后喜欢上这样的揉摩。这种良性情绪有助健康成长。

（15）室内自由活动：6点半左右，若户外活动时手和衣裳弄脏了，可以教孩子洗手，替他换上干净衣服。喜欢水则让他尽兴玩，这也是一种促进幼儿良性发育的内容。家人只要保护他不跌倒等意外即可，不去干涉他；孩子玩够后再教导他和大人一起去收拾干净环境，然后去休息。

（16）晚餐：7点至7点半左右。晚饭后父母收拾好餐具，也有了空间时间，是与孩子说话、交流的好时光，使孩子感受亲情的温暖甜蜜。

（17）睡前小餐：以喝牛奶200mL较好。

（18）睡前洗面洗脚，洗手或洗澡，约9点，洗完即可上床安静睡觉。

上述18项护理幼儿的内容，都是围绕促进孩子建立良好而稳定的生物钟，以有助于大脑生理活动节律的良性运转发育；其次，下丘脑是情绪和内分泌的高级中枢，因此下丘脑与内分泌系统的协调运行，可使各器官系统功能活动协调运转，也有利于促进内分泌免疫系统功能的较好发育。目的是为了让家长及护理人员明白为什么这样护理的好处。当然，每家及每个孩子都有各自的具体情况和特点，因此护理方面都各有特长，所以上述诸内容供参考选择。只有把对幼儿护理的质量提高了，孩子发育成长就会更健康更聪明，开展早期教育收效就更理想。总之是对孩子越有爱心，护理效果就更好。

2. 上述护理内容和安排的好处：

（1）有助于幼儿逐步建立良好的生活规律，养成良好的生活习惯。

（2）稳定而协调的下丘脑情绪活动，有助于促进良性情绪、情感以及好性格的建立和发育，也为幼儿建立良好情商打下一个初步基础。

（3）良好情商基础的建立，有助于推动智力的发育。这种情商基础与智力的良性互动，相互促进，使孩子发育成长得更健康，外表精气神更光彩。

（4）良好的情商基础也有助于增强幼儿的各种免疫功能：提高孩子对各种不良刺激及致病因子的抵抗能力，少生病或不生病；即使患了病恢复得也较快，或是病情也较轻。

二、无固定和良好的护理内容与时间安排有什么不足呢

1. 孩子难建立起有序的生活规律，从而使机体生物钟的建立受干扰而不稳定。

2. 使幼儿的大脑与下丘脑的活动协调性较差，情绪往往不稳定，学习能力也相对慢一些。

3. 情感和性格发育受影响，难建立好的情商基础。

4. 下丘脑－内分泌系统功能不协调不稳定，必然导致幼儿免疫系统功能较弱。对各种不良刺激的反应和抵抗致病因素的能力较差，易罹患各种疾病。一旦患了病，往往病程迁延数目。

三、预防接种

1 岁半至 2 岁的幼儿应及时注射“白破二联类毒素”混合制剂。

第十七章 2 ~ 2.5 岁幼儿（25 ~ 30 月）

2 ~ 2.5 岁的幼儿发育又进入了一个新阶段，包括身体各部更匀称了，语言也较流畅了，与家人对话也较清晰，口语也较熟练；个人的爱好、个性变得较明显，情绪变化也较丰富起来；喜欢与别的小伙伴交往、游戏，且有了一定的主见，对环境的适应能力有所提高，活动能力明显增加，活动范围也明显扩大等。

第1节 身体发育的一般特征

一、身高

男孩（2 岁半时）平均在 92cm，波动范围为 86 ~ 96cm。

女孩（2 岁半时）平均在 92cm，波动范围为 86 ~ 95cm。

二、体重

男孩（2 岁半时）平均在 12.8kg，波动为 11.3 ~ 14.3kg。

女孩（2 岁半时）平均在 12.5kg，波动为 11 ~ 14.3kg。

三、头围

男孩（2 岁半时）平均在 49.2cm，波动为 47.5 ~ 51.5cm。

女孩（2 岁半时）平均在 47.5cm，波动为 46 ~ 49cm。

四、胸围

男孩（2 岁半时）平均随呼吸活动伸缩于 48 ~ 52cm。

女孩（2 岁半时）平均随呼吸活动伸缩于 47 ~ 49.5cm。

五、牙齿

不论男孩女孩在 2 岁半时都应出齐 20 个乳牙。如未出齐 20 个乳牙则应查明原因。这种出牙延迟多见于佝偻病及内分泌因素。

六、了解幼儿身体一般发育特征的意义

1. 掌握孩子生长发育是否与其年龄相符合，是正常还是超常，是延迟或是落后。

2. 有助于及时对发育生长超常或落后的孩子查清原因。

（1）是营养过剩还是营养不足或营养不全面，缺乏某些营养成分？

（2）喂养方法是否有规律，是否符合幼儿的发育需要？

（3）是否偏食、挑食、零食无节制而打乱了正常的进食规律？

（4）是否有病？需要及时看医生。

第 2 节　预防幼儿肥胖的生理意义和有效措施

一、肥胖的指标

实际体重超过标准体重的 20% 为轻度肥胖；实际体重超过标准体重的 30% 为中度肥胖；若实测体重超过标准体重的 50% 为重度肥胖。

二、预防幼儿肥胖的有效措施

1. 不给幼儿乱食各种零食。

2. 饮食按后面第 6 节配制标准相关内容落实。

3. 不给幼儿饮用高热量饮品。

4. 尽量少食高热量的糖果等甜品。

5. 若幼儿每月体重增加超过 200g 时，一是应适当减少每日饮食热量；二是适量增加幼儿活动量。只有在标准体重范围内，幼儿才发育得健康，各器官系统及功能才会发育得优良。

三、上述措施的效果

1. 使幼儿不发生高血脂、高血糖、高血黏度，而能维护好血管柔顺性，有利于落实现代医学理论提出的预防心、脑血管疾病和代谢性疾病应从幼儿抓起的建议。这也有助于幼儿智力的培育和情商基础的培养。

2. 使幼儿不发生因肥胖导致的高胰岛素血症与内分泌功能紊乱，从而健康地发育成长。

3. 不发生高血脂，则肌肉组织细胞不被脂肪浸润，肌肉发育良好，肌力逐渐增进，幼儿活动耐力好。

4. 幼儿不发生脂肪肝，有助保护肝功能健康，使 DNA 合成复制所需的各营养成分优良，有利幼儿健康发育生长。

第 3 节　2 ~ 2.5 岁幼儿各器官系统的发育特征

一、心血管系统

1. 心肌尚弱，收缩力也不强，心脏的排血量与幼儿代谢旺盛的需要尚不相适应，因此只能以加快心脏搏动次数（心率）来增加排血量，以满足机体代谢的需求。在安静状态下，幼儿的平均心率为 100 ~ 105 次 / 分钟。

2. 幼儿的血容量相对多于成人，约为体重的 10%。这与其代谢旺盛有关。

3. 幼儿血液中的白细胞也相对较少，所以抗感染力也较弱，以致幼儿易患各种感染性疾病，易引起心肌损害。

二、呼吸系统

1. 呼吸器官组织薄嫩，喉腔相对狭窄，一旦上呼吸道感染易引起喉炎；加之声带尚柔嫩，上呼吸道感染后易充血、水肿、声音嘶哑。

2. 婴幼儿的鼻腔经鼻泪管与泪囊相通，上呼吸道感染时易引发鼻炎、鼻塞、泪囊炎；同时幼儿的耳咽管短，管腔较宽而平直，因此一旦鼻腔发炎使细菌经耳咽管进入中耳，可引发急性化脓性中耳炎，脓液可从外耳道溢出。

3. 幼儿的会厌软骨功能尚不灵敏，因此进食不小心或喂食过快，可导致食物、汤汁或异物误入气管。

4. 气管和支气管黏膜免疫屏障功能较弱，抗病原微生物能力不强，上呼吸道感染后易使病菌侵入引起急性气管 – 支气管炎甚至肺炎。

5. 幼儿胸腔相对较狭窄，各呼吸肌发育也不强，主要依赖膈肌活动拉动肺扩张与收缩，故通气和换气量小。因此幼儿活动时只能以增加膈肌活动频率增加呼吸次数吸入足够的氧气，以满足机体需求。一般幼儿在安静状态下的呼吸次数多在 24 ~ 26 次 / 分钟。针对幼儿上述呼吸道的生理特点，保护幼儿呼吸系统不患病或少患病是重要的。

三、消化系统

1. 2 ~ 2.5 岁幼儿的胃容量尚小，胃液中的消化酶活力也不够强，因此消化功能较弱，还不能消化粗糙或坚硬的难消化食物，因而饮食不注意易引发消化不良。

2. 胃贲门及胃底部肌肉张力仍不强，胃平滑肌的发育也还不充分成熟，但胃下部的幽门括约肌发育较好。这样的特点决定了孩子进食不能快，咀嚼要细嚼慢咽，否则若进食稍快或咀嚼不充分，易导致胃部胀满不适，甚至恶心呕吐。尤其是早产儿更易引发胃潴留或扩张，损伤胃功能。

3. 幼儿肠黏膜和肠道平滑肌发育均还欠成熟，肠系膜柔软不坚韧，而且系膜也长，结肠又无明显的结肠带，因而与腹后壁的固定差。加之幼儿又好动，若进食后不休息立即跑动或跳动或快速转动身躯，易引起腹部不适、腹胀，腹痛，肠蠕动紊乱，严重时易致肠扭转或肠套叠嵌顿的急腹症。这些病症在孩子中常有发生。

4. 幼儿肝还相对较大。

（1）2 ~ 2.5 岁幼儿肝下界多在右侧肋缘下 1 ~ 2cm 可触及。

（2）肝细胞代谢旺盛，再生能力也强，患肝炎后治疗恢复也快，不易发生肝硬化。

（3）胆汁分泌功能尚弱，因此对高脂肪食物的消化能力差。

（4）全身细胞代谢旺盛，易造成肝糖元贮备不足，因此当饥饿时，孩子易发生低血糖，表现为疲乏无力、头晕、心慌、手抖或出微汗。若不及时进食或喝些糖水，时间稍长，易导致低血糖休克或昏迷，甚至抽搐；所以幼儿饮食以 3 正餐加 3 辅餐是较符合生理特点的。

（5）幼儿肝的解毒功能较弱，易受各种不利因素的损伤。如缺氧，各种消化道感染，进食受污染的食物，各种化学物品合成配制的食品饮品，以及各种化学合成的药品等，都易加重肝代谢的负荷。

四、泌尿系统

1. 女婴尿道短，尿道口接近肛门，加之婴幼儿免疫系统功能较低，二便后擦拭不当或穿开裆裤坐于不洁之处则易受细菌侵入引发尿路感染。对此，女婴二便后应从前往后擦拭；穿开裆裤应坐于干净之处。

2. 男孩多有包茎，小便后尿中的有机废物（如肌酐、尿素、肌酸、尿酸等）容易积聚于冠状沟和包皮内，使细菌易于繁殖引发感染，上行扩散则引起尿道炎、膀胱炎等。对此，应定期清洗孩子的冠状沟。

3. 婴幼儿肾功能尚不成熟，一旦患上急性感染性疾病，易引发酸中毒。一是因为小儿的肾近曲小管回吸收 HCO_3^- 的功能不全；二是其肾远曲小管泌 NH_4^+ 和 H^+ 的功能尚弱；三是小儿肾排磷酸盐的功能较低，若摄入牛奶过多（因为牛奶含磷的量是母乳的 6 倍），则增加肾功能的负荷。

4. 幼儿每日尿总量，在安静状态下，一般为 500 ~ 600mL，尿色淡黄清亮，每次排尿 100mL 左右，每日排 5 ~ 6 次，若饮水多则尿量多。若幼儿排尿次频，而每次尿量不多且尿颜色变深，有时有臊气，则应怀疑急性泌尿系统炎症。

五、眼睛及视力特点

1. 2 ~ 2.5 岁的眼球前后径较短，外界物体易成像于视网膜后，故视物多模糊，有生理性远视现象（即看稍远方物品较清晰）。到 5 岁左右，即发育正常。

2. 若发现幼儿看物体时往往斜着眼睛看的话，一定要去眼科检查是否有弱视存在。3 岁以前是治疗幼儿弱视的最佳时期，治疗效果好。

3. 幼儿因眼球前后径短，眼球睫状肌调节功能也尚弱，因此给幼儿看任何物品时，室内光线照明一定要亮度适宜。若光线较暗，孩子会紧挨物品看，时间长了会引起眼睛睫状肌疲劳，调节功能降低而形成近视。这也是为什么现在有些孩子早发近视的原因，需重视。

六、幼儿外耳郭

皮下组织少，血循环也较差，冬天易冻伤；外耳道未全骨化，外耳道内的皮肤柔嫩而易受损伤，因此不宜用手指或硬物去掏刮；外耳道最内底部是薄嫩的鼓膜，对噪音或超过 60 分贝的声音极敏感，易损伤幼儿的听力及耳蜗内的听骨构件。因此对幼儿不宜高声尖叫。

七、幼儿运动系统（骨、骨骼肌、韧带及关节囊）

1. 四肢骨的两端软骨在不断发育，使长度伸长；同时又不断骨化，使骨质变坚硬，因此应充分补充矿物质，钙、磷及维生素 D；还有适量的不可缺少的微量元素锌、锰、镁、氟等。当然蛋白质是最主要的基础成分。上述物质对骨的生长、骨质的形成、骨化坚硬都共同发挥作用。

2. 幼儿手腕部只有 3 块小骨已骨化，其余 5 块还未钙化或未充分钙化，所以幼儿手部力小，尤其是一些精细的手部动作还不能或难实现，因而幼儿还不能用筷子吃饭，用小勺子也有些难。故而幼儿不能独自进食是客观的，父母绝不能训斥或不管而伤害孩子。

3. 幼儿下肢踝部的跗骨只有 4 块已骨化，而另 3 块还未完全钙化或骨化，而且诸跗骨的关节面也较复杂，因幼儿的跗骨是承重的部位，故易受损伤，尤其是不宜从上往下跳，更不能从高处往下跳，不管是硬地面还是泥沙地面都不行。否则一旦损伤了幼儿的踝关节，很可能终生受影响；其次也不宜让幼儿较长距离地行走；更不宜在硬的地面上蹦跳，为的是较好保护踝关节各小跗骨顺利发育与钙化骨化，使各小跗骨之间的关节面也顺利发育好。有关幼儿四肢各关节的发育状况可参阅后面的内容。

4. 幼儿足弓的发育特点：幼儿从一岁起会站立行走后，足部诸骨就逐渐成一弓形结构即足弓。但足部诸骨的骨化尚不完全，加之孩子足底的肌肉、肌腱以及韧带均发育还不强，固定保护足弓的力量不足，因此孩子的足弓是较弱而不结实的。若站立久了，尤其是行走时间稍长，特别是肥胖幼儿更会加重足弓的承重力而致损伤疼痛，甚至足弓塌陷变平，形成扁平足，造成终生不便。

八、扁平足的不利影响

1. 使足部失去弹性，致走、跑、跳时产生的震动得不到缓冲而产生疼痛，甚至足部各骨头容易受损伤，严重时还可引起骨折，特别是在硬的地面或碎石上行走更易损伤。

2. 站立时间不能持久，要不断变换站姿以减轻足部诸骨的压力，不然的话，人体重心压在足部各骨上时间久了会产生疼痛不适甚至损伤。

3. 足底的血管和神经易受压迫，引起足底缺血、疼痛以致损伤。

4. 行走时产生的震动可因缺乏足弓的缓冲与分散，而直接经脊柱传至头部，引起头晕、头痛等不适感。

5. 凡是有扁平足的孩子，身材体形发育受影响，行走不矫健，姿势也不优美。上学后难进行各种体育活动，如跑步、跳远、跳高等，跳舞更不协调，长大后难胜任野外工作，不能参军，也不能长距离行走，如旅游等。

九、幼儿骨骼肌的发育特点

肌细胞不发达，细胞数也还不多，因此活动 10 分钟就易疲劳。但其代谢旺盛，稍事休息后疲劳的肌肉又恢复了活动能力。所以幼儿都活泼好动，一会儿自行坐下休息，一会儿又活动起来，这就是幼儿活动的特点。对此，为了促进幼儿骨骼肌细胞发育成长，首先要保证充足的蛋白质摄入，使之获得足够的供肌细胞增殖生长的各种必需氨基酸；其次要让孩子适当锻炼，促进血液循环，使活动的肌肉细胞获得充分的营养，肌肉细胞增殖增多，肌肉纤维增多增粗，从而使肌力增强。

十、幼儿肘关节

幼儿肘关节发育较差，一是组成肘关节的肱骨、尺骨、桡骨各相应部位大多在 5 ~ 6 岁后才逐渐生长；二是肘关节囊及韧带均弱而松弛且不结实，关节的伸展性和活动度明显大。因此若猛力牵拉幼儿的手臂往往易造成肘关节半脱位甚至脱臼。这类情况的发生大多在拉着幼儿的手上下楼梯；或横过马路匆忙；或穿、脱衣服时，家长用力牵拉或提拎孩子手臂而造成。尤其是发育落后或肥胖幼儿更易出现。应引起重视。

十一、幼儿的肩关节

幼儿的肩关节发育更迟。是由肩胛骨的关节盂和肱骨头的关节面形成。肩胛骨的关节盂要到 11 岁以后才逐渐形成；肱骨头出现早得多，在一岁后就逐渐出现并发育，但肩关节囊异常松弛；各韧带也很薄弱。这些特征决定了幼儿肩关节活动范围更大且稳定性和牢固性也很弱，所以家长牵拉或提拎幼儿上臂时更易引起肩关节脱臼，应重视。

第 4 节　促进幼儿的大脑发育及功能进展

一、2 ~ 2.5 岁幼儿大脑发育的特点

1. 幼儿大脑的发育主要是脑细胞体积日渐增大；脑细胞

上的树突逐渐增多并伸长，使大脑的功能日益增加，认知能力也逐渐扩大，记忆力与反应能力均是不停地增加和灵敏起来；神经髓鞘也开始发育，因而传达信息的速度加快。脑细胞体积的增大使脑重量相应增加，3 岁时幼儿的脑重量可达 1000 ~ 1100g。

2. 注意力还不易集中，好动但也容易疲劳，是因为大脑细胞代谢旺盛，消耗能量快，而脑细胞的能量贮备较少，所以容易疲劳。因此在教孩子学习各种内容时，每次不宜超过 10 分钟左右，就应让孩子稍事休息让肝糖元来补充能量，以恢复脑细胞的兴奋能力。为吸引幼儿的注意力，就宜经常变换活动的内容和方式，同时应注意营养。

二、幼儿大脑细胞活动的特点

1. 从兴趣启动使之产生一定优势的兴奋灶，把注意力集中在他喜欢的物品或活动内容中去。对此，教幼儿学什么内容时一定要想方设法引起他的兴趣，效果才好。

2. 重视培养幼儿对外界环境的注意力。这是幼儿认识世界的开始，幼儿就是在玩耍和游戏活动中，由兴趣引起注意力集中，从而在大脑细胞中产生较强的兴奋感，经反复强化就会形成记忆。记忆的内容逐渐增多，智力就会拓展。

3. 幼儿以形象记忆为主。凡是色彩鲜艳，能活动，能发出悦耳声音的物体或玩具，往往都能引发幼儿的好奇心理，产生兴趣，吸引其注意力。所以在对幼儿实行“早教”活动时，要用形状新颖、色彩鲜艳的实物，配合生动的表情动作可以显著提高效果；即使是讲故事，教唱儿歌或朗诵优秀的短诗也应如此效果才好。

4. 注意力易集中的孩子智力发育就好。凡是注意力稳定专注，不易为外界各种因素干扰的幼儿，其大脑形成的兴奋灶就强，产生的印象或形象就更清晰；认识得就更深刻，记忆得就更牢固而持久。掌握知识就更快更多；智力自然就发育得更好。聪明就是这样培育起来了。

5. 幼儿的注意力和记忆力是不稳定、不持久的，需要反复强化巩固，达到温故知新的效果。因此，教幼儿背诵经典的诗句或短诗是好方法。

6. 两岁幼儿已有了思维活动，但以简单的形象思维为特征。思维活动的开始，扩展了大脑的功能，加强和深化了记忆；对周围环境的观察能力也逐渐扩展，好奇心也随之产生和增加；也开始有了与别人交往的愿望和兴趣；并建立起了个人的主见和性格基础。所有这些思维活动的形成和扩展，与家庭情况是密不可分的。尤其是父母的一言一行，一举一动，音容情绪等都是感染幼儿的具体形象，是孩子模仿的生动榜样。父母和睦，感情融洽，凡事互相交流商量，孝敬长辈，关爱孩子，幼儿在这种温馨的环境中耳濡目染，自然留下了记忆深刻的极好的榜样形象，奠定起了他良好开朗的性格基础，对家人有浓浓的亲情依恋感，爱自己的家；与别人交流也随和友好善良，喜欢与人接近并友好相处。这样的性格主要得益于家庭的温馨和父母的良好榜样，使孩子的大脑始终处于良性兴奋状态；下丘脑的积极情绪促使了各内分泌轴腺都在稳定而协调的状态下运行；大脑皮质下丘脑的奖赏系统处于兴奋优势，从而塑造出了幼儿良好的性格特质。反之，若家庭不和，父母经常矛盾冲突不断，粗言恶语频发，甚至家暴不时发生，使幼儿经常听到和见到的是恶性刺激，成天担惊受怕，惊恐不安，生活在无助无奈无所适从的环境中，则思维是混乱的，记忆是恐怖的，但又无法摆脱，对家庭只有麻木甚至厌恶感。习以为常孩子就会变得冷漠，失去了童真，无主见，有时又执拗或偏激，甚至具有莫名的攻击行为，对所有的人都有一种防备阴影笼罩在心理上，终日生活在劣性的精神压抑中，以致性格扭曲。其性格特质与行为都是父母的各种负性表现所铸成的。这种孩子大脑一直处在恶性的抑制状态；下丘脑的负性情绪使得各内分泌轴腺功能紊乱；大脑皮质下丘脑的惩罚系统占据优势，从而使孩子性格不随和，行为易冲动，难于合群。可以说，父母及家人的一言一行都是孩子效仿的样板。如果孩子有这种那种缺点，也应先从父母及家人的言谈举止和素质上去找寻。只有父母及家人和睦了，幼儿自然会学好的。

第 5 节　培育幼儿逐步建立起良好的情商基础

一、情商是什么

情商主要反映的是一个人对某事的感受、理解、运用表达、控制和调节情感的能力。即个人的性格和情感的表达能力，意志的调控力。这些能力的形成主要与环境因素的影响息息相关。因此情商是感性认识的反映。先有感受，然后产生情绪，再产生表达或调控取舍。其生理基础与下丘脑关系密切。幼儿的情商是从亲情开始奠定基础。

情商多从幼儿期开始逐渐萌生，发育于儿童和青少年时期。因此培育幼儿好的情商基础是可以影响一生素质的大事。这与家庭的教育和家风有很大的关系。好的家庭教育和优良的家风培育出来的孩子，其情商大都是高而优秀的。而恶劣紧张的家庭关系使幼儿难建立正面的情商基础。

二、优良情商基础形成的环境和条件

1. 和睦温馨的家庭氛围，使孩子生活在快乐、充满关爱的环境中，感受着“家”的温暖，从而产生愉快的情绪和浓浓的亲情依恋。

2. 幼儿虽有了一定独自活动的能力，但还较弱且不稳健，加之好奇心强，什么都想去接触一下或摸一摸，脑子里还没有

安全与危险的意识。当引发了不利情况时，切忌训斥打骂等劣性刺激，伤害其幼稚的心灵，产生惊恐害怕甚至大哭等负面情绪，大脑活动变得无序，下丘脑内分泌活动紊乱，都不利于情商基础的培育。

3. 对幼儿不要溺爱。2 ~ 2.5 岁的孩子有了一定的活动能力，这时可以教他做一些力所能及的自己的事，而不要父母包揽一切地替孩子去做，使其失去学习操作锻炼的机会，抑制了他的某些生理功能。如教孩子自己洗手、吃饭、喝水、洗脸等。刚开始时可能出些差错也不要呵斥，耐心地反复多教几遍，慢慢地就学会了独立完成。又如穿衣、脱衣、洗脚等等也要训练他自己完成。自己独立大小便、坐便盆都应反复训练，但大便完后还需家长帮助擦拭，幼儿还不能自己胜任。这一系列生活小事的训练都是培养孩子养成自立的精神和能力；建立起“自己的事自己做”的基本概念，培养孩子从小就学会独立生活的能力。随着这些生活能力的内容扩充，慢慢地从小就养成了勤快自立的好习惯，进而也有助促进好的情商基础的形成。只有勤快实践才会有体会，形成习惯后则体会更深，情商基础建立得就更好。凡是从小一切都由父母服侍照料包办的孩子，就容易养成依赖懒惰的性格，形成习惯后就认为父母服侍他是应该的，他认为衣来伸手，饭来张口是理所当然的；让他为父母为家庭尽力做事是不习惯的。这样的孩子长大后对家对父母很难有深厚的感情、情商是淡薄的，也难建立起浓浓的亲情。待父母年老体衰需要人扶助之时，他也不会懂得或重视要反哺报恩的责任和义务。这样的例子常可见到。

4. 重视培养幼儿逐渐养成坚强的性格基础，学会自强独立的精神意识。如孩子在行走中或玩耍时跌倒了，只要未受伤，应鼓励他自己爬起来，不立即去抱他起来。经过这么几次锻炼后，在他稚嫩的脑海里就建立起了：跌倒了要自己努力爬起来站起来，不要依赖别人。一待孩子自己努力爬起来了，家长应及时予以肯定和赞扬的正能量："宝宝真棒！"并给他一个深情的亲吻。使孩子明白父母家人是关爱他的，体会到亲人的温情与亲情。只有如此才能逐渐培养起幼儿建立不怕困难挫折的坚强素质基础。但是在这方面很多家长难以做到，也很难与培养孩子的坚强素质基础联系起来。作者的观察是：凡是从幼儿期开始学习一些简单的生活能力，学干一些简单家务事的孩子长大后责任心强，意志坚定有爱心，情商优良。

第6节　饮食营养配制和培养幼儿独立进食能力

一、2 ~ 2.5岁幼儿每日总热量的需要

1. 标准为110kcal/（kg·d）。

2. 粮食、蛋白质、脂肪各占总热量的（50% ~ 60%）、（10% ~ 15%）、（30% ~ 35%）。

3. 转换成具体的食物量是：粮食175 ~ 200g/d；蛋白质类（包括各种瘦肉、鸡、鸭、鱼、蛋、奶等）的量为40 ~ 50g/d；食用油20 ~ 30mL/d。

二、每日餐次的分配

以3正餐加3辅餐的分配较适合孩子的生理代谢特点。

三、培养孩子独立进食的能力

这个最基本的能力对2岁多的幼儿来说具有很大的训练作用，既要训练上肢各大小关节和肌肉的协调运作功能，尤其是训练手指各小关节和小肌肉的精细活动功能与协调配合；还需要口腔各关节和各咀嚼肌群的协调功能。所以培养幼儿独立进食是一个很好的发育与能力训练过程。

1. 刚开始时需要有家人照看指导，但不要包办代劳喂孩子，

应让他自己用小勺子吃，吃面条可教他用筷子。对幼儿来说开始时自力更生是很难的，但让他实践一段时间后慢慢就会胜任起来。家长绝不要图省事，怕撒了饭菜而代劳喂食，这样的话孩子永远只能依赖别人饭来张口，自己不会动手的懒习惯。也很不利于培养孩子独立生活的能力，把孩子惯成了一个懒惰的低能儿，大脑的功能受到了抑制，上肢的粗、细活动功能也因为不训练而变得失用性退化，孩子变得愚笨起来。正如俗话说的手脑并用。只有手活动起来，大脑就会相应运行活跃，智力才会得到开发。

2. 一定要教孩子既吃饭又要配合吃菜，交叉进行。为的是补充维生素、各种微量元素和矿物质，这些营养元素都是蔬菜与肉中含量较多的成分。吃饭又吃菜，各种营养元素才能互相补充全面，方有助于身体的健康发育生长。对此，家人在给幼儿做饭菜时一定要尽可能变换花样，让孩子吃得香，吃得有味，吃得高兴。

3. 孩子吃饭时不要使用“快吃”等言词催促。

（1）2 ~ 2.5 岁幼儿的上下颌骨关节与各咀嚼肌肉的发育还不足，互相之间的功能配合也还不很协调，吃饭的动作自然就比较慢，尤其是对固体类或较硬的食物，咀嚼起来就更难一些。

（2）幼儿的吞咽肌肉功能仍较弱，尽管他想快也是快不起来，力不从心。家长绝不能为了让孩子快吃，而采用填鸭式地灌喂。这种粗暴的做法，最容易引起幼儿大脑功能的紊乱，使得大脑与吞咽肌群之间的不协调，引发噎食、恶心、呕吐，甚至呛咳误入气管，那就麻烦了。孩子越哭，症状就越加重。若经常发生这类情况，会使孩子见到吃饭就害怕、恐惧，进食动作更不协调，甚至拒食，造成营养摄入不足，发育落后。因此，只有懂得了幼儿吃饭时的一系列生理功能常识，才不会催食。

第7节　培养孩子细嚼慢咽的良好吃饭习惯

1. 上节说了孩子的咀嚼、吞咽肌群及上下颌骨关节发育还不完善，功能较弱，只能细嚼慢咽地进食。

2. 细嚼慢咽有利于幼儿消化吸收食物营养功能，表现如下:

（1）口腔中的唾液腺分泌唾液明显增多，并与食物充分混合，唾液中的淀粉酶可以充分消化食物中的淀粉（碳水化合物）。

（2）经过细嚼慢咽的食物入胃后，其中的蛋白质被胃液中的胃酸和胃蛋白酶分解消化，再经胃的节律性蠕动搅拌，食物变成了食糜，一部分一部分地被排入小肠上端的十二指肠。

（3）之后与胰腺分泌的胰淀粉酶、胰蛋白酶、胰脂肪酶等多种消化酶混合，食糜被进一步分解为糖类，多肽和氨基酸，甘油酯和脂肪酸等，有利于小肠黏膜对各种营养成分的充分吸收。由胆囊排出的胆汁经胆总管与胰液一同排入十二指肠，促进脂肪的消化吸收，同时也促进了脂溶性维生素 A、D、E、K 的充分吸收。

（4）各种消化腺分泌的消化液中还有一定的抗体和细胞因子，有助于肠道抵御和杀灭各种病原微生物及其毒素。

（5）消化道黏膜层内有 40 多种内分泌细胞，其总数远超过体内其他所有内分泌细胞的总和。消化道的内分泌细胞可制造和分泌 40 多种激素，总称为胃肠激素。这些胃肠激素的功能有调节消化的作用，调节消化道黏膜上皮和腺体的分泌，调节消化道的蠕动功能，促进消化道组织的代谢和生长更新，还可增强人体的免疫功能，如促进免疫系统细胞的增生，增加免疫球蛋白的生成，增加白细胞吞噬和杀灭病菌的能力，同时许多免疫细胞也能分泌某些胃肠激素。消化道又是机体与外界环境接触的最不洁净的部位之一，因此，肠道黏膜的免疫系统为人体构成了第一道黏膜屏障防线，可以时刻抵御和杀灭食物中各种抗原物、病菌、病毒及毒素的侵袭损害作用。此外调节肠道功能的肠神经系统有学者将其称之为“肠脑”或“腹脑”。是因为肠黏膜分泌的一些多肽类激素也存在于大脑内，脑细胞也可分泌类似的多肽激素，这些肽类激素相互协调，统被称之为脑肠肽。临床上常见许多有胃肠疾病的患者，其大脑及神经调节功能经常会发生紊乱；反之，大脑中枢神经系统功能疾病的患者也会有胃肠系统的病症。临床上还可见到一些有胃肠道疾病的人，不论是大人还是小孩，情绪往往不稳定，情商也较差，小孩表现更明显些。因为孩子的自控力较弱。从上述内容可知，要想培育幼儿建立好的情商基础，必须要注意保护孩子的胃肠抓起。

第 8 节　饭后带教幼儿和大人共同收拾桌面或地面

1. 孩子吃完饭后，要带着他一起收拾洒在桌上或地上的饭菜，然后擦干净桌子，扫干净地面，并告诉他“盘中餐粒粒皆辛苦”的简单道理，浪费是不好的，应该爱惜，养成良好的吃饭吃菜习惯。尽管孩子初学做还较困难，但这样现场循循善诱地教导孩子并日渐实践，是最生动又有说服力的，一段时间后，孩子自然就自动自觉地养成了认真进食的好习惯。收拾干净了桌面地面，最后协助孩子洗洗手，洗洗脸，擦净嘴，脱去围嘴，告诉孩子应去休息一下。你看，从吃饭这种小事上，只要你肯动脑子，对幼儿都是很生动的教育和学习内容。你若认真细心教，孩子既能慢慢学习动手吃饭的能力，和学习手拿小勺子，用筷子的方法，还能学会掌握饭后的后续清洁内容。这就是在培养孩子认真、专心、细心、有始有终的良好习惯。但不少家长还未意识到这种具体生动的教育，可以促进幼儿智力和能力的发育。

2. 吃完饭收拾干净后，要教育孩子稍坐下休息半小时左右，让吃入胃里的食物初步消化并缓慢向小肠输送。不能吃完饭就去活动跑跳。那样不利于胃的消化传输并损伤胃的功能；有的还会引起胃痛、恶心、呕吐，甚至有时还会引起肠扭转等急病，这些都是饭后立即剧烈活动容易引发的不良后果。

第 9 节　2 ~ 2.5 岁幼儿的护理要点和能力训练

2 ~ 2.5 岁幼儿的护理最好是尽可能变孩子被动接受呵护为主动模仿。这就需要结合幼儿发育生长的特点，采取一些有针对性的符合孩子个性与爱好的方法，使他乐于接受和效仿。

一、让孩子在愉快中增加对环境的认识

1. 幼儿的天性是好动，加上这个阶段他们的大脑功能有了快速的发育，对周围环境的一切都有兴趣和好奇心，都想触摸试探和认识，但又还未建立安全意识，所以家人既要放手让其去试探，又要在有不安全的动作时给予及时和有效的纠正，讲述不安全动作的危险或危害性。让孩子建立起安全意识，以防意外发生。

2. 对幼儿喜欢的活动内容，尽可能创造条件让他去认识和接触或参与。这是一种积极的护理，可促进孩子大脑增长见识。

二、各种幼儿能力的训练和教育引导

1. 包括一些简单的生活能力的训练，如洗手、洗脸、穿衣、吃饭，以及增加认知环境和适应能力，大小便能力等等。开始做时孩子往往不能胜任，但家长教导训练次数多了，孩子就会逐渐熟悉和习惯起来，按家长教的去做。由笨拙不胜任而日渐适应起来，甚至能完全自理。

2. 训练和护理孩子建立良好的坐姿、立姿以及行走姿势。这样做有助于幼儿脊柱的四个生理弯曲（颈弯、胸弯、腰弯和骶弯）发育好；也有助于幼儿逐渐养成正规的习惯素质。

3. 训练和培养幼儿建立饭前便后洗手的良好习惯；教孩子不在地上随意乱坐。

4. 训练和培养孩子科学的进食能力和习惯，对身体发育和健康都很有好处。一是可使孩子手脑并用，使大脑和胃肠神经协调活跃，脑肠肽互相协调分泌，孩子胃口好，大脑功能也得到促进；二是可带动各相关器官的运行，形成很好的活动规律。

三、训练和培养孩子的运动能力

带孩子短距离行走可促进他骨骼和肌肉的发育。尤其是教幼儿学骑用双下肢蹬地向前滚动的塑料小三轮车，既有促进两下肢肌肉和各骨关节的活动与发育，也可促进上肢肌肉和各大小骨关节的发育与协调能力，还可锻炼脊柱和躯干的平衡稳定能力，以及保持抬头挺胸、两眼集中、注视前方的优美姿势，更可兴奋大脑，提高反应灵活性等都起到很好的作用，而且非常安全。如果孩子活动累了，可以停下自行坐在车上休息一下，随心所欲，家长只需在旁陪伴看护就可以了。不要让 2 ~ 3 岁的孩子骑塑料制的电动三轮车或四轮车，那样只能训练孩子的大脑反应能力和双上肢把握车行方面的能力。而孩子的下肢肌肉和各大小骨关节得不到锻炼，脊柱和躯干的平衡稳定能力也得不到训练，尤其是不能培养孩子建立吃苦耐劳，不怕累的精神意志。所以说在给幼儿选择运动器材方面，要从对孩子有哪些锻炼作用上考虑，而不应从时髦的“高档上”去吸引孩子的兴趣，忽视了器具对幼儿身体发育的锻炼作用。这样做反而抑制了孩子经历锻炼的磨炼过程，养成怕劳累、爱享受的惰性。因此，给孩子选择运动器具也有学问。

第10节　教育幼儿在游戏活动中的注意要点

（一）要在适合的安全场所玩耍，不能在人行道上或人多的地方玩，以免妨碍别人或发生意外情况。

（二）和其他小伙伴一起玩时要友好交流，不任性，更不要争吵；大家和睦相处，共同享受欢乐，成为好朋友。

（三）2 ~ 3岁的儿童不宜在硬的地面上跳跃（如水泥地面、石子或石板地面）。因为这个年龄段的孩子的足部诸骨均未发育好，最易受冲撞震动而损伤或扭伤；即使恢复后也不如未受伤而顺利发育的足部各关节灵活自如。关于小儿足部、踝部诸骨发育情况见下述内容，供家长们带孩子时参考。

1. 足部诸骨出现期：第三楔骨（1岁），第一、第二楔骨（2 ~ 4岁），舟骨（4 ~ 5岁），足部共5块跖骨（1 ~ 5岁）。足部各趾骨：2 ~ 3岁出现，到15 ~ 20岁才愈合。

2. 幼儿踝部诸骨的出现期：胫骨下端、腓骨下端（2岁），距骨、骰骨、跟骨体（均1岁），跟骨结节（7岁）。

3. 幼儿踝部各骨愈合期：跟骨体和跟骨结节（12 ~ 15岁），胫骨下端（16岁），腓骨下端（20岁）。

从上可看出，5岁以前的儿童最好不要从高处往硬地面跳，2 ~ 3岁孩子更不要练习跳跃。

（四）2 ~ 3岁的幼儿也不宜在硬地面上跑步。因为这类硬地面没有弹性和缓冲性，幼儿的足部诸骨和踝关节诸骨都没有发育好，因此易受损伤。轻者足弓的形成不顺利，重者难以形成足弓，甚至踝关节也会发生不同程度的损伤，造成孩子日后行走时的承重力或活动受限。

（五）2岁半的幼儿已经能行走自如了，活动范围也明显扩大，但孩子对环境的认知和适应能力尚未相应同步发育。因此家长应小心照看，防止各种意外事故发生。特别是带幼儿去各种人多而杂的场所，或在马路上行走，或逛商场等，更要寸步不离地拉住孩子，并告诫他绝不要东张西望，乱摸乱动；过旋转门和进入自动电梯更是要严密保护，防止意外事故发生。

（六）训练和辅导幼儿独立大小便、坐便盆。穿开裆裤的较方便，但穿闭裆裤的幼儿由于其手及腕部诸小骨尚未发育好，肌肉也弱，因而脱裤与便完后穿裤都需要家长帮助。

（七）幼儿腕部、手部各骨的出现和愈合期

1. 手腕部诸骨的出现期：桡骨下端（2 岁），尺骨小头（7 ~ 8 岁），腕部头状骨、钩骨（均 2 岁），三角骨（3 岁），大多角骨（6 岁），小多角骨（7 岁），豌豆骨（8 ~ 14 岁）。

2. 部分腕骨愈合期：尺骨小头和桡骨小头均为 20 岁。

3. 手掌部各骨出现期和愈合期：拇掌骨和其余掌骨均 2 ~ 3 岁，愈合期皆为 15 ~ 20 岁。

第 11 节　早教活动要每日坚持并适当增加内容

1. 早教内容可根据幼儿的兴趣而定。喜欢说话的则可教孩子说话，内容以生活中的对话或物品名称、用途为题材，教他说简短清晰的词语、口语，增加他对生活的认识和对环境物品的了解；喜欢听音乐歌曲的，就播放音乐或教孩子唱歌，激发他的唱歌兴趣和提高唱歌能力；喜欢听故事或相声的，就播放能引起幼儿高兴的故事或相声让他反复听，也可以家长挑一些优秀的儿童故事或童话讲给孩子听，使他从小就感受文艺的熏陶。2 岁半以后可以选择一些传统的古典小儿启蒙读物中的经典句子教小儿念和背诵。这既可提高其语言能力，又能扩大其说话的内容和情调，也可为日后的语文学习奠定基础，更能知晓传统的道德理念。总之，早教内容以引起孩子高兴喜欢是重要的。每次教上 5 ~ 10 分钟，就要休息几分钟或变换新内容，反复循环地教。一上午只教半小时就可以了。时间长了造成幼儿大脑抑制泛化，不但无效有时反而使孩子对早教产生抵触。

2. 坚持每日上、下午各一次给幼儿做全身相关穴位和肢体揉摩。最适合的时间是在早教与运动皆结束后，午餐或晚餐前一小时进行比较合适。每次穴位和肢体揉摩需10分钟左右，既有助幼儿恢复精神，又促进全身血液循环与经络的运行，使孩子享受轻松愉快的感受，体会家长的关爱和家的温暖。在这一系列的早教、运动和保健揉摩中，使孩子的生活充实有序，情绪积极，也有助良性情商的发育。

第12节　培养幼儿良好的睡眠习惯有益于发育

1. 2 ~ 2.5岁的幼儿每日需要睡眠13 ~ 14个小时：白天睡4个小时左右，夜晚睡9 ~ 10个小时。

2. 有的幼儿是上、下午各睡2小时左右；有的是只在午饭后睡3 ~ 4小时。这两种方式都适合于幼儿。不论哪种睡眠习惯，都要让孩子自行安静入睡，旁人不要打扰；卧室内外不要有噪声；或高声说话、呼叫、影视声，影响孩子安静入睡，引起幼儿烦躁不安、休息不好。

3. 为保证幼儿的睡眠质量应该培养他独自入睡的习惯；父母与幼儿同屋不同床睡眠；对还有遗尿情况的孩子可在入睡前穿上柔软的纸尿裤或垫上尿布。

4. 为提高幼儿夜晚的睡眠质量，可以为孩子建立一套固定的睡前程序或生活方式：①睡前用温热水（50℃左右）洗脸、洗手洗脚，或洗个温热水澡。②睡前40分钟喝150 ~ 200mL温牛奶或配方奶粉液。③排空小便上床后，给孩子讲讲小故事，或反复念1 ~ 2首优美简短的经典诗歌或儿歌，并简单讲解诗的意境。孩子有睡意时关灯使之安静入睡。

第十八章　2.5 ～ 3 岁幼儿（31 ～ 36 月）

第1节　身体一般发育特征

一、身高（3岁）

平均在95cm，往往波动范围为92 ～ 100cm，男孩和女孩差异不明显。

二、体重（3岁）

1. 男孩：平均在14kg，波动范围为12 ～ 15.8kg。
2. 女孩：平均在13.6kg，波动范围为11.6 ～ 15.4kg。

三、头围（3岁）

1. 男孩：平均约50cm，波动范围为48.5 ～ 51.5cm。
2. 女孩：平均约48.3cm，波动范围为46.7 ～ 49.8cm。

测头围可了解大脑的发育状况。

四、胸围（3岁）

1. 男孩：平均约50.3cm，可随呼吸伸缩为48.2 ～ 52.2cm。
2. 女孩：平均约49cm，可随呼吸伸缩为44.5 ～ 51.5cm。

测胸围可以了解孩子的肺功能。

五、出牙数

2 岁半时应出齐全部 20 个乳牙。一般在 2 岁时已出齐 20 个乳牙。如果 2 岁半还未出齐全部乳牙，那就应认真查清原因。

六、2 岁半仍未出齐 20 个乳牙的常见原因

1. 喂养缺点：营养元素供给不全面，尤其是蛋白质摄入不足，补充维生素 D 不足和含钙磷多的食物食用少，有关的微量元素也缺乏。

2. 经常饮用化学物合成的饮品，腐蚀和阻碍牙基质的形成。

3. 幼儿身体发育落后。多见于低体重儿、早产儿，往往出牙迟，甚至前囟仍未闭合。

4. 偏食、挑食等，亚健康状态的脾胃气虚型、肾阴虚型者尤为多见。

5. 患有佝偻病。

6. 内分泌疾病中以甲状旁腺疾病或甲状腺病多见。不论是何种原因引起的幼儿在 2 岁半时仍未出齐 20 个乳牙，都应及时看医生，抓紧治疗。因为牙齿的健康与否关系到全身的健康发育。

第 2 节　2.5 ~ 3 岁幼儿的生理功能特点

1. 肌肉较以前明显发育，体能也显著增加，好活动的兴趣和时间相应增加，累了也恢复较快，自由行走和跑的能力大大增强。

2. 脑细胞的功能随环境的扩大，见识增多，发育增长更快。

（1）语言功能变得流利，可以与成人进行一般生活对话，反应也较敏捷，思维能力显著活跃起来，有时或经常提问一些问题。

（2）注意力也随兴趣而容易集中，并有了个人的主见和爱好。

（3）喜欢与其他小朋友一起玩耍游戏。此阶段若家长善于发现孩子的兴趣特点，有意识地创造条件，使其能不断发展，或找有相应专长的老师给予辅导培养，效果就更好。同时也可为进入幼儿园生活打下一个好的基础。

（4）由于大脑功能的增强，思维能力也变得活跃，但经历的实践活动还很少，所以孩子见什么都好奇，都想试探摸一摸，碰一碰，拿来玩玩或仔细观察。这是孩子了解一切事物的本能行为。这时就是最好的教育内容，应给孩子简单清楚地讲解，启迪他的兴趣，增加一点基本知识。若有不安全的因素要清楚告诉他，使之增长一点感性认识，以后再遇到这类情况时就有了防范的印象和避开概念。绝不能粗暴的呵斥，挫伤孩子的求知心理和自尊心。这样的场景若经常发生，其后果是孩子变得胆小怕事，干什么事都举棋不定，无主见，或是有想法也不敢表露，甚至变得迟钝。

3. 随着幼儿体能和活动能力的增加，要逐步教育孩子干些力所能及的家务活，并培养他建立自己的事自己动手做的意识和能力。

（1）这样的培养有助于孩子从小建立勤劳的意识，把自己融入家庭中，与父母、家人共同承担某些家务活，同欢乐、共辛劳，不做旁观者与享受者，树立起“家”的概念和责任意识。同时也增进了与长辈的亲情。

（2）这也有助于促进孩子学会独立生活的能力，譬如学会自己洗脸、洗手、刷牙；吃饭时要自己搬小凳子坐下，吃完饭要主动收拾洒掉的饭菜，擦干净桌面等。父母或家人绝不要溺爱而过度呵护，一切都包办代劳，把孩子惯成了一个懒惰的寄生者，结果害了孩子。长大后学习成绩再好，但独立生活能力极差的“高分低能儿”，那时就会后悔的。

（3）为孩子进入幼儿园学习、生活奠定起良好的基础，使其能迅速愉快地融入新的生活环境，而且在老师的指点下能自己照顾自己，或是还能帮助其他小同学，一起和睦欢乐地适应集体生活，增长新的知识。凡是具有独立生活能力的孩子性格往往活泼开朗，乐于助人，适应新环境的能力也相对强一些。

第3节　培养2.5～3岁幼儿良好的行为品德基础

良好的行为品德也是体现幼儿健康发育成长的一项指标。幼儿的行为品德与家庭环境、父母的社会道德素养以及对子女的教养方式、外界环境都密切相关。2～3岁幼儿的许多行为是可以通过家庭的良好教育，父母的优良品德和一言一行，潜移默化地熏陶、塑造形成。

1.家庭和睦，家人开朗，则幼儿有良好的感受，性格也平和，待人友善，与其他小朋友交往也能随和融洽，为人诚实，勤快，有较好的自控能力，适应不同环境和情况的能力也强。

2.凡是家庭不和，父母或家人爱占小便宜者，孩子通过耳濡目染，易形成自私、任性、易激动、说谎、好斗的性格；与其他小朋友容易发生冲突，产生攻击行为。这种不良性格行为的产生，主要是由于家庭氛围的劣性刺激，使孩子的大脑皮质和下丘脑的惩罚系统经常处于兴奋优势状态而造成；社会环境中的各种不良因素也会助长其不良性格行为的产生。

3.对体质较弱或亚健康的孩子，往往多表现得腼腆、胆小、内向，与同龄小朋友交往表现被动、懦弱或退缩；对外界环境的适应能力较差。对这类孩子要更多地给予温情关爱、鼓励；其次更要坚持全身穴位揉摩，有助其体质增强。这样的穴位揉摩，尤其是背、腰部诸穴位加足三里、太溪穴揉摩可以调节神经内分泌的功能与协调，刺激增强免疫系统的功能；增强脾胃功能，使胃肠道与大脑神经细胞共同分泌的脑肠肽类激素处于良性循环状态，进而促进大脑的功能。这样的揉摩只有促进孩子健康的好作用，没有不良反应，而且孩子易于接受，乐于这样的享受。只要你做得认真，长期坚持下去，效果会更佳。每次揉摩 5 ~ 10 分钟，每天最好在上午 10 点钟，下午 5 点钟各揉摩一次。不要三天打鱼、两天晒网样的揉摩，效果就差得多。这种既有效又不花钱的增强孩子健康的措施，家长是应该乐于接受并实践的。当孩子体质增强了，性格开朗活泼了，也不怎么生病了，岂不是减少了许多烦恼吗。一举多得的好事，何乐不为呢？只不过是增加点麻烦而已。

第 4 节　全面质优与科学的营养保证

一、每日总热量

1. 每日每千克体重需供热量 110kcal。

2. 按平均体重 14kg 算，则每日的总热量需要为：14×110kcal=1540kcal。

二、三大供热量营养物质的比例分配

1. 碳水化合物（粮食）：蛋白质：食用油 =（50% ~ 60%）：（10% ~ 15%）：（30% ~ 35%）。

2. 简化为具体的食物量：

（1）粮食 200g/d 左右。

（2）蛋白质 40g/d。

（3）食用油 25 ~ 30mL/d。

（4）蔬菜 100 ~ 200g/d。

（5）水果 100 ~ 200g/d。

由于孩子咀嚼肌尚不强健，因此对蔬菜和水果最好切碎一些，以利于咀嚼和消化。

三、每日餐次安排

1. 三正餐（早、中、晚餐）加三辅餐（即2正餐间的点心或水果），临睡前半小时可喝牛奶200 ~ 250mL。

2. 各餐点总热量比例是：早餐占25% ~ 30%；午餐占35% ~ 40%；晚餐占25% ~ 30%；三辅餐占总热量的10% ~ 15%。

四、监测孩子的饮食是否适当的指标

1. 体重的增加：平均每月增重180g，半年增重1000g左右。

2. 身高：每半年增长3 ~ 3.5cm，每年增高5 ~ 7cm。

3. 如果体重、身高的增加明显超标或明显落后的应适当调整食谱。

第5节　关于“零食”与饮料饮品的建议

1. “零食”以在上、下午的辅餐供应或是当作辅餐，但肥胖儿不要用甜食点心，含油脂高的食品，如各种坚果类这些高热量食品。

2. 关于零食与饮品的建议：

（1）有些所谓的“高档或高级”食品成品，一定要仔细查看其“配料”一栏，看有否添加剂、调味剂、稳定剂、防腐剂等化学成分。尤其是对体弱亚健康的幼儿最好尽量少吃，以防脾胃受影响。

（2）各种饮品也是一样。最好的饮品仍然是温白开水；最好的饮料均不如自制的新鲜果汁。

（3）许多加有各种化学成分的食品和饮品由于味道好吃，对幼儿有很大的诱惑力。但其中化学成分的不良反应又不是短期内能发现，而是摄入后逐渐渗入各组织细胞内，只

有蓄积到一定量后，才会引发组织或器官的损伤，甚至造成各种慢性病变，尤其是损伤DNA与基因。对此可以说在饮食方面还是以无污染的绿色有机类天然食材，自己加工的食品是可靠、有营养保证，无后顾之忧的食品。现今国内外兴起的“营养基因组学”是值得大家共同密切关注的，造福子孙后代的科学。

（4）市面上瓶装水，不如自家烧开的白开水或淡茶水，更符合人体的生理需求，更有益于健康，对幼儿更为适合。

第6节　市售的各种“水”的区别要点

一、纯净水

是使用生活用的标准水经蒸馏、电析、离子交换及反渗法等去除了水中的矿物质、有机成分、有害物质及微生物后所制成的水。也称之为蒸馏水、纯水、太空水等。这种水的特点是：不含任何矿物质，水的pH偏酸性。而健康人体内环境的pH是弱碱性的，介于7.35和7.45之间。而有些疾病是体内偏酸性的废物过多造成，不健康的细胞喜酸性废物环境。有些大城市就规定不准中小学生饮用纯净水。

二、矿泉水

是从地下深处涌出，未受污染的地下水。含较多矿物质，加热可产生矿物质沉淀，水质稍显混沌，口味偏咸，人不易接受。

三、矿物质水

一种新型人工配制的饮用水。是用纯净水加上少量矿化元素制成，国家无统一标准，质量由企业自定，未通过国家检验的。

四、山泉水（天然水）

取自环境清幽的深山，无工业污染，pH恒定，含一定量的矿物质和微量元素的地表水、泉水、矿泉水或自然井水等经深度过滤消毒后制成。适合于儿童、老人及一般人饮用。

第7节　2.5 ~ 3岁幼儿的护理及自理能力的培养

这个阶段的孩子，随着身体的日渐发育，大脑功能明显扩展，四肢及体力均显著增强，活动范围和能力也较为扩大和增加，孩子的特性及爱好也显现出来，个人的主见也明显了。因此需大人护理的事项也少于幼儿早、中期的内容，而应转变为扩大培养孩子的自理能力和特殊爱好方面来。

一、培养孩子力能胜任的独立自理能力

1. 独立洗手、洗脸、洗脚、洗澡或淋浴。

2. 会用小勺子或筷子独自进食、夹菜、喝汤。

3. 自己学会和掌握按时饮水。学会观察自己小便的颜色深浅与量的多少判断是否需喝水。这个问题男孩子容易解决，女孩子则不容易观察判断，除非用的是专用便盆才能够好判断。作者的经验是：对一个一般智力的3岁孩子，只要是家长教过几次，孩子就能掌握和判断了。当他看到自己的小便的颜色较深（黄）、量不多时，就会告诉父母，自己要水喝。家长也要经常告诉孩子，若等到口渴感明显时才喝水，提示体内缺水已较明显了，这对孩子身体内细胞的代谢和发育成长是有影响的。

4. 学会和习惯与相同年龄的小朋友友好相处，一同玩耍游戏，互相协作配合，同享欢乐。若发生了争执，则要教育自己的孩子学会谦让，化解矛盾。这方面的教育要反复进行，不

是一次或几次就能实现的。由于3岁孩子的大脑还是以自我为中心，加之家人对独生子女的宠爱，自我中心的观念更强些，所以更需要经常教育训练孩子学会谦让,与人和睦相处的观念。这也是关乎培养孩子从小就养成随和大方、与人为善的优良性格的基础，绝不能迁就放松，甚至只以自己孩子为中心，替自己孩子去争强好胜占便宜。如果这样，则会纵容孩子从小形成自私、任性、霸道的性格，进入学校后难以合群，也难融入集体中去，那就害了孩子。

5. 这个时期的孩子体能明显增加，活动范围也相应扩大，但还缺乏自我保护意识，安全与否的概念还未建立好。对此，家长还应不要远离孩子的活动区域，并结合孩子的活动方式和内容，随时提醒和告诫孩子，应注意保护安全，应该怎样做，尽量防止意外情况发生。

二、每天仍需安排固定的时间教孩子学习

学什么内容或知识，需依孩子喜欢什么就教什么。让他在快乐中学，在爱好与兴趣中学，没有任何压力地学习，在学习中享受乐趣，这样效果才好，孩子印象深，记得牢，也爱学习。如爱唱歌的，就选简短易学的好听歌曲或儿歌，反复教或播放，学会一首再教另一首；爱跳舞的，就教孩子从舞蹈的简单动作教起，或放视频让孩子边看边模仿；喜欢听故事、听相声的，那就挑选一些简单、明了易懂，情节温馨轻松或幽默惹人笑、简短易记的好故事或相声反复讲，天天讲，直到孩子记熟了再换新内容。为什么要这样做呢？因为只有孩子记住了或熟悉了，就能启发他从故事或相声的情景中学到知识，从内容中学到区分好坏的常识；学会和故事或相声的语言和情趣发生共鸣，孩子的良好情商就在这样的熏陶中逐渐建立和充实起来了。绝不要给孩子讲一些打斗、干坏事等一些低劣反面的故事，防止孩子产生负面情绪，扰乱了他大脑的积极情绪和思维方式

的扩展。教育孩子只能以正面而积极的内容去扩大他的知识面，促进其思维能力。对爱听诗歌朗诵的，那就挑一些简单、句短、好听、易记、易懂好背的，又有韵味的古典诗句，缓慢而又抑扬顿挫地念，若配合生动的表情和动作，念出情感和意境来，那更能吸引孩子的专注力和想象力。念完后再给孩子讲内容，讲完后再念，反复几次，待孩子基本上记住了，就休息一下，让孩子有一个回味消化，享受诗情画意的空间。譬如唐朝诗人骆宾王幼时应父亲的客人之意，顺口吟出的《咏鹅》："鹅、鹅、鹅，曲项向天歌。白毛浮绿水，红掌拨清波。"既有诗的情趣韵味，幼童专注而较深的观察力，又有鹅的悠闲自在，与池塘相依成景的生动场面。真是诗中有美景，景中诗意浓。句子短又朗朗上口，既表现了孩子的童真，又展现了他对鹅的喜爱。这样的好诗使孩子学得快、记得形象而深刻，背起来顺利流畅。这就叫：好的精神食粮能培育出优秀的智力。日积月累，孩子的智商就会在这样的亲情互动中悄然增长了，孩子的学习动力与情趣也自然高涨起来。

总之，对这个时期的幼儿，在护理方面的重点应着重培养孩子的生活自理能力，与同龄小朋友交往、相处、游戏的兴趣；养成爱好学习的习惯，在学习中去享受快乐，发挥自己的特长爱好，认真专心地学。这一系列生活能力、交际能力和性格兴趣的培养，学习爱好的素质训练，都是为孩子进入幼儿园的学前教育打好基础。

◎ 疾病防治篇 ◎

第十九章　婚孕前期应抓紧治疗的疾病

年轻人士们在婚孕前经过全面系统的健康体检后，有的人查出了这样那样的不健康状况。因而有必要把这部分人士的身体素质，采用适当的方法调整到最佳状态，以使他们能培育出优良的基因和种子，为他们婚后孕育出健康的下一代奠定一个好的身体基础。

第1节　婚孕前的亚健康应抓紧治疗

一、亚健康及亚健康状态的生理特征

1. 神经内分泌免疫系统之间功能紊乱。
2. 相应的不同器官系统的功能弱而不协调。
3. 免疫系统功能有不同程度的失调。

二、中医药对亚健康及亚健康状态的疗效较好

【气虚型】分为心气虚证、肺气虚证、脾胃气虚证、肾气虚证、肾不纳气证。

1. 心气虚证：自己感觉容易出现心悸，胸闷气短，尤以活动后明显；精神不充足，记忆力也较差，经常丢三落四；平常少气懒言，不想多活动，喜欢一人安静地待着，有时自汗。这类人士的舌质较淡嫩，舌苔薄白，脉象较弱或数（快）而无力，心电图可有低电压，心脏收缩和舒张功能都较弱。中医治

疗多采用补益心气，增强心脏功能的方法。

治疗方药：养心汤加减。黄芪、党参、当归、炙甘草、五味子、桂枝、川芎、山萸肉、绞股蓝。每味药的剂量要依个人的体质及症状程度而有不同，因此未注明具体用量以防偏差。

2. 肺气虚证：自感经常气短、乏力、气不够而深吸气，易感冒，且一感冒就咳嗽，恢复也慢，说话声低，时而自汗。观其舌象，质淡苔薄白，脉象虚而无力。其免疫系统功能多较低。

对这类人士西医药无什么特好的治疗方法。只能告之：增加营养，防止感冒等。中医药对此有很好的处理方法：补益肺气以增强免疫系统功能。治疗方药：六君子汤加味：党参（或适量人参）、炒白术、白茯苓、炙甘草、炒山药、五味子、陈皮、生姜、干红枣。若有自汗可加防风、生黄芪。整个处方表面上看无一药与肺系相关。实际上按照中医“五行相生”的理论：“土能生金，脾属土，肺属金。”补脾就能补肺气，中医理论谓之“补母生子”原理。故用六君子汤加减补脾以增强肺气，提高免疫系统功能，有效增强肺功能。也可制成大蜜丸，早晚各一丸服用，是很好的强身健体的保健品。亚健康状态纠正了，就能培育出优良的基因及种子来的。

3. 脾气虚证（也叫中气不足证）：患者总是食欲不佳，摄食不香，稍食即感腹部胀满，大便多溏而稀薄，面色萎黄无华，身倦乏力，少气懒言，不爱活动，肌肉软弱且消瘦。舌质淡嫩边有齿痕，舌苔白，脉缓而无力。治疗法则如下：

（1）西药多用助消化的“多酶片”、胃蛋白酶片、胰酶片（主要含胰蛋白酶、胰淀粉酶及胰脂肪酶）、干酵母片、卡尼汀片（康维素）等，有一定短期效果，较方便。

（2）中医药疗法：采用健脾益气法。方药常用四君子汤或补中益气汤加减。处方：党参 12g（或人参 4g），炒白术 10g，炒山药 10g，茯苓 6g，炙甘草 3g，陈皮 6g，砂仁 2g（后下），炒神曲 10g。每日 1 剂，水煎服。此方药可增强和改善胃肠消化吸收功能，调整紊乱的胃肠功能，提高免疫系统功能，增强体质，促进机体细胞内 DNA 和 RNA 的合成复制。疗效可靠且无毒副作用。也可制成大蜜丸服用，早晚饭前各服一丸。

4. 肾气虚证：此类人士多见终日精气神不足，总感腰酸腿软乏力，活动后更明显，有的感觉头有时晕晕乎乎，甚或轻微耳鸣，足跟痛，行走稍多就更明显，男士有时滑精早泄，性功能减低，女士往往月经量多而色淡，白带清稀，舌质淡胖，脉细弱。这类人士多见于出生时因先天不足的低体重儿或早产儿。若采血化验内分泌激素往往可表现为下丘脑、垂体及性腺的激素水平是正常低值，或是各腺体、激素之间的关系缺乏协调性。对此类人士的治疗，中医药治疗效果好，症状可稳步改善，而且不会产生不良反应。临床上多采用补益肾气，纠正内分泌性腺轴的功能紊乱，使之恢复稳定与协调。方药多用左归丸加减：炒山药 10g，熟地黄 8g，山萸肉 8g，枸杞子 8g，川续断 10g，炒杜仲 8g，龟甲胶 6g，鹿角胶 6g。每日 1 剂，水煎服。一般服用 6 剂能明显增加精气神，腰酸腿软改善。如果制成大蜜丸早晚各空腹服一丸，坚持服用，则已紊乱的内分泌各轴腺会得到改善或纠正。

5. 肾不纳气证

（1）临床征象：多有气短而易喘，呼气多而吸气短少，活动更显，腰膝酸软乏力，声音低怯，面色不华，舌质淡而苔薄白，脉象多虚而弱，若化验血查内分泌激素可见肾上腺皮质激素水平较低，细胞免疫系统功能较差，尿 17- 羟皮质类固醇水平均低。此证比肾气虚证更重一些，因肾气不足而影响到肺的吸气与换气功能低于健康人士。在中医理论上这叫“子盗母气、子病及母”。因为中医“五行相生”学说将肺归属于“金”，将肾归属于“水”。“五行相生”学说叫“金生水”。这些人士中的男性往往性功能是低下的，精子的活动度弱；女士则多有月经不调，月经量较多，血色淡，行经期多有头晕、虚弱感。

（2）治疗法则：用补肾纳气法，增强下丘脑－垂体－性腺轴的功能使之恢复到健康状态。

（3）方药：用肾气丸加减。处方：熟地黄10g，炒山药12g，山萸肉10g，炙五味子6g，枸杞子8g，党参10g，鹿角5g，黄芪12g。每日1剂，水煎服。此方可补肾以纳气；补气以增强肺的吸气和换气功能，使内分泌性腺轴的功能恢复到正常状态，改善精气神，男士的精子活动度改善，女士的月经血色转红，失血量比治前有所减少，经期其他不适症明显减轻。

【阴虚型】又细分为：心阴虚证、肺阴虚证、胃阴虚证、肾阴虚证等数种证型。阴虚型总的变化特征是神经内分泌系统变化较明显：①下丘脑－垂体－肾上腺皮质轴功能增强；②下丘脑－垂体－性腺轴功能增强；③交感神经兴奋性增强。

1. 心阴虚证

（1）临床表现：心悸、心烦、睡眠不佳、多梦、潮热易出汗，甚或有时盗汗，尤其是在食用辛辣等刺激性食品后症状更明显，伴有口燥咽干，有人常丢三落四易忘事。尤多见于心脏神经官能症的人士。舌质红而少津，少苔或无苔，脉细数。

（2）治疗法则：滋心阴以安神，平抑心交感神经的虚性兴奋。方药：补心丹加减。党参10g，麦冬6g，五味子8g，玄参10g，当归5g，柏子仁10g，知母6g，绞股蓝10g。若心悸明显且难受，可加百合10g，生龙骨和生牡蛎各20g；盗汗伴心烦少寐者加地骨皮10g。每日1剂，水煎服。

2. 肺阴虚证

（1）临床表现：干咳无痰或少痰且黏，口燥咽干，五心烦热或午后潮热，形体偏瘦；有的女士月经偏少。舌质红少津，脉象细数。

（2）治疗法则：滋阴清热，润肺止咳。

（3）方药：百合固金汤加减。生地黄 8g，熟地黄 8g，麦冬 6g，川贝母 3g，百合 10g，当归 4g，炒白芍 8g，玄参 8g，炙甘草 4g，炙五味子 6g，灵芝 10g。每日 1 剂，水煎服。

3. 胃阴虚证：多见于体弱、食欲不佳、挑食偏食、饮食无规律、喜食寒凉食物等致胃肠自主神经功能紊乱者。

（1）临床症状：经常胃部不适，食欲较差，或饥不欲食，时有呃逆或干呕，身体偏瘦。舌红少津，脉细数。

（2）治疗法则：滋阴养胃。方药：益胃汤加减。西洋参 3g，沙参 10g，麦冬 6g，玉竹 6g，炒三仙各 10g，炒山药 12g，炙甘草 3g，炒白芍 6g。若时有呃逆者可加竹茹 10g。每日 1 剂，水煎服。

4. 肾阴虚证：未婚之人多有先天不足情况，后天又失于调养者。

（1）临床症状：腰酸腿软、眩晕耳鸣、五心烦热、失眠多梦、男士阳强易性兴奋、遗精早泄；女士则精血亏虚、冲任失养、月经量少、月经不调。舌质红苔少而干，脉细数。这类人士的内分泌紊乱表现为肾上腺皮质功能失去平衡；17- 羟皮质类固醇正常高值；17- 酮皮质类固醇偏低或减低；其次往往多见交感神经易兴奋，遇事易激动等。

（2）治疗法则：滋补肾阴，使内分泌系统功能协调稳定。

（3）方药：六味地黄丸合大补阴丸化裁。熟地黄 10g，生地黄 6g，知母 8g，炒山药 10g，山茱萸肉 8g，龟甲 15g，玄参 10g，炙五味子 6g，牡丹皮 6g。每日 1 剂，水煎服。

【气阴两虚证】

（1）临床表现：多见少气乏力、气短懒言、神疲头晕、畏风自汗动则尤甚；五心烦热、潮热盗汗、午后颧红；舌质淡而少津，脉细弱而数；男士往往性兴奋较低，性功能亦较弱，精液量不足，精子量少；女士多为月经不调，经血色淡而少。血压的收缩压往往偏低在 90 ~ 96mmHg；血清微量元素测定可见血清铜含量升高，铁含量低于正常值，铜/铁比值升高。

（2）治疗法则：益气养阴，补肾阴，促生血。

（3）（3）方药：八珍汤加减。人参（或西洋参）4g，炒山药 10g，炒白术 10g，茯苓 6g，炙甘草 3g，当归 8g，熟地黄 8g，生地黄 6g，炒白芍 10g，麦冬 6g，知母 6g，地骨皮 8g，炙五味子 6g，山茱萸 10g，龟甲胶 6g（烊化），阿胶 6g（烊化），见效快而稳定。

第 2 节　婚孕前的慢性胃肠疾病应抓紧治疗

慢性胃肠疾病会影响食物的消化和吸收，导致相应的必需营养物质吸收不全，既会影响身体健康，也会造成 DNA 及基因的复制和优化受阻，还会影响胃肠系统的脑肠肽类激素分泌失调，既造成情绪不稳，内分泌系统功能也难协调稳定。同时胃肠道黏膜屏障功能减低。对此，应该抓紧治疗使整个消化系统和身体恢复健康。

一、首先要搞清楚引起胃肠道疾病的病因

1. 西医方法

（1）结构问题：是增生还是萎缩，是糜烂还是溃疡。

（2）功能状况：是胃肠蠕动强而快还是弱而慢，是各种消化液和消化酶分泌过多还是不足。

（3）有无引起炎性病变的致病菌。

（4）最多用的检测方法：查清胃液的酸度和胃蛋白酶的情况，以及胃中有无幽门螺旋杆菌；其次通过纤维胃镜和纤维肠镜查清胃肠道结构的变化，最后做出较客观的诊断。对功能

性胃肠病西药疗效多不理想。

2. 中医方法

（1）通过望、闻、问、切程序初步判断疾病的性质。

（2）参考西医的各种化验和物理检查结果，最后做出综合的辨证分析判断。只有如此才能认清病因，判断疾病的性质是虚证还是实证，功能是强还是不足或是紊乱。只有中西医互相补充对照，才能提高对疾病的认识判断。从而能制订出针对性更精准，疗效更好的治疗方案，使病人孕育出健康聪明的下一代而奠定优良的基因和 DNA 基础。

二、了解引发或加重胃肠疾病的诱因

1. 不符合生理规律的饮食习惯：这是现今快节奏生活的副产品，应当纠正到符合胃肠功能的生理规律上来，如老话说的：一天三餐，定时定量，经常调整变换花样，以保证营养要素摄入全面。身体自然就会变得强健起来。

2. 不吃加重胃肠道负担或损伤的食品

（1）刺激性食品：各种辛辣热性食物、凉性寒性食品、化学物质配制的食品。

（2）戒烟、不酗酒，尤其是烈性酒对胃肠的损伤是严重的。

（3）不暴饮暴食，以防严重损伤胃肠功能。

三、如何治疗才能有好效果

中医药对慢性胃肠疾病有一定的优势。一般胃肠功能紊乱多见于中气不足，气血不调，治疗原则应健脾益气，养胃和胃。方药往往用补中益气汤加减：党参 10g（或人参 4g），炙黄芪 10g，炒白术 15g，炙甘草 4g，陈皮 6g，炒山药 15g，柴胡 3g，鸡内金 8g，炒麦芽 20g，砂仁 2g（后下）。每日 1 剂，水煎服。

第3节 婚孕前患地方性甲状腺肿和碘缺乏病应抓紧治疗

地方性甲状腺肿，即俗称的“大脖子病”，既影响美观，也影响身体健康，更损害智力。此种病的病因已确认为是由于食物和饮水中缺乏微量元素碘，摄入碘量不足而造成全身细胞代谢受阻产生的病变。

这种病在现今由于受到国家重视，用碘盐供应人民食用，已经近乎绝迹了。但是碘缺乏病仍是我国的重点地方病之一，应该高度重视，持续食用碘盐。碘缺乏病不仅农村多，城市也会出现。2009年的一份我国沿海四省市（辽宁、福建、浙江、上海）的调查：上海市的孕妇尿碘的排泄量小于150μg/L的人占55.4%，表明了即使土壤、食物和水中不缺碘，生活水平好的城市，人们同样存在碘营养不足的问题。

一、为什么对患有地方性甲状腺肿大的人士，尤其是女性在婚孕前更要抓紧治愈，并在治愈后还应持续食用碘盐

1. 这种病是身体明显缺碘元素的标志性体征。

2. 人类对碘的贮存能力有限，一旦停止补碘元素又易旧病复发。男士缺碘或患“地甲”者治愈后才可以完全恢复健康，而不影响结婚。

3. 女士缺碘也应治愈后才宜婚孕，未治愈时其卵巢功能是不健康的，一旦怀孕后会影响胚胎或胎儿大脑神经系统的发育，容易引起胎儿流产、死产、早产及相应的先天畸形，即使存活下来，出生后多有智力低下，或痴呆矮小，甚或先天聋哑，而且新生儿的死亡率明显高。即使你对侥幸存活下来的婴儿尽一切措施补碘，也是收效甚微了。因为胎儿期的大脑细胞已发育定型了，结构已经明显损坏，不可能再重新构建，注定其一

生是一个残疾或残废儿。

4. 为什么现在经常有报道智障儿、弱智儿、自闭症儿？第一，他们的母亲怀他们前是否患有碘缺乏病？第二，孕期是否定期监测尿碘的排出量？第三，孕期是否食用国家供应的标准碘盐？第四，食用碘盐的方法是否恰当，会不会引起碘元素挥发和破坏？第五，哺乳期是否仍持续食用碘盐，并监测过乳母的尿碘排出量吗？这些问题都是与孕育一个健康、聪明且漂亮的孩子有密切因果相关的，应该提醒年轻的热恋期男女人士要高度重视。

二、如何正确食用碘盐

1. 要购买由国家盐业公司生产的标准碘盐。

2. 买来的碘盐要放在阴凉干燥的地方，避免阳光照射和潮湿侵入，离开灶台以防止高温使碘挥发而失去补碘的作用。

3. 为防止碘的丢失，在做菜时不宜过早放入碘盐，以免碘受热久了挥发丧失补碘效果。因此做菜时宜在菜快熟时再加入碘盐。

4. 绝不在食油烧热后即放入碘盐做所谓的“炝锅”，这样就把碘全部挥发光了。

5. 做菜或炖肉放入碘盐后就不宜再长时间地炖煮，以免碘受热过久而挥发，失去补碘效果。

三、我国哪些地方是缺碘的地区

主要是东北的长白山和大兴安岭，华北的内蒙古高原，西北的黄土高原、青藏高原、天山南北、昆仑山区，华东的武夷山区，中南地区的伏牛山、大别山山区，广西、云贵高原等地区。以 10 ~ 25 岁人群易缺碘，女性缺碘比男性高 1.5 ~ 3 倍，尤其是女性在妊娠期和哺乳期更为明显。因此女性补碘更应重视。

四、如何预防地方性甲状腺肿

1. 正确食用碘盐，每日摄入量可为 5 ~ 6g，即可满足成人一日对碘的基本需求。

2. 注射碘油。每 3 ~ 5 年在臀部肌内注射：成人一次注射 1mL；7 岁以下儿童每次注射 0.5mL。但对有过敏体质的人，心、肝、肾有病的人以及结核病患者是禁止使用此法的；这种方法对于生活在偏僻山区和边远地区的人是好且省事的。

3. 关于食用碘盐的人士，若患有高血压或血压偏高，或是家中父母有高血压者，那么每日食碘盐以 3g 较妥，所缺乏碘可由含碘较多的蔬菜或水果补充。14 岁以上的人每日补碘元素 150μg 就够了，孕妇和哺乳期女士则每日需摄入碘元素 250μg。含碘量较高的副食品有：海带（干）、紫菜（干）、发菜（干）、海参（干）、蚶（干）、蛤（干）、蛏（干）、海蜇（干）、淡菜、干贝。

五、如何才能知道是否缺碘

1. 测定自己的尿排碘量或头发中的碘含量。

（1）轻度缺碘：尿排碘量低于 100 ~ 150μg/g 肌酐，此时甲状腺功能可以代偿，不一定出现缺碘征象。

（2）中度缺碘：尿排碘量 <50μg/g 肌酐。

（3）严重缺碘：尿排碘量 <25μg/g 肌酐。

2. 全世界受碘缺乏威胁的人口约为 8 亿，我国约有 3.7 亿人受到缺碘的危害。可以说，内陆地区一般人群从普通饮食中摄入的碘量均不能满足机体的需要。

六、地方性甲状腺肿和碘缺乏病如何治疗

1. 一旦明确机体有缺碘时应立即予以补碘治疗。

（1）轻中度缺碘者食用加碘盐较为安全可靠，若经常食

用一些含碘多的食物则效果更好。

（2）中度以上缺碘的人士应以口服或注射碘制剂补碘为主。但必须在医生的指导下使用才较稳妥不致引发碘过量补充，或是过敏反应甚或过量中毒反应，常有的口服补碘制剂有：①碘化钾片：每片含碘1mg（约1000μg），每星期服2～3次，每次服一片，直至甲状腺肿消退而痊愈。②复方碘化钾溶液（即卢戈氏碘，含碘5%，含碘化钾10%），每日1～2滴，服用2～3星期为1个疗程。间隔30天，再开始服第2个疗程，如此可治疗半年，在整个治疗期应看医生监测指导或调整用量，目的是保证效果确实、安全可靠。③一般经补碘治疗3～6个月后未见效者，应由医生换用甲状腺制剂，当甲状腺肿缩小后仍需服用碘化物直至痊愈。④甲状腺肿全消退后，还需食用补碘盐以巩固疗效防止复发。

2. 少食抑制甲状腺激素合成的食物，如豌豆、木薯、卷心菜、大头菜、萝卜、花生、油菜籽等。这些食物含有抑制甲状腺激素合成的物质，可以导致脑垂体分泌促甲状腺激素（TSH）分泌增加，从而刺激甲状腺增生肥大。

3. 中医药治疗地方性甲状腺肿也有很好的疗效，如中药海藻、昆布、浙贝母、海浮石、青皮、半夏、夏枯草、生牡蛎、当归、红花、柴胡、玄参、三棱、莪术、鳖甲等。但必须在有经验的中医师辨证下施治，并食用含碘盐的食疗下，效果就更明显。

4. 现代医学也证明中医针刺曲池穴、合谷穴、天突穴、阿是穴（在肿大的甲状腺两侧面肿物内斜刺2～4cm）、气舍穴、列缺穴、天井穴，可以提高甲状腺对碘的摄取和延长贮碘的功能，减少尿碘的排泄量，延长碘在体内的半寿期。总之，中医药配合针刺穴位，再与补碘的西药和食用碘盐综合治疗，完全可以较快治愈地方性甲状腺肿，恢复健康和外表的美观。

第4节 婚孕前患亚急性甲状腺炎应抓紧治愈

亚急性甲状腺炎，这种病是由上呼吸道的有关病毒感染后引起。多见于腺病毒、流感病毒、腮腺炎病毒以及柯萨奇病毒感染。

一、临床特点

1. 发病急，多在上呼吸道感染症状如发烧、头痛、咽痛后1 ~ 3周出现颈前部疼痛明显，并在吞咽、说话、转动颈部时加剧，而且这种颈前部疼痛可向下颌、耳后、同侧齿槽、枕肩部或胸部放散。

2. 甲状腺呈弥散性或结节性肿大，肿大部位质地较硬，碰触痛明显。

3. 由于甲状腺受损坏使得甲状腺激素释放入血中，引起暂时性的甲亢样表现，并持续2 ~ 6周后而逐渐缓解，甲状腺部位的疼痛减轻，肿大的甲状腺有所改善，甲状腺激素分泌减少而回降至正常或者低于正常,从而又转变成甲状腺功能低下。并可持续4 ~ 16周，少数患者可持续几年，或反复多次出现甲状腺炎的表现。

4. 最后进入恢复期：症状和体征，血中甲状腺功能恢复正常，有5% ~ 10%的患者可成为永久性甲状腺功能低下。这种病以20 ~ 40岁女士较多，其病发率为男性的3 ~ 5倍。

二、诊断依据

1. 上呼吸道病毒感染症状。

2. 甲状腺部位疼痛明显并向颈部周围放散，甲状腺触之较硬或有结节，触痛剧烈。

3. 出现暂时性（也叫一过性）的甲状腺功能亢进症状，持续 2 ~ 6 周后又转入甲状腺功能减低的缓解期，持续 1 ~ 4 个月，少数可持续几年。

4. 大多数患者经及时治疗半年左右转为恢复期而临床治愈，对婚孕无影响。不正规治疗的患者可遗留永久性甲状腺功能减低症而影响终生。

三、治疗措施

1. 轻症者或病毒感染的早期，可用解热镇痛药对症减轻症状即可。

2. 甲状腺损伤肿大的极期，只能用肾上腺皮质类激素如泼尼松（强的松）以抗炎止痛，减少甲状腺的破坏，减轻一过性甲亢症。但不能用抗甲状腺的药物。

3. 如果进入甲状腺功能减低的缓解期，或是甲状腺肿大仍明显，甚至伴有明显的结节形成，则可以使用甲状腺激素药片口服，以促使甲状腺肿或结节减轻并逐渐恢复正常。

4. 若配合使用中药以清热止痛、祛痰利湿散结，效果会更好，可以明显缩短病程，而且还能促进机体免疫系统功能的顺利恢复。未治愈时暂不宜成婚。

第 5 节　婚孕前患慢性淋巴细胞性甲状腺炎（桥本病）应抓紧治疗

一、临床特征

1. 起病缓慢而隐匿，女性多于男性，二者相比约为 20：1。

2. 甲状腺弥散性肿大者多，甲状腺峡部肿大明显，质地坚硬如橡皮样。

3. 甲状腺多不痛。

4. 病变发展过程中也可出现一过性的甲亢表现，可在本病患者的20% ~ 25%中出现。或者是甲亢与甲状腺功能减低交替出现。

5. 化验血中的自身免疫抗体：抗甲状腺球蛋白抗体（TGA）和抗甲状腺微粒体抗体（TMA）明显升高，且持续半年以上。

二、诊断标准

1. 甲状腺弥散性肿大，质地坚韧而硬且凹凸不平，无疼痛。

2. 血清甲状腺自身免疫性抗体TGA和TMA明显升高。

3. 血清促甲状腺激素（TSH）升高。

4. 甲状腺扫描呈不规则的浓集与稀疏区混杂现象。上述指标中前两项符合可高度怀疑，若四项具备则可确诊。当然最可靠的确诊证据就是做甲状腺穿刺，将吸出的微量甲状腺组织做细胞学检查，见到大量淋巴细胞或伴有甲状腺滤泡上皮细胞嗜酸性变，即可做出组织学的病理确诊。

三、治疗措施

1. 甲状腺无痛性肿大且坚硬明显，又伴有甲状腺功能减低者，可用甲状腺素片口服治疗。

2. 若合并出现一过性甲亢症状的轻症患者仅用交感神经阻滞剂如普萘洛尔类对症处理即可，若一过性甲亢症明显，有发热、甲状腺疼痛、突眼等症时，可使用泼尼松（强的松）片每日20 ~ 40mg分次口服，连用2 ~ 4周，直到症状明显减轻后可逐渐减量。不宜骤停泼尼松（强的松），以防引发肾上腺皮质功能衰减。

3. 若患者甲状腺肿大很明显并引起压迫周围组织（气管、喉返神经、颈静脉血回流受阻）产生相应症状，经用甲状腺素片治疗一个月以上且症状不减轻者，或是高度怀疑有甲状腺癌者可考虑手术。这种治疗措施要严格掌握适应证，以防造成患者过早发生甲状腺功能减低及一系列并发症等。

四、本病的预后及对婚孕的影响

1. 本病预后：大多数患者最终都将发展成为甲状腺功能减低症。其次，本病也可能是多发性免疫性内分泌疾病的一部分表现，故需要密切观察是否会出现其他腺体的病变，如肾上腺皮质功能减低、糖尿病、恶性贫血、重症肌无力以及特发性甲状旁腺功能减退症等。

2. 本病对婚孕的影响：由于本病是一种自身免疫性疾病，而且病人家族中患有其他甲状腺疾病的人员较多，近亲成员的血清内常有明显的甲状腺抗体，在病人以及这些近亲中的血内常可找到异常碘化蛋白质，均提示病人及其家族中存在有先天性甲状腺代谢缺陷，因此可以具有一定的遗传性。这类病人虽可结婚，但不宜孕育下一代。

第6节　婚孕前患甲状腺功能亢进症（简称甲亢）应抓紧治愈

这种病是由多种原因引起甲状腺激素分泌过多为特征的综合征。一般在临床上说的“甲亢”，通常指的是“毒性弥散性甲状腺肿”，又叫弥散性甲状腺肿伴甲亢，或叫Grave氏病，是一种自身免疫性疾病。临床表现复杂，对婚孕的影响较大，有必要作一简要介绍。

一、引起甲亢发病的有关因素

1. 有遗传因素的概率较高。

2. 甲亢多见于女性，其与男性的患病率相比为女：男为5.27：1，尤以20 ~ 40岁者发病最多。

3. 精神因素。长时期的精神创伤和强烈的精神情绪刺激：如忧虑、惊恐、抑郁、紧张等，常可促发本病。曾有人调查统计过一些患甲亢的患者，其中62%者有精神刺激和创伤因素。

4. 感染和外伤：临床上有时会见到部分甲亢症患病前有急性病菌感染史，还有某些甲亢病人在病症完全控制后，在发生急性感染或外伤的情况下，甲亢症又复发，说明感染和外伤与甲亢症的发生密切相关。

5. 长期过量摄入碘也可诱发甲亢，这有两种情况：一种是在缺碘的地区，甲状腺肿的病发率很高，但在服用碘盐长期过量后，甲亢发病增多；另一种是在非缺碘的地区，会因长期摄入含碘较多的食物过多，也往往诱发甲亢症的出现。

6. 免疫系统功能紊乱，表现为病人血中有多种甲状腺兴奋性抗体阳性，但不同于TSH的物质；其次，甲亢病人的甲状腺中有淋巴细胞和浆细胞浸润，胸腺增生，淋巴结及脾发生肿大；再次，甲亢病人血中检出有针对甲状腺抗原的致敏T细胞存在。这些都说明毒性弥散性甲状腺肿型甲亢是一种自身免疫性疾病。

二、甲亢症的临床表现，可累及全身各器官系统

1. 甲状腺左右两侧肿大：呈对称、弥散性，可随吞咽动作而上下移动，质地软而稍韧且均匀无结节，肿大的两侧甲状腺上极（即上部）有清晰的血管杂音，且随心脏收缩期明显增强。这一体征具有鉴别于其他类型甲亢症的意义。

2. 眼征：这一现象在甲亢中具有重要的特征性，叫作内分泌性突眼，或叫Graves眼病。这种突眼征可与甲亢症同时发生，也可出现于甲亢症之前，或在甲亢症被控制后发生或加重。眼征可分六级，但以眼球突出最常见。病情被控制稳定后，有些人的眼征仍会遗留眼睑后缩、肥厚，眼球较突出，眼外肌肉纤维化等。总之，人的面部外形不如患病前美观。

3. 心血管循环系征：常见心血管功能紊乱，如心率明显加快，脉压增大，心排出量明显增加，外周血管阻力降低，

心律失常也常见，尤以心房纤维颤动最多见，称为甲亢性心脏病。

4. 呼吸系统：多因呼吸肌功能受累而见气急，活动后更甚，肺活量降低，肺换气功能也减低。

5. 神经精神症：大多数患者有神经敏感性增强，性情急躁、情绪不稳易激动，注意力难集中、失眠、不安，手、舌和眼睑（微闭时）常有轻微的震颤，有时全身颤动，严重者可见抑郁、呓语或躁狂等精神症。

6. 不同程度的肌肉萎缩和肌无力：甚为常见，严重时见“甲亢性肌病”，男患者比女患者更多见，且呈进行性加重至全身肌肉均无力，尤以肩部和骨盆带肌无力最突出，手掌的大、小鱼际肌萎缩明显。上述肌肉病症在甲亢被控制后即好转并恢复。

7. 周期性瘫痪：甲亢并发的周期性瘫痪在我国较多见，男性病人比女性患者更多见。麻痹发作时间最短者仅数十分钟，长者可持续数天，一般持续 12 小时的较多。麻痹发作时部分病人伴有心悸、出汗、胸闷、气短、烦躁不安且不能动、恶心、腹胀、恐慌感等。

8. 胃肠消化系统表现：大多数病人食量明显增加，但体重不增长反而逐渐减低，极少轻症病人也可因进食增加使体重略增。其次是往往大便次数增多，少部分病人有腹泻、大便稀薄。这些征象在甲亢控制后随即好转恢复。如果腹泻伴有食欲减退、恶心和严重呕吐时，则提示甲亢已进展到严重阶段，为危象先兆，须紧急抢救。

9. 其他内分泌轴腺的功能变化：

（1）肾上腺皮质轴由于一直也处于负荷加重状态，因而在遇到各种应激因素时，可引起垂体 ACTH- 肾上腺皮质的应急功能不足的表现。

（2）性腺轴的功能，不论男女患者都显示减低。女病人往往月经变得不规律，周期后延的多见，个别也可缩短。但是月经量都是减少的，甚至发生闭经，有些女病人月经中期无排卵，提示卵巢功能被抑制。这种情况经过治疗后，随着甲亢的纠正而卵巢功能可以恢复，但月经也可以持续不规则。

男病人的性功能明显减退，性兴奋明显低下直至消失，性欲明显减弱甚至阳痿。查血浆的游离睾酮降低。这种病是可以治愈的，只要保持心情轻松就会恢复得更快些。以上对甲亢发病的各种病因和诱因，以及临床症状说得较详细些，目的在于使不懂医学知识的年轻人士，在婚前体检或婚后出现甲状腺异常时能有所认识，心中有数而不会着慌。

三、甲亢的治疗措施

1. 西药治疗，是主要的治疗措施，但需要看内分泌专科医师进行有效的处理，实施个体化的治疗方案，效果好且快而稳定，较少发生不良反应。

2. 中医辨证论治，与西药结合治疗效果更理想。病情恢复得更快，而且对各种并发症的防治效果更显著。因此希望年轻的甲亢病人不要忽略了中医药的效果。

四、甲亢对婚育的影响

甲亢未治愈前对婚孕的影响较大，治愈后可以顺利结婚。

五、弥散性甲状腺肿型甲亢的预防措施

根据前面叙述的有关甲亢的发病因素，可以有一定的预防办法。

1. 保持精神愉快，情绪轻松稳定，避免各种不良的刺激与精神创伤。

2. 防止过度劳累，包括脑力和体力两方面，使身体免疫系统功能处于良好的稳定状态。

3. 以良好的包容心态对待家人和同事与邻居，不为小事而冲动。这样就能使得个人的神经内分泌系统的功能稳定，使体内有某种异常的遗传因子被阻遏，得不到发作和表达的内环境，从而防止发病。

4. 平常多注意适度的活动和养生措施，使个人有较强的抗病力，尤其是抗各种致病菌及病毒感染的抵抗力，以及对各种机体创伤的承受力。

5. 科学的营养。这方面的内容在前面各有关章节都已做了较全面的讲述，可以参阅。这里所要强调的是：凡是家族成员中出现过“甲亢”的病人，那么其他人士在食用碘盐方面要控制在3 ~ 4g/d，其次在食用海产品时要控制摄食的量。这一知识可参阅“地方性甲状腺肿大”的内容。一旦含碘元素的食物摄入过多，则甲状腺滤泡就可合成过量的甲状腺激素，促使甲亢发生。因此说预防甲亢的重点在于控制每日对含碘食物的摄入量。

第 7 节　婚孕前发现甲状腺有结节时需如何对待

应先彻底查清楚病情。

1. 甲状腺的功能是正常还是异常，可以通过化验血的 TSH、T_3、T_4、rT_3 等判断。

2. 通过各相应检查明确结节是良性还是恶性。

（1）良性结节多见的是甲状腺腺瘤、甲状腺囊肿。这两种结节女性多见，生长也缓慢，对身体和婚孕基本无不良影响。是否需要治疗则应去看内分泌专科医师，听从他们的意见。

（2）恶性结节即甲状腺癌瘤，此时不能婚孕。

第 8 节　婚孕前患了病毒性心肌炎应抓紧治愈

病毒性心肌炎，顾名思义是由于病毒感染后引起了心肌细胞损害，出现了一系列心脏病变征象。这些病毒的毒力强，且具有特殊的侵害心肌细胞的特性。随着现今环境气候的变化，病毒的各种变异，使得急性病毒性心肌炎的病发率有增加，已成为了损害人们身体健康的常见病，尤以青年人和未成年人多易发生。

引起心肌炎性损害的病毒有两种类型：一类是经呼吸道感染侵入的病毒；另一类是经胃肠道侵入的病毒。两类病毒感染后各有不同表现。

一、临床表现特征

（一）呼吸道病毒侵入引起的心肌炎

1. 急性起病，先出现上呼吸道感染症。如果是免疫系统低下的人，则病毒能突破呼吸道的黏膜屏障，损害肺间质组织侵入血循环，引发病毒血症进入心脏后，病毒及其毒素直接损坏心肌，使心肌细胞变性、水肿以至坏死。病人出现心悸、气短、胸闷、心前区隐痛或不适，有的可出现心律失常，初起多为早搏（房性早搏或室性早搏），甚或房颤等心功能减退；化验血可发现心肌细胞内的各种酶从被损伤的细胞内释出进入血内而升高。心肌酶升高的水平与受损心肌的面积成正比；查心电图也有异常发现，各种异常都可出现。

2. 若急性期心肌损害轻微或仅局灶性损害者，经充分休息，良好的护理，及时而有效的治疗，大多数患者可在 3 个月内、最长不会超过 6 个月而明显改善或痊愈；若不注意合理休息，护理又不科学，治疗也不能较好坚持，那么受损的心肌病灶就难顺利修复，而病情迁延。此阶段若坚持按医嘱治疗，良好的护理、科学的营养调养下，尚未完全修复的心肌可在第二个半年左右恢复正常；如果恢复期患者不了解心肌炎疾病的恢复规律，自觉得精神食欲已明显好转，放松了定期的复查监测，并自行中断治疗，和健康人一样地工作、玩耍、娱乐等，往往会使尚未完全恢复正常的心肌细胞继续受损。这就容易使病情进入慢性期。是从发病之日起，已超过一年以上仍未痊愈，心功能也差于正常，甚或心脏瓣膜出现损坏，治疗起来难度明显增加，且效果也不理想，有的则形成了心肌病，从而影响终生。

3. 有些病毒感染后还可以损害生殖系统，与心肌细胞损害共同发生。如腮腺炎病毒，损害男性的睾丸组织并发生肿胀，精子生成和发育受阻，对生育造成不利影响而遗憾终生。

（二）经胃肠道侵入的病毒引发的心肌炎

此类病毒往往毒力强，一旦侵入肠道，则病毒可以突破肠道的黏膜屏障，进入血液循环内形成病毒血症。既可损害心肌细胞，也可侵害其他器官系统，引起一系列的病理反应。

这类病毒性心肌炎的特征表现如下：

1. 有轻微的感冒样症。

2. 腹部不适，食欲差、腹泻明显，甚或伴有恶心与呕吐，有时有腹部疼痛。

3. 心肌细胞损害的症状，如心悸、胸闷、气短、乏力、浑身软弱、头晕等症。

4. 化验血可见心肌酶谱有异常，最早见的是肌酸磷酸激酶及同工酶有不同的升高；谷草转氨酶（AST）或乳酸脱氢酶（LDH）也会升高。上述诸心肌酶可在急性期的 1 ~ 4 天内升高；有的可见肝功能改变，多见谷丙转氨酶（ALT）升高。

5. 心电图也会有相应的异常变化，如 ST 段稍有降低，T 波低平，心律失常（心动过速、早搏），Q-T 间期延长等改变。心电图的变化往往具有多变或突变的特点。

二、急性病毒性心肌炎的诊断要点

1. 上呼吸道病毒或肠道病毒感染后 3 周内出现心脏不适的症状，或心功能降低征象。

2. 有心律失常和（或）心电图的病变征象。

3. 血液化验可见心肌酶谱有异常改变。

上述三项只要具备任何两项即可做出临床诊断。应该积极的治疗。

三、治疗措施方案

（一）西医治疗原则

1. 一般治疗

（1）充分休息，减轻心脏负荷有助心肌修复受损病灶。

（2）饮食营养要有符合个体需要的热量，各种必需营养元素合理而充分，吃易消化的软饭或半流质食物，一次 7 成饱以防过度增加心脏负荷，一日多餐（4 ~ 5 餐）。

（3）护理方面，一要注意保持室内空气清新，让心脏有足够的氧气吸入，促进受损心肌的修复；二要防有害颗粒物弥散入室内；三要防室内使用化学性有刺激的物品；四要防炒菜的高温油烟进入患者室内对其心脏产生刺激。

（4）避免再次受风寒侵袭。

2. 抗病毒药物

（1）抗呼吸道病毒类药物。

（2）抗消化道病毒药物。

3. 促进受损心肌修复的药物：如辅酶 A、辅酶 Q10、肌苷片、三磷腺苷（ATP）；高能营养液：10% 葡萄糖 500mL 加入胰岛素 10IU 缓慢静脉滴注，还可以 5% 葡萄糖液 500mL 加入维生素 C 药液 3 ~ 5mL 静脉滴注；口服维生素 B_1 片，1 次 20mg，每日 3 次。

4. 控制和纠正心律失常的药物。

5. 纠正心力衰竭，改善心功能药物。

6. 若有继发或合并细菌感染时，要及时使用不良反应少的广谱抗生素，以杀灭或抑制细菌，减轻受损的免疫系统额外负荷。这对受损心肌细胞的修复也有一定的辅助作用。

7. 对危急重症病人还可考虑短期使用肾上腺皮质激素。这应由医生依患者病情决定。

（二）中医药治疗

1. 由呼吸道传染的病毒引起的，急性期多属于邪热犯肺、毒邪损心。治疗法则宜清热解表、宣肺排毒。方药为作者自拟的经验方：荆芥 10g，防风 10g，黄芩 15g，银花 20g，连翘 20g，桔梗 5g，炙紫菀 10g，竹叶 6g，红花 6g，炙甘草 6g，绞股蓝 10g。水煎服，每日 1 剂，早晚服。

2. 由肠道病毒感染引起者，多属脾胃湿热、热毒侵心。治宜清热利湿、解毒宁心。方药用葛根芩连汤加减。处方：葛根 10g，藿香 10g，黄芩 12g，黄连 10g，陈皮 10g，法半夏 6g，白茯苓 8g，连翘 15g，生甘草 6g，绞股蓝 12g，灵芝 12g。水煎服，每日 1 剂。

3. 恢复期：多为病毒血症已祛除，但心肌损害病灶尚未完全修复，心律失常明显减轻，但未全消除，尤其是活动时易出现早搏。因此应继续坚持治疗，不能掉以轻心。

（1）还需使用保护心肌和促使修复的西药。

（2）中医药效果会更理想。此期多属心阴虚损、气滞血瘀。治疗法则宜养心阴益心气、活血养血。方药：生脉饮合泻心汤加减。处方：人参 5g，黄芪 12g，当归 6g，麦冬 6g，炙五味子 8g，黄芩 10g，黄连 6g，灵芝 12g，丹参 6g，绞股蓝 12g。水煎服，每日 1 剂。若有夜寐不宁者，可酌加珍珠母、炒枣仁。

4. 慢性期：此期多见于免疫系统功能较差，而又治疗不及时、不正规的少数病毒性心肌炎患者；或是不坚持而间断性治疗的人。到了这个阶段心肌的损害已较广，心脏瓣膜往往有一定的损害。多数患者的心脏功能都有不同程度的减低，最终难免发展为心肌病。即使长期坚持治疗，预后也是不太理想。

四、本病的预后和对婚孕的影响

1. 对发现及时，又采取中西医药结合有效治疗者，绝大多数患者的预后是顺利的，病变多在半年内恢复。但受损心肌的完全修复，有的患者可能需要监测一年左右。同时须经多次定期复查：心脏症状完全消失，心电图也都正常，心肌酶谱正常半年左右，心脏功能和健康人一样，免疫系统功能的相关指标也完全正常。这样的状态才可以放心婚孕。

2. 对极少数已进入慢性期的患者，心肌损害很难完全恢复正常，心功能也有所降低，对婚孕的影响比较明显。

第 9 节　婚孕前肺纹理明显增多者需抓紧治疗

一、引起肺部肺纹理明显增加的原因

1. 免疫系统功能差，引起各种不同致病微生物侵入肺部。

2. 长期在高粉尘环境下工作，而又缺乏有效防护措施者。

3. 有害化学物对肺部的损害：最常见的是嗜烟如命的人，往往有慢性支气管炎等病。

4. 常年易感冒咳嗽的人。

二、治疗措施依病因不同而治疗各异

1. 若是肺部结核病：按正规的抗结核治疗 6 ~ 9 个月后复查。若已治愈，最好再测肺功能是否恢复正常。若完全恢复健康则可以正常婚孕，若血沉和肺功能未完全恢复则需要继续专科治疗，直至完全恢复健康。这样才能为婚后孕育出健康聪明的后代奠定好的先天基础。

2. 嗜烟成性上瘾的，必须立即戒除。与此同时坚持适度锻炼，配以中医药治疗调整，注意防范各种空气污染，养成科学的生活习惯和生活规律，注意饮食营养全面充分且是天然有机绿色食品。这样的综合措施调整，方可有效恢复免疫系统功能，改善肺功能，为身体内细胞增殖与复制优良的 DNA 和基因提供优质的成分。

3. 慢性支气管炎者也要抓紧治疗。因为这类人士其动脉血液中的氧分压及氧含量大多低于健康人。缺氧往往影响各组织细胞的正常代谢，缺氧时产生乳酸过多，会影响生殖细胞功能。长此以往地拖延下去，一旦发展到了支气管扩张或肺气肿时，想治疗也为时已晚，而成为一个重病患者。

4. 肺功能较低的人士，其体内各组织细胞在代谢过程中会产生较多的有害自由基，可使各种组织细胞膜受到侵袭，产生脂质过氧化而损伤或破坏，进而使有害自由基进入细胞内损害细胞核内的 DNA 及基因。如果这类人士们不抓紧治疗，日积月累的延误下去，受损的 DNA 和基因更明显。如中医理论所说的，“久病及肾”，“母病及子”。中医的“肾”包括了下丘脑 – 垂体 – 性腺轴及性腺。肺病最终都会损害性腺功能。所以说从中医西医两种理论来说，凡是肺功能较低的人士应该抓紧积极治疗，以保护 DNA 及基因不受或少受损伤，这样才能使婚后孕育的后代有了健康的基础。对这类人士如何治疗呢？作者的经验是：中医药的效果较西医药为优，而且不良反应较小。具体的方药必须依不同患者的病情，经辨证以确定治疗法则，组方配药，效果才会明显。

第 10 节　婚孕前男性的隐睾症应及早治疗

男士的隐睾症往往与先天发育受阻而产生。其病因多与雄激素缺乏或不足有关，易造成睾丸发育不全，加上隐睾周围组织温度较高，导致睾丸生精功能减退。患少精子症、无精子症以及精子质量异常的概率明显高。这种病的病发率占男性人数的0.7% ~ 0.8%，而且隐睾症发生精原细胞瘤和胚胎细胞癌的危险较高。因此，一旦明确了诊断就应及时进行手术，把隐匿在腹股沟管内或腹腔内的睾丸纳还入阴囊内。同时用西药HCG（人绒毛促性腺激素），及促性腺激素释放激素（GnRh）治疗，辅之以中医药治疗，可以明显而有效提高治疗效果。这种病越早治疗效果越好。对此，在这里应该提醒一下已经成为准父母的人士：如果你们生下了男孩子，别忽略了查一查孩子的阴囊内有没有“小蛋蛋”（睾丸）？而且是左右各一个，共两个。若两个睾丸都有那就是健康的宝贝。因为绝大多数的男胎儿在出生时睾丸已降入阴囊内，极少数也会在出生后3 ~ 4周降入阴囊。如果发现新生儿阴囊内只一个睾丸，那就叫单侧隐睾症；若阴囊内空瘪无睾丸，那就叫双侧隐睾症。这样的男孩若不尽早治疗，长大成年后，90%的双侧隐睾及50%的单侧隐睾患者会无生育能力，即不育症。单侧隐睾不育的男士往往其对侧正常位置的睾丸也有生精功能缺陷或低下，对婚孕的影响较大。这种人士外观上也往往表现男性副性征缺少阳刚之气。

第11节　婚孕前男性精索静脉曲张症应及时治疗

精索静脉曲张在男性成年人中的病发率原发性者为发5% ~ 20%；继发性精索静脉曲张者少见。在所有患精索静脉曲张症的人士中，左侧精索静脉曲张的占65% ~ 80%；右侧曲张的占20% ~ 30%。之所以左侧多发，仍是因为左侧精索静脉是以直角状汇入左肾静脉，而肠系膜上动脉和腹主动脉又压在左肾静脉上面，以致左精索静脉内血液回流进入左肾静脉的阻力大，回流不畅，加之精索静脉壁较薄弱且静脉瓣膜功能也较差，在静脉内血流慢而压力增大时容易造成瓣膜关闭不全，使血液淤积于血管内而发生静脉曲张，少数会引发男性不育症。

一、精索静脉曲张引发男性不育症的机制

1. 精索静脉内血液淤积，致睾丸和附睾的血循环障碍，曲细精管中的细胞缺乏足够的氧气和精子生长必需的各种营养物质，使得精子的生长与成熟不能顺利进行。

2. 曲张的精索静脉内压力增大，血液回流障碍，致使睾丸各细胞代谢产生的废物堆积，也影响精子的生成、成熟或导致畸形、死亡。

3. 使精子细胞内的 DNA 复制和基因表达严重受阻而损伤。

4. 使睾丸内的间质细胞功能受损，分泌雄激素睾酮降低。也影响精子的生成，同时也影响性功能

二、精索静脉曲张的治疗措施

单侧精索静脉曲张首选手术结扎方法，以重度和中度病情者效果较为理想。手术结扎常配合药物治疗。

1. 西药疗法：多采用雄激素治疗。在正规的疗程治疗下，可以使精子有所增加，但只能维持 2 ～ 3 个月的效果。

2. 中医药治疗：经辨证可分为肝肾不足证和气滞血瘀证两种证型。

（1）肝肾不足证：治宜滋补肝肾，补中益气法。方药用六味地黄汤合补中益气汤化裁：党参 10g，黄芪 12g，炒白术 10g，炒山药 15g，熟地黄 8g，山萸肉 8g，升麻 2g，灵芝 12g，柴胡 3g，每日 1 剂，水煎服。

（2）气滞血瘀证：治宜补气理气，活血散瘀法。方药用茴香橘核丸加减：小茴香 8g，橘核 8g，荔枝核 8g，延胡索 10g，川楝子 5g，当归 6g，红花 6g，柴胡 4g，灵芝 12g，黄芪 15g，炒山药 15g，菟丝子 10g，水煎服。

3. 护理：

（1）不要长久站立或走路时间太长。

（2）少食或不食辛辣等刺激性食物及寒凉性食品。

第12节　婚孕前年轻男士患前列腺增生要认真治疗

前列腺增生一般多见于40岁以上人士。现今由于生活条件好了，饮食内容丰富了，性刺激内容更多了，工作生活节奏明显加快，以及内分泌紊乱的多种因素，使得一些年轻的男士也发生了前列腺增生的某些征象。

一、引起年轻男士前列腺增生的因素

1. 坐的时间长而活动少，使前列腺充血并受挤压。

2. 站立时间长致盆腔和前列腺充血淤血。

3. 嗜食辛辣热性的刺激性食品。

4. 工作紧张，长期憋尿而促使前列腺增生。

5. 各种娱乐场所的一些不健康场景、影像的刺激引起经常性冲动，造成内分泌系统功能的不平衡不协调。

6. 过量食用高脂肪食物，嗜烟酗酒可刺激前列腺充血，降低前列腺的免疫抗病力，促发前列腺增生。

7. 过频的性生活或不良性行为。

二、前列腺增生的症状

有部分年轻人士的前列腺增生症状可长期稳定，或者经调整饮食内容，改变不良生活习惯，加强身体锻炼后症状改善或消失。但仍有一些不注意的人士会引发增生进展而出现各种症状。较常见的症状如下：

1. 贮尿症状

（1）尿频：系因为排尿阻力增加，每次不能将膀胱内尿

量排空致尿量减少，但次数增多。这是疾病早期最多见的症状。尤其是首先出现夜间尿频。随着病情进展，白天也会出现尿频。

（2）尿急：前列腺增生的患者有 50% ~ 80% 的人出现尿急，即患者突然有强烈尿意，很难控制而需立刻排尿，不然会引起尿失禁。

2. 排尿症状

（1）排尿困难：也叫排尿不畅快。是因为前列腺增生使后尿道延长、变窄，或者前列腺中叶增生形成活瓣，均使排尿时的阻力增加而引起。轻症者只是排尿时间延长，尿的射程变短，尿线无力；重症者尿流变细，甚至需增加腹部压力才能排出尿，降低腹压出现尿流中断。

（2）尿潴留：这是病情较重的表现，即排不出尿来但膀胱充满尿液，患者感到小腹憋胀难受。前列腺增生患者多为慢性尿潴留，但也可因各种外因引发急性尿潴留，即突然不能排出尿液。长期尿潴留可以引起肾盂积水，甚或损伤肾功能。

3. 血尿：多为镜下血尿。即将排出的尿液经离心机离心沉积物在显微镜下每高倍视野可见 2 个以上红细胞。

三、治疗措施

对年轻人士发生的无症状性前列腺增生者可以采取观察、定期复查的办法。告诉患者不要过久坐着，应经常活动或做工间操，尽量不食辛辣刺激性食物，戒烟、戒酒，不看低级的影视镜头画面，提高品德修养，洁身自好以保安全等。

1. 西药治疗：目的在于改善排尿的各种不舒适症状。

（1）肾上腺素 α Ⅱ受体阻滞剂，最常用的是坦索罗辛，商品名叫“哈乐”。每日服用0.4mg，效果较好，对血压影响也小。

（2）5α－还原酶抑制剂。这类药物可以抑制机体内睾酮转化为双氢睾酮，从而抑制前列腺增生，使之缩小，减轻排尿不畅等症状。常用药叫非那雄胺，中文商品名叫“保列治”。

每日服1片（5mg），每日1次。此药与减轻前列腺和尿道平滑肌收缩，与降低尿道阻力的α Ⅱ受体阻滞剂“哈乐”联合使用，则效果更好。并可长期服用几年也安全。若配伍中医药结合治疗则效果更好。

2. 中医药治疗：年轻人的前列腺增生经辨证多见湿热下注证和阴虚火旺证两种。前者为实证，后者为虚中夹实证。

（1）湿热下注证的治疗法则为清热利湿、通淋破滞。方药常用导赤散合八正散化裁：萹蓄12g，瞿麦10g，石韦12g，车前子8g，生地黄6g，生栀子8g，大黄5g，竹叶8g，生甘草4g，滑石15g，三棱2g，莪术2g，生牡蛎15g。每日1剂，水煎服。

（2）阴虚火旺证的治疗法则为滋阴降火、散结通利。方药常用知柏地黄汤合猪苓汤化裁：黄柏6g，知母6g，生地黄8g，生山药12g，山萸肉6g，猪苓8g，白茯苓6g，王不留行6g，炙鳖甲16g，生牡蛎10g，滑石15g，生甘草6g。每日1剂，水煎服。

上述两型皆要配合饮食：忌食辛辣刺激性食物，戒烟酒，不饮用化学物勾兑的饮料饮品。采用上述中西医联合疗法较好。

第13节　婚孕前年轻男士的前列腺炎需抓紧治愈

前列腺炎是青年和壮年男性的常见泌尿系统病，而且呈上升趋势。并对男性的性功能及生育力产生一定的影响。这对正在“谈婚论娶”的男士患者是应当高度重视，抓紧治愈的疾病。

一、前列腺炎的分类

1. 急性细菌性前列腺炎。

2. 慢性细菌性前列腺炎。

3. 慢性非细菌性前列腺炎。

4. 前列腺痛。

在这四型中只有5% ~ 10%的临床诊断的前列腺炎是急、慢性两类细菌性炎症；而90% ~ 95%的患者是慢性非细菌性前列腺炎和前列腺痛两类。

二、病因及发病的有关因素

1. 急、慢性细菌性前列腺炎的病因绝大部分为大肠杆菌，少数为其他的革兰阴性菌和阳性菌。近年来淋球菌性前列腺炎的发病也在日渐增多。

2. 慢性非细菌性前列腺炎的病因绝大多数为解脲支原体和衣原体感染引起。上面三种类型前列腺炎的感染途径绝大多数是由不洁的性生活而引起。只有很少一部分是因包皮过长的包皮炎、手淫、习惯性便秘者，或急性扁桃腺炎等由呼吸道或肠道感染经血液或淋巴液侵入。

3. 前列腺痛的病因还不清楚。

4. 发病的有关因素：①免疫系统功能减低；②无节制的性生活和手淫过频；③精神心理压力，抑郁寡欢；④身体素质较弱；⑤微量元素锌、硒摄入不足或明显缺乏；⑥精索静脉曲张以及失恋之人都易影响前列腺的抗感染力；⑦嗜食辛辣刺激食物易使前列腺充血。

三、前列腺炎的临床表现

1. 急性细菌性前列腺炎的临床特点

（1）全身症状：急性发热，或伴寒战、乏力、虚弱感、恶心、呕吐。

（2）局部症状：会阴部或耻骨上部疼痛胀感，排便时加重，并向腰部、下腹部、大腿等部位放散。

（3）泌尿道症状：尿频、尿急、尿道烧灼样痛、尿滴沥和脓性分泌物，排尿不畅、尿流细或中断，甚或急性尿潴留。

（4）大便痛并伴尿道溢出脓性分泌液。

（5）性欲低下或无欲、勃起不能。

2. 慢性细菌性前列腺炎的临床症状特征

（1）尿道症状：尿频、尿急、尿不尽伴尿后滴沥、尿等待、尿流细而慢、尿分叉、血尿、脓尿、尿道烧痛、尿中时有脓性分泌物。

（2）会阴及肛门坠胀痛、睾丸隐痛、腰酸腿软等。

（3）性欲低下或无欲、阳痿、早泄、有时梦遗，继发男性不育症等。

（4）肛门指检：前列腺肿大且硬，触压痛明显，触压时尿道口溢出脓液。

3. 慢性非细菌性前列腺炎的症状特点

（1）尿道症状：尿频、尿急、尿等待、尿流细、尿不尽伴滴沥、尿分叉、夜尿次更频。

（2）下腹部、会阴及肛门周围胀感或隐痛。病程长，病情时轻时重，甚或发生急性尿潴留症。

（3）性功能明显减退，阴茎勃起障碍，滑精、早泄、男性不育等。

（4）心悸头晕、疲乏无力腿软、睡眠不安、记忆力明显减退。

（5）精液化验多见精子数少且活动度差，死精子症。畸形精子增多。

四、前列腺炎的治疗对策

不论是急性或慢性，也不论是细菌性或非细菌性患者，都采用中西药结合治疗见效快、患者全身症状改善较明显。

1. 急性细菌性前列腺炎

（1）住院治疗选用足量、高效的复方新诺明，并静脉滴注氨苄西林（氨苄青霉素）。

（2）用药前做中段尿菌培养和药敏实验，依尿菌敏感报告调整抗菌药物。

（3）中医药清利湿热、解毒散结通淋。方用八正散加味：萹蓄 12g，瞿麦 8g，栀子仁 10g，车前子 8g，生大黄 4g，滑石 15g，生甘草 4g，连翘 20g，白茅根 20g，蒲公英 15g。水煎服，每日 1 剂。

（4）清淡饮食，忌用辛辣刺激性食品，忌食鱼虾蟹等食品，防炎症迁延。

2. 慢性细菌性前列腺炎

（1）治疗前先做中段尿菌培养和药敏实验。

（2）依尿菌敏感报告用抗生素。

（3）中医药：本病多因肾阴亏耗、相火（性欲）偏旺，加上酒色厚味损伤，多见阴虚火旺、湿热蕴集。治宜滋阴降火，清热解毒通淋。方用八正散合知柏地黄汤化裁：黄柏 6g，知母 8g，生地黄 10g，萹蓄 12g，瞿麦 8g，栀子仁 10g，车前子 8g，滑石 15g，生甘草 4g，败酱草 15g，蒲公英 15g，山药 10g。如果小便困难，可加用王不留行、生牡蛎以软坚散结使小便能通下，缓解急迫之苦。

3. 慢性非细菌性前列腺炎：本病多见于解尿支原体和衣原体感染引起的，主要是由于不正当的且不洁的性生活传染所致。

（1）西医药治疗：抗生素需在医生指导下用药，易产生耐药性而反复发作。最好配合中医药加强治疗效果，降低耐药病原体的产生，减少抗生素的毒副作用。

（2）中医药治疗：基本同慢性细菌性前列腺炎的方药，并可在方中再加灵芝效果更佳。

五、前列腺炎的预防

由于前列腺炎的病发率在不断增加，更彰显了预防的重要性，预防措施如下。

1. 加强对婚孕前期的男士进行宣传前列腺炎的危害性，使他们懂得预防的重要性，了解本病的难治性和危害性。

2. 提高个人的品德素养，尽量不要性解放，做到严守性道德，不放纵自身。

3. 提高身体素质。

（1）建立良好的生活习惯，不过劳，也不过度休闲，做到劳逸结合。

（2）科学地调剂营养摄入：既不能暴饮暴食，也不能忙而忘食，更不能胡乱凑合吃。每天都应安排好个人的饮食内容，尽可能摄入有机绿色食品。

（3）戒烟戒酒以尽量减少有害自由基的产生，使身体不受自由基的损伤。

（4）坚持适合个人具体情况的运动内容，以提高自身免疫系统功能。

（5）保持乐观积极的情绪，使神经内分泌系统处于最佳的协调状态。

（6）良好的人际关系有助于机体神经内分泌免疫系统网络的有效运转，身体各组织器官功能健康，代谢有序运行。如中医理论说的：“阴平阳秘，精神乃治，邪不可干。”即任何病邪都难以侵入个人的身体。

第 14 节　对某些男性不育症的治疗

本节所叙述的男性不育症只涉及少精子症、弱精子症、异常精子增多症、死精子症以及抗精子抗体增多的不育症。凡婚后与健康的妻子有和谐的性生活，也未采用任何避孕措施，超过 3 年而不能使女方怀孕者，叫男性不育症，在男性不育症中约 75% 的患者属于少精子症或弱精子症，其余的为异常精子增多症、死精子症、抗精子抗体增多症。

一、引起上述男性不育症的病因和机制

（一）西医理论

1. 下丘脑－垂体－性腺轴功能紊乱或低下，引起睾丸功能减退，睾丸生精子功能低下，产生少精子症、弱精子症、异常精子增多症或无精子症。

2. 甲状腺疾病

（1）甲状腺功能减低，使睾丸发育受阻，从而造成精子产生明显低下或精子异常，睾酮分泌少而致阳痿或阴茎不发育。

（2）甲状腺功能亢进：这种情况下患者体内性激素结合球蛋白（SHBG）增多，睾酮与之结合明显增加，引起睾丸产生精子障碍或阳痿。

3. 肾上腺疾病

（1）肾上腺皮质功能减低：多见于自身免疫性疾病类，或者肾上腺皮质结核，使睾酮生成减低，引起精子产生少或弱。

（2）肾上腺皮质功能亢进：多见于柯兴氏综合征或垂体瘤时，使促卵泡成熟素（FSH）和促黄体生成激素（LH）降低，从而引起睾丸生精子功能障碍，睾丸也发生萎缩。

（3）肾上腺皮质肿瘤：引起睾丸萎缩，雄激素分泌减少，致睾丸生精子的能力明显减退，发生少精子症、弱精子症甚或无精子症等。

4. 免疫系统功能紊乱引发的抗精子抗体增多症，使精子凝集成一团而不能活动，不能与卵子相会合，从而造成男士不育症。

（二）中医理论

“肾藏精，主生殖。”不育症往往是肾功能低下所引起。中医理论所说的“肾”既包括西医的泌尿系统，还包含西医的生殖系统和下丘脑－垂体－内分泌系统、免疫系统以及骨关

节系统等。中医理论认为：“肾乃先天之本。”因此，男士的不育症绝大多数归之于肾功能低下。包括肾阴虚、肾精虚证、肾气虚证、肾阳虚证以及肾阴阳俱虚证。

1. 肾阴虚证：多见性欲亢进但不持久易导致早泄，是一种虚性兴奋的反映。肾阴虚人士的精子生成减少、睾酮分泌减低。

2. 肾精虚证：多见于隐睾症者，由于精血同源，精不化气，因而患者多发育较弱，精子量少伴死精子症。

3. 肾气虚证：肾主藏精，精能化气，肾气为人体功能的动力之源。肾气不足，则肾不纳气，精关不固，往往会出现遗精早泄，性欲减低，睾酮分泌不足，精子生成减少，因而明显影响生育功能。

4. 肾阳虚证：是肾气虚证的进一步加重，患者多有性欲很差，阳痿，早泄滑精遗精，勃起功能障碍，精子量显著减少且活力低下，畸形精子和死精子多，不能生育。

5. 肾阴阳俱虚证：患者肾生殖功能极差，性欲较差，睾丸发育不良，精子生成显著低而很少，睾酮水平降低明显。

6. 肝气郁结证：中医认为：“肝司阴器，主其疏泄。”若情志失调，郁怒伤肝，使肝失条达，则宗筋（即阴茎）失主，引起阳痿。中医讲的“肝”包括西医的神经内分泌系统的某些功能，尤其是情绪中枢功能以及下丘脑－垂体－性腺轴的某些功能。这也就是对性功能低下甚至阳痿、不育患者必须给予安慰，家人的关心以促使他们不要背负精神压力，用积极的态度去配合治疗的理论根据，临床效果反应良好。

7. 肝肾阴虚证：中医理论认为：“肝藏血，肾藏精，肝肾精血同源。”“肝属木、肾属水，水能生木。”二者是“母子关系”。肝阴虚则可上连累肾，即“子盗母气”，反之，肾阴虚也可下损及肝，即“母病及子”。所以中医的观点认为：肝肾二脏盛则同盛、衰则同衰，因此临床上往往常见肝肾阴虚证型即源于此。

二、本节男性不育症的治疗措施

（一）西医药治疗方法

1. 对因疗法：祛除或治疗原发疾病。

2. 主要是采用相应的促激素：如针对下丘脑分泌功能低下的使用促性腺激素释放激素（GnRH）；针对垂体病变而用促性腺激素（HCG）和人绝经期促性腺激素（HMG）疗法；针对睾丸因发育不良或各种损害而分泌睾酮低下，精子生成不足的使用各种雄激素（如丙酸睾酮或环戊丙酸睾酮）制剂，以促进精子的生成和成熟，但是使用这些激素的疗程长至2年或以上，而且引起的毒副作用也不少，同时有一些禁忌证。因此效果也不太理想：如下丘脑性不育的男士，需要其用药前的精子数不能少于每毫升 1×10^6 个，否则生精功能在2年后的改善也不理想。用药方法是：GnRH脉冲疗法：每2小时皮下注射15μg，经1～2年治疗可能有授精功能。对垂体性不育症者多采用人绒毛膜促性腺激素（HCG）和人绝经期促性腺激素联合治疗：先用HCG 50 000 IU/周，连用4周后加用人绝经期促性腺激素75～50 IU，每周3次，经3～18个月，再单独用HCG维持治疗。对睾丸发育不良的不育症者则用丙酸睾酮50mg肌内注射，隔日1次，共3个月，或用环戊丙酸睾酮200mg肌内注射，每周1次，共用20周。这样治疗后精子增加只能维持2～3个月。若睾丸曲细精管管腔狭窄或硬化或纤维化则治疗无效。上述几种疗法对肝功能、肾功能有损害，会有男子乳腺增生肥大等不良反应。

（二）中医药治疗措施

1. 肾阴虚证的治疗法则：补肾滋阴、益精填髓。方剂：左归丸加减。方药：熟地黄10g，炒山药15g，枸杞子10g，山萸肉10g，菟丝子10g，灵芝12g，鹿角胶6g（烊化），龟甲胶8g（烊化)。早泄可加金樱子、沙苑子、莲须;阴虚火旺者可去鹿角胶,加用旱莲草;熟地黄改生地黄、玄参。

2. 肾精虚证的治疗法则:补肾填精、培元固本。方剂:左归丸合补天育麟丹化裁:熟地黄 10g,炒山药 20g,枸杞子 12g,山萸肉 10g,补骨脂 8g,菟丝子 10g,丹参 6g,灵芝 10g,当归 6g,炒白芍 10g,炒杜仲 10g,肉苁蓉 10g,红花 8g,核桃仁 10g。若伴有血虚者可加阿胶、制黄精。每日 1 剂煎服。

3. 肾气虚证的治疗法则:补肾益气。方剂:右归丸加减:熟地黄 10g,炒山药 20g,山萸肉 10g,枸杞子 10g,炒杜仲 10g,菟丝子 10g,鹿角胶(炒珠)10g,紫河车 4g,灵芝 12g。水煎服,每日 1 剂。如有早泄者可加炙五味子 8g,金樱子 10g,以益气固精。每日 1 剂,水煎服。

4. 肾阳虚证为肾气虚的进一步加重而致。治疗法则:温补肾阳。方剂:右归丸或赞育丹加减:熟地黄 10g,炒白术 12g,当归 8g,枸杞子 10g,仙茅 6g,巴戟天 10g,山萸肉 10g,淫羊藿(仙灵脾)10g,紫河车 6g,鹿角胶 8g。有遗精者可加金樱子、芡实;若精液少于 2mL 且死精子明显过多可加人参 6g。此方温补肾阳,促进气血运行,增强睾丸生精功能,又能大补元气,增加脾脏的健运功能,促进营养物质吸收而增进睾丸生精的物质保证。

5. 肝气郁结证:无论上述何种肾虚证型都应高度重视对患者精神情绪的调整。前面已说过肝气郁结引起内分泌紊乱,可使下丘脑-性腺轴功能减低;也会因肝失条达、气郁生痰、郁结于肝经循行的各部组织或器官,引起相应的病症;下丘脑功能紊乱可引发一系列负性情绪。对这类人士应体谅他们的难言之隐,多加关怀疏导,使其逐渐认识本病的来龙去脉,而开朗起来,同时告诉他们,情绪轻松愉快对调整内分泌系统和恢复免疫系统功能的辅助作用,可促进生殖系统的气血运行和微循环，从而有助于修复睾丸的生精功能，提高精子生成的质量，使病情顺利改善并恢复健康，因此应抓紧治疗。切不要失去信心甚或自暴自弃，这等于是自己击垮自己，于己于家都是不负责任的表现。

肝气郁结证的治疗法则：疏肝理气、调整情绪。方剂：柴胡疏肝散加减：柴胡 6g，炙香附 6g，炒白芍 10g，炒白术 12g，当归 6g，川芎 3g，陈皮 8g，炙甘草 4g，郁金 8g。若有睾丸疼痛者可加小茴香 10g，橘核 8g，每日 1 剂，水煎服。待患者情绪改善后即需加入补肾益精的方药。

（三）中西医结合疗法

鉴于上述西药激素治疗疗程长，不良反应较多，而且只是治标。对此作者认为：西药激素类药对患者的性腺轴有一定的补充所缺激素作用，但也会打乱各相应靶器官之间的调控反馈规律；其次不能促使被补充腺体的修复和分泌，反而使其受外源性激素的替代作用，更趋向用进废退而萎缩，使病情更为复杂化，难修复和重建正常的性腺轴调控机制。但是，短期适量的补充所缺的性激素或促性激素，还是能发挥一定的生精刺激作用。若在这时适当减少激素类药的用量，同时配伍使用上述中药汤剂（依辨证类型而选用）。一是可以减少或防止西药激素的不良反应；二是上述中药可促使整个下丘脑－垂体－睾丸轴腺的修复，经一定时间的治疗后逐渐恢复它们之间正常的生理调控规律；三是可以改善全身和性腺轴各腺体的血液循环，尤其是微循环系统，从而促进受损组织器官的修复与恢复功能，同样也促使睾丸受损的曲细精管上皮细胞得以修复，重新恢复产生精子的功能；四是上述中药具有抗自由基对睾丸生精细胞的攻击损伤，既保护所产生的精子健康，也保护了精子细胞中的 DNA 与基因的复制和健康；五是上述中药还有很好的增强身体免疫系统的各种功能，抗击一切不利因子对睾丸组织的损害，也为提高新生精子的活动力增添了动力；六是上述中药对保护患者的肝、肾、心脏、肺以及脾胃等脏器均有很好的功效，提高患者整体的健康水平，也减少了上述西药激素的不良反应。正因为这些中药的整体综合效果，就能有效改善和恢复不育症患者的生育能力。这个治疗过程需要耐心和信心去坚持。正如俗话所说：病来如山倒，病去如抽丝。确是符合慢性病的治疗规律的。

（四）西药激素类药物治疗以多长时间为1个疗程

有研究表明人类的生精上皮从生出精原细胞到成熟精子约需64天。根据这样的结论，那么使用性激素的1个疗程也就是2个月左右，最多也就2个疗程共4个月时间。其后的巩固修复睾丸的各种细胞和组织构架，睾丸内曲细精管的修复和生精子上皮细胞的修复与恢复正常功能，睾丸腺体的微循环改善与恢复等过程，从药物的作用功能来说，也只有中药能够承担此重任。有些病人问：中药应服多长时间？作者的经验是：从中西两种药物一开始共用起，中药汤剂应坚持服用半年，然后复查精液量和精子数及其形态和活动度，若均已恢复正常，则可将上述所用汤剂处方去配制成大蜜丸，每丸12g，每天早晚空腹各服一丸。配制丸药的处方每2 ~ 3个月应辨证调整一次，以便更有效地调整和提高全身的健康素质。这种丸药和汤药绝大多数药物都是滋补药品，因此在有各种感染性疾病时应暂时停服，直到各种感染性疾病痊愈后才能继续服用。因为这类疾病患者身体素质较弱，抗各种病菌的抵抗力也较差，易感冒等感染类疾病，若仍服用补药，就会使感染类病情加重或延长。中医理论将此种现象称作“误补益疾”之弊。

第15节　婚孕前月经不规律的需抓紧治疗

凡是月经不规律的女士，婚前必须抓紧诊断，搞清楚自己月经周期有无排卵发生？这是基础的第一步，第二步就是尽可能查出造成个人月经不规律的环节发生在哪一个腺体器官。

一、无规律月经者有无排卵的判定措施

（一）有排卵者

1. 基础体温曲线呈“双相曲线”特征。

2. 盆腔部位行 B 型超声波扫描双卵巢的影像，可见到卵巢内有卵泡形成，若进行动态监测可见到卵泡发育长大的特征，至月经周期的中期可见到有直径达 18 ～ 20mm 的卵泡即是成熟卵泡。

3. 抽血化验血清 FSH 和 LH，出现二者重叠的高峰；雌二醇（E_2）可高达 200 ～ 300pg/mL，2 天左右可发生排卵。

（二）无排卵女士的检测特征

1. 基础体温曲线只呈单相型。

2. B 超扫描卵巢，未发现卵泡及其发育过程。

3. 采血化验血清无 FSH 和 LH 高峰；E_2 也无变化。这些特征均示无排卵。

二、无规律性月经者是否需要治疗

（一）有排卵的措施

最好是抽血化验血清中的 GnRH、FSH、LH、E_2 和 PRL（促泌乳激素）。若都在正常值范围则可以不治疗；若有某一激素水平出现异常，那就应查明原因，及时采取相应对策使之恢复正常以防患于未然。因为上述激素有一不正常者也会影响卵泡的发育，或是影响卵子中 DNA 的复制。即使是婚后受孕而妊娠，也总是令人不放心的。

（二）无排卵的检查

应查明是下丘脑－垂体－卵巢轴的哪一级腺体异常引起，以便对因治疗。有的放矢才会收效。不要“有病乱投医”，这样既浪费精力，又易把病情搞复杂而加重压力。

三、无规律月经的常见病因

主要是从下丘脑、垂体、卵巢三方面检测。一是采血化验血清 GnRH、FSH、LH、E_2、E_1（雌酮）、E_3（雌三酮）、PRL（促泌乳激素）；二是通过脑部进行 CT 或是核磁共振扫描；三是采用 B 型超声对盆腔扫描。正常有排卵女士的 $E_1/E_2 < 1$，若 $E_1/E_2 > 1$ 则提示卵巢有病变。

（一）多囊卵巢综合征

这也是妇科常见病之一，还是引起女性不孕症的原因之一。本病的病因及发病机制还不太清楚，临床表现较复杂。

1. 主要临床表现

（1）月经异常的特征：一是月经稀少且间期明显推迟者约占 50%；功能性子宫出血者 7% ~ 29%；继发性闭经者可达 28% ~ 56%。

（2）不孕症：系由于无排卵或卵子质量差造成。病发率 41% ~ 74%。

（3）多毛症：往往表现在上唇、乳晕周围、腹中线以及四肢毛发增多。这都是因为患者体内雄激素水平过多引起。我国女性患者此征较少。

（4）肥胖：病发率占 30% ~ 45%，低于国外同一疾病的女性。

（5）溢乳或高泌乳素血症：发生率约 20%。

（6）不同程度的子宫内膜增生。

（7）盆腔（下腹部）B 超扫描，可见一侧或双侧卵巢体积增大，病发率为 63% ~ 72%。

（8）血清内分泌激素测定：LH/FSH > 2 ~ 3；E_1/E_2（雌酮 / 雌二醇）> 1（正常月经有排卵的 < 1）；E_2 升高或正常，睾酮或雄烯二酮升高。

2. 多囊卵巢综合征的治疗

（1）一般多首选氯蔗酚胺片口服，总排卵率可达70% ~ 94%；受孕并妊娠者可达30% ~ 70%；流产发生率10% ~ 33%。为预防流产发生可在黄体期加用黄体酮或是HCG以减少流产。

（2）用氨蔗酚胺片无效时，可换用HMG治疗。当在B超观察下见卵泡发育成熟达到18mm时，肌内注射HCG 5000 ~ 10 000 IU以诱导排卵，这样的排卵率可达60% ~ 65%；妊娠率可达58% ~ 72%。

（3）也可采用纯FSH加HCG治疗，排卵率可增至80% ~ 100%，但发生卵巢过度刺激综合征者为21% ~ 62%。

（4）手术治疗：①在腹腔镜下对卵巢进行透热或电凝治疗术，术后可有排卵与妊娠发生；②经腹腔镜取出卵子，进行体外受精和做试管育婴，再移植入子宫腔内。

（二）垂体瘤

主要见于垂体的促泌乳素瘤。

1. 临床表现

（1）单纯闭经或闭经与溢乳同时发生。

（2）肿瘤大时可有头痛、甚至压迫视神经引起视野缺损。

（3）化验血清PRL明显升高。

（4）头颅CT或核磁扫描可见瘤体及其大小。

2. 治疗措施

（1）手术切除肿瘤。

（2）也可用口服溴隐亭片剂而行内科保守疗法，而不切除肿瘤。据报道，多数患者在治疗6周内怀孕，但是妊娠后肿瘤可能增大。孕期继续服溴隐亭所生小孩也可无异常表现。也有报道用此药长达10年的患者，未发现其肝、肾以及血液异常。

（3）如用溴隐亭治疗垂体瘤消失后，血PRL恢复正常仍无排卵者，可用氯米芬（克罗米芬）或 HMG/HCG 诱导排卵，若子宫发生萎缩者，可以先用雌、孕激素替代治疗数月，使子宫恢复至有月经时，再使用促排卵药促发卵巢排卵。使用这种药物保守疗法成功怀孕者，对胎儿有无影响令人担心。

（三）空泡蝶鞍综合征

此病多见于女性，常见有性欲减退，月经紊乱，FSH 和 LH 轻度降低，若明显降低则可引发闭经。

（四）甲状腺功能亢进或减退以及慢性淋巴性甲状腺炎

此病可以引起女性月经变得无规律，或是无排卵而造成不孕。

（五）女性生殖道的支原体、衣原体感染

往往引起子宫内膜炎和输卵管炎性粘连，甚至盆腔炎使月经变得无规律、痛经、宫外孕或不孕。

（六）淋病性生殖道炎症

可引起子宫内膜炎和输卵管炎，盆腔炎，并可损害卵巢，同样会引起月经紊乱，痛经，宫外孕及不孕。与支原体、衣原体感染症一样，都是由于对性生活的不检点和放任而引发的性传染性疾病。

（七）弓形虫感染

女性一旦感染上了这种微生物，就可以导致生殖器官的各种炎症，如宫颈炎、子宫肉膜炎、输卵管炎乃至盆腔炎并殃及卵巢。引起一系列的疾病。如月经不规律、痛经、宫外孕以致不孕症等。如果卵巢受损害，那就也会影响卵泡的发育以及卵子内 X 染色体和 DNA 的合成与复制，其后果就可想而知了。因此，有必要提醒喜爱猫犬的女士，尤其是未婚未孕的女士，不要与各种“宠物”为伴，有时间多与家人、亲朋好友欢聚一堂，增加生活情趣，促进亲情和友情。这样的生活会使你的心理更健康，既可远离致病源，保护和增强自身免疫系统及功能，

又可以提高良好的情绪，促进下丘脑的功能，使之对垂体、甲状腺、肾上腺皮质以及性腺各轴腺系统的功能协调稳定运转。这对优良卵泡的发育和X染色体及其中的DNA的合成复制，都是极好的“正能量”。

（八）长期的负性情绪也是月经紊乱的病因

前面讲述了有规律的正常月经是由下丘脑－垂体－卵巢轴的各腺体协调稳定运转的结果。下丘脑既是情绪活动的高级中枢，也是各内分泌腺体的促进与抑制的总司令，还是各内分泌激素协调配合的最高协调器官。长期的负性情绪，如气愤、悲伤、压抑、郁闷、紧张、恐惧、争吵等，最先伤害的就是下丘脑功能发生紊乱，紧接着引起垂体、甲状腺、肾上腺皮质以及卵巢功能相继发生紊乱，进而引发其他各器官系统的功能失调。更有甚者是长期的负性情绪引发体内的有害自由基的大量产生，损害卵泡和卵子内的DNA，最终使得月经失调或闭经。

第16节　婚孕前的支原体衣原体感染症应抓紧治愈

一、如何确诊支原体和衣原体感染症

1. 泌尿生殖道的分泌物培养或取宫颈黏液培养，阳性率(＋)可达50%以上。

2. 采血作血清抗原测定，阳性率更高。

二、治疗措施

1. 西药：可用阿奇霉素、罗红霉素、多西环素（强力霉素）、氧氟沙星（氟嗪酸）等，任选一两种。近年来有报道，第三代喹诺酮类抗生素的司巴沙星是一种强效杀菌剂，对支原体、衣原体感染症有较好治疗效果。此药的治疗方法是：每日口服一

次（100 ~ 300mg），连用 7 ~ 14 天为 1 个疗程。此药的不良反应如下：

（1）消化道刺激症：恶心、呕吐、上腹不适、腹痛、腹泻、腹胀或便秘。

（2）肝胆损害：转氨酶增高，血清胆红素增高。

（3）中枢神经系统反应：头晕头痛、烦躁失眠、痉挛、震颤、四肢麻木等。

（4）皮肤过敏反应：痒、皮疹、红斑、水疱。

（5）光敏反应较常见，有的反应较严重。

（6）血液系统反应：白细胞减少，红细胞减少，血色素降低的贫血症，血小板减少可引起各种出血，嗜酸性粒细胞升高。

（7）心血管系统反应：可见心动过速（心悸），心电图的 Q–T 间期延长。

（8）偶见有间质性肺炎及过敏反应：呼吸困难，呼吸道水肿，声音嘶哑，面部潮红，瘙痒症等。

（9）低血糖反应。

上述所有不良反应的总发生率为 4% ~ 5%。但关于司巴沙星的有效率国内报道为 79% 左右，国外报道为 80% 左右。

2. 中医药治疗：依据病因及临床症状，男女病机有所区别。

（1）男士多为膀胱湿热、毒邪蕴结。治疗法则应为清热祛湿，排毒散结。方药为作者的经验方：蒲公英 20g，败酱草 20g，黄柏 8g，知母 10g，连翘 20g，生栀子 10g，石韦 12g，滑石 20g，生甘草 6g，薏苡仁 12g，茯苓 8g，灵芝 15g。方解：蒲公英、败酱草、石韦、连翘、栀子均为杀菌清热、解毒散结的药；黄柏、知母清热滋阴；滑石、生甘草、茯苓利尿通淋排毒，配伍薏苡仁利尿祛湿、清热排脓之力明显增强；灵芝可增强上述诸药的杀菌排毒、提高机体免疫系统功能，使肝肾功能明显改善或恢复。

（2）女士多为湿热浸淫、毒入胞宫。治疗法则是杀菌清热、祛湿利窍。方药为作者经验方：蒲公英 20g，败酱草 20g，连翘 20g，生栀子 10g，黄柏 6g，知母 8g，当归 6g，生黄芪 12g，薏苡仁 12g，生甘草 6g，灵芝 15g。上述诸药均无明显毒副作用，临床效果病人反应良好，精神情绪，睡眠都有好转。

第 17 节　婚孕前月经过多症应抓紧治疗

一、月经过多症的发生机制

本节所述的月经过多原指月经周期尚有一定规律，但每次行经期流血总量超过 80mL 及以上，或是行经期超过 7 天及以上，且失血总量也大于 80mL 以上者。这类女士性腺轴的激素如促性腺激素释放激素（GnRH）、促卵泡成熟素（FSH）、促黄体生成素（LH）、雌二醇（E_2）、孕酮（P），凝血机制化验都正常。近年来报道这类女士子宫内膜分泌的前列腺素系统之间的比例失调，使前列腺素 E_2/ 前列腺素 $F_2α$（PGE_2/$PGF_2α$）值升高，引起子宫内膜的螺旋小动脉扩张，和血小板的凝聚功能受抑制，从而导致经期出血量增多；其次是子宫内膜和肌层的组织型纤溶系统功能亢进，其组织型纤溶酶原激活物（tPA）活性过高，使子宫内膜剥脱面广且持久，从而导致月经量过多。这种类型的月经过多症多见于育龄期有排卵的女士。

二、鉴别诊断

1. 要排除血小板功能异常的血液系统疾病。

2. 宫内膜异位症及子宫内膜息肉等多见病。

3. 还需排除亚临床型甲状腺功能减低。因为这种疾病也可能引起月经量过多。

三、治疗措施

1. 西药治疗：适用于育龄期女士。

（1）抗前列腺素合成药：氟芬那酸（氟灭酸）口服一次0.2g，每日3次，可减少失血量约25%。此药对胃肠道有刺激，因此以饭后服用可减轻不良反应。但肾功能不正常者慎用，以防引起蛋白尿或血尿等。也可用吲哚美辛（消炎痛）25mg口服，每日3次，饭后服，月经来潮即开始服用，不要超过一周时期。

（2）抗纤溶制剂：氨甲苯酸（止血芳酸），可以口服每次0.25 ~ 0.5g，每日2 ~ 3次，也可静脉滴注，每次0.1 ~ 0.3g，加入5%葡萄糖溶液500mL或0.9%氯化钠溶液500mL之中滴注，每日总剂量不要超过0.6g。此药不良反应少，毒性低，不易引发血栓性疾病，但肾功能不全患者慎用，有血栓形成倾向者或血栓栓塞病史者禁用。抗纤溶制剂可减少经血量的50%左右。

（3）辅助用药：维生素C和卡巴克洛（安络血）可增强毛细血管韧性，降低通透性：维生素C每日用2 ~ 3g加入5%葡萄糖液500mL中静脉滴注，安络血片口服每次5 ~ 10mg，每日3次。

2. 中医药治疗：依据本病的发病机制，结合病人各自的病情特点，辨证分为脾肾气虚证和气阴两虚证。

（1）脾肾气虚证：此证型因患者脾肾气虚较突出，则气虚摄血乏力，故经血来潮时子宫（中医谓之胞宫）收缩力不佳，破裂的子宫螺旋小动脉收缩不良，故而造成经血流量明显增多；脾气虚则统摄经血机制不健，固摄经血功能必弱；加之肾气虚则卵巢轴腺各有关腺体分泌的激素或促激素虽尚在正常水平，但各种激素的活性也会不强；子宫内膜分泌的前列腺素系列紊乱状况也难以纠正。这些机制造成了经血损耗过多。对此作者制订的治疗法则是补脾之气以统血摄血，补肾气以固肾涩血，强化卵巢轴各激素的功能活性，调整子宫内膜的前列腺素系列趋于正常，使血归入经脉，防止发生如清代女科名医傅青主指出的：“血损精散，骨中髓空，健康严重受损。”方剂为自拟的补气固经汤：人参 8g，当归 6g，炒白术 20g，炒山药 20g，山萸肉 10g，熟地黄 10g，炙五味子 6g，鹿角胶（烊）6g，龟甲胶（烊化）8g，灵芝 12g，升麻 1.5g，黑芥穗 10g。每日 1 剂，水煎服。方解：人参、白术、山药补脾健胃补气；当归、熟地黄增加造血干细胞的增殖而补血；黑芥穗可兴奋子宫平滑肌使之收缩而止血，山萸肉、五味子收缩子宫，滋肝肾之阴，敛肺肾之气，祕精气而固下元；龟甲胶、鹿角胶益冲任二脉，滋肾水而益阴，助阳气而达止血调经，减少经血过度外溢，升麻可缩短出血时间和凝血时间，且升阳气而减少经血下泄。上述方药总的效应可发挥补气固经、促进造血并益精填髓，滋养精血以助元阳之气，增强机体免疫系统功能，提高肺、脾、肾三脏之正气，最终促使月经恢复正常规律。

（2）气阴两虚证：此证多因先天不强，身体较弱，久病及肾以至肾气久虚，加之后天生活学习工作快节奏，使肾精封藏失司，冲任二脉不固，不能制约经血，导致肾阴亏损，阴虚火旺而动血。既引起卵巢雌激素与孕激素比例失调，子宫收缩乏力，月经紊乱，经血过多，又使身瘦乏力，精气神俱亏虚。本证的治疗法则宜补气滋阴，使冲任二脉充实，气能率血循经运行。阴血得充，则冲任气血和合。精气充盛则子宫肌肉的收缩力增强，经血自然恢复正常规律。方剂为八珍汤加减。方药：人参 6g，炒白术 15g，炒山药 20g，炙甘草 2g，炙黄芪 12g，当归 5g，熟地黄 10g，山萸肉 10g，炙五味子 6g，墨旱莲 10g，阿胶（烊化）8g，龟甲胶（烊化）8g，灵芝 12g。每日 1 剂，水煎服。方解：八珍汤诸药益气补血，山萸肉、五味子、阿胶、龟甲胶、滋补肝肾、补益冲任，增强子宫收缩功能，有助减少经血外泄，灵芝可促进血清蛋白的合成，促进骨髓细胞内核酸和DNA的合成以及细胞的分裂增殖；提高机体免疫系统功能；使机体内阴平阳秘，精充神安，血循环自然恢复正常。

综上述可见：西医药在治标方面确有一定的快捷效果。由于只是针对局部的对症治疗，因而效果难以巩固长久，同时还有一些不良反应。尤其是在适应证方面要严格掌握选用以防意外；中医药可从人体的整体状况进行调整，所用之药皆为效果较好而无不良反应的药材。通过辨证从疾病的根本入手，即先天之本的肾和后天之本的脾、兼顾肺肝气血运行予以整体综合调治。所以收效可持久，重建并恢复正常月经的规律，提高身体健康状况。

3. 中、西药各有所长，作者多采用二者结合治疗，西药的用量减至最小的有效治疗量，疗程也相应缩短。虽然经血量的减少力度较弱，但不良反应明显降低。在用西药的同时服用中药汤剂，既可补充和巩固西药的疗效，又防止了西药不良反应的发生；而且可从发病的根本机制上进行调治，既紧扣发病的主要脏器功能，又兼顾调整相应其他脏器功能，使身体恢复健康，月经恢复正常规律状态。

第18节　婚孕前月经过少症需认真治疗

所谓月经过少即每次月经经血总量少于20mL，或仅点滴即净。

一、发病病因

（一）贫血

1. 长期慢性失血。

2. 胃肠疾病致营养不良。

（二）内分泌系统疾病

1. 卵巢功能低下，如多囊卵巢综合征。

2. 空泡蝶鞍综合征，压迫垂体分泌 FSH、LH 明显减少，造成卵巢发育及分泌雌激素减少，引起子宫发育不良。

3. 甲状腺功能亢进使血中性激素结合球蛋白增加，致血中游离雌激素降低，引起子宫内膜发育不良而月经减少，严重时甚至产生闭经。

（三）子宫内膜的病变

多见有清宫手术史或人工流产史，以及子宫内膜炎病史者。

1. 月经期过食生冷或久处寒冷环境，久浸冷水中工作等都会影响子宫内膜的周期性变化。

2. 长期情志不遂、抑郁、引起下丘脑－垂体－卵巢轴腺的功能紊乱，皆可引发月经过少。

二、治疗措施

（一）西医药疗法

1. 针对病因不同而治疗各异。

2. 内分泌系统的功能调整：功能亢进的用抑制剂，功能不足的用相应激素使恢复正常。

（二）中医药疗法

中医理论将月经过少依病情不同分为：血虚证，肾气虚证，血瘀证，脾胃虚弱证，痰湿阻滞证，寒凝胞宫证。治疗法则及方药也各有不同。

1. 血虚证：治疗法则以养血为主兼以调经。方剂：四物汤合龟鹿胶加味。方药：炙黄芪 15g，当归 8g，熟地黄 10g，阿胶 8g，炒白芍 10g，川芎 2g，人参 4g，炒山药 15g，炒白术 15g，龟甲胶 8g，鹿角胶 6g，砂仁 2g（后下）。每日 1 剂，水煎服。

2. 肾气虚证：此型月经过少者多是由于父母身体素质较弱，或母孕早期妊娠反应较重，使其先天禀赋较差，后天或是家庭喂养母乳不足，或是家中长辈关系紧张，使幼年常处于惊恐悲戚之中而损伤肾，造成精血不充，血海不得充盈，冲任失养则经来血少。加之精和血本是同源互生，故肾虚和血虚可以互为因果。肾虚精亏则血亦少，反之血虚充养肾精不足则肾更虚。对此治疗法则宜补肾养血调经。方剂为当归地黄饮加减：炙黄芪 10g，当归 5g，熟地黄 10g，炒山药 15g，山萸肉 6g，炒杜仲 8g，鹿角胶 6g，阿胶 8g。每日 1 剂，水煎服。本方可以一个月经周期为服用疗程，宜连续服用 3 个疗程，月经期暂停服。3 个疗程后可配制成蜜丸，早晚空腹各服一丸以巩固疗效，也是保健的好选择，但是若发生感冒之时不宜服用，以防加重感冒。

3. 脾胃虚弱证：中医理论认为脾胃是后天生长与强健之本，气血生化的各种必需营养物质供应之源。《女科经纶·月经门》说：“妇人经血，乃由饮食五味、水谷之精微所化生。”若饮食无规律，挑食偏食，或食无节制，或嗜食刺激性食物，或人为节食，或思虑劳倦过度等均必损伤脾胃。导致身体气血生化不足，则女子冲任血海不得充盈，必然使经来涩少。治疗法则宜益气健脾养胃。方剂为参苓白术散加减：人参（或用党参）4g，炒白术 12g，白茯苓 6g，炙甘草 4g，炒山药 15g，砂仁（后下）2g，薏苡仁 10g，当归 5g，川芎 2g。每日 1 剂，水煎服。如果是肥胖女士的脾胃虚弱，因脾虚湿聚而生痰，月经往往后延期，且白带多而稠浊，治疗当健脾化湿祛痰。方剂用芎归二陈汤：当归 5g，川芎 2g，法半夏 5g，陈皮 8g，白茯苓 6g，炙甘草 3g，生姜 5g，制香附 3g。每日 1 剂，水煎服。

4. 血瘀证：此证的月经过少多由情志不遂、肝气郁结、致气滞不能率血行，使冲任二脉循行不畅，也可因在经期外受寒凉，抑或过食生冷冰镇之品，血为寒凝而瘀滞；还可由误服寒凉药物，使血阻冲任二脉、壅滞胞宫。治疗法则宜温经散寒，行气活血化瘀。方剂：温经汤加减：当归 6g，川芎 5g，人参

6g，桂心 3g，牛膝 6g，炙草 3g，制香附 5g，炒白芍 10g，菟丝子 10g，炙黄芪 10g。每日 1 剂，水煎服。

第 19 节　婚孕前的痛经症需抓紧治疗

婚孕前的痛经绝大多数为原发性痛经，只有极少数为继发性痛经。本节只对痛经的产生机制简要介绍，重点放在治疗方面叙述。

一、原发性痛经的发生机制

这类痛经仅见于有排卵的年轻女性，在月经前或月经期出现下腹正中部位痉挛性疼痛，且多见于初潮一年左右的女孩子中，产生的机制是子宫内膜合成的前列腺素过多，使子宫平滑肌发生痉挛性强烈收缩造成疼痛；其次是子宫发育不良而缺血，导致行经前或行经期疼痛；第三是少数女士的子宫颈管狭窄或子宫体过度后倒，引致经血流出受阻，使子宫平滑肌强烈收缩，引起经期痉挛性疼痛。为此，精神创伤、过劳、剧烈运动等可加重痛经。原发性痛经在非月经期无疼痛。

二、治疗措施

（一）西药疗法

1. 抑制子宫内膜合成或减少前列腺素的产生。

（1）吲哚美辛（消炎痛）：经前 1 ~ 3 天开始服，1 次 1 片（25mg），每日 3 次，持续服至月经来的第一天即可停服。约 70% 的痛经患者有效。此药的不良反应较多。凡有胃病的人，有精神病史者禁止服用；其次是长期用药者需定期化验血常规和眼科检查；服药期间不宜驾驶机动车等，也不宜操作机器以及高空作业等工作。

（2）布洛芬（异丁苯丙酸）：每片 200mg，每次 1 ~ 2 片，每日 3 次，约 85% 的患者有效。但不良反应也多，凡有胃及十二指肠溃疡病者、肝肾功能不全者，以及有出血倾向者应慎用。

（3）氟芬那酸（氟灭酸）片：每片 200mg。每次服 1 片，每日 3 次。此药既能抑制子宫内膜合成前列腺素，还能中和已合成的前列腺素，从而明显减轻或消除痛经症状。此药的不良反应偶见胃部不适，胃灼热（烧心感）、腹泻、皮疹，蛋白尿、血尿和浮肿的肾损害表现。因此服药期应化验尿常规。

2. 口服避孕药以抑制排卵期前列腺素的合成，同时还可使子宫内膜增生不良，通过减少经血而减轻痛经症。此疗法需连服 22 日为 1 个疗程，不良反应明显，在此不作详述。

（二）中医药疗法

1. 肝郁气滞证：此证特征为经期或经行前后下腹痛明显或坠胀不适，经量或多或少，血色或红或暗或有小血块，且经行不畅；烦躁胸闷，有时有胁痛乳胀等肝经循行部位不适等症。此证多见于七情所伤致肝气郁结，气机不利或肝经气滞，以致血阻于胞宫。治疗法则：宜疏肝理气止痛。方剂：用柴胡疏肝散加减。方药：柴胡 3g，制香附 4g，炒白芍 12g，当归 5g，乌药 4g，木香 3g，炙甘草 5g。每日 1 剂，水煎服。此方可疏肝理气活血，调经止痛。

2. 湿热蕴结证：此证多由于长期情志不遂，肝气郁久生热，引起脾胃功能减退，脾虚日久而生湿，致湿热蕴结，也可因平素嗜食辛辣厚味，湿热内生。上述诸因素皆可引起湿热蕴结胞宫，使气血运行不畅，以致瘀血滞涩胞宫而引发痛经。有时可伴白带黄浊黏稠，小便色较黄。治疗法则：宜清热利湿止痛。方用丹栀逍遥散加味。方药：柴胡 4g，当归 6g，炒白芍 10g，炒白术 12g，白茯苓 6g，生甘草 3g，牡丹皮 6g，生栀子 6g，薄荷 2g，薏苡仁 10g，败酱草 15g。每日 1 剂，水煎服。以疏肝理气，清热健脾利湿，保护胃黏膜，抑制或降低子宫平滑肌收缩而止痛；养血活血，诱发排卵，从而使痛经明显减轻或完全解除。还需要“忌口”，即别再经常吃辛辣刺激性的食品，或是油大的厚味生热之食物，尤其是麻辣烫。饮食配合好了，一是可增强上述药的疗效；二是有助保护脾胃；三是可以减少痛经的病因。其次是要调整个人的情绪，使自己的大脑皮质和下丘脑的奖赏系统兴奋占据优势，情绪变得轻松愉快起来。使下丘脑－垂体－卵巢与子宫轴腺各激素协调有序运转。这样就可完全消除痛经之源，促发排卵以调整月经周期恢复正常。

3. 寒湿凝滞证：此证痛经的病因较多见。

（1）经期冒雨或涉冷水或久浸于冷水的工作生活环境。

（2）临近经期贪食或过食生冷、伤及脾胃及气血运行，致血阻胞宫。

（3）久处湿冷环境或外受风冷寒湿之气侵袭，使寒湿之邪客伤冲任二脉而损伤元气。上述诸因素均可致寒湿凝滞胞宫引发痛经。临床特征多见经前或经期小腹冷痛，经色暗红有血块，得热痛减，因此患者多喜用暖水袋热敷小腹；舌质暗，舌苔多白腻。治疗法则：温经散寒，理气活血。方剂为温经汤合少腹逐瘀汤化裁：桂枝 4g，吴茱萸 3g，当归 6g，炒白芍 10g，川芎 3g，煨姜 5g，小茴香 6g，炒五灵脂 6g，炙甘草 4g，苍术 8g。每日 1 剂，水煎服。寒湿之邪解除，痛经亦随之缓解或消除。在服药和临近经期一定要防寒防风，尽量不浸泡或接触冷水。即使夏天也应注意，更不要贪食生冷之品。如能严加注意，痛经恢复就顺利。

4. 冲任虚寒证：冲脉和任脉皆起于胞宫（即子宫）。此证多系由于先天禀赋较弱，肾阳不足引起。其临床特点是月经期或经后小腹冷痛，月经量少，色淡，经期往往向后延期。治疗法则宜温经散寒止痛。方用当归四逆汤加减：当归 6g，熟附子 5g，桂枝 4g，细辛 2g，炙甘草 5g，小茴香 6g，柴胡 3g，炒白芍 12g，延胡索 8g，菟丝子 12g，鹿角胶 8g。每日 1 剂，水煎服。诸药配伍可温肾散寒，滋养冲任二脉。寒去则腹痛消，冲任得养则经血调。

5. 气血两虚证：此证多因体质素虚，或久病之后气虚血亏，气血循行力弱。临床多见经期或经后小腹隐痛，经血量或多或少，色淡质稀，倦乏，面色无华，舌淡，脉细弱。治宜补气养血。方用三才大补丸加减：人参 6g，炒白术 12g，炒山药 15g，当归 6g，熟地黄 10g，炙黄芪 12g，阿胶 8g，炒杜仲 10g，菟丝子 10g，制香附 4g，艾叶 10g。每日 1 剂，水煎服。本方气血双补，补肾健脾，理气止痛。于月经前 3 ~ 5 日即服，每日 1 剂，5 剂为 1 个疗程。用 2 ~ 3 个月经周期，痛经消除后也可作为增强身体素质续用。

（三）较理想的治疗措施

一要止痛见效快；二要不发生或很少引起不良反应；三要能较顺利地调整患者的内分泌系统，尤其是卵巢与子宫的激素调节恢复正常；四要有利于患者体内免疫系统功能的提高。对此，作者采用的治疗措施是：①西药止痛剂只用半量，以期迅速减轻痛经程度；②及时配合中药汤剂加强止痛和全身调整；③针对患者体质及疾病证型予以饮食指导，以及生活与工作的建议。做到既要治病更要纠正或消除病因，也要让患者知道如何预防和减轻发病的对策。

三、继发性痛经应如何治疗

继发性痛经都有盆腔相应器官的原发性疾病引起，绝大多数见于育龄期且有过性生活的女性。所以治疗这类患者的痛经应以治疗原发病为当务之急。但是现今有许多未婚的女士，尤其是酷爱养宠物猫犬类者，终日与之为伴，接触密切，容易从这些动物身上或舔触上以及接触它们的排泄物上，传染上弓形虫这种原虫。因年少女孩的防患意识差，弓形虫既可经手口传染，也可经会阴部、阴道、尿道传染，成为引起继发性痛经的病因之一。这种病诊断复杂，治疗费时且疗程长，药物的毒副作用多,对患者的健康损害也显著。因此说对这种病重在预防。不论是男孩，还是女孩都应该远离猫犬类宠物。男孩感染上了弓形虫也容易引发生殖系统的病症甚至不育症。最好是找生殖泌尿专科医生诊治，以期恢复健康。如果不及时诊治则使病情变得复杂，治疗起来效果较差，难度加大，势必影响婚孕。

第20节　婚孕前需纠正负性情绪

一、负性情绪对人体健康的损害

（一）大脑皮质及下丘脑功能紊乱

1. 大脑皮质和下丘脑区的惩罚系统占据兴奋优势，从而抑制了奖赏系统的功能，使大脑和下丘脑功能紊乱。学习成绩下降，工作效率明显降低，易出差错甚至事故，记忆力明显减退。

2. 摄食中枢受抑制，食欲变差，或无饥饿感，时间长了会引发营养缺乏以至疾病不断。

（二）内分泌系统功能紊乱

1. 垂体的功能紊乱

（1）甲状腺分泌甲状腺激素（T_4、T_3）增加，引起情绪波动，易激动，固执偏激，甚至心肌损害。

（2）垂体分泌促肾上腺皮质激素（ACTH）增多，兴奋肾上腺皮质分泌皮质醇增加，既引起免疫系统功能受抑制，降低机体抗病力，也会引起血糖波动。

（3）肾上腺髓质分泌肾上腺素，去甲肾上腺素增加，可引起心跳加快，血压升高，心脏负荷增重甚至心肌损害。

2. 机体内环境变得不稳定，反过来又加重了情绪的不稳定，以及垂体功能紊乱的程度。

（三）各器官系统功能紊乱或减低

1. 抑郁症：睡眠功能障碍，记忆力减退，导致学习成绩下降，工作能力减退，效率低下。

2. 消化系统功能紊乱，食欲不佳。若长期不能纠正则引起消化吸收功能受损，营养摄入不全面而发生营养不良、消瘦，既影响自身的健康降低，也因营养不全而导致DNA、基因的复制与表达受影响。

3. 血液及造血系统也会因营养缺乏而引起各种贫血症，低蛋白血症等。

4. 机体内源性清除自由基的酶系统活性障碍，致有害自由基明显增加。一是使各组织器官受损和加重，二是可使DNA、基因损伤。

（四）机体自主神经系统功能紊乱

1. 多数情况下表现为交感神经系统功能增强，使心跳加快，血压波动，易出汗，呼吸加深，常叹息，血糖升高。

2. 强烈而持久的负性情绪，引起自主神经系统功能严重紊乱，导致动脉痉挛甚至硬化，造成心、脑血管病的发病危险性增加，尤其是家族成员中有高血压病和冠心病者。

体内的神经内分泌免疫网络系统难以建立正常的运转功能，身体整体健康素质低下。

二、治疗措施

（一）西医治疗

1. 对症处理，只能暂时或短期减轻症状。

2. 心理与精神疗法，也可有一定效果。

（二）中医治疗

中医理论将负性情绪症皆归之于“肝经”病变的肝气郁结证。治疗法则：疏肝解郁法。即恢复肝的正常疏泄功能，使郁积之气血得以顺利运行。气血和顺则情绪平复开朗，精神情趣自然随之改善。方剂常用柴胡疏肝散合逍遥散加减。方药：柴胡 3g，香附 4g，郁金 5g，川芎 2g，炒白芍 10g，苏梗 8g，当归 5g，白茯苓 5g，炒白术 10g，佛手 8g，炙甘草 3g。每日 1 剂，水煎服。若夜眠不安可加夜交藤，萱草花以镇静催眠。

（三）中西医结合治疗与心理疏导要密切配合

难点是要使药物充分发挥作用，必须先知道患者的负性情绪产生的原因。这就需要医生用真诚的关心体谅，耐心讲解负性情绪对患者各部组织、器官系统的损害常识，使患者能听懂。在病人认可接受了后还需要进一步告知；自我的情绪调节是提高药物疗效的促进剂；更有利器官组织的修复与恢复。这样的心理疏导就能收到事半功倍的效果。

第 21 节　中度以上肥胖症需积极治疗

所谓中度以上肥胖的判断标准是：实际测得的体重（kg）大于标准体重 30% ~ 50%；≥ 50% 为重度肥胖。中度以上肥胖多引发各种不同的病症和异常改变，因此是一种综合病症的临床表现。

一、肥胖综合征的发病原因包括遗传因素和环境因素

1. 摄入热量远超过生理需要量。这一点与现今生活的快节奏及讲究夜生活的高享受有很大关系。首先是把传统的符合生理规律的饮食方式颠倒了过来：早上急匆匆地起床后，为赶车等情胡乱吃点早餐甚至来不及吃就赶紧出门了，中午吃饭也是紧张地以快餐盒饭应付了事，黄昏下班回家后放松下来，全家守着丰盛美食大吃特吃地享受，或是三朋四友欢聚尽情吃喝膏粱厚味，回家就睡。满腹的热量食物只能变成脂肪堆积贮于体内。

2. 条件好了，行走与活动皆以车代步，消耗热量少了，过多的热量引起血糖升高，刺激胰岛素分泌增加形成高胰岛素

血症，也打乱了内分泌各激素的分泌规律，又引起体内产生胰岛素抵抗的病理变化。肥胖之人由于脂肪堆积使身体负荷过重而更懒于活动，久而久之使得他们全身的肌肉组织也因脂肪浸润而退化，肌力变弱、活动起来很累，因而更不愿意活动。

二、肥胖综合征对健康的影响

受损害器官系统可引发各种病症。

1. 大脑及脑细胞内脂肪增多，加上脑组织中小动脉硬化、微循环障碍，使脑供血供氧不足均引起大脑细胞功能受影响而减弱。

2. 心血管系统：冠状动脉弹性减低，心肌供血不足，心脏功能减退，高血压等。

3. 肺呼吸系统：呼吸肌收缩力减低，呼气换气功能减低。

4. 肝胆系统：脂肪肝，过多胆固醇郁积于胆囊内形成胆结石；肠道细菌侵入引发胆囊炎。

5. 血液系统：红细胞刚性增加，变形力降低，加之高血黏稠度和微循环障碍，使红细胞在小动脉及微动脉内泳动前行变慢，引起各部组织和细胞缺氧，以致代谢不顺利；白细胞的杀菌能力也减弱。

6. 内分泌系统功能紊乱，导致免疫系统功能降低，胖人抗病能力较差。

7. 生殖内分泌系统：各种促性腺激素和性激素皆分泌紊乱。男性：睾丸发育不良，睾丸生精子功能差，精子数和活力均明显减少和减弱，引起性功能不强或障碍，生育力明显差。女性：FSH、E_2（雌二醇）、P（孕酮）均低于正常，卵巢和子宫内膜发育差，易导致月经紊乱，月经后延，月经稀少，卵子发育不良；受孕率低减，不孕症概率升高。

8. 骨关节系统：①易发生骨质疏松症；②关节软骨发育不良，加之体重过重而易导致关节损伤；③也会因行走不慎摔倒骨折的发生率高于健康人士。

二、治疗措施

（一）治疗原则

1. 保证基本的标准体重所需热量的低限。

2. 保证各种必需营养成分的摄入。

3. 用低热量食材使患者不产生饥饿感，增加蔬菜和水果的摄入。若炒菜的品种多，食用油要尽量少放，没有饥饿感则下丘脑摄食中枢就容易受大脑皮质调控。

4. 有计划地加强和坚持运动。一是使体内过多的脂肪逐渐消耗；二是使退化的肌肉纤维增强起来；三是改善各受损器官功能逐渐恢复正常，恢复健康体质；四是使受损伤的生殖内分泌器官及基因表达恢复正常，培育出健壮且活力强的精子卵子。为组建幸福美满的家庭奠定好的身体基础。

（二）具体措施

1. 个体化食谱的制订

（1）计算好标准体重（不是实测体重）的每日总热量。

（2）供热量食物的比例分配：粮食占总热量的40% ~ 45%（若用细粮就只用40%，若粗粮细粮各半则可用45% 的比例）；蛋白质占总热量的30%；脂肪量占总热量的10% ~ 15%。

（3）低热量食材的供应（蔬菜、水果）占总热量的15%。每日可食蔬菜1200g，水果500 ~ 750g。

2. 每餐热量比例：早餐30%、午餐40%、晚餐30%；蔬菜和水果的可适当增减搭配。

3. 忌酒类及各种化学饮品等高热量食品。

4. 闲暇时忌食任何含热量的零食。

（三）药物疗法

1. 西药：血糖高的可用口服降血糖药，高血脂可选用降血脂药，高血压的可选用抗高血压药，性腺内分泌紊乱的可采用调节性激素的药。这些措施都应看专科医生调治。

2. 中医药治疗：中医对肥胖症按辨证论治分为如下几类。

（1）胃热滞脾证：治疗法则：清泻胃热并通腑。方剂：小承气汤加味。方药：大黄4g，厚朴3g，枳实3g，连翘12g，决明子10g，泽泻4g，滑石10g，荷叶10g，生地黄6g。每日1剂，水煎服。

（2）脾虚痰湿证：治疗法则：健脾燥湿祛痰。方剂：二陈汤加味。方药：法半夏5g，陈皮6g，白茯苓6g，炙甘草2g，薏苡仁10g，炒白术12g，炒山药15g，猪苓6g，防己4g，党参10g，白扁豆10g。每日1剂，水煎服。

（3）气血瘀滞证：治疗法则：行气活血化瘀。方剂：桃红四物汤加减。方药：桃仁5g，红花5g，当归6g，乳香5g，养血化瘀；川芎3g，降香4g，陈皮6g，行气活血。若有气虚乏力，可加黄芪12g，党参10g，黄精8g，以益气健脾；心悸加丹参、沙参、绞股蓝。每日1剂，水煎服。

在这些治疗措施中，最主要的是“管好嘴”，严格控制好饮食，配合正规而有序渐进的体力活动，让过多的体脂逐渐消耗减少；其次辅之以中西药物结合的综合治疗，对改善各器官系统的异常以及使内分泌系统恢复正常；最终使性腺功能恢复健康，基因表达更活跃，培育出的精子卵子质量更优良，活力更强，婚后孕育的儿女健康、聪明、漂亮的概率会更高。这样就实现了综合治疗的目的。

三、如何监测上述综合治疗方案是否理想

（一）定期复查和检测

1. 每日或每月测体重（晨起排空二便后，只穿内裤测量），每日比前一日减轻180g以上；每月体重减轻在2.5kg以上较理想。

2. 每月复查化验血糖、血脂、血黏稠度在逐月稳步改善降低；血液流变学指标在向好的方面转化，红细胞刚性度逐渐减低。

3. 每3个月复查异常的器官系统及功能，尤其是脂肪肝的程度在减轻。

4. 血清性激素和促性激素的紊乱状况在向协调方面变化；睾丸由治疗前的质软逐渐向充实坚韧进展，大小体积在渐增大；卵巢中可见到有各种发育增大的卵泡（在B超扫描下）。

5. 每月自测感到体力有所增加，活动量增加后的不适与疲劳程度有减轻，心情也较开朗。

（二）如果改善不理想应如何处理

1. 调整饮食方案。

2. 增加活动或运动量以促进体脂的消耗代谢。

3. 调整中西药治疗方案。实际上中药治疗慢性病每星期都应辨证以调整用药，而不是固守一方到底。

4. 保持情绪轻松乐观很重要。这对于调整下丘脑摄食中枢紊乱的兴奋性，促进下丘脑以下各内分泌激素紊乱的改善都有积极意义的。

5. 还可以配伍采用针灸方法，往往会收到很好的辅助作用，甚至是令人惊喜的效果。针灸将肥胖症辨证分为痰湿内蕴型和气虚型两类，以前者多见。取穴：中脘穴、天枢穴二穴调理胃肠功能，荡涤痰湿；气海穴、足三里穴二穴理气化痰、健脾祛湿。痰湿内蕴还可加合谷、丰隆穴以增强健脾和胃、降逆理气、化痰活血之功；气虚型可加章门穴、关元穴、阴陵泉穴、公孙穴等以益气健脾祛痰，减肥效果会更好。

第22节　消瘦对健康有不利影响应积极治疗

所谓“消瘦”是指实测体重＜标准体重的20%及以上。

消瘦对人体健康不利，也会引起多种病理改变。

一、消瘦的发病因素

1. 遗传因素：临床上有时可见到一家人几代都呈现消瘦样体形。

2. 各器官系统病变，如：肝病、肾病、肺病、心脏病以及各种慢性传染病等。

3. 内分泌系统疾病，如：甲状腺功能亢进、1 型糖尿病、肾上腺皮质功能减退症等。

4. 胃肠系统疾病更是引起消瘦的重要因素，既有器质性病变，也有功能紊乱的病变。

5. 神经精神性因素，如：神经性厌食、抑郁症等。

二、消瘦对人体健康的不利影响

（一）对男性的不利影响

1. 血液胆固醇降低。胆固醇是合成各内分泌腺类固醇激素的基本成分，它的供应不足会使各内分泌腺功能紊乱；相应的类固醇类激素合成不足，引发一系列生理功能失调。

2. 睾丸发育不良，雄激素合成降低，致精子生成发育受影响，生育能力减退。

3. 免疫系统功能降低，抗病能力较差。

4. 蛋白质的合成受阻，易患贫血、各种胃病甚或胃下垂。

5. 人体内的胆固醇约 1/4 分布于大脑及神经组织中，是细胞膜的重要组成成分。胆固醇不足则大脑神经系统功能受影响；脾胃功能不健也会影响脑肠肽的紊乱。

（二）对女性的不利影响

1. 雌激素合成减少，卵泡发育障碍，引起月经紊乱，月经稀少，受孕率低下甚至不孕症。

2. 女性第二性征发育差，体型不美，体力弱。

3. 消化功能差致营养不良，蛋白质合成不足，头发稀少，无光泽，易脱发。

4. 免疫系统功能减低，易患各种妇科病症。

5. 女性内分泌系统各腺体的紊乱比男性的更复杂，生理功能失调更显著，情绪变化更突出。

三、治疗对策

（一）对因治疗

本节主要是针对一些功能性疾病引起的消瘦采用中西医药相结合进行调治，互相取长补短。一是可减轻或防止西药的某些不良反应；二是有助相应器官功能的改善以至恢复正常；三是有助于基因的良好复制与表达，使患者从整体方面恢复健康，有利于为培育健康聪明的后代提供优良种子。临床上最多见引起消瘦的功能性疾病主要是胃肠功能紊乱，精神情绪因素，以及由此引起的挑食、偏食、不良嗜好和不科学的饮食习惯。

（二）西医治疗

1. 食欲差的可用各种消化酶制剂：如胃蛋白酶片、胰酶片、淀粉酶片、多酶片、卡尼汀（康胃素）等。

2. 胃肠功能紊乱的可用甲氧氯普胺（胃复安）、多潘立酮（吗丁啉）、西沙必利（普瑞博思）等。这类药有一定的不良反应和使用注意事项。

3. 嘱咐患者纠正不科学的饮食习惯，戒除有损健康的不良嗜好。

4. 启发患者了解不良精神情绪对自身健康的不利影响，或是采用某些精神情绪调节药。

（三）中医疗法

中医理论将器官功能性疾病引起的消瘦通过辨证分为：脾胃气虚证、气血不足证、肝阴虚火旺证、肝气郁结证、肾阴虚证以及肾气虚证。

1. 脾胃气虚证：此证多由后天失养，饮食无常，尤其是过食寒凉之物，或是思虑过度等均可损伤脾胃功能，引起胃肠功能紊乱而致病。治疗法则：健脾益气。方剂：四君子汤加味。方药：人参 5g，炒白术 10g，炒山药 12g，白茯苓 5g，炙甘草 4g，制黄精 8g，炙黄芪 10g，砂仁 2g，陈皮 6g，生姜 6g。每日 1 剂，水煎服。本方方药有纠正胃肠消化吸收功能，调整胃肠神经系统功能紊乱，改善脑肠肽类激素的分泌，促进胃肠系统的血液循环，提高胃肠免疫屏障功能，从而有效增加体重，提高健康水平。

2. 气血不足证：此证多由劳倦内伤，或病后失于调养，以致气血生化不足，全身难以修复致成消瘦。往往伴有头晕目眩、心悸失眠等气血不足之症。治疗法则：宜益气养血并举。方剂：归脾汤加减。方药：人参 5g，炒白术 10g，炙黄芪 10g，炒山药 12g，当归 6g，龙眼肉 6g，木香 3g，炒枣仁 8g，茯神 6g。每日 1 剂，水煎服。此方能健脾益气，养血补心安神。对心脾两虚、气血不足的神经官能症、胃肠功能紊乱、贫血、月经不调、脱发、白细胞减少、血小板减少症、免疫系统功能低下等症，皆有良好效果。

3. 肝阴虚火旺证：此证多由素体虚弱，或抑郁忧虑、气郁化火、营阴暗耗所致。治疗法则：宜清肝滋阴泻火。方剂：龙胆泻肝汤合一贯煎化裁。方药：当归 4g，生地黄 8g，沙参 10g，麦冬 6g，枸杞子 4g，养血凉血、滋肝肾健胃；黄芩 6g，柴胡 3g，生甘草 2g，炒栀子 4g，泽泻 3g，清泻肝火。使肝阴虚得以改善，疏泄之职渐复；营阴填充则虚火自熄，抑郁情绪即随之缓解，而恢复神清气爽之态。

4. 肝气郁结证：此证多因情志不遂、抑郁苦闷日久，以致肝气横逆而侮脾土。既损伤脾胃消化吸收功能，又致胃肠自主神经系统功能失调，还可引发内分泌系统功能紊乱，引起食欲明显减退而致消瘦。又因内分泌功能紊乱、男女性腺轴受抑，男士生精功能变弱，女士卵泡发育成熟受干扰致月经紊乱，男女性的基因表达也不会顺利进行，都对婚孕产生不利后果。治疗法则宜疏肝解郁、理气散结。方剂：柴胡疏肝散合逍遥散化裁。方药：柴胡3g，制香附4g，炒白芍10g，青皮4g，陈皮6g，郁金6g，当归5g，炒白术10g，白茯苓6g，炙甘草4g。每日1剂，水煎服。本方药疏泄肝郁、理气和血、健脾开胃。肝郁得解则情志平复，自主神经功能也随之协调和顺；肝不侮土则脾胃功能自然好转，消化吸收功能改善，消瘦自会逐渐减轻；脑肠肽恢复协调运转，机体内分泌系统功能也随之协调有序，性腺轴受抑情况解除；男士生精功能恢复正常；女士卵泡的发育成熟变得顺利，月经亦随之规律；男女性基因表达也因营养充足、情绪开朗而顺利改善。这些功效都对婚孕奠定了良好的生理健康基础。

四、如何监测你的治疗是否对症而且有效

这可以从以下几种表现来印证。

1. 食欲在逐渐改善。

2. 体重稳步增加。

3. 心情也在逐步好起来。

4. 学习或工作效率在不断提高。

5. 精气神自觉或外人评价也有好转。

6. 随着免疫系统功能的逐步改进，抗感冒等病的能力在稳步提高。

这些征象都足以证明疗效满意。

第23节　有糖尿病家族史的年轻成员应如何预防糖尿病

目前已经普遍认为2型糖尿病有明显的多基因异常性，

是一种隐性遗传病。但其后代是否必然也发生糖尿病，这主要取决于环境因素。如果及早注重预防各种不利的外界因素，就很可能不会发生或延迟发生糖尿病，并发症也少。

一、具体的早预防措施

1. 饮食很重要

（1）根据个人的标准体重计算好每日饮食的总热量摄入量。

（2）分配好每日主要供热量食材：粮、蛋白质、食用油各自应占总热量的比例与分量。

（3）计算好早、中、晚餐的热量比例与分量。

（4）确定非主要供热量食材如蔬菜、水果的摄入量。这样的个体化食谱制订前面有关章节都有具体讲述，仔细认真参阅实行起来不难。实在不清楚的可请内分泌医生帮助制订。一定要牢记并执行个体化饮食方案是最重要的预防措施，否则病从口入。

（5）尽可能不吃成品甜食、高热量的酒类及各种饮品饮料。这些食品虽然味美，除去高热量外没有其他必需的营养素成分，吃后易引起血糖明显波动，既促发糖尿病提前发生，又会引起一系列相关并发症的过早出现，甚至未老先衰。

2. 婚前应定期检测空腹血糖是否正常

（1）空腹血糖正常者需注意的事项：①体重是否符合标准体重范围。②体重超重或轻度肥胖人士须化验糖耐量。若空腹血糖或糖耐量损伤（减低）者需调整饮食方案。其目的是使体重降至标准范围；二是尽可能使空腹血糖和糖耐量恢复正常；三是预防早发各种并发症。

（2）空腹血糖较高但还未达糖尿病诊断标准的人士需注意的方面：①化验口服糖耐量试验。②严格饮食调控 3 个月后，若空腹血糖和糖耐量仍不正常者，需及时予以药物干预。③化验血清胰岛素和（或）胰岛素释放试验，以了解体内胰岛素的分泌和贮备功能。④有计划地进行符合自身身体情况的运动锻炼。运动的优点是：增强肌肉细胞对血糖的利用；提高脂肪细胞上胰岛素受体的敏感性，从而提高胰岛素的生物效能；提高免疫系统功能。采用何种运动方式要请内分泌和运动专业的医生协助制订计划与指导实践。⑤每年定期复查上述相关指标。

二、全面了解各器官系统功能是否正常

1. 都正常的也需每年全面体检一次。同时还需化验 24 小时尿糖与尿白蛋白定量测定。

2. 如果发现有哪一个器官功能出现异常现象，就应及早采取干预对策：饮食调控加必要的药物纠正。这方面作者的经验是以中药纠正较为理想且安全。这些科学的调控目的都是使异常的基因表达尽量被阻遏或被抑制，使其遗传性能变弱。婚后所孕育的下一代可能少受影响。总之，这类人士的调控与预防是一个系统而必须长期，甚至终生认真坚持落实的过程。虽然有些麻烦，但是如果习惯了成为一个自觉的养生措施，就可以培养一个人建立起科学的素质和坚韧的意志与毅力，使自己保持健康的身体，不仅自己幸福，全家也是高兴的。

第 24 节　有高血压家族史的年轻人士应如何及早预防

本节所说的高血压家族史是指家庭直系亲属成员中有患原发性高血压病的人，尤其是父母。这种高血压有多基因异常的遗传因素，但其后代是否也发病又与其饮食、肥胖、生活环境、职业以及精神情绪等诸多因素密切相关。因此对父母一方或双方患高血压病者，其年轻的未婚子女如何预防高血压的发生就显得格外重要。因为高血压病会影响婚孕的质量，影响家

庭的幸福。那么，该如何尽早而有效的预防呢？

一、饮食要符合生理需要和生理规律

1. 每日食物的热量摄入量要符合自身的生理需要，不能超量

（1）每日热量不要过量摄入。

（2）钠盐的日摄入量限制在 5g 之内。超量会因口渴而多喝水，导致循环血量增多，引起心脏前负荷增加，使收缩压升高。

（3）少食含饱和脂肪酸及胆固醇的动物油脂类。

（4）戒酒：高血压的发生与饮酒史和饮酒量有紧密相关。

（5）控制或不摄入甜食，以防热量摄入超过生理需要量，引发血糖波动大，导致内分泌代谢紊乱。

2. 饮食要符合生理规律，即各器官系统的活动规律

（1）每日三餐要合理分配。

（2）忌晚餐大吃大喝，打乱了各器官系统的代谢规律；使血压波动，最终导致血压升高。

3. 防营养摄入过多引发肥胖综合征：关于肥胖综合征的危害前面已有明确叙述，这也是促发高血压发生的危险因素之一。

二、保持神经内分泌系统的功能稳定协调

1. 精神愉快轻松，不生气，防止情绪明显波动引起血压升高；情绪轻松稳定有助于小动脉舒张，外周血管阻力降低，血循环顺畅，血压即随之回降。

2. 情绪轻松则下丘脑内分泌系统各种激素的分泌协调稳定，自主神经系统运转有序，有利于各器官系统的协调良性运行，使全身内环境维持在最佳的生理状态中，从而保持血压不发生异常波动。

3. 防过度劳累、过度紧张和焦虑。这样最易引起大脑皮

质及下丘脑功能紊乱，使交感神经兴奋增强，致小动脉强烈收缩，也会引起血压升高。如果长期处于这种状态，则血压会持续不降而损害健康。

三、符合自身生理状况的运动或体育锻炼

1. 这样的运动与体育活动对身体有许多好处。

（1）使大脑细胞活动兴奋性及功能灵活性增强。

（2）提高肺活量及呼气换气功能，使动脉血中的氧含量及氧分压增加，而有利于身体各部组织细胞代谢的运行。

（3）提高和增强心脏功能，促进血液循环。

（4）运动可以对内分泌系统进行调节，使血中胰岛素作用增强，促进血糖代谢，有利于改善血管的柔顺性；减少过多的体内脂肪，改善高血脂状态，减轻或预防动脉粥样硬化的发生；运动还可以使心脏的内分泌激素心钠素（AMP）升高，扩张小血管而改善血压。

（5）运动有助于增强人体体液免疫功能。

（6）适度的运动可增强肌肉的伸缩性和肌力，使关节变得灵活，活动幅度增加，韧带、筋膜的柔韧性增加且更坚实，脊柱的活动幅度增加，且变得柔韧和灵活。所有这些对保持机体的工作能力；防止骨质疏松以及预防颈、肩、腰与腿痛和关节瘀血等疾病都大有裨益。对肥胖者可减肥。

2. 怎样判定运动的强度是适合于自己的？最简单也最方便的方法是：当你用比较温和的运动方式活动 20 分钟后坐下休息 3 分钟，自己测量脉搏。若回复到运动前的脉搏数值，说明这一运动是适宜的。如果你运动形成习惯后，随着身体素质的增强，各器官系统功能增加，精气神明显改善，还可以适当稳步逐渐增加运动量。其目的在于促使你的管家基因表达（也称为基本基因表达），变得更优良，体质更健康。对于有高血压家族史的人来说，适宜的运动可以使其体内的

不健康基因表达被抑制或阻碍从而降低、延缓甚或阻止日后高血压的出现。如此一代一代坚持下去，有可能使不健康的基因表达发生改变，慢慢向着好的表达方面转化。这也符合生物进化规律。

第二十章　妊娠早期各种不良反应的防治

第1节　孕妇早孕反应的预防与治疗

女性怀孕后，从受精卵形成，发育成胚泡到着床成功，即开始分泌绒毛膜促性腺激素（HCG），引发孕妇发生一系列生理反应，即所谓的“早孕反应”。这种反应是由于胚胎作为抗原（来自其父辈的染色体）刺激，引发孕妇产生的排异反应；其次是孕妇本身的内分泌系统发生急剧的调整和适应过程所致。

一、轻度早孕反应的处理对策

1. 照顾孕妇少活动，家人多关心，使其精神轻松平静，有助其内分泌系统进行适应性调整。

2. 每日继续孕前3个月以来的口服叶酸片，400μg的每日服1片；配合每日口服维生素B_6片，每次20mg，每日3次，维生素C片，1次100mg，每日3次，皆是饭后服。

3. 饮食方面以清淡、易消化且适合孕妇口味的饭菜。不要供给不易消化的食物。因为此阶段HCG使孕妇胃酸分泌降低，胃消化酶也都降低，胃肠道蠕动也减慢。吃了不易消化的食物易加重早孕反应。

二、中度早孕反应的处理措施

这类早孕反应以恶心呕吐随时皆可发生，且发作较频。使孕妇身心负荷加重，消耗能量及营养物都增多，内分泌系统的调整过程明显复杂。因此对孕妇的关心照顾更应加强。

1. 应相应增加休息时间、尽量减少活动以减少身体消耗。

2. 保持家庭和谐温馨的氛围，减轻孕妇的神经内分泌紊乱的调整过程。

3. 将孕前饮食的一日三餐改为少量多餐。尽量供给孕妇想食的食物，即使呕吐完了，稍后再少进食。食物以清淡可口易消化、色香味俱佳之品为主。既保证孕妇本身的营养摄入充足全面，又有助胚胎发育生长的需要。

4. 继续坚持口服叶酸药片每日 400μg 或 600μg；维生素 B_6 20mg，每日 3 次；维生素 C 100mg，每日 3 次。

5. 若能配伍中医药汤剂治疗，效果会更好。

三、重度剧吐（又叫恶性呕吐）的治疗措施

早孕反应的重度剧吐最易引起孕妇体内环境的剧烈改变，损害身体健康，同时也明显影响其腹中胚胎或胎儿的发育生长，尤其是其各部组织器官的发育分化过程，以及组织细胞中 DNA 与基因的复制表达，所需的各种必需营养要素均需依赖孕母每日不断供给。若不抓紧纠正孕母的剧吐反应，受害最严重的是胚胎难以正常顺利发育。

1. 防止孕妇剧吐引起的脱水和循环血量的不足，以及电解质紊乱引发的代谢性酸碱中毒症,和低血糖引起的代谢紊乱。所以应及时住医院治疗，绝不能在家硬撑硬抗！

2. 防低氧血症：可间断吸氧，以每分钟 3L 的输氧量较为适合，这对孕妇对胚胎都有好处。

3. 配伍中医药汤剂效果会更好，值得提倡并付诸实践。

作者对中、重度等剧吐多采用清朝妇科名医傅青主的顺肝益气汤化裁。方药：人参4g，当归5g，苏梗8g，炒白术10g，熟地黄6g，炒白芍8g，炒黄芩6g，炒山药8g，炒砂仁1g（后下），麦冬6g，白茯苓3g。每日1剂，水煎服。此方平肝止逆补血润燥；健脾开胃以生阳气，气旺则能生血滋肝，自能安胎助发育。炒黄芩6g，依现代药理分析：有抑制变态过敏反应及抗自由基的氧化作用，与白术配伍可以清热安胎，健脾止恶阻之呕吐，被誉为“安胎圣药对”。

4. 每日口服叶酸片600μg，维生素B_6片20mg，每日3次；维生素C一次100mg，每日3次。

四、早孕反应可以预防吗

总的说来，早孕反应是孕妇内分泌系统的生理大调整过程，也是孕妇的各器官系统功能从大变化到适应的必然阶段。每个孕妇都会经历这样一种生理变化反应。只不过这种反应的变化程度与每个孕妇的身体内环境、器官系统功能的强弱，以及神经内分泌系统的调节能力密切相关。其次也与外环境的好坏有一定影响：第一，如家庭和睦欢乐就不会产生负性情绪，则孕妇的神经内分泌系统调节适应就较快而顺利；第二，工作和生活环境没有不适的压力或劣性刺激；第三，平素的饮食方式和生活习惯比较符合科学的生理规律，体内很少产生有害自由基，组织细胞很少或未受明显损伤；第四，外环境空气优良，饮用水和食物都是未受污染的或极少污染的。具备了上述的内外环境，早孕过程就能较顺利调整适应，即使发生的早孕反应也会比较轻，对胎儿影响也小。

凡是早孕反应较重的人绝大多数是亚健康和亚健康状态人士，以及外环境恶劣、饮食习惯不符合卫生要求，共同影响所致。这时必须及时采取医学治疗措施使孕妇少受折磨，使腹中胚胎或胎儿少受不良因素的影响。

第2节　妊娠早期孕妇泌尿系统感染的防治

1. 妊娠早期容易引发泌尿系统感染，一定要预防。

2. 如何预防妊娠早期的急性泌尿系感染

（1）不食辛辣等刺激性食物，以免加重泌尿道黏膜的充血水肿和分泌物。

（2）每次小解后尽可能用无细菌污染的卫生巾擦拭。有条件者最好用消毒过的毛巾擦拭。

（3）比较可靠的预防措施是：每次小便完后用干净毛巾在备好的温中药水中沾湿擦拭净会阴，然后将此污染的毛巾在净水中洗净晾干以备下次再用，中药水仍可继续用几次。中药的配制方法是：黄柏10g，黄芩10g，蒲公英20g，浸泡于自来水中（600mL）3小时，再熬煮沸10分钟即可，将药液滤出备用。为临时使用方便可以每日先将洗净过的小毛巾数块经煮沸消毒后，拧干浸泡在药液中，每次小便完后取一块毛巾擦拭；每天下班回家后将所有擦过已被污染的毛巾洗净煮沸消毒，取出拧干再浸泡在上述药水中以便第二天使用。这种方法每服中药熬一次可用2天，再熬第二次又可用2天，既经济，又方便省事。这种中药气味对胎儿没有影响。

3. 一旦患了急性膀胱炎，用什么药较保险且疗效较好？作者的经验是中西药结合疗法。但是许多西药抗生素会引起孕妇出现一些不良反应，有的对胎儿或胚胎有影响，加之现在许多新的抗生素出现，也令一些医生使用时举棋难定，顾虑重重。总的是半合成类青霉素对无过敏反应的人不良反应较少，少见有对孕妇腹中胎儿有影响的报道；头孢菌素类抗生素不良反应较多，对孕妇的影响报道也多。但治疗是刻不容缓的。中药效果也很不错，且不良反应很少，对早孕反应也有一定减轻作用。作者的经验方是：黄芩8g，金银花12g，车前草10g，生栀子

6g，炒白芍 8g，生甘草 4g，苏梗 6g，黄柏 4g，灵芝 6g，竹茹 6g。每日 1 剂，水煎服。同时配合外洗中药液擦拭，每日早、中、晚各 1 次，大多数患者在 6 ~ 8 天基本治愈。口服中药的药理作用是清热杀菌解毒，利尿排毒，增强免疫系统功能与调节胃肠功能；促进细胞核内 DNA 的合成复制，这对保护胚胎或胎儿具有积极的促进发育生长的作用。

第 3 节　妊娠早期应防各种病毒感染

妊娠早期是胎儿致畸的高发期。孕妇若感染了各种病毒的任一种，则病毒及其毒素都可随血液通过胎盘屏障进入胎儿体内，很可能损害其某一器官组织，造成胎儿畸形，死胎，流产等，尤其是重症病毒血症孕妇的畸胎病发率更高。故应重视预防为主，包括各种呼吸道感染，各种消化道及肝病毒感染，以及心脏的病毒感染等等。主要的预防措施有：不与各种患病毒感染性疾病的人接触；注意个人卫生防护；口服维生素 C 片可增加抗病力；也可服用相应有针对性的中药汤剂。

第二十一章　妊娠中期各种病症的防治

第1节　妊娠中期孕妇贫血症的防治

妊娠中期的贫血症是一常见的病症。世界卫生组织（WHO）的资料显示：50%以上的孕妇合并各种不同的贫血征象。本节主要只讲述营养不良性贫血的预防与治疗，重点在治疗方面。

一、缺铁性贫血的综合治疗措施

1. 加强饮食调整。

2. 西药铁制剂与维生素C、E配合服用。常用的是硫酸亚铁片或葡萄糖酸亚铁片，每次0.3g，每日2～3次，饭中或饭后服，以降低对胃的刺激。服铁剂前后各1小时内禁忌喝茶与咖啡，以防降低铁剂的吸收；若是患有溃疡病且正在服制酸药者，则应与铁剂错开时间服用。也有用10%的拘橼酸铁铵口服，每次10mL，每日3次。对孕妇的疗效较好，且不良反应较小。用铁剂前应告知患者；服用铁剂后会排出黑色大便，是正常反应。

3. 中西医结合治疗效果更好。中医辨证分类如下：

（1）脾脏气虚证：治宜健脾益气，以改善和增强胃肠系统功能。方剂：用香砂六君子汤合当归补血汤化裁。方药：党参10g，炒白术10g，白茯苓4g，炙甘草3g，炙黄芪10g，当归3g，炒黄芩5g，炒神曲4g，砂仁（后下）1g。每日1剂，水煎服。本方可以改善胃肠道黏膜消化吸收营养成分的功能，促进肠道微循环和蠕动功能，提高肠道黏膜的免疫系统功能，为造血系统源源不断地提供优质的生血营养物质，从而有效纠正贫血征象。作者在与西药配合应用时，为减轻西药铁剂对胃肠道的刺激，将所服铁制剂减少 1/3 用量，效果仍很理想，患者更乐于接受，而且精气神的改善明显好转。

（2）脾肾气虚证：治宜温补脾肾。治疗方剂选用毓麟珠加减。方药：人参 4g，炒白术 10g，炒山药 10g，白茯苓 4g，炙甘草 3g，炙黄芪 10g，当归 4g，炒白芍 6g，砂仁（后下）2g，阿胶（烊化）6g。每日 1 剂，水煎服。本方对较重一些的缺铁性贫血的治疗作用效果更显；对心肌收缩功能的促进和大脑供血供氧的增加都有较好效果。

二、巨幼红细胞性贫血的治疗措施

1. 加强饮食调节。

2. 西药治疗方案：①叶酸片：每次 600μg（即 1 片半），每日 3 次。②维生素 B_{12} 片，每次服 0.25mg（1 片），每日 3 次。

3. 中医药治疗：本病中医辨证多见气血两虚证和脾肾两虚证。

（1）气血两虚证：治疗法则宜补气养血。方剂：八珍汤加减。方药：党参 10g，炒白术 10g，炒山药 12g，白茯苓 4g，炙甘草 3g，炙黄芪 10g，当归 3g，熟地黄 10g，炒白芍 8g，大芸 8g，枸杞子 8g，砂仁 2g（后下），阿胶 6g（烊化）。本方中大芸与当归配伍补血养血功能明显增强，且提高红细胞中超氧化物歧化酶（SOD）的活性，有利于对抗自由基对血细胞的损伤。

（2）脾肾两虚证：治疗法则宜温补脾肾。脾健则营养吸收充足，肾阳充则生髓造血功能强。方剂：四君子汤合安奠二天汤化裁。方药：人参 6g，炒白术 10g，炒山药 12g，白茯苓 4g，炙甘草 2g，熟地黄 10g，盐大芸 10g，炒杜仲 8g，菟丝子

8g。此方药与西药方中诸药结合，疗效好见效快，而且对胚胎或胎儿的发育均有利，孕妇自感症状逐渐减轻。

第 2 节　妊娠中期孕妇蛋白尿的防治

有关妊娠中期蛋白尿的叙述及分类在第六章已有简要介绍，可对照参阅。本节重点在于介绍不同类型蛋白尿的治疗，兼顾一定的预防。

一、体位性蛋白尿

这种类型的蛋白尿多见于年轻人群，其病发率为3% ~ 5%。尤以体质较弱且从事于站立或行走工作的人多易发生。原因是体弱久站立或久行走，易使肾下垂；其次是体弱之人往往骨质不坚，腰椎易于前凸而压迫肾静脉，使肾血回流不畅，妊娠后会加重腰椎前凸和肾静脉回流的阻力，使胃小管回吸收原尿中的蛋白失衡而引发。对这种蛋白尿最好的预防措施就是：少站立，少行走，多平卧位，以有助肾静脉血的回流，促进肾小管对原尿中蛋白的回吸收，从而减轻或消除病症。

中医理论将蛋白尿的产生原因归之为肺脾肾三脏虚弱。体位性蛋白尿多为功能不健所致。肺、脾、肾三脏功能不健壮则气虚，固脱内脏器官即不牢固而易下垂；肾气不足则骨质不坚，脊柱等骨易弯曲，牵拉血管致张力增加或挤压肾静脉使血回流不畅，肾淤血则血中蛋白易于漏出，终于出现蛋白尿。实质上这类人士多属于亚健康或亚健康状态，可以经中医药调治，增强脾、肺、肾三脏之功能，从而明显减轻或消除体位性蛋白尿，也有利于胎儿顺利发育生长。临床上体位性蛋白尿者往往多为脾肾气虚证，也即先天不强，后天失养所致。治疗法则宜补脾补肾，益气升阳。方剂：补中益气汤合左归丸化裁。方药：党参 8g，炙黄芪 10g，炒白术

10g，炒山药 12g，山萸肉 8g，炙甘草 2g，菟丝子 6g，柴胡 3g，升麻 1g，炒陈皮 3g，当归 3g。本方益气养血，气率血循经顺畅而行，肾气充盛可固摄血中蛋白不外渗，并可以充分回吸收原尿中的蛋白，而收较好疗效。

二、肾小管性蛋白尿

患此类蛋白尿的女士多为婚孕前患过间质性肾炎未彻底治疗，遗留下肾小管受损者，或是婚后经常反复发生泌尿系炎症，又经常憋尿者，最后导致肾盂肾炎而损害肾小管；孕后由于肾负荷加重引起此型蛋白尿。西医对此治疗效果多不理想。中医药对此型蛋白尿确有一定疗效：既能改善患者受损的免疫系统功能，杀灭残存的病菌和清除毒素，又可修复受损的肾小管，恢复肾功能。此型蛋白尿在未孕者多为肾气阴两虚、气滞血瘀证。治疗宜肾气阴双补，活血化瘀。但对妊娠中期的孕妇，只能补肾气阴之虚，养血和血益气，使气能率血循经正常运行，又能供胎儿正常发育生长而不受损伤。治疗起来的难度自然不小，选药组方必须慎之又慎，以防有伤胎儿。作者自拟方药：生黄芪 10g，党参 8g，当归 4g，炒白芍 8g，炒白术 10g，炒山药 12g，山萸肉 8g，菟丝子 6g，黄芩 8g，砂仁 2g（后下），炙甘草 2g。每日 1 剂，水煎服。此方补脾益气开胃，补肾阴养血和血以利肾小管的修复，减少尿蛋白漏出；增强免疫系统功能，有助杀菌排毒。用药期间忌食辛辣刺激性食品，也忌食寒性凉性有伤脾胃之物品，还不能饮用各种化学物质勾兑的饮品饮料而增加肾脏负担。只宜饮用温白开或淡茶水，经常在树木花草多的环境中养息可提高疗效。

三、肾小球性蛋白尿

这种情况说明病情较严重，应该是孕前就有慢性肾炎或肾病综合征。若是前者必定伴有肾功能已明显减退，并已是肾功能失代偿阶段，已不能胜任妊娠的负担，最安全的措施是终止妊娠。若是肾病综合征也是对孕妇和胎儿均不利。若勉强坚持妊娠，一是会加速孕妇肾功能的恶化，终至病情危重；二是高度的低白蛋白血症及恶劣的体内环境对胎儿既缺营养以供发育，各种毒素对胎儿毒害也难以平安存活。总之，若孕期出现肾小球性蛋白尿者，不论从哪方面说，放弃妊娠才是明智的选择！

第3节　妊娠中期孕妇水肿症的预防和治疗

妊娠中期的水肿有心源性水肿，肾源性水肿，低白蛋白血症性水肿，以及内分泌性水肿之分。心源性水肿在孕前或孕期就有某种心脏病的相应征象，到妊娠中期由于胎儿发育生长，加重了孕妇的心脏负荷，致心功能明显减退而出现水肿。肾源性水肿的出现是孕前已有肾脏病变，妊娠后肾负荷加重，肾功能明显减退。低白蛋白血症性水肿多是孕前有明显胃病或胃肠炎，及早孕剧吐影响营养吸收不良或排泄过多，这双重原因造成低白蛋白血症。内分泌性水肿乃是妊娠中期孕妇的肾上腺增生肥大，其皮质球状带分泌醛固酮明显增加，其次是孕期肾素-血管紧张素-醛固酮系统也有所增强。这两种因素造成肾小管对钠盐和水的重吸收增加而出现水肿。如果饮食口味重，摄入钠盐和饮水过多，更易促发水肿的发生；如摄入钠盐不过量，则孕期升高的孕酮可对抗醛固酮的贮钠和水的作用，较少出现水肿。这种水肿可随妊娠期的完成而自行消除。低白蛋白血症性水肿待早孕反应消失后注意加强营养，水肿随着低白蛋白血症的逐渐改善而渐消退。

一、妊娠中期水肿的西医药治疗措施

1. 心源性水肿：①使用增加心脏收缩功能的药物，如地

高辛类强心药。②适量利尿药以减轻心脏前负荷。③易消化吸收的饮食，且营养全面充足。④注意休息减轻心脏负担。

2. 肾源性水肿：①治疗原有的泌尿系统疾病，维护和改善受损的肾功能。西医除使用抗生素消除感染外，很难有别的良方。②限制钠盐摄入，水肿明显时还应控制水的摄入量。③若是原发性肾病综合征者，则应用肾上腺皮质类固醇激素。这和抗生素都对胎儿不利。④肾功能失代偿的则不宜维持妊娠。

3. 低白蛋白血症性水肿：①治疗原有的胃肠系统疾病。②帮助和促进消化吸收的药物。③饮食要易消化和吸收，并注意营养成分全面且充足。④避免有碍胃肠功能的药物和刺激损害胃肠黏膜的食品。⑤静脉输白蛋白。

二、妊娠中期水肿的中医药治疗

（一）病理机制

1. 诸湿肿满，皆属于脾。妊娠中期的低白蛋白血症性水肿多因此而引发。

2. 水肿重时则以肾虚多见。肾虚则阳气敷布不畅，主水功能减弱，以致水液泛滥郁积引起水肿。多见于肾源性水肿。

3. 重症水肿也可见于心肾阳虚证。

（二）中医对妊娠水肿的辨证分析与治疗

1. 脾虚水肿证：系由于脾虚不能运化水湿，加之胎体日渐长大阻遏气机升降，致水湿停聚，泛滥于四肢肌肤；中气虚则运化功能减低又致中气不足而成本证。治疗法则：宜健脾利水。方剂：白术散合补中益气汤加减。方药：人参 4g，炙黄芪 10g，炒白术 12g，炒山药 10g，白茯苓 4g，陈皮 3g，生姜皮 2g，当归 4g，炙甘草 2g。每日 1 剂，水煎服。本方健脾补气利水消肿，增强免疫系统功能。

2. 肾虚水泛证：本证往往见于心源性水肿或肾源性水肿。皆虚中夹实，但以肾虚而有明显水肿为主，尤以腰以下水肿为甚。治疗法则：宜温肾利水，且以温肾阳为主。方剂可试用五苓散：猪苓 9g，茯苓 5g，泽泻 6g，炒白术 12g，炙桂枝 0.3g。有腹胀者可加砂仁 2g（后下），藿香 5g，佩兰 6g，党参 10g。本方能健脾利尿消肿，温阳化气，对心源性水肿和肾性水肿有一定疗效，并可改善全身状况，提高免疫系统功能。但这只是治标之策，并不能纠正心功能和肾功能，且用药不能过长期，以免伤阴耗气之弊和引起体内电解质紊乱，使病情复杂化。从上述可以提示：凡是婚孕前有脾胃病较明显，心脏有各种疾病，肾有各种疾病的女士一定要尽可能将这些原发疾病治愈后，婚孕才会平安顺利，彰显了婚前认真全面体检的重要性。

总的说来，妊娠中期水肿症的治疗只有内分泌性水肿和低白蛋白血症水肿治疗效果较好，对胎儿的影响较少。心源性水肿和肾源性水肿治疗效果差且药物不良反应多，对胎儿影响非常大。因此好的对策是及早预防，最安全的预防措施是：①婚前积极治疗原发病。②婚后认真避孕，以免给个人、给家庭带来痛苦。

第 4 节　妊娠中期孕妇高血压的预防和治疗

妊娠中期高血压也是一个值得高度重视的问题。这种病不仅影响孕妇本身的健康和孕期的顺利进展，也明显影响胎儿的顺利发育生长。本病的病发率可达5% ~ 10%，甚或更多。特别是对有高血压病家族史的孕妇来说，其发生的概率会更高些。

为了有效地预防妊娠中期高血压，特提出以下建议。

1. 孕期尽可能保持情绪稳定轻松、防止过度劳累（体力的或脑力的），以保证神经内分泌系统的协调稳定，自主神经系统少波动；如此才有助血压稳定在正常范围。

2. 控制每日摄入的食盐量不要超过 3 ～ 4g，已有高血压的应＜ 3g；尚无高血压征的孕妇每日应＜ 4g。否则也易诱发高血压。

3. 有妊娠水肿的孕妇（包括隐性水肿者），每日饮水量应控制在 2000mL 内，同时要保证尿量每日不少于 1000mL。

4. 有妊娠蛋白尿的孕妇，应少摄入植物性蛋白质，以免加重肾负荷，引起血压波动。但如何摄入足够的优质蛋白质（即动物性蛋白质），以满足母、胎二人的需要量。这就要去看医生，找懂得妇科内分泌与代谢和综合医学理论的医生制订合适的个体化膳食食谱。

5. 及时监测个人的血压波动情况，并记录下来。一旦发现个人的随机血压≥ 140/90mmHg 时，应及时使用符合血压升高机制且不良反应小的降压药物治疗。作者的经验是用中西医药结合疗法：①降压西药用有效量的半量；②配合有降压作用的中药（或汤剂或配成蜜丸）。这样的效果既明显，又减少了西药的不良反应，还有益于孕妇的健康，也能保护胎儿顺利发育生长。妊娠高血压依中医理论辩证，多为阴虚阳亢证。乃是因为妊娠后，工作劳累，容易引发肝肾阴虚导致肝阳偏亢。治疗可用滋阴平肝法则。方剂为杞菊地黄汤加减：枸杞子 8g，白菊花 6g，生地黄 6g，熟地黄 6g，炒山药 12g，炒杜仲 8g，山茱萸肉 6g，白茯苓 5g，炒白芍 8g，制首乌 10g，灵芝 10g。本方滋肝肾之阴而平肝阳，降血压，安神益智，促进细胞内、血液中、肝和骨髓中核酸与蛋白质的合成，促进细胞核内 DNA 的复制，增加体内内源性清除自由基酶系的活性，提高免疫系统功能，降血脂、防动脉硬化、调节血糖。上述功效均有助胎儿发育，而且不良反应较少。

第5节　妊娠中期孕妇便秘症的防治

一、妊娠中期引起便秘的原因

1. 胚胎、胎盘分泌绒毛膜促性腺激素（HCG）明显增加，使孕妇胃肠蠕动减弱变慢。

2. 逐日增大的子宫对乙状结肠的压迫，两种因素共同作用所致。

二、孕妇便秘的害处

1. 粪便中有毒物不能及时排出，经肠肝循环吸收入血，进入肝中增加肝解毒负担。

2. 肠中细菌繁殖加快，更增加毒素的产生。既对孕妇不利，损伤其免疫系统功能，对胎儿也是一种劣性刺激，甚至损害。

三、治疗措施

使用缓泻药。

1. 容积性泻药

（1）乳果糖：是一种半乳糖和果糖的双糖物质，进入肠道不被小肠消化，增加结肠内容量并刺激结肠蠕动引起轻泻作用。

（2）甲基纤维素：肠道无法吸收此药。每日服用1.5 ~ 5g，可增加肠内容积，维持粪便湿润，有良好的通便作用，可防治功能性便秘。

2. 润滑性泻药

（1）液状石蜡：不被肠道吸收。睡前服用15 ~ 30mL，可润滑肠道，软化粪便，促使排便。但此药不能长期服用，以防导致维生素 A、D、E、K 的吸收受阻而缺乏。

（2）甘油栓剂，塞入肛门，可润滑和刺激肠壁引起排便。本品无不良反应。

3. 其他各种常用的缓泻剂不良反应大，有的不适于孕妇。

四、预防措施

这种办法对孕妇是安全保险的，对胎儿也无影响。

1. 饮食调剂：每日适量增加含纤维素多的蔬菜，如菠菜、韭菜、茭白、竹笋等。

2. 水果类：最好是绿色有机无污染的水果带皮吃，葡萄连皮带籽吃更富营养；西瓜连籽吃通便效果很好。

3. 每日适当行走活动。这既能促进全身的血循环，又能增强呼吸，提高血中的氧分压，有利孕妇自身的组织细胞代谢；行走活动还能刺激胃肠蠕动，促进肠中食糜往下运行使粪便排出，行走活动产生的震动作用对刺激胎儿相应感知觉的发育同样具有良好的效果，总之是好处多多。不仅是预防便秘的好方法，更是有利胎儿健康发育生长的良性刺激措施之一。

第 6 节　妊娠中期孕妇小腿痉挛症的防治

一、产生小腿痉挛的原因主要是低血钙

1. 早孕反应的呕吐，引起各种必需营养素摄入不足，而致低血钙发生。

2. 妊娠早期孕妇的甲状旁腺日渐增生，分泌甲状旁腺激素逐渐增加，若此激素仍在生理量范围则起成骨作用，引起低血钙；若甲状旁腺激素分泌超过生理需要量则起溶骨作用，使骨骼脱钙释入血中以缓解低血钙症。

3. 饮食补钙不充分，也是造成或加重低血钙的因素。尤其是食物中的维生素 D 缺乏，则肠道对钙的吸收作用降低，更是造成低血钙的原因之一。

4. 晒太阳少，尤其是在室内工作的孕妇容易发生内源性维生素 D 不足，也引起钙吸收不良。

5. 胚胎从孕 5 周起开始有各种骨的骨化中心形成，对钙元素的需求明显增加，也对孕妇的低血钙症产生促进或加重作用。

二、预防和治疗低血钙症的具体措施

1. 饮食补钙：多吃含钙量高的食品。最方便的就是喝豆浆、吃豆腐等豆制品，常喝牛奶，经常吃虾，虾皮含钙量高，骨头汤也好。

2. 每日口服维生素 D 丸 400 IU（一粒），促进钙吸收的效果好且安全，不会引起不良反应；对胎儿的健康发育生长也有利。若超过此剂量则不宜长期服用，否则会引起过量蓄积的不良反应。

3. 每日晒一小时太阳可以刺激皮下组织中的 7- 脱氢胆固醇转变成维生素 D，再经肝肾转化成活性维生素 D_3，促进小肠黏膜吸收钙和磷，有助纠正低血钙。

4. 每餐吃饭时可用生洋葱 50g 与其他菜配合吃，有助骨质的坚实，防治骨质疏松症；生洋葱还能健胃，促进肠蠕动，增进食欲；含硒元素多可提高免疫系统功能，以及抗有害自由基，促进机体细胞的活力，并能防治感冒。如果不习惯生吃，可以蘸一点甜面酱或黄豆酱吃，效果也较理想。

5. 每天适度的活动有利骨质形成。

6. 口服维生素 D 和钙制剂是主要的。

第 7 节　妊娠中期孕妇的饮食配制

绝大多数孕妇进入妊娠中期，由于早孕反应已消退，孕妇身体内分泌的调整已与胎儿互相适应，精神轻松了许多，食欲明显好转；加上胎儿的较快发育生长，从孕第 13 周初的数十克快速发育生长到孕第 28 周的 1000g 左右。这一快速生长过程中自然需要其孕母供应必需的各种营养素。因此，孕母的每日热量和营养供应量均需随着胎儿的生长而相应增加。

一、如何给孕母调整热量供应和食物比例

1. 每日总热量供应 = 孕母自身代谢的需要量 + 胎儿生长的需要量。具体计算方法是：孕母孕前的标准体重 ×30kcal/（kg·d）+300kcal。

2. 粮食：蛋白质：脂肪的比例约为 50%：（15% ~ 20%）：（30% ~ 35%）。转换成实物：按孕妇孕前标准体重是 60kg，则每日粮食供应为 300g 左右；蛋白质可用鸡蛋每日 2 个，各类瘦肉 200 ~ 250g，牛奶 250mL，食用油脂每日 50mL。

3. 各种蔬菜总量 600 ~ 750g/d；水果 500g/d；水的摄入量随孕妇需要和习惯。

4. 餐次分配：①随家人一起用餐：早、中、晚共 3 餐。②按孕妇与胎儿的生理特点分配：3 正餐 +3 小餐，早餐占总热量的 20%，午餐占总热量的 30%，晚餐占总热量的 25%；上午 10 点左右加小餐占总热量的 8%；下午 3 点左右加小餐占总热量 10%，晚 9 点加小餐占总热量 7%。

二、这样的热量与营养供应是否可科学监测

1. 孕妇每周体重增加 300 ~ 350g，每月增重 1.2 ~ 1.4kg，说明符合正常。若体重增加超过此标准则应减少热量摄入量，

以防诱发高血糖、高血脂或糖耐量损伤（减低）甚或妊娠糖尿病；若体重增加不足上述标准，则应排除疾病的影响因素后，可适当增加热量的摄入。

2. 胎儿发育在孕母身体上的表现是否符合科学指标

（1）孕4月末，孕妇的子宫底在肚脐与耻骨上缘连线中间。

（2）孕5月末，子宫底在脐下一横指；或在耻骨上缘上18cm（但依孕妇高矮不同可在15 ~ 21cm）。

（3）孕6月末，子宫底在挤上一横指；或距耻骨上缘24cm（随孕妇个子大小而波动在22 ~ 25cm）。

（4）孕7月末，子宫底在脐上三横指；或距耻骨上缘26cm（随孕妇个子大小波动在22 ~ 29cm）。

（5）孕18 ~ 20周时，在孕母腹壁可听到清晰的胎心音，120 ~ 160次/分钟，似钟表“滴答”声样。

（6）孕20周时，孕妇感知有胎儿活动（简称胎动），每小时应≥4次为正常活动。若胎动≤3次/小时，则提示胎儿有异常反应，若胎心音＜120次/分钟或＞160次/分钟，也提示胎心率异常，均是应重视和查清是何原因造成的信号，一定不能马虎大意招致不测情况发生。

3. 采血化验相应指标以判断上述所摄饮食是否合适

（1）空腹血糖：在5.1mmol/L内示正常，证明所食饮食符合孕妇需要；若＞5.1mmol/L则应做口服糖耐量试验，以排除或确定是否是糖耐量减低，或是妊娠糖尿病。这时都应及时调整饮食食谱，减少热量摄入量。若是妊娠糖尿病则应及时使用胰岛素。

（2）空腹血脂应在正常范围，或与孕前血脂比较无明显变化时，也提示所食食谱合理。

（3）如果孕妇食欲明显旺盛，上述食谱满足不了要求，那就应该化验血胰岛素水平。因为妊娠中期往往会有高胰岛素血症。这也是引起食欲旺盛、肥胖或高血压的诱因。

（4）如果孕妇的血浆 pH 在 7.4，或尿 pH 在 6.0，说明其体内环境稳定，各种代谢的运转优良而协调，这些对胎儿的发育生长是有利的。

第 8 节　妊娠糖尿病需及时抓紧治疗

一、坚持饮食控制，及时用胰岛素

1. 在上述的饮食调控下，若空腹血糖仍＞ 5.1mmol/L；或餐后 2 小时血糖＞ 8.5mmol/L 时，就应及时使用胰岛素。应在医生的教导下，依病情和血糖水平决定用量与用法。

2. 用胰岛素时可出现哪些反应

（1）胰岛素性水肿：这种水肿往往在用胰岛素 1 ～ 2 周后出现，只要控制饮食的含盐量即会渐渐消退。

（2）低血糖反应：这是因用胰岛素量偏大所致。多见软弱乏力、心跳加快、头晕、出冷汗等。血糖越低症状越重，应立即稍进食以防意外。

（3）效果不明显：乃是用量不够所致，需依血糖水平调整胰岛素用量；若是因胰岛素抵抗引起的，最好配合中医药治疗。

二、中医药的疗效

中成药对妊娠糖尿病也有较好的疗效，既有一定的降血糖作用；又可促进组织细胞膜上胰岛素受体对胰岛素的敏感性，增强细胞利用胰岛素的功能，从而提高胰岛素的功效，减少胰岛素用量及其不良反应。此外，还能提高各器官和免疫系统的功能，少发生并发症，也有助保护胎儿少受影响，值得重视使用。

第9节 妊娠中期孕妇患上呼吸道感染的防治

由于现今气候变化和环境污染等因素，许多病毒也都变异出各种新型致病株，对人体健康造成各种防不胜防的侵袭和危害。孕妇的免疫系统功能又较非孕期时有所减弱。因此，如何对她们进行保护，预防各种病毒的传染以及传染后的治疗都是值得重视的课题。这既是保证孕妇的平安和健康，更是防止各种病毒及其毒素侵袭胎儿，引发不良后果的大事。

上呼吸道感染（即通称的感冒）主要病因；80%左右为鼻病毒感染、腺病毒感染、呼吸道合胞病毒感染、埃可病毒感染，以及柯萨奇病毒及冠状病毒等感染；有15%～20%的患者为细菌和病毒混合感染。

起病较快，但由于孕妇免疫系统功能减弱，对病毒及其毒素的杀灭排毒素的能力较差，恐致病毒及毒素经血循环或淋巴途径侵入体内，最终影响胎儿。因此应该及时抓紧治愈。一般西药的解热止痛类药和杀病毒类药对孕妇的不良反应多，许多是属于禁用或慎用范围。为了母胎二人的安全，尽可能不用。改用对孕妇及胎儿无伤害的中医药药品治疗，临床证明见效快而好，安全无不良反应。

虽然普通感冒按中医理论辨证有：风寒型、风热型、暑湿型之分。但其治疗法则正如《素问·阴阳应象大论》中所说的："其在皮者，汗而发之。"即均以宣肺解表大法为主：风寒型者用辛温解表、宣肺散寒法。方药用荆防败毒散。荆芥10g，防风10g，苏叶5g，炙紫菀6g，桔梗3g，羌活4g，黄芩6g，甘草3g，生姜3片。每日1剂，水煎服。风热型者用辛凉解表，宣肺清热法。方药用银翘散加减。银花12g，连翘12g，荆芥8g，薄荷3g（后下），淡豆豉10g，牛蒡子10g，炙紫菀6g，生甘草4g。每日1剂，水煎服。暑湿型者用解表祛湿，化湿和中法。方药用新加香薷饮。香薷 6g，银花 10g，连翘 12g，白扁豆 8g，黄芩 10g，荆芥 6g，藿香 8g，佩兰 8g，鲜荷叶 12g。每日 1 剂，水煎服。

第 10 节　孕妇患流行性感冒的防治

流行性感冒：本病的病因多为流感病毒（有甲、乙、丙 3 个类型）引起。毒力和传染性均强，起病急而症状重。往往并发症多发，尤以心肺受损伤多见。所以对于流感应该及早预防，抓紧治疗。本病多在冬春季易流行。

一、预防措施

流感流行期尽可能不去病人家串门，不与有发烧、干咳的人士接触交往；不去商场或人多而杂的场所。即使必须去商店应戴好口罩；家中衣物被褥勤晾到室外晒太阳有助消毒杀病菌。最有效的方法是在流行季节及时预防性地服用中药汤剂。作者惯用的验方：荆芥 6g，防风 6g，苏叶 6g，金银花 16g，炒白芍 8g，黄芩 10g，生甘草 4g，薄荷 2g（后下），预防效果好。即使在“非典”与“禽流感”流行期服用，预防效果也好。有并发症时应住院。

二、药物治疗

西医药的解热镇痛药和抗病毒类药物对孕妇不良反应多，禁忌也多，最好不用。尽可能及时用中医药汤剂服用。作者的经验方药：荆芥 10g，防风 10g，苏叶 6g，桔梗 4g，炙紫菀 10g，炒白芍 8g，生甘草 4g，黄芩 10g，金银花 16g，大青叶 10g。每日 1 剂，水煎服。本方宣肺清热，杀灭呼吸道病毒及细菌，并清除毒素，增强呼吸道及全身免疫系统功能，改善呼吸系统血循环，止咳祛痰。所用药物对孕妇较安全较少不良反应，还可每日口服维生素C片300mg。若是妊娠早期且病情重者，表明病毒血症重，对胎儿损害大，是否继续妊娠需要孕妇与家人深思。

第11节　孕妇应重视预防风疹

人是风疹病毒的唯一宿主，故其传染源是风疹病人。孕妇由于免疫系统功能是降低的更易被传染，因此在风疹流行时期不要与患风疹的小孩及患者接触。小孩患风疹者较多。

一、临床表现

孕妇一旦传染上风疹，可出现低烧1～3日，全身不适，轻微干咳，绝大多数患者可有枕后、耳后及颈淋巴结肿大和轻压触痛；其次在躯干及四肢，或面部皮肤出现淡红色斑丘疹，散在分布，大多在3日内消退。病情多不重，因此多不被患者及家人重视。可怕的是孕妇感染后，风疹病毒可透过胎盘屏障而侵犯胎儿，引发先天性风疹综合征（CRS），使胎儿的DNA复制及细胞增殖明显受影响，其次使胎儿的中胚层和外胚层组织分化成相应的各类组织或器官受阻,引起不同的缺损或畸形。据报道感染风疹的孕妇引起流产，死产和先天性风疹综合征的发生率约占50%以上。因此，孕妇一旦被传染上风疹，最好是终止妊娠，同时服用中药汤剂：荆芥10g，防风10g，苏叶6g，板蓝根10g，黄芩10g，银花16g，牛蒡子10g，桔梗3g，生甘草4g。每日1剂，水煎服。

二、保护孕妇的有效安全措施

1. 凡在所居住小区有人患风疹的尽量不与之接触。
2. 熟人及邻居家小孩患风疹的不要去串门。
3. 较可靠的是服中药预防，方药同上。

第12节 孕妇应重视预防各种病毒性肠炎

病毒性肠炎多见于感染了人轮状病毒和新轮状病毒两种，皆为经消化道途径而传染。人群普遍易感，又以免疫系统功能低的婴幼儿和孕妇多见。人轮状病毒在秋冬季为流行高发期。孕妇一旦被传染可引起胎儿宫内感染而造成死胎或流产。传播方式为接触了此类病人后又不注意饮食卫生而发病；新轮状病毒多在5～6月份易暴发流行。传播途径主要是生活接触传染。

这两种肠炎突出症状特点为中度发热，水样腹泻，每日十余次，伴脐周隐痛，腹胀，少数患者有呕吐。一般病程约一周，重者出现脱水、电解质紊乱，则病程延长。

一、这类肠炎重在预防

针对其传播途径主要应加强防止与病人在生活各方面的接触；其次要重视饮食的各种卫生防护措施，同时讲究个人卫生，饭前便后洗手。

二、治疗措施

1. 西医治疗：可用止腹痛药和助消化的多酶片、维生素C类；孕妇不宜用解热片和抗病毒类药；有脱水和电解质紊乱者，应积极补液（口服或输液），及时纠正脱水和电解质紊乱征象。

2. 中医治疗：中医理论认为本病多为饮食不洁，损伤孕妇本已功能受损而减弱的脾胃，化生湿热之邪，致运化不能，升降功能紊乱加剧所致。治疗法则：宜清热利湿、理气和中。方剂：藿香正气散合香薷饮化裁。方药：藿香8g，香薷5g，白茯苓6g，炒白术10g，佩兰8g，炙甘草4g，黄连6g，金银花 12g。水煎服，每日 1 剂。饮食宜半流食或稀粥，暂不宜蔬菜及水果等纤维素多的食物。上方的作用在于杀病毒以清热，利水祛湿以排毒，理气健脾调理和修复受损的胃肠功能，使脾胃升清降浊功能得以恢复正常。

第二十二章　产褥期产妇易发生的病症及防治

第1节　产后少乳症的防治

所谓产后少乳症指的应是产后一周起或至整个哺乳期，乳母每日排泌的乳汁均不能满足新生儿及婴儿吸乳的需求。但产后5日内分泌的初乳，每日总量只有10 ~ 40mL，只能供应热量7 ~ 28kcal。虽不能满足新生儿需求，但一周左右乳母排泌乳汁就明显增加，可充分满足小儿每日所需。所以初乳期间尚不能确定是少乳症。

一、少乳症产生的原因

1. 乳母体质素虚：包括孕前的亚健康状态一直未纠正；胃肠系统的慢性疾病；妊娠期间的贫血症未改善或治愈等皆可致营养吸收较差。

2. 内分泌系统功能不协调，使产褥期乳母的雌激素、孕激素和促泌乳激素等有关激素分泌不足或不协调，致乳腺发育欠佳，乳汁生成与排泌均不足。

二、治疗措施

以中西医结合疗法效果好。

1. 西医疗法：①加强营养。②调理和改善胃肠消化吸收功能。③纠正亚健康状态或贫血症等。④治疗分娩时的各种合并症。

2. 中医治疗：中医理论认为产后少乳症系乳母气血两虚多见；其次是肝气郁滞而致乳汁产生不足。

（1）气血两虚证：产后乳母乳房无充盈胀满感，面色不华，食欲不佳，精气神均不足；舌质淡少苔，脉虚而细。治疗法则：宜补气养血，通络下乳。使气足而促血生，血足则乳亦生生有源。即中医的血乳同源理论。方剂可用通乳丹（此方是清代著名妇科名医傅青主的名方）。作者依据现代药理学分析，将上方调整变通为：人参 6g（另煮），生黄芪 15g，当归 8g，麦冬（小米炒）10g，通草 3g，炮山甲 3g，桔梗 1.5g。水煎，猪蹄 2 个另炖煮熟烂。喝药吃猪蹄并喝汤。

（2）肝郁气滞证：此证多因产后情志抑郁，或悲怒郁结，致气机不畅，乳络滞涩，乳汁排泌壅阻而致。症见两乳胀甚于痛，且胸胁不舒等。治疗法则：宜疏肝理气，通络下乳。方剂：疏肝生乳汤加减。方药：柴胡 3g，当归 8g（酒洗），炒白术 15g，熟地黄 3g，麦冬（小米炒）10g，通草 3g，炮山甲（代）3g，炙甘草 4g，醋炒白芍 15g，远志 3g。此方可舒解郁结之肝气，使情绪和顺，则内分泌系统运转协调，脑肠肽调理胃肠功能顺利，则乳汁化生通利有序。

第 2 节　产褥感染症的预防和治疗

所谓产褥感染症是指分娩结束后 24 小时至 10 天内，由于生殖道受病原菌侵入，引起的局部或全身的感染症，是导致产妇死亡的原因之一。

一、诊断标准

产后 1 ~ 10 日内每日用体温计口表测体温，每 4 小时测一次，每日测4次。若有2次体温≥38℃，即可诊断产褥感染症。产褥感染属于急重症，一旦感染容易导致感染扩散而引发严重后果。

二、引起产褥感染的诱因

1. 孕期不注意会阴部位的卫生或卫生习惯不良。

2. 临产时胎膜早破，易致病菌繁殖。

3. 孕期贫血未予纠正，孕妇免疫系统功能明显减低，抗病菌感染力弱。

4. 临产期的肛查或阴道检查过频且无菌措施不严。

5. 产科手术操作及器械用品等消毒不严。

6. 产后出血较多的污染易致病菌繁殖。因此，孕期和临产期的预防措施极重要。

三、预防措施

1. 加强孕期保健

（1）防治贫血及各种并发症或合并症。

（2）保持全身清洁卫生，避免盆浴和性生活。

（3）孕晚期应积极治疗各种外阴炎、阴道炎以及宫颈炎。这方面用中药汤剂口服或外洗或冲洗效果好且安全。

（4）加强科学的营养以增强身体素质。

2. 临产及分娩期的预防要点

（1）各项检查及处理措施应严格无菌，包括器具用品和术者的各种相关操作过程。

（2）防产程过度延长并及时做出有效处理。

（3）肛查或经阴道检查不宜过频，一般限5次以内且要严格无菌操作。

（4）防产后不正常出血。

3. 产后的预防重点

（1）清理产妇被污染的下身应严防感染因素，严格无菌操作。

（2）清洗擦拭污染的大腿及臀部可用消毒敷料蘸中药水剂清理。中药水剂的配制用黄柏 10g、黄芩 10g、蒲公英 20g 熬煮而成。这种中药水有预防和杀灭病菌的作用。每剂中药可熬煮 2 ~ 3 次，3 次熬出的药水可混匀分次外洗。

（3）产褥期的护理及换洗要严格注意无菌操作。

4. 预防用抗生素的指征

（1）胎膜早破超过 12 小时应常规应用。

（2）产程进展慢且时间延长，临产后的肛查或阴道检查次数明显增多，远多于 5 次以上者。

（3）有经阴道助产者，或经人工剥离胎盘者与侧切术者。

（4）产后出血较多者。

（5）剖宫产术前、术中。上述情况都是用抗生素的适应证。

四、关于治疗对策的几点建议

1. 必须去妇产科或妇幼医院住院治疗。

2. 治疗期间需注意的事项

（1）确定感染的原发部位及感染途径。

（2）从感染原发部位取炎性分泌物作细菌培养和药物敏感试验。

（3）选择对致病菌敏感性强的抗生素。但最好避免用易致肝肾有损害的氨基糖苷类抗生素；对于头孢类抗生素也应仔细挑选适合肝肾功能健康、对哺乳期新生儿无影响的药物。

（4）用抗生素前必须化验血查产妇是否携带有药物致耳聋基因；查新生儿血中有无先天性耳聋基因，以作为选用抗生素的可靠参考。

（5）不要用可经乳汁排泌的抗生素。

3. 重视支持疗法措施

（1）加强营养，注意多食一些富含锌、硒、铁、铜等微量元素的食物和维生素 C、A、B 族类的食物，维生素 D400 IU/d 只能由药物补充，它能保护细胞及 DNA 的完整与修复。最好能在孕晚期时就化验血中上述微量元素是否充足。它们可增强免疫系统功能，对抗有害自由基对机体组织的损害，提高造血系统功能。这些无疑对临产期或分娩时的顺利进展、产褥期的平安可奠定好的生理基础。

（2）保持乐观情绪，轻松心态对调整内分泌各轴腺激素协调，对临产期是有利的；对产褥期内分泌的变化也有很好的作用。

（3）产褥期也可躺在床上适当活动双下肢，既有利于血液循环的良性运行，也有助子宫的回缩复旧，促进产妇的健康恢复。作者的经验是采用中医药配合治疗有很多好处：一是可以增加抗感染力度而提高疗效；二是有助于提高产妇的免疫系统功能；三是可以保护产妇受损的组织器官并促进其修复；四是可以降低抗生素的某些不良反应；五是可以预防或降低耐药菌的产生。

五、中医药疗法——辨证分型及方药

1. 感染邪毒证：治疗法则宜清热解毒，凉血化瘀。方剂：解毒活血汤加减。方药：连翘 20g，银花 20g，葛根 8g，柴胡 4g，枳壳 4g，当归 10g，赤芍 6g，生地黄 10g，红花 6g，甘草 4g，益母草 10g，桃仁 4g。若是热毒与瘀血互结宫腔内，治宜清热泻下逐瘀。方剂用大黄牡丹皮汤：大黄 5g，牡丹皮 6g，桃仁 3g，冬瓜仁 20g，芒硝 3g，金银花 20g，败酱草 15g，红藤 15g，当归 12g。每日 1 剂，水煎服。

2. 血瘀证型：治疗法则宜活血祛瘀。方剂为生化汤：当归 15g，川芎 6g，桃仁 10 粒，冬瓜仁 15g，炮姜 2g，益母草

15g，败酱草 15g，牡丹皮 6g，炙甘草 2g。总之，产褥感染使用中药的原则首先是杀灭细菌以去除邪毒而清热，同时宜活血祛除宫腔内的瘀血，以利子宫内膜的修复再生，即中医理论所指出的“祛瘀生新”，以利病情好转。

第 3 节 产后急性乳腺炎的防治

产后急性乳腺炎是许多初产妇的常见多发急症。本症初起常有乳房疼痛，乳儿吸吮时更加重；乳房相应部位触压痛明显可伴有硬块或硬肿；产妇感发热不适等症。若治疗不及时，会引起感染快速扩散酿成乳腺脓肿形成，这就成了危急重症，产妇高热稽留，乳房红肿热痛加剧。此时必须住院急救，手术切开脓肿引出脓汁并送细菌培养。

一、治疗对策

（一）西药疗法

1. 抗生素为首选，在脓汁细菌培养及抗生素敏感试验结果未出来前，可立即选用青霉素静脉滴注，用大剂量。使用前必须做青霉素皮试阴性才能用。为了增强杀菌效果，还可加用阿莫西林，或口服，或静脉滴注。待细菌培养及药敏试验报告出来后，再依据上述所用的抗生素疗效是否理想而定取舍。

2. 每日给手术切口换药。

3. 每日定时几次用吸乳器将病乳中的乳汁吸出弃之不能使用。

4. 辅之以维生素 C 口服，每次 0.2g，每日 3 次，以增加身体解毒功能。

5. 注意保证营养的摄入。不能进食辛辣刺激性食物，肉食尽量不用大辛大热的八角、花椒、肉桂、草果等调味品炖煮烹调，只宜清炖放盐加蒜瓣。如果希望病情恢复更快些，还可以加用中医药疗法效果更好。

（二）中医药辨证施治

急性乳腺炎中医谓之“乳痈”。

1. 感染初期：治疗法则宜清热解毒，止痛利乳。方剂：瓜蒌散加减。方药：全瓜蒌 1 个（连皮捣烂），当归 12g，金银花 15g，白芷 3g，乳香 3g，没药 3g，赤芍 5g，生甘草 3g。水煎温服，每日 1 剂。

2. 若已成痈（脓肿），但未溃破者，可用仙方活命饮加减：金银花 30g，白芷 3g，浙贝母 8g，赤芍 15g，当归尾 8g，穿山甲片 3g，乳香 3g，没药 3g，青皮 3g，生甘草 4g。水煎服，每日 1 剂。本方清热解毒，活血止痛，消肿溃坚。以上两型乳痈还可配合硝黄液（生大黄 6g、芒硝 10g 冲入大黄液中）冷敷乳房肿痛部位，可以增加口服中药消肿止痛疗效。

二、预防急性乳腺炎发生的措施

（一）妊娠晚期

1. 教导孕妇每日清洗双侧乳房和乳头。

2. 揉摩两侧乳房和乳头，促进乳腺和乳管的发育通畅及血循环流畅。

（二）产褥期

1. 保持两侧乳房和乳头的清洁卫生；哺乳前应用温开水擦洗净乳头，然后擦拭乳房。

2. 哺乳时将乳头全塞进新生儿嘴中并带进部分乳晕，可以防止乳头被儿咬伤引起感染。

3. 每次哺乳应让乳儿吸尽乳房中乳汁，若吸不尽时应用吸乳器将未吸尽的乳汁吸出。这样做既能防细菌乘虚侵入，又可刺激促进乳汁生成，有利于下次喂哺。

4. 每次喂哺完毕，应再用温开水擦洗净乳头和乳晕部，然后擦净乳房。

5. 内衣应每日一换洗，以防止或杜绝细菌有滋生的条件。

因为产妇的汗多，加之哺乳时难免有溢漏出的乳汁污染内衣，这些都有利于细菌的滋生繁殖。倘若乳儿吸吮乳汁时咬伤了乳母的乳头，感染细菌的概率就大增。这时可用中药液棉球清洗咬伤的乳头预防感染。

第 4 节　产后漏乳症的防治措施

产后漏乳症又叫产后乳汁自漏症，系产妇乳汁在无乳儿吸吮时而自然流漏出的现象。

一、发生漏乳症的病因

1. 西医理论

（1）乳腺受第 2 ~ 6 肋间神经及锁骨上神经支配。

（2）肋间神经的交感神经节后神经纤维释出去甲肾上腺素，促使乳腺腺泡和泌乳管的平滑肌舒张，使乳汁蓄积。

（3）副交感（迷走）神经节后纤维释出乙酰胆碱，促使乳腺腺体和泌乳管的平滑肌收缩，使乳汁流出。

（4）产后若副交感神经兴奋性占优势则引起漏乳症。这类产妇多为身体素质较弱，面色无华，精神不足，气短气弱，疲乏少力的产妇。

2. 中医理论

（1）气血虚弱。因为乳汁为血液化生，又赖气以运行及制约。气虚则固摄乳汁之力差，以致乳汁自行点滴漏出，劳累时更明显；血虚则乳汁化生不足，虽漏但量少质稀，乳房无充盈胀满感觉。其次，中医理论还认为乳房属足阳明胃经之支系，乳头属足厥阴肝经支配。肝气条达则乳汁疏泄蓄积有定时；肝经不舒则疏泄无序，乳汁的排泌也无制约。

（2）产后情志不遂，郁闷不舒，经络疏泄失约，乳汁不能制约而自行漏出，但量亦较少。

（3）愤怒致肝火上炎，疏泄太过而迫乳外溢。此种状态下的乳汁较浓且量亦较多；乳房虽有胀痛感，但触之仍较柔软。这种胀痛乃肝火旺，疏泄失常损伤肝经所致。

（4）产后劳累太过致阳气虚弱，元气不足，无力固摄乳汁而引发漏乳症。

二、治疗

1. 西医疗法：无或缺少针对病理机制的有效方法和药物。

2. 中医药疗法：辨证论治。

（1）气血虚弱证：治疗法则宜补气养血，佐以固摄。方剂：补中益气汤加味。方药：炙黄芪 15g，党参 12g，当归 10g，炒白术 12g，炒山药 15g，陈皮 6g，升麻 3g，山萸肉 8g。水煎服，每日 1 剂。本方补气生血，固气防乳漏，增强免疫系统功能，包括促进非特异性免疫和提高细胞免疫能力，增强体力。

（2）肝郁乳漏证：治疗法则宜疏肝解郁、补气摄乳。方剂：逍遥散加减。方药：柴胡 4g，当归 10g，炒白术 12g，炒山药 15g，炒白芍 10g，炙甘草 5g，炙五味子 5g，山萸肉 6g。本方疏肝解郁，升清阳之气并补气补血，固气摄乳而收全效。

（3）肝热乳漏证：此证乃由产后郁怒伤肝致肝火亢盛、疏泄太过，迫乳外溢而致。治疗法则宜疏肝解郁清热并举。方剂：丹栀逍遥散加减。方药：柴胡 4g，当归 6g，炒白芍 10g，炒白术 10g，炙甘草 4g，牡丹皮 9g，山栀子 9g，炙五味子 6g。水煎服。本方可疏肝理气，清泄肝火而固摄乳汁。

（4）阳气虚弱证：乃因产后操劳家务过劳，损伤身体内阳气而见乳汁漏下。治宜补气温阳，佐以固摄。方剂为拯阳理劳汤：人参 6g，炙黄芪 15g，炒白术 12g，当归 9g，炒白芍 9g，陈皮 6g，炙五味子 6g，炙甘草 4g，山萸肉 8g。水煎服，每日 1 剂。本方温补阳气，养血和血，促进体力恢复，消除乳汁漏下之症。

三、预防乳漏症的措施

产后产妇均是耗气失血十分虚弱疲劳状态，加之各内分泌器官轴腺在进行快速调整；全身各器官功能也进入大调整过程。对外界各种不良因素的刺激均很难承受，因而易于导致各种病症发生。漏乳症就是其中的一种。对此，采取相应的预防措施就是十分重要的。

1. 加强营养素的补充（包括八大要素）。

2. 饮食要易消化吸收，多餐（4 ~ 6 餐）进食，且应适合产妇口味。

3. 产后忌大辛大热食品和调味品，以防导致产后流血增加；也不宜进食寒凉的，以防凉血而生乳不利。

4. 要保持产妇的愉快情绪，有利于内分泌系统各轴腺的顺利恢复，及肝经疏泄有序，从而有助乳汁的充分生成和有序排泌哺乳。

5. 适当的肢体活动有助气血运行，促进免疫系统功能恢复及全身各器官系统的协调运转。适度的肢体活动也有助促进良性情绪而神清气爽。

第二十三章　婴幼儿常见病症及防治

第1节　新生儿啼哭不止及其危害的防治

乳母每日乳汁极少，使孩子饥饿难耐是造成新生儿啼哭不止的原因之一。

1. 一般产妇正常所排泌的初乳（产后5日以内的乳汁）为10 ~ 40mL/d，所产生的热量按最高泌乳量40mL/d算，约为26.8kcal热量。

2. 新生儿第一周每日所需总热量约为60kcal/kg。按他们出生时体重在3.4 ~ 3.6kg算，则每日应供应他的总热量应为60×（3.4 ~ 3.6）=204 ~ 216kcal。这就是说乳母每日排泌的初乳只能达到新生儿所需量的1/8 ~ 1/7，他能不饿得难受吗？孩子又不会说，只有以哭喊来请求救助了。家人不解决他这种活命的需求，他就无法平静躺着，难以承受饥饿的折磨和痛苦，只能以哭闹来表达了。对此最好是用配方奶粉乳液喂哺以解急。

第2节　脐带感染的预防和治疗

新生儿脐带感染而发炎是一种急性且有一定危险性的病症，应引起高度重视。

一、引起脐带残端感染发炎的原因

1. 刚出生时未对脐带残端有效消毒，使细菌乘虚侵入引发感染。

2. 新生儿的尿液或大便污染尿布，引起细菌滋生扩散至脐带残端发生炎症。

3. 用不洁净的尿布更换时碰触脐带残端。

4. 脐带残端上面覆盖的敷料脱落引起感染。

二、脐带残端感染细菌的危险因素

1. 新生儿免疫系统功能低下

（1）非特异性免疫功能差。

（2）特异性免疫功能发育不完善：使得小儿一旦感染细菌就容易扩散，病情传变快而急，病情也较重，是危险因素之一。

2. 脐带残端的薄弱结构也是危险因素之一。一旦发现新生儿脐带残端有发红、肿、热，甚至有渗出液并带有异常气味或臭气，应该及时抓紧请医生处理。预防新生儿的脐带残端感染，以及脐疝的发生是保证他健康平安的重要环节之一。

三、未感染的预防措施

1. 保持脐带残端干燥清洁无污染。

2. 及时给宝宝换尿布或纸尿裤。严防小便或大便浸渍或污染脐带残端及其周围皮肤。

3. 给宝宝清洁完会阴和肛门后更换干净的内衣裤，以防细菌滋生。

4. 乳母的饮食尽量不用辛辣刺激性食物和隔夜的食品，可以间接减轻新生儿免疫系统受损伤。

四、脐带残端感染的治疗

1. 轻症（不发烧的）应及时请医生来家处理，同时注意每日更换消毒的清洁敷料。

2. 重症（已发烧或残端有脓性分泌物的）应立即住院积极治疗，不能延误，以防加重病情。

3. 在用抗生素前一定要明确是否有药源性耳聋的家族易感史。一是为保宝宝治疗顺利；二是选用的抗生素要排除一切不能用于小儿及儿童的品种。

第 3 节　新生儿与小婴儿溢乳的预防和治疗

所谓新生儿或小婴儿的“溢乳”（俗称漾奶），多发生在出生后的第一周内，当哺乳后易发生，有的为吐泡沫症；少数小儿于出生后6周左右才出现上述症状。也是在哺乳后发生，偶尔也可在夜间空腹时发生。

一、发生溢乳的原因及机制

1. 新生儿和婴儿食道平滑肌与弹力组织发育尚不完善，食管下端括约肌发育不成熟，收缩力弱；当哺乳使胃充盈后，与小儿吸奶时常吸入较多空气，使胃内压力增高，迫使胃内乳汁反流入食管。

2. 小儿食管下段平滑肌与黏膜发育不全，均可使食道往下蠕动功能弱，当胃内容充盈时易引发溢乳。

3. 小儿胃的平滑肌也还未发育完善，胃的排空功能弱。吸乳时吸入部分空气，更增加了胃内的压力，也可迫使乳汁从口溢出或呕出。

二、溢乳症的特点

1. 多发生于吸吮乳汁时或吸完乳后。

2. 婴幼儿的呕吐多发生于进食后。有时夜间或空腹时因体位不恰当也可发生。

三、溢乳引起的并发症及危害性

1. 反复呼吸道感染。因为小儿咽部的会厌软骨尚未发育完善，功能不灵敏。当溢乳至咽部会厌部位时被误吸入呼吸道内，轻则引发气管炎或支气管炎，重则引发肺炎。

2. 支气管性哮喘。这是因为反流的乳汁刺激食管壁的神经末梢，反射性地引起支气管痉挛，以致肺通气换气功能阻力增加而产生。

3. 喉痉挛性窒息或呼吸暂停。此为一种危急重症。

四、预防溢乳的措施

1. 对哺乳后溢乳（漾奶）的新生儿或小婴儿，喂哺时要斜抱宝宝，使其上半身稍高于下半身，不要让宝宝的腹部受压，以利胃肠往下蠕动。

2. 哺乳完后抱起宝宝两腋，让其两上肢爬在母肩头，轻拍其背部数次（即拍嗝），一可促使胃内吸入的空气从口排出；二可以刺激胃向下蠕动，促使胃中乳汁流入十二指肠和小肠。

3. 婴儿哺乳结束后或进食和食后稍坐一会，不要立即睡下或弯腰，以防胃内容物反流出；小婴儿哺乳完与拍嗝后，卧位取右侧卧，上半身体位略高一点更好。

4. 也可在易发生溢乳或呕吐的新生儿或小婴儿哺乳完或进食完，拍完嗝后，抚摸或轻柔摩小儿的脾俞穴和胃俞穴各两分钟。这种抚摸或轻柔摩对小儿是一种良性刺激，它可以激发神经内分泌和自主神经系统的协调良性运行，从而促进胃肠蠕动更为规律有序协调；也有一定的保健作用。

第 5 节 小儿鹅口疮的预防和治疗

一、鹅口疮的病因及症状

鹅口疮俗称为雪口病。这是新生儿和婴幼儿多患的一种口腔疾病，其病因为白色念株霉菌感染口腔黏膜并滋生繁殖而发病。新生儿乃是因为出生时其母患有白色念珠菌性阴道炎，传染给了小儿口腔;婴幼儿感染此病者多为体弱多病的早产儿，长期消化道疾病或腹泻，致营养不良，免疫系统功能低下且长期使用广谱抗生素的幼儿。本病的特征表现为患儿的口腔黏膜表面覆盖有一层白色的乳状块样伪膜，并逐渐融合成大片且不易擦去，患儿也无甚明显痛苦反应，也不流口水，也不影响患儿吸吮母乳或进食，因而易为家人忽视而延误治疗，从而导致霉菌繁殖蔓延至整个口腔黏膜，形成重症，甚至还可侵袭咽、喉、食管、气管直至肺部，以致气憋气喘、咳嗽而危及生命。

二、治疗

1. 西药疗法：较为麻烦，而杀霉菌药毒性大，其效果不如中药省事见效快，且副作用小。

2. 中医治疗: 中医将本病归之为心脾积热或脾肾阴虚所致。作者经验归纳如下：

（1）心脾积热证：方用黄芩 2g，金银花 4g，连翘 3g，紫草 1g，生黄芪 2g，生甘草 0.3g，水煮成汤剂放微温后喂服，每次 5 ～ 10mL，每日 5 ～ 6 次；也可用消毒棉球蘸药液涂擦口腔，每日 7 ～ 8 次，效果也不错。此型患儿较多见。

（2）脾肾阴虚证：在早产儿或体弱多病的婴幼儿中可见。中药既要滋脾肾之阴，又要清口腔湿热，还要能增强患儿免疫系统功能。作者自拟方药：生山药5g，沙参4g，生地黄3g，生黄芪4g，黄芩3g，金银花5g，生甘草0.3g。煮沸后5分钟滤出药液，放微温后喂服，每次5～10mL，每日5～6次；也可用消毒棉球蘸药液涂拭于口腔黏膜上，每日7～8次，有一定效果，但不如喂服的效果好。上述中药皆无毒副作用，而且能增强患儿的免疫系统功能，杀灭霉菌。

三、预防措施

1. 哺乳前乳母用温开水洗擦净乳头和乳房。

2. 勤换洗内衣。

3. 也可在乳母乳头上涂抹上述中药汤液。

4. 想法提高体弱婴幼儿的免疫系统功能，增强抗病力。

第5节　小儿疱疹性口腔炎的预防与治疗

小儿疱疹性口腔炎多为原发性，以0.5～2岁的小儿易被传染上。但6岁以下儿童也可被传染患病。其病原为单纯疱疹病毒Ⅰ型（HSV-1型），主要通过呼吸道、消化道、口腔唾液、粪便污染和健康带毒者的唾液传播。尤其是婴儿、营养不良儿和免疫系统功能低下者易感染，也可经食具、衣服而间接传染。

一、临床特征

1. 传染上病毒HSV-1后的前驱期症状较重，发热39℃左右，全身不适，颈部淋巴结肿大。

2. 口腔前、后部，齿龈处以及舌面可见散在的成簇的小水疱，溃破后形成糜烂面；重者可蔓延至食道引起食管疱疹，影响吞咽。

3. 这种病多为自限性，一般多在7～10天内可退烧逐渐恢复。

二、本病的诊断

根据上述临床特征即可判定。可查血清 HSV 抗体和免疫球蛋白 M，若都呈强阳性，即证实为 HSV 新近感染。

三、治疗对策

1. 西药疗法

（1）阿昔洛韦软膏局部涂。

（2）用免疫增强剂，如转移因子、γ－干扰素或胸腺肽等任选。

（3）抗病毒药：①病毒唑片：一次 40 ～ 50mg，每日 3 次，量大可有心脏毒性，出现贫血和白细胞减少。②阿昔洛韦片：对本品过敏者、哺乳期妇女、肝肾功能差者慎用。

2. 中医疗法：中医辨证将本病归之为邪毒内侵、生热生湿。治疗法则用祛邪排毒、清热除湿。方剂：银翘散加减。金银花 6g，连翘 6g，荆芥 2g，芦根 10g，淡豆豉 3g，淡竹叶 3g，牛蒡子 4g，桔梗 0.5g，薄荷 0.3g（后下），生甘草 0.3g，紫草 3g。水煎煮好后，将药液滤出放微温，每次喂服 10 ～ 20mL，每日 4 次。本药液可杀灭 HSV–I 型病毒，并将毒素排除，增强体内免疫系统功能，紫草更能凉血清热，使溃破之疱疹收敛，还能利尿祛湿。本药液味甘淡不苦，如果幼儿不习惯也可加少许白糖以矫味喂之，效果理想。

四、预防措施

本病由于传染途径较多，因而预防被传染上有很大难处，但更应重视保护婴幼儿。

1. 不去有病儿的家中串门。

2. 本病流行期大人从室外回家应先脱去外穿衣裳，洗净手和面部后才能接触家中小儿。

3. 严禁口对口喂食小儿，也不要吻小儿之口。

4. 可给小儿服用预防中药液。药液由鲜芦根 10g，金银花 5g，紫草 2g，生甘草 0.5g，干红枣 2 枚（掰），熬煮而成。也可在药液中少加点白糖给小儿服用，每次服 10 ~ 20mL，每日 2 ~ 3 次，效果明显。

第 6 节　小儿佝偻病的预防与治疗

一、佝偻病的病因

主要是由于维生素 D 摄入不足，使钙、磷吸收不良且排出增加；引起骨骼系统发育受阻而产生的一系列症状和体征。多发生于 5 个月至 2 岁的小儿，发育快的婴儿在 3 个月时也可发生。这种病的病发率较高，如不及时抓紧治疗会引发一系列并发症而损及健康。

二、佝偻病早期的常见征象

1. 原本睡眠安静的婴儿逐渐不安稳了，喜蹬被子，来回翻动。

2. 白天夜晚都烦闹不安，常伴有易出汗，即使天不热也易出汗。

3. 睡下后，头反复转来转去，使枕部的头发被逐渐摩擦脱落，以致使一部分头皮外露成一半圆状，临床上把这一征象叫作“枕秃”。此时若仍不抓紧治疗，病情会日渐加重，引起多器官组织的并发症。

三、佝偻病常见的并发症

1. 骨骼系统的骨化受阻

（1）头颅骨质变软，称之为“乒乓头”。

（2）两侧额骨和顶骨因骨化不良致骨样组织增生，呈对称性隆起，从头顶往下看婴儿的头形像一个方盒状。临床上将此征象称之为“方颅”。这种征象多见于8 ~ 9个月以上的婴儿。

（3）出牙延迟，乳牙的牙胚形成不良。一般发育好且维生素D补充及时的婴儿，4个月时可出2个下中切牙（下门牙），且排列整齐。而患佝偻病的婴儿又得不到及时补充维生素D，则出牙可延迟到10个月以后或更迟才长出，而且生长慢，牙序排列也不整齐。

（4）前囟门闭合延迟。发育好的婴儿10个月至1岁前囟门基本闭合；患佝偻病的幼儿往往迟至2 ~ 3岁前囟门还不一定闭合。

（5）上肢的桡骨和尺骨远端骨化不良致类骨质增生，使患儿手腕部呈钝圆形肿大似手镯状，叫“镯状腕”；下肢的胫骨和腓骨远端类骨质增生，致踝部呈钝圆形肿大叫“镯状踝”。

（6）两侧肋骨与肋软骨连接处类骨质增生形成钝圆形隆起，以两胸第5 ~ 10肋最明显，上下排列形似一串珠子，临床上叫“串珠肋”，也叫“肋骨串珠”。

（7）肋骨软化、膈肌附着的肋骨部分内陷呈一条“沟”样，于吸气时更为明显，临床上谓之“郝氏沟”。

（8）胸骨下剑突区膈肌附着部位被拉向内陷形成漏斗状胸廓，临床上叫“漏斗胸”；而胸骨体向前突出明显，致两侧胸廓内收，使患儿胸部外观像一鸡的胸廓样，故临床上谓之“鸡胸”。所有上述肋骨的病变使肺通气换气功能降低，使得小儿一旦上呼吸道感染就易于诱发肺炎。

（9）下肢以骨质变软，幼儿行走延迟且易形成两膝向内翻形成“X形腿”或两膝向外翻形成“O形腿”；下肢小腿的胫骨中下部受体重压迫而向前倾形成所谓的“军刀腿”。

（10）两足诸骨发育不坚，幼儿会站立后易形成扁平足，影响日后的行走跑跳功能。

（11）脊柱各椎骨骨化受影响，加之低血磷使肌肉和各部韧带变得松弛乏力，使得会站后易发生脊柱后凸畸形。

2. 低血磷导致肌肉中葡萄糖代谢障碍，产生的供能物 ATP 明显不足，引起肌肉松弛无力，患儿坐立和行走等功能均落后于正常小儿，爬行功能也同样力不从心；低血磷使 DNA 的构成受影响，对智力的发育不利；低血磷也影响骨盐形成致成骨受阻，钙盐难沉积于骨基质中，易使骨骼变形。

3. 神经与肌肉的兴奋性增强，易引起手足肌肉抽搐或面部肌肉抽搐，心跳加快且节律不齐。这些症状与佝偻病时低血钙的关系密切。

四、佝偻病典型的生化改变

血清钙略低于正常，一般在 2 ~ 2.5mmol（8 ~ 9mg/dL）；血清磷明显降低，多在 0.667 ~ 1mmol（2 ~ 3mg/dL）；血清碱性磷酸酶中度升高，常在 10 ~ 15 布氏单位（约相当于＞ 500 IU/dL）。血钙与血磷的乘积＜ 35。

五、小儿佝偻病的治疗

1. 西药疗法

（1）口服维生素 D：开始用量为每日 2000 ~ 4000 IU；2 ~ 4 周后改用维持量为每日 400 IU。

（2）对于病情较重的或难以保证每日定时定量口服的，可采用突击疗法：即用维生素 D_3 注射剂，一次肌内注射 300000 IU；2 个月后随病症的改善而改用口服维持量。

（3）在用维生素 D 时一定要同时用钙制剂；大剂量肌内注射前一周应先服钙制剂，否则易诱发低血钙抽搐。不能忘记这一条！

2. 饮食的配合

（1）对于半岁以内未添加辅食的宝宝，若只以母乳为唯一食物的，则应给乳母的饮食谱中增加含钙丰富的食物。

（2）4 ~ 5 个月的婴儿已开始加喂辅食的，应每日补充一个鸡蛋羹，还可加喂一点骨汤、豆腐脑等含钙元素较多的食品。当然母乳仍是主要食物。

（3）10 个月至 1 岁的婴儿若已没有了母乳的食谱应包括：稀粥或面条每日 100g，牛奶 500mL，鸡蛋一个，豆腐脑 150mL，菜末或菜汤肉汤。上述食谱可供热量约 950kcal，也包含足够的必需氨基酸和脂肪酸，各种微量元素及维生素、钙和磷。至于水的补充，1 岁左右的婴儿每日需补水。平静状态无汗时，900 ~ 1000mL；若是活泼好动或夏天气温高而有出汗则应相应增加饮水量，以防幼儿发生缺水引起脱水热。尽管这种情况少见，但提出来引起读者注意，是为了保护好您的宝宝发育顺利，成长得健康聪明些。

3. 中医对佝偻病的认识

（1）先天不足。先天肾气肾阴不足者则易发病。因为肾为先天之本，主骨生髓通于脑，包含了维护健康聪明、气血充盈、免疫系统发育得好且功能强健。

（2）后天失养（即喂养不科学），损伤小儿脾胃，不能充分消化吸收各种必需的营养要素，尤其是维生素 D 和矿物元素钙与磷而发病。

4. 中医药治疗：总的宗旨是补肾补脾，二者必需兼顾。但是也必须在西医药疗法的基础上，再辅之以中药汤剂，收效才会更快，孩子的综合健康素质恢复改善得才更顺利；基因表达才能被诱导得向着好或优良的方面发展，使其精气神恢复，展现出小儿的童真来。作者的治疗经验方药是党参 2g，炒山药 4g，炒白术 3g，白茯苓 0.5g，炙甘草 0.3g，灵芝 2g，炙龟甲 6g，炙五味子 2g，煅龙牡各 6g，大枣 1 枚（掰）。水煎煮滤出药液放微温后喂小儿服下。每次喂服 15 ~ 30mL，每日 3 次。本方药的作用是健脾益气、滋补肾阴、益肾壮骨，有助强筋骨益心智，增强免疫系统功能；促进细胞核内 DNA 的复制，促进肝、骨髓和血清中核酸与蛋白质的合成；增加细胞的分裂增殖代数而有助生长发育；抗虚阳上亢从而使佝偻病小儿虚性兴奋的神经系统恢复平静，减少或消除多汗症状，使小儿能安稳入睡，醒后精气神会日渐变好。

六、小儿佝偻病的预防

1. 每日服维生素 D 400IU。
2. 每日上下午各晒太阳半小时。
3. 经常吃含钙、磷多的食物。

第 7 节　婴幼儿腹泻的预防和治疗

婴幼儿腹泻是 6 个月至 2 岁的小儿病发率较高的综合征，1 岁以内的婴儿约占半数，是引起患儿营养不良，生长发育延迟的原因之一。

一、为什么婴幼儿易患腹泻病症

1. 婴幼儿本身发育的相应不足

（1）婴幼儿消化系统发育不完全成熟：①胃酸分泌不足，胃肠消化液中所含消化酶不全面，且酶的活力尚弱。②肠道黏膜免疫屏障发育尚不完善，防病抗菌能力不健全。③婴幼儿全身免疫系统发育尚不成熟，以致防病抗病能力较低。上述诸因素易于在喂养不适的情况下引起小儿肠道菌群紊乱而发病。

（2）容易因喂养不适当造成小儿对所食物品消化不了或不完全，以致引起吸收不良或不能吸收而泄出。

2. 喂养因素

（1）母乳喂养的：①哺乳前不注意对乳头和乳晕的清洁卫生，使婴儿在吸奶时连同污染的病菌一起进入胃肠道而致引起腹泻。②漏出的乳汁在内衣上，为病菌的滋生繁殖提供了有利条件，并污染了乳母的乳头和乳房，也会增加婴儿被感染的机会。

（2）人工喂养的：①鲜奶（牛、羊乳）受污染或煮沸消毒杀菌不彻底。②奶瓶等器具消毒不充分或受污染。

二、致病菌感染引起的婴幼儿腹泻

1. 肠道内的感染性腹泻

（1）病毒性肠炎：①冬季以轮状病毒感染多见，约占80%的概率。②其他为腺病毒、肠道病毒或冠状病毒等感染。

（2）细菌性肠炎：夏秋季多见大肠杆菌感染，也常见沙门杆菌或空肠弯曲菌感染。

2. 肠道外的各种感染病灶引起：如上呼吸道感染、小儿易患的中耳炎、支气管肺炎、各种皮肤感染病灶等也可诱发腹泻。

3. 小儿一发烧就滥用各种抗生素，以致引起肠道菌群失调性腹泻，许多抗生素本身就有引起消化道的一系列刺激征，包括腹泻在内。

三、非感染性因素引起的腹泻

1. 饮食不当：①暴饮暴食，致胃肠功能受损或紊乱。②过食辛辣寒凉等刺激性食物，损伤小儿柔嫩的胃肠黏膜。③对某些食物的过敏性反应。④突然随家人远离故土而易地生活，引发水土不服性腹泻。

2. 气候的骤然太大变化：①天气突然刮风降温，致小儿腹部受凉，胃肠功能紊乱。②天气突然暴热或阳光下暴晒太长时间，引起中暑，也可出现腹泻等症。

四、治疗对策

（一）西医药治疗

1. 小儿腹泻最易引发脱水和电解质紊乱，因此纠正脱水和电解质紊乱是刻不容缓的。

2. 对因治疗

（1）感染性腹泻：选用针对性较强、对小儿不良反应较小的抗生素，依年龄大小调整用量，或口服，或肌内注射，或静脉滴注。

（2）非感染性腹泻：应暂禁食，改由静脉补充热量，纠正脱水和电解质紊乱，伤食性泻可予以口服各种消化酶制剂；受凉所致者按胃肠型感冒用药；暑热者应清热祛暑，用流食或半流食中加适量白糖和少量食盐。一方面补充水分和钠盐，同时保证基础代谢所需热量在 50kcal/（kg · d）左右，以防自身消耗，也有利于胃肠道的修复，从而促进暑消泻停。身体的完全康复还要待免疫系统功能全部恢复正常后才可实现。因为上述各种治疗措施均不能促进免疫系统功能，其次也不能促使受损的消化道加快修复进程，对此辅之以中医药治疗，可提高疗效且恢复快些。

（二）中医药疗法

1. 风寒腹泻证：系由于受凉或受风而引起腹泻，可见泄如清稀水样，兼见鼻塞流清涕，轻咳，口不渴，腹隐痛喜温或按揉，舌苔薄白，有时恶风畏寒或低烧。治疗法则宜疏风散寒，化湿祛邪。方药用藿香正气散加减：藿香 3g，紫苏叶 3g，炒白术 5g，白茯苓 2g，大腹皮 2g，陈皮 0.5g，炙甘草 0.3g，厚朴 0.5g，生姜 0.5g，大枣 2 枚，水煎温服，每次 10 ~ 30mL，每日 3 次。

2. 湿热腹泻证：多见于夏秋季，感受潮湿暑热侵袭；或乳母乳头不洁受污染，小儿吸吮时使秽毒之邪侵入，损伤脾胃肠道，舌苔黄腻。治疗法则宜清热利湿。方用葛根芩连汤加减：葛根3g，黄芩3g，黄连2g，炙甘草1g，炒白芍3g，车前子2g。水煎温服，每次10～30mL，每日3次。

3. 伤食腹泻证：此证多因乳、食无节制，损伤脾胃引致腹泻伴腹痛腹胀拒胺，泻下之便黏滞有腐臭气，同时有口臭纳呆、有时呕吐；舌苔黄厚或垢腻。治疗法则宜消食导滞和胃。方用消乳丸与保和丸化裁：炒神曲3g，炒麦芽5g，陈皮1.5g，白茯苓1.5g，连翘4g，砂仁0.3g，炙甘草1g。有呕吐可加藿香3g。水煎温服，一次10～30mL，每日3次。

4. 脾虚腹泻证：此证多见于禀赋不足，体瘦且弱，久泄不愈，或时泻时止，也可见于常用抗生素类西药或苦寒攻伐之中药，引起脾阳受损，病后失于调养，以致寒湿内停、清浊混杂、泻下清稀、久泻不止，乳食未全消化；面白肢冷；舌质淡，苔薄白而润，脉沉无力。治疗法则宜温中散寒、补脾益胃。方用七味白术散：党参4g，炒白术4g，白茯苓2g，炙甘草1g，藿香3g，煨木香0.5g，制葛根3g，水煎温服。作者经验加入炒山药同煎，效果更好。每次服10～30mL，每日3次。对无食欲之患儿，还可在药液中加入饴糖，既矫药味，又增加药液疗效。

综合上述治疗婴幼儿腹泻的中西医药疗法，总结出：①小儿出现脱水和电解质紊乱症时，当然应以西药紧急纠正，补液为首选。②感染性腹泻西药虽可选用抗生素，但不良反应不少，且对小儿发育尚不完善成熟的胃肠道也有刺激；对其胃肠黏膜屏障有一定损伤；对胃肠道消化吸收功能的恢复起不到促进作用。③中药对杀灭细菌等致病微生物皆有很好效果；而且对胃肠道无损伤，并还能促进受损胃肠道功能及黏膜屏障的修复，对全身免疫系统各项功能也有保护和增强作用；能使小儿较快恢复健康，也不会引起不良反应。

第 8 节　婴幼儿麻疹的预防和治疗

一、概述

婴幼儿麻疹是一种急性传染病，多见于 6 个月至 5 岁未出过麻疹者。主要是由麻疹病毒经呼吸道吸入而传染，患者是病毒的传染源。凡是患过麻疹后的患儿可产生终生抗体。

二、临床征象

1. 典型麻疹（临床分为 4 期）

（1）潜伏期：在被麻疹病毒传染后，可出现 3 ~ 6 天的低烧和全身不适，患儿食欲不佳等症。

（2）前驱症期：此期患儿发烧可达 38℃或以上，并呈现面部卡他症，持续 2 ~ 3 天后在口腔两侧颊黏膜上可出现科氏斑（Koplik spots），即颊黏膜充血发红，上散在有 1mm 大小的灰白色斑点分布，2 天左右时间此斑点明显增多，预示将进入出疹期。

（3）出疹期：此期在患儿耳后、发际、前额及面部皮肤表面可出现 1 ~ 2mm 大小的充血性淡红色斑丘疹，并日渐增多向颈、胸、腹、背部和四肢以至手掌足底皆可出现。疹子之间的皮肤正常，疹子在 4 天内可波及全身。很少数病毒血症严重的患儿，此期高烧加剧，病情甚重，往往出现出血性皮疹或融合成片；易引发急性喉炎，呼吸困难，急性肺炎，咳嗽气喘加重，缺氧征象明显；有的引起心肌炎性损害，甚至有的极少数患儿并发病毒性脑膜脑炎，出现神志改变，甚或伴呕吐、抽搐等危急病征，需要紧急抢救。上述喉、肺、心、脑并发症的出现，往往病死率会增加。

（4）恢复期：如果麻疹出得顺利的话，经过 5 ~ 7 天后，可见疹子依出疹的先后顺序而依次渐消退，疹色转暗淡，体温日渐降低直至恢复正常；全身症状也明显减轻好转，患儿精神渐好，食欲渐恢复；皮疹变成糠肤状脱屑，留下浅褐色色素沉着，一段时间后全部恢复至正常颜色。整个病程为 10 ~ 14 日。

2. 非典型麻疹

（1）轻症麻疹：多见于接受麻疹疫苗接种过的小儿，体内已产生一定的抗体，对麻疹病毒有不同程度的抵抗力，或者是免疫系统功能强健的小儿。这种患儿感染病毒后症状很轻，体温仅轻烧，两颊黏膜很少见或无柯氏斑。一般一周左右即可痊愈。

（2）重症麻疹：此种类型多见于体质差、全身免疫系统功能低下者。往往多有持续高烧在 39℃以上，病毒血症重，易引发各种并发症，属于危急重症，应及时救治。

（3）逆症麻疹或隐疹：其特征是开始出疹后因各种原因使皮疹突然隐退、高烧加剧，出现各种危急重症；如呼吸困难、缺氧症明显，体内酸碱平衡严重紊乱，急性心力衰竭，脑膜脑炎等，致患儿四肢厥冷、神志不清、抽搐等，病死率较高。所以对麻疹一定要高度重视预防和及时有效的治疗，尽可能防止出现并发症。

三、治疗

1. 一般治疗与护理：①保证营养及热量的摄入。②重视维生素 A、B、C、D 的补充。③注意补充每日电解质的需要量，维持体内酸碱平衡。④保证水分的合理摄入，以维持有效循环血量的运行，使尿量要在每日 500mL 及以上，有助各种毒素的排出。⑤重视面部及口腔的清洁卫生，对减轻或防止呼吸道症状加重有帮助。⑥间断吸氧有利于保护心肺功能，减少或防止并发症的发生。

2. 西医药治疗主要是对症处理：①高烧可用恰当的物理

降温措施，但不能急于求效，更不要贸然使用退烧药，否则易诱发隐疹或其他并发症，而造成不良后果。②声音嘶哑或干咳者可用雾化吸入疗法或化痰止咳剂，并配合吸氧。③烦躁不安者可予以小量镇静剂加吸氧，以防脑缺氧与脑水肿对大脑细胞的损伤。④身体弱和免疫系统功能低下者可以早期注射丙种球蛋白，以增强机体抗感染能力。⑤有明确合并细菌感染症的可选用有效且不良反应小的抗生素。但在用抗生素前一定要化验母子二人血液中是否有药物致聋性基因！

3. 中医药治疗：主要是针对麻疹患儿的顺证，在上述西医药治疗和良好护理配合下，病情的进展与恢复较顺利。如果是较重的并发症和逆症麻疹或隐疹则应以西医药为主，中医药密切配合，效果比单用西医药疗效好些，安全性更高些。做到互相取长补短，使患儿顺利渡过危难。

（1）前驱症期：治疗法则宜辛凉解表、清宣肺卫。用银翘散加减：方中银花 6g，连翘 6g，黄芩 5g，清热解表；芦根 10g，淡豆豉 5g，薄荷 1g（后下），辛凉解表；桔梗 1g，牛蒡子 4 ~ 6g，生甘草 0.5g，利咽宣肺；升麻 1g，葛根 3g，防风 3g，宣透肺卫，以促麻疹从皮肤黏膜发出顺利。本方既可抑杀病毒，清解邪热，又能激发机体免疫系统产生相应抗体，保护患儿身体不遭受病毒及其毒素的重度损害，还可通过清宣肺卫机制促使疹毒从皮肤和呼吸道黏膜透发排出，改善心肺功能，使患儿不患或少患并发症，从而平安顺利渡过麻疹的痛苦。

（2）出疹期：治疗法则宜清热解毒，发表透疹。用清解透疹汤加减：方中桑叶 2g，黄菊花 2 ~ 3g，黄芩 3g，银花 6g，连翘 6g，清热解毒；西河柳 1g，蝉蜕 1g，葛根 3g，升麻 1g，牛蒡子 4g，发表透疹；紫草 2g，生甘草 1g，清热凉血、解毒透疹。如果是出血性皮疹或疹子连成斑片状者，可加牡丹皮 1g，赤芍 2g，生地黄 2g，凉血活血，降低毛细血管壁的通透性，降低血小板的聚集性使成堆的解聚，使营分伏热减轻并散瘀血，达到卫营两清，血不妄行，从而使出血性皮疹减轻或逐渐消散，少发生或不发生并发症。本方还能改善和增加心脏冠状动脉与大脑动脉的供血，增加心脏和大脑的供氧，防止心肌和大脑细胞损伤，有助于预防心力衰竭和脑膜脑炎的发生。

（3）恢复期：此期皮疹渐消退，体温亦已恢复正常，但患儿因机体消耗甚多，仍然呈现比较虚弱状态，各器官功能仍未完全正常。对此首先是要补充营养，但应照顾孩子胃肠功能已受损伤，因此补充营养要循序渐进，少食多餐，用富含各种必需营养成分切易消化吸收的半流食或软饭，每餐不宜饱，每日可用 6 ~ 7 餐。汤水充足有利促进气血循环，清除余邪；其次辅以中药汤剂调养仍有必要。此期宜养阴益气以调和五脏，既可促进气血的生成，加强气血运行；又有助受损组织器官的修复和功能的恢复。方剂宜用四君子汤合当归补血汤加味：党参 4g，炒白术 4g，炒山药 6g，白茯苓 2g，炙甘草 1g，补气健脾；砂仁 0.3g，陈皮 0.5g，炒麦芽 6g，芳香开胃和胃，醒脾益气，助主药运化水湿健运中焦，使补而不滞；炙黄芪 4g，当归 1g，补血滋阴活血；若偶有稍咳者还可酌加川贝 1.5g，炙五味子 2g，以滋补肺阴，敛肺肾之气阴，促进肺功能和心功能的改善恢复。全方补气健脾胃，补血活血，滋阴养新血，改善全身微循环，促进非特异性免疫功能和特异性免疫功能，清除已被抑杀而未排净的邪毒；抗有害自由基对各器官组织的损伤；保护心、脑、肺和肝脾肾并增强各器官的功能，从而使病后之虚弱身体恢复得顺利与理想些。

第 9 节　幼儿急疹的预防和治疗

幼儿急疹是婴幼儿常见的发疹性传染病。病情轻，多为自限性病程。6 个月至 2 岁幼儿皆可被传染，尤以一岁以内婴儿更易受传染，一年四季都可发生，但以冬春季节多见。本病的病因是人类疱疹病毒，通过飞沫经呼吸道传染。患儿是传染源。本病的病程有自限性，一般病情较轻，多在一周时间即可自愈。痊愈后多产生终生抗体，不会再次患本病。

一、临床征象特征

多为与患儿接触后 10 天左右发病。

1. 发热急起，可为高烧 39℃或以上，持续 2 ~ 4 天后发热自行消退，很少面部卡他症。部分患儿可有轻度烦躁不适或睡眠不安。

2. 体温回降正常后出现皮疹。疹色为粉红色充血性玫瑰斑丘疹，大小为 2 ~ 3mm，最先在颈部和躯干部出现，较快扩散至全身。腰部臀部较多，其次为头、额、上臂及股部，面、膝以下少见或无。皮疹在 2 天内可全部消退且不留色素斑，也无脱皮屑征象。颈部淋巴结肿大较普遍，但无压痛，可持续数周才逐渐消退。多见消化道症状如恶心、呕吐以及不同程度的腹泻。

二、治疗

1. 西医药治疗

（1）加强护理及支持疗法：充分休息，保持室内空气清新；多补充水分以 40℃左右的温白开效果较好，使每日尿量应在 500mL 以上。

（2）对症疗法：高烧时可予以物理降温，小量镇静剂以减轻烦躁不安和防惊厥发生。

2. 中医药治疗

（1）护理和饮食很重要。

（2）药物治疗：辛凉解表、清热解毒。方药为桑菊饮合银翘散化裁：桑叶 2g，黄菊花 2g，薄荷 0.5g，疏解风热之邪；银花 6g，连翘 6g，清热解毒；牛蒡子 5g，生甘草

1g，芦根10g，宣肺利咽；紫草2g，凉血解毒镇惊。有腹泻者可加车前子1g，以清热利尿，渗湿止泻。全方可杀灭病毒，疏散风热；止咳祛痰、祛风清热镇惊；改善心肺功能，增加心脏冠脉血流。

第10节　儿童风疹的预防与治疗

一、概述

风疹是一种病情较轻的急性传染病，5岁以内小儿发病较多，冬春季易流行，全年也可散发。少数免疫系统功能低下的成年人也可被传染发病，尤其是妊娠早期的孕妇。病原为风疹病毒，传播途径是病毒经患儿飞沫浸入易感者的呼吸道而引发病变。一次感染发病痊愈后，可产生终生免疫力。若是孕妇在妊娠早期被传染上风疹，则病毒可经胎盘侵入胎儿体内不断繁殖，形成先天性风疹综合征，引起胎儿产生各种发育缺陷和畸形，甚至死胎，流产等。

二、临床征象特点

总的是病情较轻，并发症少。

1. 潜伏期：从接触患儿后经2～3周发病。

2. 前驱症期

（1）低烧1～3天，伴面部卡他症（流清涕、喷嚏、眼结膜充血发红，偶或轻微干咳）。

（2）耳后、头枕部以及颈后部皮下淋巴结稍肿大，有时压之患儿感不适或轻痛。

3. 出疹期：发烧1～2天后，在患儿面颊部皮肤上出现较小的淡红色斑丘疹、稀疏散在，继之迅速扩散至躯干，背部稍多；四肢也可稀疏发生，手掌与足心不会出现皮疹。全身皮疹于3天后消退，且不会遗留色素沉着。极少发生并发症者，偶尔在青少年风疹患者中可见。

三、诊断

1. 有与风疹患儿密切接触史。

2. 血常规化验可见淋巴细胞明显增多。

3. 前驱期血清学检验见特异性免疫球蛋白M呈阳性。

四、治疗

1. 西医药治疗

（1）一般支持疗法：充分休息，加强护理；保持室内空气清新和相对湿度在55%左右；注意饮食营养。

（2）对症治疗：发热明显者（38℃以上）可用少量退热剂；轻度干咳者可用止咳化痰剂。

（3）抗生素无效。除非有合并细菌感染时，可选用抑杀相应细菌的。

（4）对体弱者可肌内注射丙种球蛋白制剂，以增加抗病力。

2. 中医药治疗：一般支持疗法同西医。辨证施治如下：

（1）邪侵肺卫证：相当于前驱症期。治宜疏风清热。可用银翘散加减：方中银花6g，连翘6g，淡竹叶3g，薄荷1g，清热疏风、杀灭病毒以解表；牛蒡子5g，桔梗1g，生甘草1g，清热利咽，止咳化痰透疹。皮肤痒时可加蝉蜕0.5g以祛风止痒。

（2）邪热炽盛证：此时治疗法则宜清热解毒凉血透疹。可用透疹凉解汤加减。方药：桑叶3g，黄菊花3g，银花6g，连翘6g，薄荷1g，杀病毒清热；牛蒡子5g，桔梗1g，生甘草1g，清热利咽、祛痰止咳；若高热甚还可加入紫草2g，以凉血活血，解毒透疹。

五、预防措施

1. 不与风疹患者接触直至疹后5天，因为出疹5天后即无传染性。

2. 对儿童及易感的育龄女性，可接种风疹减毒活疫苗：皮下注射0.5mL。1～2岁幼儿初种一次；12～14岁时再复种一次。

3. 育龄女士接种疫苗后3月不宜怀孕。

4. 也可对儿童和未孕女士肌内注射丙种球蛋白。

5. 风疹流行期可服用中药汤剂预防效果好。方药：荆芥2g，防风2g，薄荷1g，蝉蜕0.5g，银花4g，连翘4g，牛蒡子4g，生甘草0.3g，水煎后微温服，每日1剂，每日服3次。

第11节　婴幼儿水痘的预防和治疗

一、概述

水痘是婴幼儿十分常见的一种传染病，且传染性极强。其病因是水痘－带状疱疹病毒传染而引起。患儿是其传染源，传播途径是通过飞沫经呼吸道或与患者接触而被传染上。冬春季易流行，但全年也可散发。本病多为自限病程，一般10天左右可痊愈。病愈后有持久的免疫力。

二、临床特征

1. 接触患儿后2～3周左右的潜伏期而突然发烧及上感样症，持续1～2天后体表皮肤出现红色小斑丘疹，以躯干和头部多见，然后波及面部及四肢；经一天左右发展成透明状的疱疹，以后稍混浊、透明度减低；又1～2天后疱疹开始干瘪结痂，一周左右痂皮脱落，且不留瘢痕和色素沉着。

2. 上述皮疹相继分批出现，所以常可见到丘疹、疱疹、结痂疹同时并现的特点。

3. 患儿体质好者发烧轻、皮疹少、恢复快；体质弱者往往发高烧、病情较重，皮疹多且密集，恢复较慢。

三、诊断

依据上述有与患儿接触史及皮疹特征变化、容易做出临床诊断。少数免疫系统功能低下者易引起不同的并发症，则应进行一些相应的化验和各种特殊检查，以便及时确诊。

四、治疗对策

1. 西医药治疗

（1）加强护理和支持疗法：严密隔离患儿，未病者不与患儿接触；注意营养和易消化食物，多喝水以利尿排毒；补充口服维生素 C 和 B_1，增加身体抵抗力；重视皮肤、口腔清洁，防继发其他病菌感染。

（2）对症处理：38℃以上中、高烧时可适当用退热药；皮肤瘙痒的可搽抹炉甘石洗剂既止痒，也可使患儿减轻烦躁。

（3）抗病毒药：目前多选用阿昔洛韦、口服或静脉滴注，用法和用量需由医生决定。凡过敏体质者禁用；哺乳期妇女或肝、肾功能有损者应慎用。

（4）选用免疫功能增强剂，如转移因子，皮下注射，α-干扰素的不良反应多，不宜滥用。

2. 中医药治疗：中医辨证将本病分为风热夹湿证和湿热炽盛证。

（1）风热夹湿证：治疗法则宜疏风清热、祛湿排毒。方药用银翘散加减。方中银花 6g，连翘 6g，淡竹叶 4g，杀灭病毒以清热；薄荷 1g 以清凉退热；牛蒡子 5g，桔梗 5g，生甘草 1g，解毒利咽，祛痰止咳。皮肤瘙痒者可加蝉蜕 0.5g，浮萍

3g，以祛风止痒、利水祛湿。

（2）湿热炽盛证：治疗法则宜清热凉血、解毒祛湿。方剂用银翘散合紫草快斑汤化裁：方中黄芩 5g，银花 6g，连翘 6g，淡竹叶 4g，杀灭病毒以清热；牛蒡子 5g，生甘草 1g，桔梗 1g，解毒利咽，祛痰止咳；紫草 2g，蝉蜕 1g，浮萍 3g，凉血祛风，利水祛湿并止瘙痒。每日 1 剂，水煎服，每次服 15 ~ 30mL，日服 2 ~ 3 次。

第 12 节　儿童手足口病的预防和治疗

一、概述

手足口病是婴幼儿常见的一种急性传染病。是由多种人肠道病毒感染所引起，以手、足皮肤出现红色斑丘疹、口腔黏膜出现疱疹为主要特征。多发生于春夏季节，3 岁以内小儿病发率最高。在托幼机构易引起广泛传播流行；5 岁以内儿童也易传染发病。

本病的传染源为患儿和隐性感染者。在患儿的疱疹液中含有高浓度的病毒。传播途径是经消化道（粪 – 口途径）传播；也可经呼吸道通过飞沫、喷嚏、咳嗽传给接触者；还可经接触患儿的口鼻分泌物、皮肤黏膜的疱疹液，以及被污染的手、皮肤和食具、玩具、衣物等物品而传播。通常以患儿发病一周内最具传染性。本病为自限性、病程约 5 ~ 7 天，可自愈。

二、临床征象特征

1. 从接触患儿后的 3 ~ 5 天为潜伏期。

2. 随后发烧 1 ~ 2 天，体温在 38℃上下，有上感样症。与此同时患儿的手、足、口、臀部出现斑丘疹和疱疹；皮疹不痛、不痒、不结痂，也不形成瘢痕的“四不”特征，并呈离心性分布，丘疹多于疱疹。皮肤上的疱疹不破溃，但口腔黏膜上的疱疹易破溃成浅表溃病，引起口痛，患儿进食口痛而拒食、流涎、啼哭。大部分患儿不出现并发症，病情经过较顺利。

3. 少数重症患儿可出现并发症，如心肌炎、肺水肿、病毒性脑膜脑炎，则病症进展快，病情凶险，尤其是感染了肠道病毒71型（EV71）的患儿病情都危重，可以引起死亡或后遗症。

三、诊断

依据在本病的流行季节，5岁以内儿童接触过患儿，一周内手、足、口、臀部皮肤或黏膜出现上述典型的斑丘疹或疱疹，容易做出临床诊断。

四、治疗措施

1. 西医药治疗

（1）一般治疗措施：隔离患儿以防继发细菌感染，注意休息；饮食应可口清淡但营养充足；做好皮肤清洁卫生和口腔清洁；勤换衣裳保持干净。

（2）对症和支持疗法：高热适当用退热剂；吐、泻应予以相应处理；每日服维生素C、B_1有助增加患儿的一般抗病力。

（3）可选用抑制多种病毒DNA和RNA的广谱抗病毒药利巴韦林（病毒唑），但要注意患儿的心脏反应，以防心肌损害。

2. 中医药治疗

（1）饮食及护理同西医治疗项。

（2）按中医理论本病属温病范畴，一般病症属风热夹湿侵入卫分和气分。对此，治疗法则宜抑杀毒邪以清热解毒，辅以祛湿排毒。方药宜用银翘散加减：方中银花8g，连翘8g，可杀病毒以解毒清热；牛蒡子6g，桔梗1g，薄荷1g，生甘草1g，疏散风热，利咽并祛痰止咳；淡竹叶3g，鲜芦根10g，清肺胃之热，兼行肌表，止呕逆除烦；淡豆豉5g，解表热除烦躁和腹部不适。

（3）对尚处于潜伏期或轻症患儿，可用方药：鲜芦根8g，淡竹叶3g，薄荷1g，水煎汤当茶饮，效果好，且味淡患儿易接受；少加些白糖亦可。

五、预防措施

1. 不与患儿接触，家长也不去患儿家串门。
2. 不带孩子去人多而杂的公共场所或商场。
3. 发现托幼机构有本病的患儿时，最好不要送孩子去上学。
4. 对身体素质较差的婴幼儿可以予肌内注射丙种球蛋白。
5. 可用预防性中药方煎水代茶饮，效果也不错。
6. 注意幼儿的饮食营养全面，尤其是含微量元素锌、硒多的食物。

第13节　儿童单纯疱疹的预防和治疗

一、概述

单纯疱疹是由单纯疱疹病毒（HSV）感染所引起的一种急性疱疹性传染病。人群普遍易感染，尤其是儿童、营养不良和免疫系统功能低下或有缺陷者更易被传染发病。0.5 ~ 5岁是初发性感染期。若感染病毒HSV后未彻底治愈，则未被杀灭尽的残余病毒往往潜存于体内局部的神经节细胞中，日后在某些不利因素的刺激下，潜藏的病毒被激活而使疾病发作成复发感染，往往病情迁延，引起身体局部或全身性疱疹，甚或中枢神经系统感染症。孕妇感染后可导致流产、早产或死胎；新生儿在从产道娩出时受感染后可能致死，或长期出现神经系统和眼部病征。

单纯疱疹病毒（HSV）有两个血清型，即HSV-1型和

HSV-2 型。人是此类病毒的唯一自然宿主，病人是传播疾病的传染源。HSV-1 型病毒主要经易感者的呼吸道、消化道或皮肤、黏膜直接接触传染源的分泌物而被传染上。HSV-2 型病毒主要经外生殖道传播。新生儿可经母体已感染的生殖道而被传染。所以说预防单纯疱疹病毒感染应从婚前、孕前、孕后，直至分娩期都应重视。对婴幼儿期和儿童期应防初发感染；治疗应该彻底杀灭病毒，以杜绝复发性感染。本病初发感染者的临床症状轻症者易为患儿或家人忽视，虽可不治而自愈，但会让病毒残留体内损害免疫系统，易引起复发。所以说为保证孩子健康成长，一旦发现他有初发感染症，即使轻症也应抓紧治疗，直至彻底杀灭病毒。

二、临床征象特征

1. 本病多为散在发生，少见群体流行。

2. 与患者密切接触被传染上后，往往可有一周左右的潜伏期，也可长达 2 周左右。

3. 皮肤疱疹：①好发于皮肤与黏膜交界处，以唇缘、口角、鼻孔周围多见。初起时皮肤发痒，灼热或刺痛；继而充血泛红、出现米粒大小的水疱、成簇集聚；水疱内疱液清、疱壁薄而易破；10 日左右疱疹干燥结痂，痂皮脱落后不留瘢痕。②原发感染者可有发热达 38 ～ 39℃，伴周身不适感，局部淋巴结肿大。此期病程 7 ～ 10 日。③复发性或继发性感染者的疱疹呈脓疱样或湿疹样表现，病程较迁延且愈合后遗留瘢痕。

4. 口腔疱疹、齿龈炎：溃疡性咽炎多为 HSV-1 的原发性感染者。①儿童多见：口腔前部、后部或舌面有几个散在的疱疹或浅表溃疡面，约米粒大小，呈淡黄色，周围绕以红晕，甚至牙龈红肿、疼痛。②重症者往往引起食管炎。③患儿有发热伴颈部淋巴结肿大。

5. 眼疱疹：①多呈现急性角膜结膜炎，且往往为单侧眼发病。约 2/3 的患者出现角膜损害。②原发性感染者常伴耳前淋巴结肿大和疼痛。③反复发作引起角膜混浊和视力障碍。

6. 神经系统感染症：①急性脑炎。初发感染者可有 30% 的病发率；复发感染者约有 70% 的病发率，且以成年人多见；HSV-2 感染可引起新生儿脑炎。②神经系统被感染后的病死率高，即使经抢救而幸存者都遗留不同程度的神经系统后遗症，智力明显受影响。③急性脑膜炎，可在原发性感染和复发性感染者中出现。

7. 患者恢复期血清中 HSV 抗体升高，比初发病时高出 4 倍以上；或特异性免疫球蛋白 M 呈强阳性，即证实为近期感染。

三、治疗对策

1. 西医药疗法

（1）保持病损部位皮肤的清洁卫生；用生理盐水清洗眼分泌物和口腔。

（2）皮肤疱疹破损处用消毒杀病毒药液（中药液更好）涂抹，或用 1% 的紫药水涂抹。

（3）全身症状重者往往提示患儿免疫系统功能差，可用转移因子皮下注射；或用聚肌胞肌内注射，以增强免疫系统功能以助抑杀病毒。

（4）抗病毒药物：如阿昔洛韦、利巴韦林（病毒唑）、碘苷（疱疹净）等。但此类药对婴幼儿患者有一定的不良反应，应慎重选择使用。配伍中药效果好。

2. 中医药疗法：中医理论认为本病系风热毒邪侵袭肺脾二经脉。因肺主皮毛，脾开窍于口。风热毒邪侵袭肺经脉络、蕴蒸皮肤，脉络瘀阻，水津布散失常而成水疱、破溃后成为糜烂面；风热蕴阻则搔痒、灼热或灼痛；风热毒邪侵袭脾经脉络，致水湿运化受阻，引发口腔疱疹或浅表溃疡。这种病证以原发感染的儿童为主，属风热蕴肺证；其次，小儿禀赋尚弱，抗病力较差。感受风热毒邪后易致毒邪扩散，病情多较重，患儿易发高热，热盛则动风而发惊厥，此时属热毒炽盛证，易损伤大脑。

（1）风热蕴肺证：治疗法则宜疏风清热解毒祛湿。方剂用银翘散加减：银花 6g，连翘 6g，荆芥 3g，黄芩 5g，牛蒡子 6g，桔梗 2g，薄荷 1g，淡竹叶 3g，鲜芦根 10g，生甘草 1g。每日 1 剂，水煎服。本方的作用是抑杀病毒以清卫分之邪热，还可提高免疫系统功能，并有较好的祛湿止痒，化痰止咳功效，促进疱疹干燥结痂。上述诸药无不良反应，苦味较淡。大多数幼儿易于接受饮用，个别小儿不易接受者，可在药液中稍加白糖以调味，使患儿易服下。

（2）热毒炽盛证：此证系重症，患儿多有高热烦躁，皮肤黏膜泛发疱疹，热毒深入营分，热盛动风，时有惊厥；毒邪客入脏腑，并发症多见，病情危重。治疗法则宜清热解毒凉营。方剂用普济消毒饮合清营汤化裁：水牛角 5g，黄芩 5g，板蓝根 5g，银花 8g，连翘 8g，薄荷 1g，牛蒡子 6g，陈皮 0.5g，紫草 3g，生甘草 1g，水煎，放微温服。本方清热杀灭病毒作用强，凉血平肝镇惊熄风；保护神经系统和心脏，强心镇静抗惊厥；明显增强网状内皮系统功能，减轻病毒血症对脏腑的损伤。单纯疱疹病毒用西药抗病毒药不易彻底抑杀，而且不良反应较多。所以对本病患者宜采用中西药联合治疗，既可以增强杀灭病毒，清除其毒素的作用，又能减少不良反应的发生，还能促进患者免疫系统功能，保护内脏器官系统不受或少受损害，减少减轻并发诸症，减少或防止复发感染的发生。

四、预防措施

1. 本病难用一般隔离消毒法控制感染发生。对新生儿和免疫系统功能较弱的幼儿及湿疹患儿，要尽量不与患者接触。

2. 患有生殖道疱疹的产妇尽可能采用剖宫产术，以防止胎儿娩出时被传染上病毒。

3. 严禁口对口喂饲婴幼儿。

4. 儿童生活的环境周围有散发患儿或成年患者时，可给儿童口服中药汤剂 3 ~ 5 日，以增强体内免疫系统功能、预防被病毒传染上。方药：鲜芦根 5 ~ 8g，淡竹叶 1 ~ 3g，薄荷 0.3 ~ 1g，银花 4 ~ 8g，连翘 3 ~ 6g，水煎服，每次 10 ~ 30mL（依年龄大小而增减量），也可在药汤中稍加白糖以调味，使小儿易于接受。

第 14 节　小儿上呼吸道感染的防治

一、概述

小儿上呼吸道感染简称“上感”，俗称“感冒”。是小儿最常见的疾病。这与小儿免疫系统功能尚弱且不成熟，抵抗各种致病病毒或细菌感染的能力还不强，因此一旦感染上易引起急性发病。一年四季皆可发生，但以冬春季多发，尤其是身体发育弱的小儿更是防不胜防。

1. 所谓上呼吸道指的是鼻、鼻腔、鼻咽部和扁桃体、喉部儿部分的统称。

2. 易引起上呼吸道感染的病因，病毒占了 90% 以上；其余可为细菌感染引起。有时病毒感染后一些身体发育差的小儿，也易并发细菌感染。

二、临床征象特征

1. 婴幼儿多见急起发烧，可达 38℃或以上，喷嚏、流清涕、眼泪汪汪、哭闹不安，有的时有干咳，食欲变差，甚或有呕吐。

2. 若婴幼儿拒食或说腹痛时，往往提示可能系病毒血症累及了肠系膜淋巴结产生炎症。

三、治疗措施

1. 西医药治疗

（1）一般支持疗法：加强护理、多喝温开水保证尿量达500mL以上，一是防脱水加重发烧，二是有助排出毒素（包括病毒产生的毒素和发烧产生的代谢废物），有利于减轻症状；饮食宜清淡可口易消化，忌食刺激性或寒凉类食物；还可口服维生素C每日50 ~ 100mL，有一定的辅助解毒作用；维生素B_1每日服10mg也是有好处的。

（2）对症治疗：高烧时可临时服用小儿退热药剂，或中成药感冒口服液等；感冒早期最好不用川贝口服液以防延长病程。

（3）对因治疗：①抗病毒类药物，如利巴韦林或吗啉胍（病毒灵）等，用3 ~ 5日，若疗效较好，但体温仍未降至正常则可酌情再延长使用1 ~ 2日；若疗效不理想时就可换用中药汤剂服用，不要用中成药。一是防抗病毒类西药对小儿的毒副作用，损害幼儿柔弱的相关组织器官；二是中药汤剂杀灭病毒和细菌的作用和效果可靠，而且还可促进小儿免疫系统功能。②有明确的合并细菌感染征象时，可选用针对性强且不良反应小的抗生素。切忌一见发烧就滥用广谱类抗生素。药不对症时会损伤幼儿的身体。

2. 中医药治疗：因为一般“上感”的绝大多数患儿多是病毒感染所致，在抑杀病毒和排出毒素方面，中医药疗效确实，且不良反应少。冬春季的“上感”多以风寒证型为主；夏秋季散发的“上感”多为暑热夹湿证。

（1）风寒表证：治疗法则宜解表散寒，辛温宣肺。方药用桂枝汤加减：桂枝 0.4g，荆芥 2g，防风 2g，苏叶 2g，炒白芍 2g，炙紫菀 3g，银花 6g，炙甘草 1g，生姜 1g，大枣 1 枚。每日 1 剂，水煎服。

（2）风热表证：治疗法则宜辛凉解表，祛风清热。方药用银翘散加减：荆芥 2g，薄荷 1g（后下），牛蒡子 2g，黄芩 2g，银花 5g，连翘 5g，炙紫菀 3g，生甘草 0.5g。每日 1 剂，水煎服。

（3）暑湿表证：治疗法则宜清暑祛湿解表。方药为新加香薷饮加减：香薷 1.5g，藿香 2g，佩兰 2g，黄连 1.5g，黄芩 2g，银花 4g，鲜荷叶 5g。每日 1 剂，水煎服。上述方药的作用是抑杀病毒，清除毒素而逐渐降低异常体温；提高患儿机体免疫系统功能以减轻病毒血症直至清除；改善上、下呼吸道的血液循环，使之气血流畅，加快恢复。上方中多数药有增加心脏冠状动脉血流、保护心脏功能的作用，这对促进患儿精神的好转有好处。

四、预防措施

1. 不去患儿家串门（包括家长和小孩）；最好也别让患儿家长来访。

2. 尽可能不去人多而杂的公共场所或市场与餐馆。

3. 孩子出门或上托幼机构应戴口罩。

4. 每日口服维生素 C 50 ~ 100mg，有增加抗病解毒、对抗有害自由基的功效。

5. 在感冒多发季节口服预防性中药汤剂：荆芥 2g，防风 2g，苏叶 2g，炒白芍 2g，生甘草 0.5g，银花 5g，连翘 5g，水煎，每次服 30 ~ 50mL，每日服 3 次，连服 3 ~ 5 天，预防效果较理想。个别孩子不习惯此种药味的，也可在药汤中稍加白糖（不要放冰糖）以调味，使孩子能顺利接受服用。

第15节　小儿急性支气管炎的防治

一、概述

小儿急性支气管炎是继发于“上感”后，扩散至气管，进而波及支气管黏膜发生炎性损害而发病。上感时往往会同时引发此病，所以它也是儿童时期非常多见的呼吸道疾病，尤其是婴幼儿更为常见，且症状较年长儿为重。因为婴幼儿呼吸道的非特异性免疫功能和特异性免疫功能均较差；加之婴幼儿的咳嗽反射弱，气管和支气管壁黏膜上的纤毛运动功能差，不能自行排痰；同时婴幼儿呼吸道分泌的SigA（分泌型免疫球蛋白A）、IgA、IgG及其亚类的量均少，抗感染的能力差而弱，而且黏膜分泌有杀菌功能的溶菌酶、补体、乳铁蛋白等数量少且活力低，故更易患呼吸道炎症。

二、临床征象特征

1.“上感”后引起发热、喷嚏、流清涕、烦躁不安、食欲差等不适症。

2. 紧接着发生咳嗽、呼吸不畅：①病毒感染者多为干咳、声响。②细菌感染或病毒与细菌混合感染的咳嗽似有痰样（也叫湿咳），但小儿不会吐出，以致发热日渐加重；咳嗽时易发生恶心，甚或呕吐。

3. 若治疗恢复顺利者往往在2星期左右症状日渐减轻或康复；若仍然咳嗽不止并伴痰鸣声，全身症状不减，则应怀疑病情扩散引发肺炎等症。

三、治疗措施

1. 西医疗法

（1）一般治疗：①同“上感”的治疗措施。②干咳者可用雾化吸入，以减轻咳嗽的不适感。③注意适当增加饮水量，促进血液循环和排尿量,以充分排出病菌的毒素和代谢的废物。维持每日尿量在 500mL 以上。④重视饮食营养的摄入，使患儿的免疫系统不受或少受损伤，有利病情顺利恢复。⑤保持患儿卧室空气清新，但要防冷风侵入，以防咳嗽频发，还要防炒菜油烟刺激咳嗽加重。⑥每日给患儿口服维生素 C 和 A，有助增强患儿的解毒功能和减轻呼吸道的损伤。

（2）针对病因的治疗：①是病毒感染引发的疾病，可选用针对性强的抗病毒药，但要预防药物的不良反应。②是细菌感染引起的，可选用敏感性强而无耐药性且不良反应少的抗生素。

（3）对症治疗：①高烧者可适当用退热剂；咳嗽或伴呕吐者可用雾化吸入剂，分次吸入，以润滑气管及支气管有助减轻咳嗽。②呼吸急促或烦躁不安者可间断吸氧，既有助减轻患儿通气和换气的困难，又有助增加动脉血的氧分压，使患儿能安静入睡，也有利于患儿大脑及全身细胞代谢的顺利运行，还有保证心脏的耗氧需求，减轻或防止心肌损伤。

2. 中医治疗：中医理论认为本病乃外感“六淫”（风、寒、暑、湿、燥、火）之邪，侵袭肺系。在六淫外邪中，“风”邪为百病之长。临床常见者多为风寒束肺证、风热袭肺证、温燥伤肺证。

（1）风寒束肺证：急起发病、患儿先见恶寒发热、鼻塞、流清涕、喷嚏、咽喉痒感、头痛身痛不适，时有干咳。舌苔薄白，脉浮或浮紧。治疗法则宜疏风祛寒以杀灭病毒病菌；宣肺止咳排除邪毒。方药用杏苏散加减：杏仁 1 ~ 2g，苏叶 2 ~ 3g，荆芥 2g，防风 2g，炙紫菀 2 ~ 4g，陈皮 1 ~ 2g，炒白芍 2 ~ 3g，生甘草 0.5 ~ 1g，生姜 1 片，干枣 2 个。水煎服，药液放温后依小儿年龄大小，每次服 15 ~ 50mL 不等。

（2）风热袭肺证：发热较明显，微恶风，鼻流黄涕，咽喉肿痛，咳频声嘶哑，舌苔薄黄少津，脉浮数。治疗法则宜疏风清热，宣肺止咳。方药用桑菊饮加减：桑叶 2 ~ 5g，黄菊花 2 ~ 3g，薄荷 1 ~ 2g，荆芥 1.5 ~ 3g，黄芩 2 ~ 4g，银花 4 ~ 6g，杏仁 1 ~ 3g，桔梗 0.5 ~ 1.5g，鲜芦根 6 ~ 10g，生甘草 0.5 ~ 1.0g。水煎微温服，依年龄大小每次服 15 ~ 50mL，每日服 3 次。

（3）温燥伤肺证：发热较高，或形寒身热，咽干喉痒，唇鼻干燥，干咳无痰或痰少而黏不易咳出，大便干，小便黄，舌尖红，苔薄黄而燥，脉细数。治疗法则宜清肺润燥，化痰止咳。方药用桑杏汤加减：桑叶 3 ~ 6g，杏仁 1 ~ 3g，淡豆豉 3 ~ 5g，沙参 4 ~ 6g，梨皮 5 ~ 8g，知母 1 ~ 2g，黄芩 3 ~ 5g，银花 6g，玄参 2 ~ 4g。伤津重者可加麦冬 1 ~ 3g，玉竹 2 ~ 4g。每日 1 剂，水煎服。

综上述，要想提高治疗效果，西药对症治疗见效快，杀细菌的抗生素针对性强；中药杀病毒作用强且不良反应少，同时也可抑杀细菌和其他致病菌；在纠正电解质紊乱和酸碱失调方面也有好的效果；还能促进受损组织的修复，促进机体免疫系统功能，防止或减少并发症的发生，使患儿病情平稳改善，并保护其他脏器。

四、预防措施

与预防上呼吸道感染的方法相同。

第 16 节　婴幼儿和儿童急性肺炎的防治

一、概述

婴幼儿和儿童的急性肺炎是儿科常见的呼吸系统疾病之一，且多表现为支气管性肺炎。本病以冬春寒冷季节多发。但全年也可散发，尤其是身体较弱，免疫系统功能较差者，以及喂养不当致营养不良的婴幼儿更易患。本病的病因以细菌感染呼吸系统多见，其次为病毒感染，也可由支原体感染发病。

二、临床征象特征

1. 一般症状：上感几天后发烧日渐加重达 38℃以上，咳嗽较明显，初为干咳，持续几日后呈有痰样咳。但小儿多不会吐痰，易发生呕吐。

2. 气喘明显，呼吸次数加快，伴有鼻翼扇动；重症者可出现呼吸困难的“三凹征”，此时多有嘴唇呈现淡青或紫色，临床上称为“发绀”，是明显缺氧的重症。提示患儿肺部通气—换气功能显著障碍。

3. 其他器官系统受影响的表现：①轻度缺氧时心跳次数明显加快，往往在 120 次 / 分钟以上；重度时损害心肌引起心肌炎甚或急性心力衰竭，成为危急重症。②脑缺氧还可引起小儿烦躁不安或嗜睡；重症时引发脑水肿，患儿产生意识障碍，甚至惊厥。

4. 听诊肺部早期闻及捻发音，以后可听见不同程度的细湿啰音。

5. 化验血象特点：①细菌性肺炎者的血液中白细胞和中性粒细胞明显增多，且其细胞质中出现中毒颗粒（系白细胞和中性粒细胞吞噬的病菌残片）。②病毒性肺炎血象中的白细胞总数可正常或减低，中性粒细胞也不高，但淋巴细胞数升高。③支原体肺炎血象中的白细胞总数多为正常，也可减少或略增多，但淋巴细胞有增多，红细胞冷凝集试验呈阳性，和血清抗支原体抗体阳性有诊断价值。

6. 胸部 X 线片特征：①细菌性肺炎可见肺纹理增粗，某一肺段见淡薄均匀的阴影。②病毒性肺炎肺部有斑点状、片状或均匀淡薄阴影。③支原体肺炎早期胸片见肺纹理增加呈网织状阴影，以后发展为斑点状或均匀的模糊阴影，少数病例还可见少量胸腔积液征。

三、治疗对策

1. 西医治疗

（1）吸氧是当务之急。依病情轻重可间断吸氧；或持续低流量吸氧，即吸氧浓度＜ 40%，以每分钟 2.5 ~ 3L 的氧流量效果较安全。吸氧浓度的计算方法是：21%+4 × 氧流量（L/min）。若以每分钟 2.5 ~ 3L 的氧流量，则吸入氧的浓度为 31% ~ 33%。这样的吸氧浓度效果较安全有效。

（2）对因疗法：①细菌性肺炎应选用有效和敏感无耐药性且不良反应少的抗生素。②病毒性肺炎目前尚未有理想的抗病毒西药。有报道用 α – 干扰素治疗有效；早期用基因工程干扰素效果更佳，使用 3 ~ 5 天为 1 个疗程。③支原体肺炎可选用大环内酯类抗生素，如红霉素、交沙霉素、罗红霉素、阿奇霉素等；任选用 1 ~ 2 种配伍，持续用 2 ~ 3 周。但应防毒副作用。

（3）对症及支持疗法：①改善呼吸道通畅，可用祛痰止咳剂，或用雾化吸入 α – 糜蛋白酶以降低肺泡中痰液的表面张力，而有助排痰。②纠正体内水分与电解质紊乱。③注意补充营养：每日所需的总热量及各种必需营养素的摄入量。④加强护理：保持患儿清洁卫生。

2. 中医治疗：中医理论将肺炎（不论是细菌性肺炎、病毒性肺炎还是支原体肺炎）都归之为“温病”范畴，并说“温邪上受，首先犯肺”；以“卫气营血”理论阐述其病变的转变过程。通过辨证将肺炎区分为：疾病初期的邪犯肺卫证，疾病中期的邪热壅肺证，中后期的热传营血证，以及后期恢复阶段的温邪伤阴证。

（1）邪犯肺卫证：此期见患儿发热恶寒、喷嚏、流鼻涕、咳嗽、气喘等肺卫不宣，肃降失常。治疗法则宜辛凉解表，宣肺止咳。方药宜用银翘散加减：银花 6 ~ 10g，连翘 6 ~ 12g，大青叶 6 ~ 10g 以辛凉透表、清热解毒；荆芥 2 ~ 5g，薄荷 1 ~ 3g，发散表邪，透热外泄；牛蒡子 3 ~ 6g，桔梗 1 ~ 2g，生甘草 1 ~ 2g，利咽化痰；桑白皮 2 ~ 6g，前胡 2 ~ 5g，宣肺止咳祛痰；淡竹叶 2 ~ 4g，鲜芦根 6 ~ 10g，泻热生津。全方能抑杀病菌并保护和提高患儿免疫系统功能，增加呼吸系统的血液循环，改善肺部通气换气功能，减轻或消除毒血症。

（2）邪热壅肺证：如果病邪毒性太强，或患儿免疫系统功能较弱或差，以致正不胜邪；或是治疗不力等皆使病邪乘虚深入患儿体内相应的“气分”（即损伤相应器官系统的功能），使病情加重。此期患儿高热稽留，咳嗽频频，气喘而促，甚或鼻翼扇动，呼吸困难，吸气费劲出现三凹征，缺氧症状明显。治疗法则宜清热解毒，宣肺化痰。治疗方药宜用麻杏石甘汤加味：麻黄 0.3 ~ 1.2g，生石膏 2 ~ 3g，宣肺化痰、清泻肺热，缓解支气管痉挛；黄芩 3 ~ 6g，银花 6 ~ 10g，连翘 6 ~ 10g，鱼腥草 6 ~ 10g，加强清热解毒杀灭病菌以减轻毒血症，同时促进肺部血液循环和增强免疫系统功能；杏仁 1 ~ 3g，桑白皮 3 ~ 6g，瓜蒌皮 3 ~ 6g，宣肺祛痰止咳；鲜芦根 6 ~ 12g，生甘草 1g，清热生津。若烦渴频饮可加知母 1 ~ 2g 以清热养阴，大便秘可加生大黄 0.2 ~ 0.3g（后下）以通便排毒泻热，促进肠道血液循环。全方清解气分之热毒，杀菌排毒作用强，可保护全身各相应器官系统少受损伤，使患儿能较顺利改善病情。

（3）热毒侵营证：此期多为患儿免疫系统功能已大为耗损，抗击病邪毒力的机制已明显不足，毒血症炽盛，深入营分。营乃血中之气，内通于心。病邪传至营分，邪毒威胁心包，影响神志，使毒邪所至部位的微循环损伤，血循不畅，易导致各种并发症，甚或神志谵妄。患儿舌苔黄厚，或少苔而干，脉细数。治疗法则宜清营透热，清心开窍，豁痰养阴醒脑。方药用清营汤加减：犀牛角（代）1 ~ 1.5g（或用水牛角尖部 3 ~ 5g），黄连 1.5g，清心营热盛之邪；生地黄 3 ~ 5g，玄参 2 ~ 4g，黄芩 3 ~ 6g，板蓝根 4 ~ 8g，清热解毒，杀灭病菌；石菖蒲 1 ~ 3g，豁痰醒脑开窍，止咳平喘，强心抗缺氧。全方对病菌有进一步杀灭作用，并有增加心脏供血，促进消化道功能，从而保护营阴。应用本方须注意：舌苔白滑者不宜用；舌红绛且苔白滑者为热毒夹有湿邪也忌用，否则可助湿留邪，不利于病，反而有不良反应。

（4）温邪伤阴证：此期已近疾病后期，病菌已被控制，但患儿正气（患儿免疫系统功能）大衰，尚有余热缠绵，气阴已两伤。症见低烧，午后潮热或手足心热，咳嗽气促虚弱，痰少而黏，口渴欲饮，动则乏力汗出，舌红少苔，脉细或细数。治疗法则宜益气养阴，清肺化痰。方药用竹叶石膏汤加减：淡竹叶 2 ~ 4g，生石膏 1 ~ 2g（先煎），清上焦烦热；太子参 4 ~ 8g，以益气生津；法半夏 1 ~ 2g，杏仁 1 ~ 2g，桑白皮 2 ~ 4g，炙紫菀 2 ~ 5g，清肺化痰；沙参 3 ~ 5g，麦冬 2 ~ 4g，滋阴清热。若伤阴重者可加生地黄 2 ~ 4g；气虚者可加制黄精 2 ~ 3g；痰黏稠不易咯出者加川贝母 1 ~ 2g，瓜蒌子 3 ~ 5g。全方清除余邪及其毒素，修复正气，平复阴阳，促进全身器官系统逐渐康复。

四、预防措施

与上呼吸道感染的预防措施相同，服用中药汤剂的预防效果较好。

第 17 节　婴幼儿和儿童胃炎的防治

一、概述

婴幼儿和儿童胃炎是较常见的消化系统疾病，可分为急性胃炎和慢性胃炎两种类型。这是因为他们的胃发育尚不完善，消化功能弱，分泌的胃酸和各种消化酶不充分，对各种不利因素的刺激易造成损伤。急性胃炎多由于喂养不当或饮食不洁而被污染的食物，或其他系统感染性疾病的并发症，或服用损伤胃黏膜的药物等均可引起。慢性胃炎见于年长儿。

二、临床表现特征

1. 急性胃炎：多发生于喂养和食入不洁食物之后，引起发热，腹痛、恶心、呕吐，严重时也会引发脱水、电解质紊乱等一系列全身症状。

2. 慢性胃炎

（1）轻症者多为食欲不佳，上腹无规律性发胀、隐痛、恶心，稍进食则更明显。

（2）重症者腹痛腹胀明显，无食欲，往往营养不良，消瘦以及发育落后。

（3）免疫系统功能易受损伤，容易感冒。

三、治疗措施

1. 西医疗法

（1）急性胃炎：①暂禁食 12 小时，可以喝温开水或口服补液纠正脱水并纠正或预防电解质紊乱。②静脉输入抗生素以杀灭致病菌。③对症治疗：腹痛者可适当用解痉止痛剂，同时也有止恶心呕吐的作用；腹胀者可口服助消化的各种酶制剂，也可用 60℃的热水袋敷上腹部或揉压患儿足三里穴位，有助缓解病情。

（2）慢性胃炎：①饮食疗法：养成良好的饮食习惯和生活规律，不乱食零食；保证每餐热量和各种必需营养成分的摄入；不食刺激性强的食物，以防受损的胃黏膜加重损伤，如辛辣、寒凉、冰镇等刺激物；一些化学性物质勾兑的饮品也易损伤胃黏膜。②药物疗法：食欲不佳者可服用适当的消化酶制剂；也可服用甘草锌以促进受损胃黏膜的修复，并提高机体免疫功能；有腹胀、恶心呕吐者，用中药汤剂效果可靠。

2. 中医治疗

（1）急性胃炎：治疗法则宜清热化湿、理气和中。经验方：藿香 1 ~ 3g，六神曲 1.5 ~ 4g，以化湿和胃、消食导滞；姜半夏 0.2 ~ 0.6g，白蔻仁 0.2 ~ 0.5g，化湿行气止呕；黄连 0.5 ~ 1.5g，厚朴 0.3 ~ 1g，杀菌、清热燥湿、行气除痞；炒白术 2 ~ 4g，白茯苓 0.5 ~ 1g，佩兰 0.2 ~ 1g，健脾胃利水化湿；炙甘草 0.5 ~ 1.0g，调和诸药，和胃护胃。

（2）慢性胃炎：此型以年长儿童多见。之所以儿童也患慢性胃炎者，系饮食无节，过度贪食零食，使胃超负荷难以消化，终至损伤脾胃；胃的正常生理规律被打乱则化湿生热、损伤胃黏膜；其次是患儿素禀脾胃虚弱，消化和吸收功能低下，也因胃肠柔弱易为粗糙食物，强刺激性食物（包括辛辣、大热或寒凉等品），以及不良的饮食习惯而加重脾胃损伤，使胃肠黏膜的屏障作用减弱，为幽门螺旋杆菌侵入胃有可乘之隙；第三是家中气氛严厉缺少温情，事事都要“严加管束，棍棒之下出孝子”。这样的专制“教育”方式，其结果是打乱了孩子的神经内分泌系统的发育和活动规律。使之心情压抑恐惧，或是逆反愤怒，从而引致其肝气郁结，造成肝气横逆，疏泄失常，进而损伤脾胃，导致肝胃不和。情绪稍有波动则胃即感不适，饮食再好也索然无味无欲；同时也易导致孩子胃肠与大脑细胞分泌的脑肠肽不能协调运转，既加重了他胃肠功能的紊乱和损伤，也影响孩子智力的发育和拓展。第四是溺爱娇宠孩子，使之安逸过度，不愿活动，引发气虚气滞。则微循环多易发生阻碍以致血瘀，同样也会引起脾胃损伤。

①脾胃虚弱证：此型较多见，尤其是患儿父母是亚健康状态的气虚证者更多见。此证的特点是胃脘经常隐痛不适，或

终日上腹胀满，稍食更著，食欲差，稍动即感乏力，面色不华，缺乏同龄健康儿童的精气神；舌质淡而苔白，脉虚弱或迟缓。治疗法则：宜温中健脾，养胃和胃。方药用香砂六君子汤合黄芪建中汤加减：党参 3 ~ 6g，炒白术 3 ~ 6g，炒山药 3 ~ 6g，白茯苓 1 ~ 2g，炙甘草 0.5 ~ 1g，健脾；木香 0.2 ~ 0.4g（后下），砂仁 0.3 ~ 0.5g（后下），和胃降逆，增进食欲；炙黄芪 3 ~ 6g，炒山药 6g，补中益气，长精神；炒白芍 2 ~ 3g，生姜 0.3 ~ 1g，大枣 1 枚（掰），饴糖 5 ~ 10g，缓急开胃，促进胃肠蠕动。水煎服，饭前空腹服效果更好。依年龄大小不同每次可服 15 ~ 50mL 不等，愿适当多喝更好。

②肝胃不和证：此型也时可见到。患儿多有胃脘胀满或牵连两胁不舒，嗳气频作，胃内嘈杂反酸甚至时有反胃泛恶心吐酸水。提示胃肠功能紊乱。舌苔多薄白，脉弦或弦细。治疗法则：宜舒肝理气，解郁和胃。方剂用柴胡疏肝散合逍遥散加减：柴胡 1 ~ 2g，香附 0.3 ~ 1g，陈皮 0.5 ~ 1g，疏肝理气解郁结；当归 0.3 ~ 0.6g，炒白芍 0.5 ~ 1g，使血和肝和、血充肝柔；炒白术 2 ~ 3g，白茯苓 0.5 ~ 1g，健脾益气；炙甘草 0.5 ~ 1g，调和诸药增加疗效，同时可养胃和胃护胃。如若食欲甚差可加炒神曲 2 ~ 4g，鸡内金 2 ~ 4g，促进食欲。

③胃阴不足证：此型易见胃脘隐痛，有饥饿感但不思食，乃是胃阴不足则虚热内生，使胃脘痞闷不舒，受纳食物和消化能力均减弱，或少食即胀；同时伴有口燥咽干，干呕呃逆；日久可见消瘦乏力，大便干或几日一大便，乃是阴亏，胃肠消化液分泌减少造成。患儿舌红少津或有裂纹，少苔或无苔，脉象细数。治疗法则宜滋阴养胃。方剂用沙参麦冬汤合益胃汤化裁：沙参 2 ~ 4g，麦冬 2 ~ 4g，炒玉竹 1 ~ 2g，桑叶 2 ~ 3g，生津润燥清胃热以养阴；生甘草 0.5 ~ 1g，可改善胃部微循环、抗氧化并清除羟自由基对胃的损伤，有助黏膜修复；阴虚甚者加生地黄 1 ~ 3g，玄参 1 ~ 3g，西洋参 0.5 ~ 1g（另炖服），

可加强养阴清热促进胃肠消化液的分泌，促进胃黏膜的修复，增长精神减轻乏力；干呕呃逆可加陈皮 0.5 ~ 1g，竹茹 1 ~ 2g，抑制反胃，配合揉摩背部足太阳经诸穴位效果会更好。

四、胃炎的预防

1. 急性胃炎的预防

（1）对婴幼儿要养成定时喂养习惯，注意饮食卫生，不给儿童食隔夜或变质的食物。

（2）不要给儿童乱食零食。

（3）家中冰箱宜定期清洗消毒去污。

（4）带皮水果宜先清洗去除污染，削去外皮才可食。

（5）胃肠道以外的器官系统有病时要及时治疗控制，以防引发胃肠并发症。

（6）服用任何药物都应先了解是否对胃有刺激或损伤。

2. 慢性胃炎的预防

（1）养成良好而科学的进食习惯。

（2）建立科学的生活方式，不食对胃有较强刺激性的食品，包括辛辣高热、寒凉冰冻（镇）之品；化学物配制的饮品饮料等。

（3）家中有患各种胃病的人，最好用“公筷”夹菜，以防孩子被传染。

（4）可经常揉摩孩子的“足三里”穴位，增强胃的发育及各种功能，使身体健康逐渐改善。

第 18 节　儿童支气管哮喘的预防和治疗

一、概述

支气管哮喘在儿童和成人中都较常见。我国 1988 年至

1991年对全国20个省市区100万儿童的调查报告显示，城市儿童的支气管哮喘病发率为0.9%～1.1%，且多为5岁以下的儿童发病。男孩与女孩的病发率比为（1.5～3.1）：1。

支气管哮喘病的发生，有一定的遗传因素。本病患儿的家族成员中有近50%者有过敏史的某些表现，如哮喘、荨麻疹、湿疹、过敏性鼻炎、神经性皮炎者；其次多有免疫紊乱表现，多见的是Ⅰ型变态反应（通称为速发型），发作时患者血中免疫球蛋白E（IgE）明显升高。俗称的过敏体质，是一种超敏反应现象。这种患儿血中免疫球蛋白A低，使其支气管黏膜抗感染能力降低，过敏原易侵入支气管壁而发病，也可呈现Ⅲ型变态反应，即由抗原抗体形成免疫复合物而缓慢发病，叫迟发型哮喘。

支气管哮喘的发作往往与多种诱发因素有密切关系，如呼吸道感染的病毒或细菌，引发支气管痉挛而发生哮喘；其他诱发因素有食物因素，大气的污染（各种废气，尤其是粉尘污染），气温突变，尤其是寒冷刺激，一些药物的不良反应，精神情绪的波动，引起内分泌系统紊乱，各种粉尘污染（包括花粉、螨虫）等，皆可诱发支气管痉挛而发作哮喘。

二、症状特征表现

1. 在接触某一诱发因素后，可出现先兆症状如喷嚏声，流清涕，鼻和眼发痒，结膜充血似泪汪汪状，进而发生刺激性干咳。婴幼儿发病前往往有1～2日的上呼吸道感染，年长儿童起病较急，多在夜间发作。

2. 接着出现气喘和呼气性呼吸困难（吸气短而呼气难且延长），哮喘声或哮吼声；患儿十分痛苦，面色苍白或发绀、烦躁不安，端坐呼吸无法平卧；因用力吸气而出现“三凹征”，或颈静脉怒张；直到咳出黏稠的白色痰液哮喘才逐渐缓解。此时患儿累乏异常。

3. 常因接触各种诱发因素而反复发作，每次发作持续时间长短不一。

4. 查肺功能各项指标均减低。

5. 化验血气分析多见低氧血症：PaO_2 降低，SaO_2 降低；高碳酸血症：$PaCO_2$ 升高；重症者可有代谢性酸中毒和（或）呼吸性酸中毒。

6.X 线胸片可见肺通气过度或肺纹理增多。

7. 患儿多表现不活泼，反应迟钝萎弱，精气神比健康儿童明显差。说明低氧血症影响了患儿大脑细胞的发育和功能。

三、治疗措施

1. 西医疗法

（1）由于本病发病机制复杂，因此治疗难度较大，危险性较高。一旦发现婴幼儿及儿童发生急性哮喘，应及时前往儿科呼吸专科急救治疗，不能延误，以防意外情况发生。

（2）常用的正规救治措施包括：①吸氧改善缺氧症。②雾化吸入 β_2- 受体兴奋剂，以缓解支气管痉挛而改善通气。应掌握好用量，不能过量，以免引起严重的心律失常。③配伍吸入糖皮质激素；病情较重的患儿可口服糖皮质激素，以防病情恶化。此药抗过敏反应强，从而缓解患儿的哮喘症，吸药后应给患儿用温开水漱口或清洁口腔，以减轻口腔不适反应和胃肠道吸收。对哮喘严重的患儿可用口服或静脉滴入法，以缓解哮喘和稳定病情。④吸入色甘酸钠，可以抑制免疫球蛋白 E（IgE）的释放，减轻过敏反应强度，有助缓解和减轻支气管平滑肌痉挛，改善通气。⑤口服或静脉滴注氨茶碱，有助减轻支气管平滑肌痉挛，扩张支气管，改善通气，还可增加心肌收缩力。⑥口服 β_2- 受体兴奋剂，对反复发作性哮喘和夜间哮喘有防治作用。这些药物如何有效配伍，需由医师根据患儿病情选用，以保安全，防止不良反应发生。

（3）维持水与电解质的平衡，及时纠正和改善酸碱紊乱状况，也有助改善气管和支气管的湿润性，利于痰液的排出。

（4）若是由病菌感染引发的哮喘，应选择相应的抗感染药（抗病毒、抗细菌）。这对迅速控制和减轻病情是重要且必须的，但要注意小心预防不良反应，尤其要防止用可致过敏的抗感染药物，以防加重哮喘或使病情更复杂。

（5）保证各种必需营养素和热量的摄入需要量，既是防止或减轻电解质紊乱的有效措施，也是保证所用各种药物有效发挥疗效的辅助动力，更何况有些微量元素本身就有杀菌功能和增加机体的免疫系统作用。各种维生素具有不同的促进细胞代谢、维护各种组织器官的功能和修复作用。

（6）促进黏稠痰的排出：①口服止咳祛痰剂往往可收到好的疗效。②吸入 α－糜蛋白酶或肌内注射，对于降低和分解黏痰的表面张力，促使痰液排出有好的效果。

2. 观察患儿病情和疗效的指征

（1）症状和体征：呼吸次数，可否平卧，有无发绀和三凹征，烦闹情况，进食情况，哮喘声的强弱变化，脉搏次数及变化状况。

（2）监测血气分析的变化及意义：PaO_2、SaO_2、$PaCO_2$，防出现呼吸衰竭。

（3）心肌酶的变化和心电图变化可以作为预测和防治心力衰竭的参考指标。

3. 中医治疗：中医将哮喘辩证分为发作期和缓解期。发作期又分为：风寒犯肺兼瘀证、风热犯肺兼瘀证、痰湿犯肺兼瘀证。诸证皆为实证，治疗应以攻邪为主。

（1）风寒犯肺兼瘀证：治疗法则宜温肺散寒，止哮平喘祛瘀。方药用射干麻黄汤加减：射干 2g，炙麻黄 1g，桂枝 0.3g，细辛 0.2g，法半夏 1g，炙五味子 1g，生姜 3g，生甘草 2g，大枣 2 枚。若痰黏稠，哮喘持续难平者，可加苏子 0.5g，白芥子

1g，咳甚加杏仁1g。每日1剂，水煎服。

（2）风热犯肺兼瘀证：治疗法则宜清宣肺热，止哮平喘祛瘀。方药用麻杏石甘汤加减：炙麻黄1.5g，杏仁1g，生石膏2g（先煎），桔梗1g，苏子0.5g，莱菔子2g，葶苈子3g，桑白皮4g。发热者可加黄芩5g，银花8g，连翘8g。

（3）痰湿犯肺兼瘀证：此证以反复发作者可见。治疗法则宜降逆平喘，健脾化湿祛瘀。宜用二陈汤加减：陈皮2g，法半夏1g，党参2g，白茯苓1.5g，炒白术4g，杏仁2g，炙甘草2g，连翘6g，生姜1g。水煎服，每日1剂。

由于儿童支气管哮喘发作期多属危急重症，西医药治疗有一套规范化的急救措施，且效果好，应作为主要治疗手段。但一些抗感染药的不良反应多，而且儿童免疫系统尚弱且不成熟，对此辅之以中医药配合，疗效更好。

在儿童支气管哮喘的缓解期，患儿的各器官系统功能都在进行恢复和修复受损的组织，这时患儿是处于身体虚弱状态，亦即中医理论所说的“虚证”。此期患儿大多表现为肺气虚证；脾气虚症，肾气虚证，少数患儿也可因在哮喘发作期使某一组织器官受损而表现有阴虚证。

4. 儿童支气管哮喘缓解期的中医药治疗

（1）肺气虚证：多有咳喘无力、气短乏力，动则气急、自汗、懒言或声音低怯；痰量较多，咳嗽声声，以夜间或清晨为著，每因气候变化而发作哮喘、自汗；形体虚弱。舌质淡苔薄、脉虚无力。化验血免疫球蛋白G（IgG）降低，反映患儿免疫系统功能差；检测其肺活量是减低的，说明肺通气功能不足；肺血流图显示其肺血管弹性减低，肺血循环阻力明显增加，而肺动脉血流减少，导致肺换气功能低下。此时的治疗法则宜补益肺气，化痰止咳。使用方剂选六君子汤加味：人参1g，炒白术4g，白茯苓1.5g，炙甘草2g，健脾益气补肺气；陈皮2g，法半夏1g，炙紫菀2g，化痰止咳；炙五味子 1.5g，敛肺滋肾，宁嗽定喘，益气生津敛汗。全方健脾补肺气，增强肺功能，提高机体免疫系统功能，抑制异常过敏反应，使机体逐渐恢复健康，减轻或防止哮喘发作。

（2）脾气虚证（也叫中气不足证）：症见食少纳呆，食后脘腹胀满，大便溏，神疲乏力；喉中痰声漉漉，舌质淡嫩，边有齿痕，苔少，脉沉无力。每因过食生冷食品而哮喘发作，肺的呼气换气功能明显降低。治疗法则宜健脾益气、燥湿化痰，改善肺功能。方剂用补中益气汤加减：人参 1g，炙黄芪 3g，炒白术 4g，炒山药 6g，炙甘草 1.5g，补气健脾；法半夏 1g，陈皮 2g，燥湿祛痰。全方补气健脾，增强机体免疫系统的网状内皮细胞吞噬功能，提高细胞免疫和体液免疫功能；抗有害自由基，促进呼吸道损伤的修复，治疗久咳虚喘。

（3）肾气虚证：可见气短明显，活动后尤甚；形寒肢冷、腰膝酸软，面色泛白；舌淡胖少苔，脉细无力。此证在先天禀赋不足的哮喘缓解期可见到。治疗法则宜固肾益气，祛除伏痰。方剂用地黄汤加减：炙黄芪 4g，熟地黄 3g，山药 6g，牡丹皮 1g，当归 1g，补血益肾、养血活血，除烦热行血滞，增强免疫系统功能，有助抑制细菌和病毒；补骨脂 1g，炙五味子 1.5g，核桃仁 2g，三药补肾益肺温肺，止咳平喘，敛肺纳气定喘。中医认为肺主气、肾纳气，肺肾双补，则咳喘逐渐平复，先天禀赋不足儿童的支气管哮喘自然随着肺肾功能的增强而减轻直至恢复健康。

四、预防措施

1. 家族成员中有患哮喘、荨麻疹、湿疹、过敏性鼻炎、神经性皮炎者，幼儿在饮食方面要有别于家人的口味爱好和饮食习惯；当他们发病时，其他成员可口服抗过敏的预防量药物，如维生素 C、D 及钙制剂等。

2. 防止诱发因素的侵袭：①防感冒等呼吸道疾病。②防各种粉尘的吸入。③防各种废气及化妆品等侵入。④天气突变时一防风沙尘埃戴好防护口罩；二防气温剧变要及时增减衣着。⑤保持精神愉快，情绪轻松，以维持神经内分泌系统的稳定和协调，从而有助免疫系统功能的平稳，有较好的抗病能力，防哮喘发作。⑥尽量不接触各种花粉，也不要吸入各种花香气味，以防引起哮喘。⑦不去各种粉尘多的环境和化学品气味浓的场所，以防引发哮喘。⑧防污脏地毯和草地上螨尘沾染皮肤或吸入呼吸道。⑨有各种疾病而须服用化学类药物时，要先仔细了解所用药物的作用机制，及其毒副反应，以防诱发过敏反应和哮喘。⑩饮食需要自己及家长多加小心，杜绝一些可引发过敏反应的食物，包括某些化学物质勾兑合成饮品；炒菜时不要高温而产生油烟，这既可引发哮喘，也可产生大量自由基，对组织细胞及 DNA 造成损伤。上述预防措施若与增强体质健康的方法结合，效果就会更好。有的患者还能完全康复。

3. 有效而符合自身条件的体育锻炼：①保持积极而轻松愉快的情绪。②适当而逐渐地循序渐进。③选择空气清新的场地，以无花粉和花香的树木草地最好，时间应在太阳出来后和落山前锻炼。因为只有在有阳光的情况下，植物才能进行光合作用，而吸入二氧化碳呼出氧气，空气中的氧含量就高，对人的呼吸和代谢才有帮助。④哮喘缓解和恢复期的体育健身锻炼的最佳项目，以太极拳最符合支气管哮喘者的病理生理恢复与调整。

第 19 节　小儿遗尿症的预防和治疗

一、概述

所谓小儿遗尿症临床上是指≥ 5 岁的儿童，在夜间熟睡后发生不自主的尿流出，每周发生 2 次及以上，并且持续 6

个月及以上者，才可诊断为遗尿症。因为 1 ～ 2 岁小儿的大脑中枢发育尚不精密，对脊髓的管控能力还不完善；3 ～ 4 岁时部分小儿的大脑中枢也可发育稍慢些，因而控制骶髓排尿反射中枢的功能也稍弱。只有到 5 岁以后健康小儿的大脑中枢对骶髓排尿反射中枢的管控能力应该发育充分了，不会再发生遗尿现象。

二、小儿遗尿的病因

1. 遗传因素：资料报道，患遗尿症的幼儿其第 13 号染色体上有遗尿显性基因。父母双亲幼时均有过遗尿史者，所生后代的 75% 以上也会发生遗尿症，若双亲中只一人幼时患过遗尿症者，则其后代发生遗尿症的概率只有 44% 左右，若在白天和夜晚均有遗尿的幼儿，则有明显的父辈家族遗传史。

2. 早产儿易有大脑神经中枢发育受影响，因而对骶髓排尿反射中枢的管控功能较弱，这也会成为引起幼儿白日遗尿的高危因素。

3. 未经排尿训练的幼儿，其骶髓调控排尿反射的自主神经系统的兴奋抑制规律不协调。经过排尿训练的幼儿，排尿时其大脑中枢能有效调控骶髓的排尿反射中枢，使膀胱的交感神经被抑制，致膀胱逼尿肌松弛，尿道内括约肌收缩则不排尿；而排尿时使副交感神经兴奋，致膀胱逼尿肌收缩；尿道内括约肌松弛，尿液随即排出。而未经排尿训练或有遗尿症的儿童，其大脑中枢对骶髓排尿中枢的管控力弱,尤其是在夜晚熟睡后，这种管控作用更明显降低。膀胱中有了尿液就会刺激副交感神经兴奋性增强，使逼尿肌发生收缩；尿道内括约肌舒张，尿液被挤出体外而发生遗尿。因为在夜间熟睡中交感神经往往是处于抑制状态,副交感神经易受少许尿液刺激而兴奋即发生遗尿。

4. 遗尿症儿童的脑垂体后叶（也叫神经垂体）、分泌的抗利尿激素（ADH）缺乏昼夜分泌规律，也是易引发遗尿的神经内分泌因素。一般正常儿童的ADH排泌规律是白天分泌少，夜晚分泌多，故不会发生遗尿；而遗尿症患儿则此规律完全紊乱。加之夜间睡下后，肾血流增加，尿液也产生多，因而更易引发遗尿。

5. 各种劣性刺激对大脑和内分泌系统的影响

（1）各种类型的劣性刺激，以致大脑发育和功能均受损，更难控制骶髓排尿中枢的功能。

（2）各种劣性刺激引起儿童产生各种相应的负性情绪，使得其内分泌系统功能紊乱，可导致自主神经功能失调，也会加重排尿反射规律的紊乱。

（3）各种劣性刺激引起大脑发育受损，功能紊乱加重，往往还会引发其他不良表现，如注意力涣散，不易集中；思维混乱，智力发育受阻；多动症样表现，脾气性格古怪难合群，而且男性患儿更多发生这类症状。

三、儿童遗尿症的诊断

1. 根据上面所述儿童遗尿症的特点，诊断不难，但要区分是功能性遗尿，还是器质性遗尿，这对治疗有重要的关系。

2. 功能性遗尿，即患儿无明确的家族遗传史。经有关医学检测也未发现与遗尿有联系的器官病变，尤其是神经内分泌与泌尿系统病变。

3. 器质性遗尿，即经医学检测手段可发现有与遗尿相关的某个或某些器官的病理改变。

四、儿童遗尿症的治疗

1. 功能性遗尿症的治疗措施

（1）对3～5岁小儿可通过有规律的定时排尿训练，建立起有规律的习惯，使孩子的大脑中枢与骶髓的排尿反射中枢建立协调的上下调控关系。

（2）给孩子以各种良性关怀，禁忌给予各种劣性刺激。否则不利于大脑中枢与骶髓的排尿反射中枢建立协调的调控机制。

（3）饮食方面忌给患儿食入刺激性食品，包括辛辣热性的，寒凉冰镇冰冻类的，以及化学物品勾兑合成的。

（4）每日摄入符合生理需要的饮水量。这方面需要家长学会仔细观察孩子的各种相应征象，并安排孩子的基本需水量；也要根据孩子的活动量和季节气温给予相应增减。经过这几方面的训练和培养后，不少功能性遗尿患儿都可较好改善甚至痊愈。只有效果不理想的，才需要依靠药物干预。

（5）西医药治疗：①去氨加压素（弥凝）：其作用机制是抑制尿液的生成，同时也使尿液浓缩，从而减轻或控制夜间睡眠中遗尿。其服用方法是在孩子夜间睡前半小时口服一片（0.1mg），观察治疗效果，如果疗效不理想则可适当增加剂量，但不能超过 2 片（0.2mg）。服药前后不要再让患儿喝水或饮品饮料及汁液多的水果或果汁。若用药有效，则可坚持服用 3 ~ 6 个月为 1 个疗程；若服药 6 星期仍效果不好，则不宜再用，以防止发生不良反应。②盐酸丙咪嗪片（又叫米帕明）：这是一种抗抑郁药，对遗尿症患儿伴有多动或抽动表现的有较好疗效。用于 6 岁以上患儿。用法是每日临睡前半小时口服 1 ~ 2 片（12.5 ~ 25mg）。本品疗效出现较慢，在服用一星期后才见效。此药的不良反应有震颤、头晕、失眠、口干、心跳加快，胃肠不舒服或便秘，有的患儿有视力模糊，定向力障碍，记忆力减低等症。③去甲替林片：这也是一种抗抑郁药。用于 6 岁以上遗尿症儿童作用较快，不良反应较丙咪嗪少而轻。服用方法是睡前半小时口服一片（10mg）；8 ~ 11 岁者（体重在 25 ~ 35kg）可睡前服 10 ~ 20mg；11 岁以上患儿（体重在 35 ~ 54kg）者，可睡前服 25 ~ 35mg。本药的不良反应可有口干、便秘、嗜睡、眩晕、运动协调性较差，有的会出现癫痫样发作症、肝损伤。如果原已有严重心脏病或排尿困难者应禁忌使用。④甲氯芳酯（又叫健脑素、氯酯醒、遗尿丁）。本药是一种精神兴奋药，能促进大脑细胞的代谢和对血糖的利用作用，用于儿童遗尿症，服用方法是每次 0.1g，每日 3 次口服。本品服用后发挥作用较慢，坚持服用可增加疗效。有资料报道本药可使 5% 的患儿治愈。本药的不良反应：偶见胃部不舒适，如恶心、呕吐、胃痛、易激动、失眠、困倦感。禁忌证为长期失眠，容易激动，有明显感染性炎症者以及有锥体外系统的征象，如急性肌张力强直性收缩；眼球上翻、斜颈或颈后倾，面部扭曲，不能安静坐正、焦虑；无法自控的激动不安、反复走动；自主神经功能紊乱、震颤等。

由于上述西药对儿童遗尿症各有不同程度的治疗效果，各药均有多种不良反应。因此必须在儿科专业医师的指导下使用，并依患儿对药物的反应情况及时相应调整，做到个体化用量。对此，患儿的家长更应在孩子用药期间严密观察患儿的药物疗效和不良反应，并及时与医生沟通，以便更好地调整用药，使能充分发挥疗效，又减少或减轻一些不良反应。若同时配伍中医药汤剂服用则疗效会更好。中药能改善大脑中枢对骶髓排尿反射的调控，还能调整膀胱自主神经系统的排尿固尿协调功能，同时也能增强相应器官对抗西药的不良反应。临床疗效明显优于单纯用一种药物的。

（6）中医药治疗：中医理论对儿童遗尿症辨证分为：①心肾阴虚证：此证多为先天禀赋不足，阴虚生内热，一是心阳亢盛，心火不能下交于肾；二是肾阴虚亏，肾水不能上济于心，引起心肾不交。此证的治疗法则宜滋阴降火，交通心肾。方药为自拟经验方：生地黄 3 ~ 5g，麦冬 2 ~ 3g，玄参 2 ~ 4g，太子参 3 ~ 5g，炒山药 4 ~ 6g，炙黄芪 4 ~ 6g，炙五味子 2 ~ 3g，莲须 2 ~ 4g，桑螵蛸 2 ~ 3g，益智仁 2 ~ 3g，灵芝 4g。水煎服，每日 1 剂。本方既补心阴，促进患儿大脑发育，又滋肾阴，有助脊髓发育，有利于自主神经功能协调，促进骶髓排尿反射中枢的发育，同时补气固肾，灵芝一味更可促进大脑和脊髓神经之间的调控功能趋于协调。有助排尿反射逐渐恢复正常，使遗尿症状逐步改善直至消除。②肾阳虚寒证：肾阳虚则生寒。下元虚寒则肾关不固，膀胱必失制约，小便不能自制而遗出。尤其是夜晚乃阳气潜藏之时，所以夜间熟睡后大脑亦呈抑制状态，副交感神经兴奋性活跃，只要膀胱有尿，就会刺激膀胱，使膀胱逼尿肌收缩，尿道内括约肌舒张，尿液遂即遗出。本证治疗法则：宜温补肾阳，制约膀胱，固摄小便。方药为自拟经验方：制附片 1 ~ 2g（先煎），炒山药 10g，肉桂 0.5g，山萸肉 3g，桑螵蛸 2 ~ 3g，益智仁 3g，莲须 3g，炙五味子 2g，灵芝 4g。水煎服，每日 1 剂。上方诸药均为中药之上品，无不良反应，有的是食药两用之品，不会刺激小儿性腺发育。五味子与灵芝配合有利于促进患儿大脑及脊髓神经细胞中 DNA 的复制合成，从而增强患儿大脑功能，促进骶髓排尿反射中枢对膀胱的调控。

需要提醒患儿家长的是，上述二证的方药在孩子患感冒及其他感染性疾病的情况下要暂停服用，以防误补益疾，加重感染症状。应治愈感染性疾病后再接着服用止遗尿的中药。且应每服 3 ~ 5 剂后调整一下处方。

2. 对器质性遗尿症患儿的治疗措施

（1）应针对不同的器质性疾病采取有针对性的病因治疗手段。

（2）加强护理关怀，使患儿情绪稳定开朗，有助病情好转。

（3）增强患儿体质。具体措施是要保证供给患儿各种必需的营养素。

五、预防措施

1. 婚孕前：①尽可能选择染色体、基因及家族史无异常者。

②增强和保护自身的健康，包括饮食营养全面无害，使自身基因优良；戒除不良嗜好，使DNA及基因不受损伤。③预防产生有害自由基的各种因素。这一条可参阅前面有关自由基的章节。④尽可能治疗有病的组织或器官。

2. 怀孕后，尽可能避免各种有害因素的侵害，使胎儿免受损伤或干扰，保护其大脑发育。

3. 保持精神情绪愉快轻松，有利胎儿各组织器官的顺利健康发育。

4. 预防和及时治疗孕期的各种并发症及合并症，以防造成对胎儿发育产生不利影响。

5. 孕妇有病时，不滥用对胎儿发育有害的药物，尤其是各种抗生素和某些激素类药，更不能使用抑制细胞生长的烷化剂和抗代谢类药。

6. 胎儿出生后的注意事项：①科学地喂养和护理，促进其健康发育生长。②防止各种疾病的侵袭和损害。③防止使用有损幼儿神经系统和泌尿系统的药物。④2 ~ 3岁时应耐心训练幼儿逐渐建立良好的排尿和大便习惯，促使其顺利建立排尿反射的调控机制。⑤不让幼儿食入有损身体健康的“零食”，尤其是油炸、烧烤类食品，以及各种各样化学物质合成的食品和寒凉冰镇之品。这一条对幼儿及儿童实行起来有很大的难处，因为孩子是禁不住“美食”的诱惑的。

如果家长给幼儿讲清道理也会收到好效果。这就要求家长对给小儿吃的“美食”的性质和各种作用先有所了解，才能给小儿讲明白并使之接受。

主要参考文献

[1] 邹仲之，李继承. 组织学与胚胎学. 北京：人民卫生出版社，2009.
[2] 马文丽，刘华. 基因与健康. 广州：华南理工大学出版社，2010.
[3] RoNald G·DavidSON，著. 邱幼祥，邱京颖，张悦，译. 医学遗传学. 北京：人民卫生出版社，2010.
[4] 北京医学院. 生物化学. 北京：人民卫生出版社，1983.
[5] 查锡良. 生物化学. 7版. 北京：人民卫生出版社，2011.
[6] 柯跃斌，郑荣梁. 自由基毒理学. 北京：人民卫生出版社，2012.
[7] 高占成，马艳良. 雾霾天气保健指南. 北京：人民卫生出版社，2014.
[8] 李江源. 性腺疾病. 天津：天津科技翻译出版公司，1997.
[9] 俞霭峰. 妇产科内分泌学（上册）. 上海：上海科学技术出版社，1983.
[10] 田开惠. 产科内分泌学. 北京：人民卫生出版社，1984.
[11] 程治平. 内分泌生理学. 北京：人民卫生出版社，1984.
[12] 陈仁谆. 现代临床营养学. 北京：人民军医出版社，1996.
[13] 傅永怀. 微量元素与临床. 北京：中国医药科技出版社，1997.
[14] 姚泰. 生理学. 2版. 北京：人民卫生出版社，2011年.
[15] 韦有吉，沈铿. 妇产科学. 2版. 北京：人民卫生出版社，2012.
[16] 薛辛东. 儿科学. 2版. 北京：人民卫生出版社，2011年.
[17] 法西业·埃尔森伯格·莫娜，著. 沈思，罗小婷，译. 怀孕.北京：中国轻工业出版社，2002.
[18] （英）伯纳德·活尔曼，著. 常湘云，译. 儿童家庭医生. 北京：

北京出版社，2004.
[19] 谢少文，史敏言，顾方舟. 免疫学基础. 北京：中国医学科学院学报编辑部，1980.
[20] 邝安堃，陈家伦. 临床内分泌学（上册）. 上海：上海科学技术出版社，1979.
[21] 刘新民. 实用内分泌学. 北京：人民军医出版社，1992.
[22] 刘福平，徐保真. 甲状腺疾病防治 150 问. 西安：世界图书出版西安公司，1999.
[23] 北京协和医院，酒仙桥医院，糖尿病协作组. 糖尿病防治协作研讨会资料汇编（内部资料），1988.
[24] 赵光胜. 现代高血压学. 北京：人民军医出版社，1999.
[25] 朱禧星. 现代糖尿病学. 上海：上海医科大学出版社，2000.
[26] 张鋆. 人体解剖学. 北京：人民卫生出版社，1960.
[27] 钱佩德，刘才栋. 人体解剖学. 上海：上海医科大学出版社，2001.
[28] 于润江，侯显明，谭朴泉. 内科讲座——呼吸分册. 北京：人民卫生出版社，1982.
[29] 贵阳医学院. 内科讲座——泌尿系统疾病分册. 北京：人民卫生出版社，1982.
[30] 陈菊梅. 新编传染病诊疗手册. 北京：金盾出版社，1995.
[31] 王宏图，张静华. 新编临床药物手册. 上海：上海医科大学出版社，1999.
[32] 郎国任. 我和郎朗 30 年. 北京：现代出版社，2012.
[33] 卢勤. 精品集. 北京：作家出版社，2006.
[34] 谢华. 黄帝内经 · 白话释译. 北京：中医古籍出版社，2001.
[35] 姚乃礼，朱建贵，高荣林. 中医症状鉴别诊断学. 北京：人民卫生出版社，2001.
[36] 陈潮祖. 中医治法与方剂. 3 版. 北京：人民卫生出版社，2000.
[37] 程绍恩，夏洪生. 中医证候诊断治疗学. 北京：科学技术出版社，

1994.

[38] 陈可冀，史载祥. 实用血瘀证学. 北京：人民卫生出版社，1999.

[39] 易发银. 中医瘀血证诊疗大全. 北京：中国中医药出版社，1996.

[40] 陈家英. 古今中医治法精要. 上海：上海中医药大学出版社，1998.

[41] 南京中医学院. 诸病源候论校释. 2版. 北京：人民卫生出版社，2009.

[42] 方文贤，宋崇顺，周立孝. 医用中药药理学. 北京：人民卫生出版社，1998.

[43] 蔡永敏，任玉让，王黎，等. 最新中药药理与临床应用. 北京：华夏出版社，1999.

[44] 全国中草药汇编编写组. 全国中草药汇编. 北京：人民卫生出版社，1975.

[45] 裘沛然. 中医历代名方集成. 上海：上海辞书出版社，1998.

[46] 杨鉴冰，王宗柱，译解. （清）傅青主女科白话解. 西安：三秦出版社，2000.

[47] 陈贵廷，杨思澍. 实用中西医结合诊断治疗学. 北京：中国医药科技出版社，1998.

[48] 李乾构，王自立. 中医胃肠病学. 北京：中国医药科技出版社，1995.

[49] 欧阳忠兴，柯新桥. 中医呼吸病学. 北京：中国医药科技出版社，1994.

[50] 屈松柏，李家庚. 实用中医心血管病学. 北京：科学技术文献出版社，2000.

[51] 元·朱震亨，撰. 王英，竹剑平，江凌圳，整理. 丹溪心法. 北京：人民卫生出版社，2007.

[52] 南京中医学院针灸教研组. 针灸学讲义. 北京：人民卫生出版社，1961.

[53] 何树槐. 针灸保健学. 上海：上海中医药大学出版社，1994.

[54] 陕西师范大学食品工程与营养科学学院，顾浩峰，张富新，等. 山羊奶与牛奶和人奶营养成分的比较. 食品工业科技，2012（8）.
[55] 杨思澍，冯建春，赵文. 中药配伍应用. 北京：中国医药科技出版社，2005.
[56] 清·陈士铎，撰. 王树芬，裘俭，整理. 石室秘录. 北京：人民卫生出版社，2008.
[57] 清·林佩琴，著. 钱晓云，校点. 类证治裁. 上海：上海中医药大学出版社，1997.